中国海洋发展研究文集

（2017）

王 飞　主编

高　艳　执行主编

海洋出版社

2017年·北京

图书在版编目（CIP）数据

中国海洋发展研究文集.2017/王飞，高艳主编.—北京：海洋出版社，2017.9
ISBN 978-7-5027-9930-4

Ⅰ.①中… Ⅱ.①王… ②高… Ⅲ.①海洋战略-中国-文集 Ⅳ.①P74-53

中国版本图书馆 CIP 数据核字（2017）第 223085 号

责任编辑：白　燕
责任印制：赵麟苏

海洋出版社　出版发行

http://www.oceanpress.com.cn

北京市海淀区大慧寺路 8 号　100081
北京文昌阁印刷有限责任公司印刷　新华书店北京发行所经销
2017 年 9 月第 1 版　2017 年 9 月第 1 次印刷
开本：787 mm×1092 mm　1/16　印张：24
字数：577 千字　定价：80.00 元
发行部：62132549　邮购部：68038093　总编室：62114335

海洋版图书印、装错误可随时退换

序

近年来，国际形势风起云涌，国际关系格局发生着深刻变化。面对复杂多变的国际形势、错综交织的地缘政治因素和无处不在的经济金融风险，国家间相互依赖关系日益深化，全球治理问题正越来越引起国际社会的关注。中国不是现存全球治理理论或全球性问题解决方案的主要来源国，但这不妨碍我们在批判和借鉴全球治理理论的基础上推动构建国际经济秩序。"一带一路"、"人类命运共同体"、"共商共建共享"等一系列新理念、新思想、新战略的提出，为当代中国发展注入了强劲动力，也为全球治理给出了"中国方案"，成为中国向全球发出的最强音。

海洋具有整体性、广袤性、流动性以及国际性等特征，是"全球化"的初始物质条件和重要载体，亦是实施全球治理的重要领域之一。我国拥有漫长的海岸线和广阔的管辖海域，海洋管理是海洋事业的重要组成部分。人类在探索海洋奥秘、开发利用海洋、发展海洋经济方面取得了前所未有的成就，在海洋管理的理论和实践方面也取得了重大进展。随着改革开放的不断深化，全球海洋秩序的构建和运用关乎我国的重大利益，因此，推动海洋全球治理进程是解决全球性海洋问题、维护正常国际海洋秩序、实现海洋可持续发展利用的客观需要。

中国海洋发展研究会自 2013 年 1 月成立以来，坚持以"打造中国海洋发展智库"为目标，以"为国家海洋重大问题决策提供咨询服务、为涉海政府部门（企事业单位和院校）提供工作服务、为海洋科学技术人员提供平台服务和为海洋科技队伍建设提供条件服务"为宗旨，全面筹划研究课题、搭建研究平台和组织研究工作，充分发挥海洋智库的优势和职能，对我国海洋领域重大问题开展了卓有成效的研究，取得了一批重要的研究成果。中国海洋发展研究会第四届中国海洋发展论坛选定"全球治理视角下的中国海洋管理"为主题，旨在以推动我国参与全球海洋治理进程为出发点，以深化海洋管理改革为着力点，启迪思想，博采众长，对中国参与全球海洋治理的方案和海洋管理的完善途径做出有益探索，为海洋强国建设提供智慧碰撞、信息分享、观点交流的平台，致力于打造海洋领域最具影响力的专业论坛。

　　值此之机，研究会秘书处从本年度论坛征文和近年资助项目的研究成果中，择优录用相关论文，汇编成《中国海洋发展研究文集（2017）》，献给关注、关心和热爱海洋的每一位读者。错误在所难免，敬请批评指正。

中国海洋发展研究会理事长　王飞

2017 年 8 月

目　次

第一篇　海洋战略

第二篇　海洋经济

第三篇　海洋法律

第四篇　海洋管理

第五篇　海洋文化

第一篇　海洋战略

关于推进海洋生态文明建设的若干思考

于青松[①]

党的十八大将生态文明建设纳入中国特色社会主义"五位一体"的总布局，提出了建设海洋强国的宏伟目标，生态文明建设和海洋事业发展已提升到前所未有的战略高度。海洋生态文明建设既是生态文明建设的重要组成部分，又是建设海洋强国的必由之路。做好海洋生态文明建设这篇大文章，推动海洋在建设中国特色社会主义的征程中发挥更为突出重要作用，意义重大而深远。有关研究和思考概述如下。

一、建设海洋生态文明的重大意义和基本要求

生态是自然界的存在状态，文明是人类社会的进步状态，生态文明则是人类文明中反映人类进步与自然存在和谐程度的状态。海洋生态文明是人与海洋和谐发展所创造的物质文明和精神文明的总和，反映了人类社会发展与海洋生态系统之间的和谐程度。海洋生态文明的核心命题在于"形成并维护人与海洋的和谐关系"，既不是人类社会的进步与发展完全依赖于海洋的原本状态，也不是海洋的发展变化完全服从于人类自身发展的需要，而是人的全面发展与海洋的平衡有序之间的和谐统一。

（一）海洋生态文明建设的重大意义

第一，海洋生态文明建设是实现海洋强国的本质要求。党的十八大作出了建设海洋强国的重大部署。这是我们党准确把握时代特征和世界潮流，客观分析我国海洋事业发展历程和阶段性特点，统筹谋划全局作出的战略抉择。习近平总书记指出，海洋强国是在管控海洋、开发海洋、利用海洋、保护海洋方面拥有强大综合实力的国家。海洋生态文明建设贯穿于海洋管控、开发、利用、保护的全过程和各方面。海洋生态文明建设抓不好，人与海洋的关系就处理不好，海洋资源、环境和生态就会陷入混乱无序开发状态，就体现不出统筹、协调、规范海洋开发利用和保护的综合实力，建设海洋强国也就无从谈起。

第二，海洋生态文明建设是沿海经济可持续发展的根本出路。改革开放以来，我国沿海地区充分利用海洋，实现了率先发展，成为驱动国民经济发展的主体力量，沿海地区占全国陆域面积的 13%，居住着 42% 的人口，分布了 50% 以上的大型城市，创造了 60% 的GDP，利用了 79% 的外来投资，生产了 89% 的出口产品，承载着 90% 的对外贸易运输量。

---

①　于青松，男，中国海洋发展研究会常务理事，国家海洋局环保司原司长。

与此同时，沿海经济社会粗放发展引起的海洋生态环境问题也随之凸显。"十二五"以来，我国劣四类水质海域面积年均达 5.3 万平方千米，80% 的典型海洋生态系统处于亚健康或不健康状态，近岸海域已经成为我国生态环境问题最为集中、历史欠账最为严重的区域。在如此严峻的形势下，抓好生态文明建设，推动形成绿色发展模式，对于推动环渤海地区新旧动能转换、产业转型升级，培育形成我国经济增长和转型升级新引擎，具有十分重要的意义。

第三，海洋生态文明建设是构建和谐社会的客观需求。构建和谐社会，关键在于以实现人的全面发展为目标，不断满足人民群众日益增长的物质文化需要，让发展的成果惠及全体人民。随着我国人民生活水平的提高，人民对于海洋生态环境的质量要求越来越高，从"盼温饱、求生存"全面转向"盼环保、求生态"。而目前我国海洋生态环境形势仍不容乐观，海洋生态环境问题成为维护社会稳定的重要方面，个别地区甚至已经出现了海洋环境污染危害群众健康、海洋环境纠纷威胁社会稳定、海洋环境代价影响社会公平的事件。加强海洋生态文明建设，扭转海洋生态环境恶化趋势，构建和谐人海关系，已成为提高人民生活质量、满足社会全面发展的客观需要。

（二）海洋生态文明建设的基本要求

第一，树立尊重海洋、顺应海洋、保护海洋的生态文明理念。就是对海洋怀有敬畏之心、感恩之心，按照客观规律办事，按照承载能力开发，决不能急功近利、寅吃卯粮，以牺牲海洋生态环境为代价换取一时发展。

第二，坚持节约优先、保护优先、自然恢复为主的基本方针。就是在海洋开发利用和保护的全过程，都必须要把海洋资源节约、海洋环境保护、海洋生态自然恢复放在首要位置，而不能把经济利益最大化放在首要位置。

第三，遵循海洋开发活动绿色、循环、低碳发展的根本途径。我国海洋资源环境形势严峻，根本原因在于粗放型的海洋开发方式。只有把海洋开发利用活动控制在海洋可承载的范围内，给海洋留下恢复元气、休养生息、循环再生的空间，才能从根本上破解海洋资源环境的困境。

第四，打造美丽海洋是海洋生态文明建设的根本目标。美丽海洋既是对良好生态环境、和谐人海关系的最直观表述，也是人民群众对海洋生态文明建设最朴素的理解和期盼。建成了"水清、岸绿、滩净、湾美、物丰"的美丽海洋，海洋生态文明建设的目的也就达到了。

此外，海洋生态文明建设还有着与陆地生态文明建设截然不同的五个方面的特点：一是陆海压力叠加化，海洋处于自然生态系统的低位，承接着来自于流域、陆域、海域的多重开发压力；二是资源环境一体化，海洋资源和环境在空间上高度重合，必然产生资源开发、环境保护的时序安排和统筹协调问题，使得管理更加多元和复杂；三是环境问题累积化，海洋处于低位的特点，使得海洋环境污染等环境问题难以转移到其他生态系统，更多地在海洋内部不断累积传递；四是问题显现滞后化，海洋生态系统为海水所覆盖，不易于监测观测，使得海洋生态环境问题难以在较早阶段发现并采取治理措施；五是治理修复整体化，海洋的流动性、整体性和其所处的位置使得海洋环境问题的解决更加需要从整体上予以考虑。

二、海洋生态文明建设面临的形势和挑战

（一）海洋生态文明建设的时代机遇

第一，中央将生态文明建设纳入"五位一体"的总体布局。党的十八大把生态文明建设上升为国家意志，在"五位一体"的总体布局中占据突出重要的位置，为组织实施海洋生态文明建设重大战略、强化海洋生态环境保护顶层设计提供了战略机遇。特别是习近平总书记先后对生态文明建设和环境保护提出一系列新理念、新论述、新战略，先后审定出台了 30 余个生态文明建设重要文件，为推进生态文明建设提供了根本遵循、目标指引和实践动力。习近平总书记多次强调，"绿水青山就是金山银山，宁要绿水青山，不要金山银山"、"保护环境就是保护生产力，改善环境就是发展生产力"、"良好生态环境是最公平的公共产品，是最普惠的民生福祉"、"生态环境没有替代品，用之不觉，失之难存，要树立大局观、长远观、整体观，坚持节约资源和保护环境的基本国策，像保护眼睛一样保护生态环境，像对待生命一样对待生态环境"。

可以说，中央关于生态文明建设和生态环境保护工作的一系列新部署、新要求，既一脉相承，又与时俱进；既放眼长远，又立足当前；既有顶层设计，又有具体举措；凸显了中央对于加强生态文明建设坚定不移、一以贯之的鲜明态度和坚强决心。特别是，我国经济社会发展已经进入新常态，更加注重发展的质量和效益。生态文明建设作为落实新发展理念、深入推进供给侧改革的重要举措，其重要性和紧迫性将进一步凸显，生态文明建设只能加强不能削弱，只能前进不能停滞，只能积极作为而不能被动应付。生态文明建设已经迎来了前所未有的重要战略机遇期。

第二，沿海地方政府建设海洋生态文明的积极性正在逐步提升。目前，转变沿海地区经济发展方式、解决海洋生态环境问题已成为沿海地方各级政府的普遍共识。沿海地方政府发展保护观念出现积极转变，纷纷将生态文明建设作为地方经济社会发展的重要方面，在开发利用海洋过程中，都对海洋生态文明建设提出了明确要求，并积极开展海洋生态文明建设示范区建设、海洋生态修复、海洋生态保护、海洋综合管理等诸多工作，取得了良好的成效。以资源环境为代价换取一时发展、以 GDP 论英雄的发展理念正在逐步淡出。

第三，社会公众关注和参与海洋生态文明建设的意愿更加强烈。习近平总书记说，"良好生态环境是最公平的公共产品，是最普惠的民生福祉"。随着经济社会发展和生活水平的提高，社会公众更加重视生态环境质量。我国沿海地区居住着全国约 43% 的人口，人口密度是非沿海地区的 6 倍多，公众生活水平高，人均 GDP 已经接近发达国家水平。相比较而言，沿海社会公众拥有良好生态环境的意愿更为强烈，关注并参与海洋生态文明建设的热情也更为高涨。

第四，海洋生态文明建设的工作的积累更加丰富。近年来，国家海洋局从自身职责出

发，在海洋生态环境保护、海洋综合管理等方面做出了一些卓有成效的实践，在某些方面已经体现了海洋生态文明建设的要求，为推进海洋生态文明建设奠定了较好的基础：强化顶层设计，制定《国家海洋局海洋生态文明建设实施方案》；加强规划引领，依照生态文明理念编制海洋主体功能区规划、海岸带综合保护与利用规划，修编海洋功能区划；狠抓制度建设，《海岸线保护与利用管理办法》、《围填海管控办法》、《海洋督察方案》等重要文件相继出台，海洋生态补偿、生态损害赔偿、海洋资源环境承载能力监测预警等制度逐步健全；严格保护修复，近年来先后实施重点生态整治修复项目230余个，累计修复岸线2 000余千米，已建立起各级各类海洋保护区260处，占到我国管辖海域的4.13%；强化能力建设，全国海洋环境监测机构总数达到235个，建设在线监测设备近百台（套）。

（二）海洋生态文明建设面临的现实挑战

第一，海洋资源环境形势依然严峻。目前，我国海洋资源开发力度较大且存量有限，资源利用效率依然较低，大陆自然岸线保有率下降到不足40%，近海优质渔业资源量比20世纪60年代减少近一半，部分地区海洋资源粗放利用现象还比较严重；海洋环境污染总体趋重，"十二五"期间劣四类海水水质面积平均为4.74万平方千米，较"十一五"期间增加了47%；海洋生态退化破坏严重，"十二五"以来约80%的典型海洋生态系统处于亚健康或不健康状态；海洋环境风险压力加大，环境突发事件和生态灾害频发。综合来看，近岸海域已经成为我国最先触及资源环境承载力"天花板"上限的区域。

第二，沿海第二产业占比依然偏重。当前，我国沿海地区处于工业化发展中期，第二产业是经济增长的主要动力，第二产业比重高出全国平均水平近5个百分点，其中石化产业产值占到全国的73.56%，钢铁产能占到全国的78.57%。这些以石化、钢铁、电力（核电）为主体的第二产业不仅消耗了大量的资源能源，还排放了大量的污染物，给海洋环境带来了巨大压力。短时间内，沿海产业发展仍将以第二产业的存量扩张和惯性发展为主，"两同、两多、两少"（产业园区建设雷同、产业结构雷同；传统产业多、新兴产业少；高耗能产业多、低碳型产业少）的问题在短期内难有较大程度改善，产业结构调整的难度较大，将给海洋资源环境带来较大的压力。

第三，经济发展新常态对海洋资源环境依然有较大的需求。改革开放以来，依托于海洋，我国逐步形成了"大进大出、两头在海"的发展格局，经济社会发展高度依赖海洋。随着我国经济发展进入新常态，经济发展将调整至年均6.5%的中高速增长，但对资源环境仍有较大的需求。特别是随着我国城镇化进程加快和人口持续增长，人口和产业将继续向沿海城市转移，由此带来的海洋资源环境需求也将维持在高位，海洋资源环境仍将面临巨大的压力。

第四，海洋管理工作依然存在着一些突出问题。这些问题主要有：一是制度体系仍不健全，总量控制等海洋生态文明建设关键制度尚未建立实施；二是能力建设与生态文明建设的要求相比仍有较大差距，监测、执法、信息化等方面能力不足的问题还比较突出；三是环境治理力度不够，虽在部分区域取得了初步成效，但整体上仍难以有效控制和扭转生态环境恶化趋势；四是监管措施仍不严格，生态红线、区域限批等严格监管措施尚未完建立；五是社会公众参与度仍然不够，尚缺乏浓厚的生态文化氛围和有效的参与机制。

三、党中央、国务院关于海洋生态文明建设的决策部署

党的十八大以来，党中央、国务院把生态文明建设摆在突出重要的位置，作出了一系列重大决策部署，认识高度、推进力度、实践深度均前所未有。从整体来看，形成了一个"三步走"的格局：

第一步，构建了一体两翼的理论体系。党的十八大将生态文明纳入社会主义"五位一体"总布局，确定了"尊重自然、顺应自然、保护自然"的基本方针和"建设美丽中国"的总体目标，形成了理论主体。党的十八届三中和四中全会又分别提出了"加快建立系统完备的生态文明制度体系"和"用严格的法律制度保护生态环境"，将"深化改革"和"依法治国"两大原则融入，形成了"一体两翼"的理论体系，为生态文明建设确立了方针方向。

第二步，形成了一主三辅的行动指南。2014年以来，中央先后印发实施《中共中央国务院关于加快推进生态文明建设的意见》（以下简称《生态文明建设意见》）以及《大气污染防治行动计划》、《水污染防治行动计划》（以下简称"水十条"）、《土壤污染防治行动计划》，将党的十八大和十八届三中、四中全会确定的方针方向细化为时间表、路线图和责任书，形成了一主三辅的具体行动指南，措施更为具体，任务更为明确。

第三步，确立了一大六小的改革方案。2015年，中央先后印发实施《生态文明体制改革总体方案》（以下简称《体制改革方案》）以及环境保护督察、自然资源资产负债表、生态环境监测网络建设、党政领导干部生态环境损害责任追究、领导干部自然资源资产离任审计、生态环境损害赔偿共6个配套文件，表明中央将制度建设和体制改革视为生态文明建设的着力点和突破口。这一点在《中共中央关于制定国民经济和社会发展第十三个五年规划的建议》也得到了充分体现。

总的来看，中央关于生态文明建设的要求可以概括为以下四个方面。

一是生态优先。党的十八大提出"把生态文明建设放在突出地位"，强调要"保护优先、节约优先、自然恢复为主"。《生态文明建设意见》强调"在环境保护与发展中，把保护放在优先位置"。《体制改革方案》提出"树立绿水青山就是金山银山的理念"，都把生态环境当做是经济社会发展的基础和根本。习近平总书记更是明确指出，生态环境没有替代品，用之不觉，失之难存，要像保护眼睛一样保护生态环境，决不以生态环境为代价换取一时的发展。

二是绿色发展。党的十八大提出要"形成节约资源和保护环境的空间格局、产业结构、生产方式"。《生态文明建设意见》明确提出"把绿色发展、循环发展、低碳发展"生态文明建设的基本途径。五中全会更是将绿色发展上升为"十三五"基本理念之一，强调要构建科技含量高、资源消耗低、环境污染少的产业结构和生产方式，大幅提高生产方式的绿色化程度，更加注重发展的质量和效益，坚决摒弃以往以GDP论英雄的粗放式发展理念。

三是改革创新。十八届三中全会将生态文明建设列为全面深化改革的重点领域。《生态文明建设意见》提出要"把深化改革和创新驱动作为基本动力"。《体制改革方案》更是全面突出深化改革的总基调，重点关注制度建设和体制改革，触及了生态文明建设的"上层建筑"，提出了8个方面的制度创新要求和10个统一整合方向。中央通过改革创新特别是制度机制创新引领生态文明建设的战略意图已十分明确。

四是从严从紧。当前，资源环境问题已经成为一个躲不开、绕不过、退不得的急切需要解决的问题。对此，十八届三中全会提出要建立实施"源头严防、过程严管、后果严惩"的制度体系；十八届四中全会提出"用最严密的法治保护生态环境"；十八届五中全会更是提出"实行最严格的环境保护制度"。《生态文明建设意见》等3个重要文件一共出现了57个"严格"、18个"禁止"、10个"不得"。这都体现了中央动真碰硬、重典治乱、铁腕治污的决心。

四、"十三五"海洋生态文明建设的总体思路和重点工作

综合来看，"十三五"期间，经济社会发展步入新常态，更加注重发展的质量和效益，更加注重补齐生态环境短板。海洋生态文明建设面临着"双期叠加"，既处于重要战略机遇期，又处于诸多矛盾问题叠加交织的负重爬坡期；面临着"双保问题"，既要保障经济社会的中高速发展，又要保护已经不堪重负的资源环境；面临着"两难局面"，既要在粗放型发展的基础上转型实现绿色化发展，又要在生态环境恶化趋势下保护修复生态环境，任务更重、困难更多、压力更大。

笔者认为，加强海洋生态文明建设，可以考虑构建"一二四六"的整体工作格局，即紧扣实施基于生态系统的海洋综合管理一条主线；瞄准实现海洋经济发展质量的整体提升和海洋生态环境质量整体改善两个目标；把握"点上开发、面上保护、根上治理、测上提升"四条原则；重点做好优布局、促转型、建体系、抓治理、提能力、推示范六项工作，推动我国海洋生态文明建设在"十三五"期间有一个较大提升，早日实现"水清、岸绿、滩净、湾美、物丰"的建设目标。可考虑做好以下6个方面工作。

第一，以生态容量确定开发布局。可采取规划引领、区划指导、红线倒逼等多种手段来调整优化海洋开发利用活动布局，使之与海洋资源环境承载能力相适应。一是完善实施基于生态系统的海洋功能区划制度，发挥功能区划的约束性作用，严格落实开发保护方向和用途管制要求，控制和规范各类用海行为；二是深入实施海洋主体功能区制度，依据内水、领海、专属经济区、大陆架及其他管辖海域的主体功能，指导海洋资源开发和生态环境保护；三是全面实施海洋生态红线制度，将海洋重要、敏感和脆弱区域划定为生态红线区域，实施严格的开发利用活动管控。上述3个区划规划应统筹衔接，做到"多规合一"。

第二，以调控手段优化经济结构。可充分发挥海洋资源环境管理对海洋经济发展的先导、倒逼、提质作用，坚持有促有进、有保有压，运用金融创新、总量控制、市场调节、严格管理四方面措施优化经济结构。一是强化金融创新，会同有关金融机构，进一步出台

金融支持海洋经济发展的相关政策和措施，推动海洋经济提质增效；二是强化总量控制，实施围填海总量、自然岸线保有率和污染物总量控制，制定资源环境扶优扶先政策，促进总量向高端高质产业转移；三是突出市场作用，推进海域海岛资源市场化配置，同时构建有效反映市场供求关系、稀缺程度的资源有偿使用制度和生态补偿制度，将资源环境成本内化于海洋经济发展；四是严格全过程管理，实施最严格的围填海管控制度，严格海域使用和海洋环评审批，强化自然岸线占用、生态空间占用的审查，杜绝高污染、高排放和资源性项目上马建设。

第三，以制度建设带动整体工作。建议重点抓好以下 5 项制度：一是建立实施覆盖沿海各地区和海洋全系统的海洋督察制度，在海域使用、海岛管理、海洋生态环境保护、海洋执法等重点领域，对地方各级政府开展海洋督察；二是实施海洋工程项目区域限批制度，针对存在海洋资源环境超载、生态破坏严重、严重违法违规等问题的市、县区域，暂停审批该区域内除污染防治、循环经济及生态修复以外的涉海工程建设项目；三是健全完善海洋生态文明建设考核机制，定期对省级政府落实海洋生态文明建设的情况进行考核通报；四是建立生态环境损害责任追究和赔偿制度，建立实施生态环境损害领导干部问责机制，开展生态损害国家索赔工作，对破坏海洋生态环境的单位、企业或个人实行索赔；五是实施海洋资源环境承载力监测预警制度，建立健全技术体系，开展区域承载能力监测预警，依据海洋资源环境承载力实施产业退出等管理措施。

第四，以保护修复促进环境改善。一是实施重大生态修复工程，围绕海湾、湿地等典型生态系统，分别实施蓝色海湾、南红北柳、生态岛礁等重大修复工程；二是分类实施污染防治，针对入海河流污染，建立实施上下游、陆海间断面考核机制，针对入海直排口污染，加强监督管理，对超标超量排放的直排口实施关停并转，针对海上污染，建立实施海上排污许可制度，进一步强化监督管理；三是拓展海洋保护区网络体系，提升保护区规范化管理水平，推动海洋保护区从规模数量型向质量效益型转变。

第五，以能力提升助力全程监管。一是抓好海洋环境监测评价能力建设，分区分类优化监测业务布局，按照"一站多能"推进海洋（中心）站能力建设，填补地方监测机构空白，建设国家海洋环境实时在线监控系统，实施全球海洋观监测体系建设；二是提高海洋信息化能力，重点抓好"智慧海洋"建设，实现对海洋环境、海洋装备、海洋综合管理和海洋开发活动信息的深度融合和挖掘，为海洋生态文明建设提供有力支撑；三是提升应急响应能力，健全完善海洋生态灾害和环境突发事件应急体系，重点加强溢油、赤潮（绿潮）、核泄漏等突发事件和灾害的应急能力。

第六，以示范建设推动整体工作。可开展 5 个方面的示范建设工程：一是海洋生态文明建设示范区工程，为探索海洋生态文明建设模式提供有益借鉴；二是海洋经济创新示范区工程，建议在山东、浙江、广东、福建等海洋经济试点省份实施，进一步推动形成特色海洋产业集聚区；三是入海污染物总量控制示范工程，尽快形成可复制、可推广的污染物总量控制模式；四是海域综合管理示范工程，探索海岸带综合管理、海域空间差别化管控等制度；五是海岛生态建设实验基地工程，开展海岛生态修复、海岛建设监测等方面的研究工作。

海洋生态文明建设是一项宏伟的事业，也是一项艰巨的系统工程，需要全社会、各方面的共同努力。我们坚信，通过不断创新体制机制，上下形成统一合力，美丽海洋的目标一定能够实现。

论文来源：本文为文集特邀撰稿。

论亚洲新安全观与中国

夏立平①　　赵路怡②

【内容提要】 中国国家主席习近平提出的"共同、综合、合作、可持续"新亚洲安全观，是 20 世纪 50 年代中国、印度等共同提出的"和平共处五项原则"的延续和发展，其中的内核是中国的"和"文化。在新时代维护安全需要有新观念，新安全观是在与冷战思维斗争中发展的，它应作为国际关系的基本准则之一。亚洲新安全观是对和谐世界理论的发展，也是中国和平发展的重大宣示。坚持和丰富和平与发展为主题的时代观是亚洲新安全观的基础，也为实现亚洲新安全观提供了现实条件。

【关键词】 亚洲；新安全观；中国

冷战结束以来，中国提出了"新安全观"和"建设和谐世界"的目标等一系列中国特色国家安全新理念。2014 年 5 月在上海举行的亚洲相互协作与信任措施会议第四次峰会（亚信峰会）上，中国国家主席习近平明确提出了"共同、综合、合作、可持续"的新亚洲安全观。亚信上海峰会是亚信有史以来与会国家元首和政府首脑数量最多、会议规模最大的一次峰会，这极大推动了"亚洲新安全观"的发展。

20 世纪 50 年代，中国与印度、缅甸提出了和平共处五项原则。这是符合世界潮流，又有亚洲特色的安全观。20 世纪 90 年代，中国就倡议各国建立以互信、互利、平等、协作为核心的新安全观。随着形势变化，中国呼吁各国树立亚洲新安全观，倡导共同安全、综合安全、合作安全和可持续安全，体现了中国安全理念的进一步深化。这是顺应世界历史潮流，在国际安全方面展现的重要新理念。这种新安全观是与冷战思维根本对立的，将在逐渐战胜冷战思维和强权政治理论中显示它强大的生命力。新安全观是"三个代表"重要思想和"建设和谐世界"重要思想的组成部分，也将是中国和平兴起的安全保证。当前世界上传统安全观、冷战思维还很强烈，只有用亚洲新安全观去战胜它们，才能保证中国的和平兴起。

中国作为代表亚洲的唯一联合国安理会常任理事国，有责任就亚洲的共同安全、综合安全、合作安全和可持续安全方向提出看法，并与各国一道，协调和携手推动基于共识之上的安全观。中国应该与亚洲国家一道，共同推动区域安全。

从 1999 年的《亚信成员国相互关系指导原则宣言》，到 2002 年的《阿拉木图文件》，

---

①　夏立平，男，中国海洋发展研究会理事，同济大学国际与公共事务研究院院长、教授、博士生导师，研究方向：大国关系、海洋安全。

②　赵路怡，女，同济大学政治与国际关系学院国际关系专业研究生。

亚信组织正崛起为一个泛欧亚大陆的安全合作组织。亚信成员国覆盖欧亚大陆 90% 的领土，人口占全球的 50%。它孕育于被地缘政治家称为"世界心脏地带"的中亚，并成长为覆盖整个亚洲的一个政治对话与共同安全组织。上海峰会的召开，标示着亚信已经走过了初创期，有望成为一个洲域性安全合作组织。

"亚洲新安全观"是 20 世纪 50 年代中国、印度等共同提出的"和平共处五项原则"的延续和发展，其中的内核是中国的"和"文化。中国的"和"文化，简而言之，就是天人合一的宇宙观、协和万邦的国际观、和而不同的社会观、人心和善的道德观，它们是"亚洲新安全观"构建起来的基石。中国抓住亚信峰会东道国的机会，推动"亚洲新安全观"，以造福亚洲、塑造亚洲的美好未来。

一、在新时代维护安全需要有新观念

在冷战时期，美国和苏联两个超级大国长期进行激烈的军事对抗、军备竞赛和争夺世界霸权。作为其严重后果之一，美苏庞大的核武库甚至发展到足以毁灭人类好几次的程度，成为悬在世界人民头上的"达摩克利斯剑"，危及人类的安全和生存。与此相适应，在国际安全领域，特别是超级大国形成了一整套完整的冷战思维。这些冷战思维是以地缘政治、均势战略、"零和"游戏规则、反共意识形态等作为理论基础的。

冷战结束后，国际形势发生重大变化。和平与发展成为当今时代的主题。维护和平，促进发展，是各国人民的共同愿望，也是不可阻挡的历史潮流。世界多极化和经济全球化趋势的发展，给世界和平与发展带来了机遇和有利条件。在这种情况下，国际社会有必要抛弃过时的冷战思维，在国际安全领域接受新的观念。

近年来，针对冷战思维和强权政治心态的存在，中国以与时俱进的精神，主张维护安全需要有新观念，一直在提倡树立以"互信、互利、平等、协作"和"共同、综合、合作、可持续"为核心的新安全观，主张通过对话增进相互信任、通过合作促进共同安全。这种新安全观是对和平共处五项原则的发展，它应该成为构建 21 世纪新型亚洲安全架构的理论基础。

第一，共同，就是要尊重和保障每一个国家安全。安全应该是普遍的、平等的、包容的。不能一个国家安全而其他国家不安全，一部分国家安全而另一部分国家不安全，更不能牺牲别国安全谋求自身所谓绝对安全。要恪守尊重主权、独立和领土完整、互不干涉内政等国际关系基本准则，尊重各国自主选择的社会制度和发展道路，尊重并照顾各方合理安全关切。

第二，综合，就是要统筹维护传统领域和非传统领域安全，通盘考虑亚洲安全问题的历史经纬和现实状况，多管齐下、综合施策，协调推进地区安全治理。对"三股势力"，必须采取零容忍态度，加强国际和地区合作，加大打击力度。

第三，合作，就是要通过对话合作促进各国和本地区安全，增进战略互信，以合作谋和平、以合作促安全，以和平方式解决争端。亚洲人民有能力、有智慧通过加强合作实现亚洲和平稳定。欢迎各方为亚洲安全和合作发挥积极和建设性作用。

第四，可持续，就是要发展与安全并重以实现持久安全。要聚焦发展主题，积极改善民生，缩小贫富差距，不断夯实安全根基。要推动共同发展和区域一体化进程，以可持续发展促进可持续安全。

冷战结束以来，随着世界多极化和经济全球化趋势的发展，已经有一些国家在相互关系和国际关系中努力实行新安全观。例如，在国际多边关系中，可以看到一些有利于新安全观的新变化。

（一）新安全观在与冷战思维斗争中发展

新安全观是中国特色对外战略新理念的重要组成部分之一。它是与冷战思维决裂的产物，并在与冷战思维和强权政治碰撞中发展。

与在冷战时期寻求借重中国来从全球角度抗衡苏联的均势政策不同，美国当前的战略是侧重于防止在欧亚大陆出现能够挑战美国领导地位的潜在威胁，为此准备将美国自己作为一种在世界一些重要地区起"独一无二的、最终起平衡作用的力量"。有些美国学者将18—19世纪的英国奉为榜样，认为"英国在这两个多世纪中一直是欧洲起平衡作用的力量，总是加入比较弱小的联盟来反对比较强大的联盟，以便创造均势。"他们甚至鼓吹："将通过支持中国周边地区的一些较小国家（和地区）（从韩国到中国台湾，甚至到越南）的办法来抵消中国在力量上所占的优势。"

如果按这些冷战思维和新的强权政治理论行事，国际关系中各方互动的模式基本上是"零和"模式，即一方得益意味着另一方受损，或两方关系的接近意味着第三方利益的受损。但在和平与发展成为时代主题的新形势下，这种"零和"模式将越来越行不通了。

从现实情况看，大国之间由于既有很多共同利益又有许多矛盾，因此形成既合作又竞争关系的可能性最大。如果中美都能用新安全观处理相互关系，就能建立建设性合作关系。如果世界各国都能用新安全观处理相互关系，就能创造和平与发展居于主导的世界。

即使是在现代地缘均势政策曾盛行的欧洲，近年来也出现了一些新的安全关系互动模式，如国际机制、地缘经济、合作共赢等。这表明冷战思维逐渐减少和新的安全观念更多发挥作用，是历史的必然趋势，虽然需要很长的时间。

（二）新安全观应作为国际关系的基本准则之一

新安全观是适应新时代的新理念，有着新的形式和内容。当前国际体系进入由无政府状态下的国际均势体系向以相互依存状态为主要特征的新的国际体系转变的过渡阶段，将促使各国调整对外战略，以适应这种转变。

近年来，国际风云变幻，发生了一系列影响深远的重要事件，强烈冲击着现行的国际秩序，改变着国际格局。安全的内涵和外延不断扩大。影响世界和平与发展的不确定因素在增加，传统和非传统安全威胁相互交织，不仅由领土、资源和民族矛盾引发的武装冲突等传统安全问题仍然存在，而且恐怖主义、国际犯罪、贩毒、环境污染等非传统安全问题日益突出。如何应对这些挑战，切实维护世界和平，促进共同发展，为各国人民营造一个稳定和谐的家园，是我们必须认真思考和切实解决的重大课题。各方共同安全利益上升，多边合作成为必由之路，维护安全的观念和手段需要更新。

当今世界，在强权政治仍存在、冷战思维还很强烈的情况下，应在进一步对新安全观进行充实和发展的基础上，提倡将其作为国际关系的新的基本准则之一，并探索以此对强权政治和冷战思维进行斗争的新途径。

各国在安全上应加强互信、增强合作、维护和平。1996 年中国就根据时代潮流和亚太地区特点，率先主张应共同培育一种新型的安全观念，其后又明确提出新安全观的核心应是互信、互利、平等、协作。各国应当努力通过对话和合作和平解决争端。中国主张国际关系民主化，世界上的事情应由各国平等协商。各国应坚持走多边主义道路，发挥联合国及其安理会在维护国际和平和安全方面的重要作用。中国根据新安全观积极推动"上海合作组织"的建立和发展，并参加了"世界贸易组织"（WTO）。这些表明中国在适应时代转变中处于领先地位。

中国贯彻"与邻为善、以邻为伴"的方针，以"睦邻、安邻、富邻"作为周边外交的思路，以"和平、安全、合作、繁荣"作为亚洲政策目标，积极推动睦邻友好和区域合作。

中国在亚太地区的安全目标是，维护国家主权和领土完整，维护地区和平与稳定，推动地区安全对话与合作。目前中国对地区安全的认识在不断深化，中国的安全观念更加开放，安全政策更加透明，参与的安全合作更加广泛。中国认为，综合安全是当前安全问题的基本特征，合作安全是维护国际安全的有效途径，共同安全是维护东亚安全的最终目标。①

现在，亚太地区各国致力于经济发展和社会稳定，互利合作不断深化，谋求共同安全与发展的意识上升。大国间的共同利益大于分歧，协调与合作逐渐增强。维护稳定，促进合作是亚太地区形势的主流。这是与中国和亚太地区其他国家践行新的安全观念的共同努力分不开的。

中国的发展离不开亚太地区的和平与稳定，也是亚太地区繁荣与进步的有机组成部分。中国有必要坚定贯彻"与邻为善、以邻为伴"的睦邻外交思想，与亚太各国携手营造健康、稳定的地区安全环境，为亚太地区的和平与发展做出更大贡献。

总体来说，应该坚持用互信、互利、平等、协作的新安全观指导中国外交和对外战略，努力实现综合安全、合作安全和共同安全。应该努力探索坚持新安全观的途径，用新安全观取代冷战思维。只有这样，才能保证中国的和平兴起，使中国国际战略更好地为"努力营造长期稳定、安全可靠的国际和平环境"服务。

（三）中国安全概念的新发展

自从冷战结束以来，中国根据新的国际形势、本身的国家利益和各国人民对和平与发展的追求，大大改变了自己的安全概念。中国主张："要争取持久和平，必须摒弃冷战思

---

① 2003 年 12 月 14 日时任中国外交部副部长王毅在清华大学国际问题研究所主办的东亚安全合作研讨会上的讲话，《人民日报》2003 年 12 月 16 日，第 4 版。

维，培育新型的安全观念，寻求维护和平的新方式。"

第一，由强调军事安全转向强调综合安全。在冷战时期，面临着一个或两个超级大国的军事威胁，中国不得不将主要注意力放在军事安全上。冷战结束后，中国认为，虽然地缘政治和意识形态因素不可忽视，"军事因素在国家安全中仍占有重要地位"，但"经济安全在国家安全中的地位日益突出"。[①] 同时，传统安全威胁与非传统安全威胁相互交织，恐怖主义危害上升。因此，中国现在强调各国政府相互进行协调以共同对付这些挑战。

第二，在冷战时期，"零和"游戏的概念在国际政治中起最重要的作用。在冷战结束后，中国接受了"安全是相互的"观念。因此，中国反对任何国家在其他国家不安全的基础上建立自己的绝对安全，中国自己也不会这样做。

第三，自从冷战结束以来，中国一直强调对话与合作，寻求通过和平手段解决国家之间的分歧与争端。同时，中国已经逐渐接受了多边安全对话与合作的概念。中国积极参加地区和次地区的安全对话与合作，并在其中发挥重要作用。

第四，近年来，中国在亚太地区建立信任措施方面处于领先地位。中国传统的军事思想中没有任何关于军事领域实行透明的论述。但自从冷战结束以来，中国已经逐渐接受了透明度的概念。特别是当中国对与其他国家的关系和国际安全环境感到更有信心时，中国在军备控制事务和增加透明度方面愿意采取更主动和更积极的措施。中国已经与俄罗斯以及几个中亚国家签署了在边境地区建立信任措施和裁军的协定。中国还与美国和日本分别签署了关于建立"热线"的协定。

二、亚洲新安全观是对和谐世界理论的发展

和谐世界理论为"亚洲新安全观"奠定了理论基础。自从人类社会出现国家以来，伴随着战争与冲突，在国际政治中占主导地位的观念一直是"弱肉强食"的"丛林法则"、"一方得益，必定导致另一方受损"的"零和"游戏规则等。在冷战时期，则是过于强调意识形态和价值观念对立，过于强调国家政治安全与军事安全的旧安全观，以及"非友即敌"、遏制地缘政治对手的冷战思维盛行。

建立和谐世界，必须彻底抛弃这些旧的思维和冷战思维，并创造一整套与和谐世界相适应的新理念。

"和谐"思想是中国几千年智慧的珍贵结晶之一，将它运用于国际关系领域是一个创造。早在公元前2500年，中国人就开始逐渐形成"天人合一"的宇宙观。2000多年前，中国先秦思想家孔子提出了"君子和而不同"与"和为贵"的思想。中国人早就强调追求天人和谐、人际和谐、身心和谐，向往"人人相亲，人人平等，天下为公"的理想社会。中国认为，和谐世界应该是民主的世界，和睦的世界，公正的世界，包容的世界。

将"和谐世界"思想运用于国际战略领域具有深远的意义。第一，它应该成为指导国

---

① 中国国务院新闻办公室：《中国的国防》白皮书，北京，1998年7月，载上海国际问题研究所《国际形势年鉴》，上海教育出版社，1999年12月第1版，第382-383页。

与国之间关系的主要准则；第二，它应该成为处理不同社会制度、不同文明、不同文化关系的主要准则；第三，它应该成为处理实现人类发展与维护地球环境之间关系的主要准则。

为了建立持久和平、共同繁荣的和谐世界，为了与民主、和睦、公正、包容的和谐世界相适应，世界各国都应该接受合作共赢的新理念。该理念应包括下述主要内涵。

（一）在承认多样性基础上的合作

"和谐世界"思想的基础是"和而不同"的世界观。中华民族传统文化的精髓，是重视和追求事物的和谐、均衡与稳定。《礼记·中庸》说："致中和，天地位焉，万物育焉。"认为只有达到和谐，才能正天地，育万物。中华民族传统文化的人文精神和价值理想，主张"兼相爱，交相利"。即以互爱互利的原则来处理人与人、国与国之间的关系。

中华民族传统文化强调"礼为用，和为贵"的思想，要求各种角色举措得当，相互协调，相互结合，重在和谐统一。这种"和而不同"的思想实际上表达了世界多样性的辩证统一，即在多样性的基础上实现和平、和谐与合作。

国家之间、民族之间、地区之间，存在这样那样的不同和差别是正常的，也可以说是必然的。世界各种文明、不同的社会制度和发展道路应相互尊重、相互交流和相互借鉴，在和平竞争中取长补短，在求同存异中共同发展。

（二）在平等和民主基础上的合作

中国"和谐世界"思想是建立在大小国家一律平等、互相尊重主权和领土完整基础上的。由于世界的多样性，因此应该提倡国际关系民主化和发展模式多样化。各国的事情应由各国人民自己决定，世界上的事情应由各国平等协商，并在此基础上进行合作。

（三）在相互协调与相互合作基础上寻求共赢

"中国哲学一向崇尚共存、共享、共赢，'海纳百川，有容乃大'。"《管子·兵法》上说："和合故能谐"，就是说，有了和睦、团结，行动就能协调，进而就能达到步调一致。这种和合并非是同一，"和合"也是有原则性的，与人相和而不随波逐流、同流合污。随着各国之间经济相互依存性的增长和共同面临越来越多的跨国安全问题，它们越来越有必要更多地相互协调政策，通过相互合作解决面临的各种新的安全挑战。

中国应该努力使亚洲新安全观和"和谐世界"思想以及合作共赢的新理念得到全国人民的认同和共识，并进而使其在实践中获得世界各国的集体认同，形成与此相适应的国际机制和制度。同时，中国应该努力运用中国"和谐世界"思想和合作共赢的新理念与霸权主义和强权政治作斗争，并改革现有国际秩序中不公正、不合理的因素。

三、亚洲新安全观是中国和平发展的重大宣示

近代以来，中国在国际体系中的地位经历了巨大变化。同时，中国对国际体系的态度

也发生了重大转变。亚洲新安全观和"建设和谐世界"重要思想的提出，为中国看待国际体系提供了崭新的视角。中国是当前国际体系的支持者、维护者和改革者。实现中华民族的伟大复兴是中国人民在 21 世纪的战略任务，也是构建和谐世界的重要组成部分之一。像中国这样一个大国的发展，是不可能一蹴而就的，需要在理论和实际上解决许多重要的问题。为了实现和平发展，必须在邓小平理论和"建设和谐世界"重要思想指引下，根据实事求是、与时俱进、开拓创新的精神，逐渐形成一整套中国特色的国际战略新理念。

（一）亚洲新安全观是看待国际体系的新视角

进入 19 世纪以后，西方列强靠坚船利炮打破和分割了中国主导下的东亚区域"封贡"体系，以欧洲为核心的近代国际体系将强权政治和霸权主义施加于中国。第二次世界大战结束后，中国虽然成为世界 5 大战胜国之一，但由于国内战争和国力孱弱，无法在国际上发挥作用。中华人民共和国成立初期至 20 世纪 70 年代，由于美国等西方国家的遏制和封锁，中国被排除在国际体系之外，因此成为国际体系的革命者和造反者。自从中国实行改革开放以来，中国逐渐融入国际经济体系和国际安全体系。中国加入世界贸易组织后，中国融入国际体系的速度进一步加快。

现有的国际体系，虽然有许多不公正、不合理、不完善的地方，但总的来说，对世界和平与发展有所助益，对中国利大于弊。

在和平与发展为主题的时代，不能采取先摧毁旧的再建立新的国际政治经济秩序的方法，而只能在加入现有的国际政治经济秩序后，再根据中国和世界人民的根本利益逐步改变其中不公正、不合理的规则，推动国际体系向公正合理方向转变，并逐步加以完善。这将是建设和谐世界的重要组成部分之一。

（二）以和平与发展为主题的时代为实现亚洲新安全观提供现实条件

世界处于和平与发展为主题的时代为实现亚洲新安全观与建设和谐世界提供了根本的前提条件和现实可能性。以和平与发展为主题的时代观是中国走和平发展道路的前提性大观念。中国走和平发展道路具有极大的时代意义，符合时代潮流，有利于维护世界和平，促进共同发展。

以和平与发展为主题的时代是历史发展的必然结果。回顾世界近现代史，我们可以看到，只有在和平与发展为主题的时代，建设和谐世界才有现实可能性。

17 世纪欧洲发生了两件对世界历史影响深远的大事。一是 1640 年英国爆发的资产阶级革命。这使资本主义生产力的发展开始摆脱旧势力的束缚。二是 1648 年签订的《威斯特伐利亚和约》。该和约塑造了威斯特伐利亚体系，确立了民族国家在现代国际关系中的行为主体的地位，在实践上肯定了国家主权原则，从而使国家主权平等原则成为国际关系基本准则。这使欧洲中世纪的以罗马教皇为中心的神权政治体制，让位于由主权平等和独立的民族国家组成的国际社会。但当时的欧洲国家只将主权平等原则适用于所谓的"基督教文明国家"。而对其他文明的国家和民族，欧洲列强并没有像中国古代以来一直持有的"和而不同"的世界观。相反，它们凭借资本主义生产力迅速发展所获得的坚船利炮，开始在亚、非、拉美等世界广大地区进行残酷征服、疯狂掠夺和占领殖民地。欧洲大国通过武力和战争崛起。尽管近代欧洲的康德、美国的威尔逊等提出建立人类共同体的愿景，中国的康有为等提出过世界大同的观点，但在当时根本不存在实现的可能性。

至19世纪末20世纪初，资本主义发展到帝国主义阶段。在世界范围内，殖民地已经瓜分完毕。为了夺取商品市场、原料产地和投资场所，帝国主义国家之间展开激烈争夺，导致两次世界大战。这两次世界大战也引起了一些国家的无产阶级革命和广大殖民地、半殖民地人民争取民族解放的斗争。因此20世纪前半期时代的主题是"战争与革命"。在这一时期，大国通过或企图通过武力和战争崛起的特点发展到了极致。

至20世纪60年代末，绝大多数殖民地、半殖民地人民通过民族解放斗争获得了民族独立。同时，世界上和平力量的增长超过了战争力量的增长，使新的世界大战可以避免。这些标志着"战争与革命时代"基本结束，时代的主题开始转换。20世纪70年代后，时代主题向和平与发展过渡。至冷战结束，这一时代主题完全确立，并且更加彰显。在这一时代，首次出现了建设持久和平、共同繁荣的和谐世界的现实可能性。当前中国的和平兴起正是在以和平与发展为主题的时代背景下进行的。

（三）中国领导人对时代主题的判断是提出亚洲新安全观的前提性大观念

邓小平关于时代主题的论述是我们认识时代的出发点。我们所说的时代，指以马克思主义观察全球形势所做的总体判断。作为时代主题的和平，是指不打世界大战。而不打世界大战，是中国和平兴起所需的稳定和平的国际安全环境的最重要因素之一。作为时代主题的发展，指世界各国无论大小穷富，均应得到充分的发展；也指每个国家应实现政治、经济、科技、社会、文化的全面协调发展。中国本身的这种发展是和平兴起的基础，而且中国希望世界各国共同发展。

早在20世纪80年代初，邓小平同志就已开始思考当代世界的和平与发展问题以及这两大问题间的相互关系。80年代中期以后，邓小平同志提出："对于总的国际局势，我的看法是，争取比较长期的和平是可能的，战争是可以避免的"。① 他认为，国际社会在为反对霸权主义、反对战争威胁，争取世界和平而斗争时，还必须始终不渝地关注和解决人类的发展问题。1985年3月，邓小平同志指出："现在世界上真正大的问题，带全球性的战略问题，一个是和平问题，一个是经济问题或者说发展问题。"②

冷战结束后，世界形势发生重大变化，但霸权主义、强权政治和不公正不合理的国际经济秩序依然存在。邓小平同志通过冷静观察和思索，1992年在南行讲话中特别指出："世界和平与发展这两大问题，至今一个也没有解决。"③

党的十三大和十四大报告均依据邓小平同志的论断，将和平与发展概括为"当今世界"的"主题"和"两大主题"。1997年9月，党的十五大又明确将和平与发展概括为"当今时代的主题"。"当今时代的主题"比"当今世界的主题"立意高、看得远，考虑到

---

① 《邓小平文选》第三卷，人民出版社，1993年版，第233页。

② 《邓小平文选》第三卷，人民出版社，1993年版，第105页。

③ 《邓小平文选》第三卷，人民出版社，1993年版，第383页。

了时代基本矛盾的演变。2012 年 11 月，党的十八大报告指出："当今世界正在发生深刻复杂变化，和平与发展仍然是时代主题"。争取较长时期的和平国际环境和良好周边环境是可以实现的。中国领导人的这些论述是提出亚洲新安全观和实现中国和平发展的前提性大观念。

（四）坚持和丰富和平与发展为主题的时代观是亚洲新安全观的基础

在当前世界和平受到新的冲击和发展面临新的挑战的形势下，我们应该进一步提高对"和平与发展为主题的时代"的认识，统一思想，坚定信念，抓住机遇，发展自己。一方面，"还是战争与革命时代，中国被遏制，必有一战"的观点，是没有看到时代已经发生本质的变化，夸大了中国面临的威胁，是错误的。另一方面，那种认为"和平与发展就可以万事大吉"的观点，看不到存在的新挑战，因而也是错误的。和平与发展是世界的发展潮流。中国走和平发展的道路是以和平与发展为主题的时代所决定的，也是在这一时代背景下进行的。

同时，应根据国际形势的变化，不断丰富与调整和平与发展时代观和亚洲新安全观的内涵。

第一解放思想，与时俱进，克服思想障碍，丰富与发展时代主题。

邓小平理论、"建设和谐世界"重要思想是我们认识时代主题的出发点和理论基础，同时要顺应时代发展潮流，进一步推进时代主题的内涵。"左"的和右的认识偏差都应克服，尤其要克服"左"的倾向。观念要有新提高，开放要有新局面，合作要有新内容。慎提反对"西化"，多讲学习和吸取全人类的文明成果。在主权观、人权观、民主观方面，都应当顺应时势而变化。

其一，全人类共同利益上升是和平与发展为主题的时代的一个重要特征。我们应该顺应历史潮流，维护全人类共同利益。与国际社会共同努力，积极促进世界多极化，推动多种力量和谐并存，保持国际社会的稳定，积极促进全球化朝着有利于实现共同繁荣的方向发展，趋利避害，使各国特别是发展中国家都从中受益。

其二，合作安全是和平与发展为主题的时代的一个重要原则。维护安全需要有新观念。中国一直在提倡树立以互信、互利、平等、协作为核心的新安全观，主张通过对话增进相互信任、通过合作促进共同安全。

其三，维护世界多样性，提倡国际关系民主化和发展模式多样化，是和平与发展为主题的时代的一个重要目标。只有尊重世界的多样性，各个民族、文明才能和谐相处，相互学习，相互借鉴，相得益彰。世界上的不同文明、不同的社会制度和发展道路应彼此尊重，在竞争比较中取长补短，在求同存异中共同发展。

第二辨证看待现有国际体系，运用和改善国际体系，促进和平与发展。

现有国际体系当然有不合理不公正的方面，但是也在广大发展中国家的努力下取得了很大进步，有公正与合理的方面。和平与发展的推进不能是无源之水，无根之木，而是从现有国际体系中孕育出来的，也只能在国际体系的变化中发展。中国更应当在融入国际体系的同时，学习运用国际体系，进而逐步改造国际体系，去推进和平与发展。

对一些正在发展的、对国际体系有影响的事物，也应该用辩证的观点去看。例如，非政府组织和跨国公司，对世界和平与发展以及中国和平兴起既有有利影响，也有不利影响，需要客观分析，善用其有利的一面，而防止其不利的一面。

第三从维护和平与发展的时代主题出发，摒弃冷战思维，超越地缘政治，正确认识中国的国际利益。

和平与发展作为客观的发展趋势，是不以我们的主观意志为转移的，也不一定在所有的方面、所有的时间都符合中国的国家利益，但从长远来说可能对中国更为有利。因此维护和平与发展是符合中国国际利益的。地区合作的利益，全人类的共同利益，有些是与中国国家利益一致的，甚至成为中国国家利益的组成部分。中国需积极参加联合国和区域组织的维和活动，积极促进国际政治和经济秩序的建设和改革，积极参与地区经济与安全合作，推进新安全观的传播，逐渐使合作安全与共同安全成为共识。世界多极化和国际关系民主化意味着，不仅中国可能兴起，其他国家也可能兴起。和平复兴的中国应当欢迎其他国家的和平崛起。任何一国的崛起都会对国际局势和地区态势产生影响甚至冲击，中国应当对此做充分的准备，与时俱进地调整政策不断磨合出新的合作与平衡模式。

第四不断研究新问题，形成更全面更完整的亚洲新安全观。

我们仍然处在剧烈变化的世界之中。要不断揭示促进和平与发展的新力量和新因素，不断研究妨碍和平与发展的新问题和不确定因素。和平是发展的前提，发展是和平的基础。一般来说，两者互相促进。然而，两者的关系也是复杂的，有时也出现对立的趋势。这就要求进行更深入的研究，逐步形成更全面、更前瞻的时代观。中国的发展离不开世界。中国的和平兴起也需要争取世界的认同。中国越深入地参与国际经济机制和国际政治机制，就会越愿意在国际社会中起负责任的作用。

总的来说，中国作为负责任的大国，应该而且一定会对推动国际政治经济秩序向公正合理方向发展作出自己应有的贡献。

中国古代《周易》一书认为，一个伟大事物或人物的兴起需要经过"潜龙勿用，见（现）龙在田，终日乾乾，或跃在渊，飞龙在天，亢龙有悔"等六个阶段，中国走和平发展道路的对外战略可以借鉴这一思想。第一阶段"潜龙勿用"相当于韬光养晦。第二阶段"见（现）龙在田"表明在有了一定发展后可以在国际上有所作为，但必须脚踏实地。中国对外战略现在处于从第一阶段向第二阶段转变过程中。第三阶段"终日乾乾"表示必须自强不息、奋发有为。然后才会有第四阶段由量的积累在某种有利时机发生质的飞跃。第五阶段"飞龙在天"表明事业发展非常顺利，有了较大实力。第六阶段"亢龙有悔"表示在事业发展到顶峰时，要特别注意谦虚谨慎，永不称霸。

一种文明兴起或复兴对国际体系影响的关键是理念的创新力。一些兴起或复兴的文明往往给国际体系带来某些符合历史发展潮流的新理念。例如，英国在18世纪后强调海上航行自由原则。虽然其主观意图主要是为英国发展对外贸易和掠夺殖民地服务，但在客观上有利于促进国际贸易和国际海洋运输业。又如，在第二次世界大战结束后美国主张实行非殖民地化。虽然主要是为了将美国的军事、经济和战略利益扩大到全世界，但在客观上有利于亚非拉民族解放运动的发展。

近年来，中国领导人提出亚洲新安全观和"建设一个持久和平、共同繁荣的和谐世界"的新理念。"和谐"思想在中国源远流长，是中华民族优秀文化的一部分。谷物称禾，禾在口边，丰衣足食，天地人和；"谐"字左边是言，右边是"皆"，含人人有发言权之意。孔子说："和者，天地之正道也"，"德莫大于和"，"礼之用，和为贵，先王之道，斯为美"。康有为在《大同书》中提出要建立一个"人人相亲，人人平等，天下为公"的理想世界。推展到对外关系上，中华文明历来注重亲仁善邻，讲究和睦相处，主张"协和万邦"、"和而不同"，秉承"强不执弱"、"富不侮贫"的精神。与西方文化对弱势民族文化采取压迫和征服的方法不同，中国古代文化侧重对其他文化的道德示范作用。

中国亚洲新安全观和"建设和谐世界"的新理念代表了和平、发展、合作的时代潮流，反映了全世界人民的共同愿望。为了贯彻"建设和谐世界"的新理念，中国正在坚定不移地走和平发展道路，目标是把自己国家建设成富强、民主、文明、和谐的现代化国家。同时，中国提出了如何实现和谐世界的一系列主张。中国认为，和谐世界应该是民主的世界、和睦的世界、公正的世界、包容的世界。中国主张，提倡和推进多边主义，坚持从各国人民的共同利益出发，努力扩大利益的交汇点，在沟通中增强了解，在了解中加强合作，在合作中实现共赢。中国提出了以互信、互利、平等、协作为核心的新安全观。中国主张坚持和睦互信，实现共同安全；坚持公正互利、实现共同发展；坚持包容开放，实现文明对话。

中国与亚信、上海合作组织其他成员国一起坚定不移地倡导和实践互信、互利、平等、协商，尊重多样文明，谋求共同发展的"上海精神"。这使其成员国涵盖儒家文明、伊斯兰文明、东正教文明这世界三大文明的亚信、上海合作组织取得蓬勃发展，具有广泛国际影响。随着亚洲的发展和兴起，亚洲新安全观将越来越具有普遍的国际意义。

论文来源：本文原刊于《中国周边外交学刊》2015 年第一辑，第 77-92 页。

项目资助：中国海洋发展研究会重点项目（CAMAZD201608）。

正确义利观视角下的北极治理和中国参与

丁　煌[①]　王晨光[②]

摘要： 作为新时期中国外交的指导原则，正确义利观对北极治理也具有极强的适用性。北极治理相关事务可按属性大致划分为"义"、"利"两个方面，但受"重利轻义"错误观念的影响，各国往往片面强调权利而忽视义务、重视本国利益而不顾人类共同利益，致使北极治理的发展面临困境。中国是正确义利观的倡导者，也是北极事务的利益攸关方，故应在参与北极治理的进程中积极践行正确义利观并将其发扬光大。中国应坚持以义为先，遵循取利有道，追求互利共赢，在承担国际道义的前提下谋求北极利益，在实现自身发展的同时推动北极善治。

关键词： 正确义利观；北极治理；中国参与；中国外交

受全球气候变化和经济全球化的影响，北极地区正经历着自然环境和治理机制的双重"态势变迁"，[③] 这使北极治理逐渐"嵌入"到了全球治理的议程和范畴之中。而随着中国综合实力的快速提升和国家利益的不断拓展，参与北极治理已成为中国参与全球治理的重要组成部分，而且在维护国家安全、树立国际形象等方面的意义日趋显现。中国参与北极治理已经历了早期以北极科研、北极科考为主要内容的科学探索阶段和 21 世纪初以争取加入北极理事会（Arctic Council）为代表的身份塑造阶段，2013 年 5 月被北极理事会接纳为正式观察员后，又步入了以如何增强在北极地区的有效存在、保障对北极治理的实质性参与为目标的全面参与阶段。面对新的参与环境、新的利益认知和新的身份定位，中国参与北极治理亟需新的政策理念。作为新时期中国外交工作的指导原则，正确义利观在认识和分析北极治理相关事务上具有很强的适用性，中国应在深化北极参与、推动北极善治的进程中予以积极践行。

一、正确义利观：新时期中国外交的指导原则

在中国崛起的背景下，中国应该秉持什么样的外交理念处理自身与世界的关系，不仅关乎中国的国内建设和国际形象，也影响着世界的和平与发展。党的十八大之后，为了更好地统筹国内国际两个大局，实现中国外交的战略部署，习近平同志在 2013 年 3 月访问

---

① 丁　煌，男，中国海洋发展研究中心研究员，武汉大学"珞珈学者"特聘教授，政治与公共管理学院院长。

② 王晨光，武汉大学中国边界与海洋研究院博士研究生，国家领土主权与海洋权益协同创新中心研究人员。

③ Arctic Governance Project, "Arctic Governance in An Era of Transformative Change：Critical Questions, Governance Principles, Ways Forward," http://www.Arcticgovernance.org/.

非洲期间首次提出了正确义利观的概念。之后，习近平同志多次在重大涉外场合提及正确义利观，如 2013 年 10 月在中国周边外交工作座谈会上指出，做好外交工作要"找到利益的共同点和交汇点，坚持正确义利观"；① 2014 年 11 月在中央外事工作会议上强调："要坚持正确义利观，做到义利兼顾，要讲信义、重情义、扬正义、树道义"；② 2016 年 4 月在主持中共中央政治局第三十一次集体学习时强调，"一带一路"建设要坚持正确义利观，以义为先、义利并举，不急功近利，不搞短期行为③等。随着正确义利观的确立和在实际工作中得以落实，其已成为新时期中国外交的一面旗帜。④

　　一般而言，"义"是利他，属于高尚的道德原则，"利"是为己，泛指物质方面的利益，义利观则是人们对二者关系的认识。⑤ 在中国的外交工作中，具体什么是"义"，什么是"利"，什么样的义利观才是正确义利观呢？2013 年 9 月，王毅外长在《人民日报》发表《坚持正确义利观 积极发挥负责任大国作用》一文，引述了习近平同志对正确义利观内涵的精辟阐述："义，反映的是我们的一个理念，共产党人、社会主义国家的理念。这个世界上一部分人过得很好，一部分人过得很不好，不是个好现象。真正的快乐幸福是大家共同快乐、共同幸福。我们希望全世界共同发展，特别是希望广大发展中国家加快发展。利，就是要恪守互利共赢原则，不搞我赢你输，要实现双赢。我们有义务对贫穷的国家给予力所能及的帮助，有时甚至要重义轻利、舍利取义，绝不能唯利是图、斤斤计较。"⑥

　　由此可见，正确义利观是基于对当前国际形势发展的正确把握和国际关系伦理的深刻思考而提出的，有着对世界主义和社群主义伦理价值观，或者说对目的论和义务论的双重超越。其反对霸权主义、民族利己主义和罔顾国家核心利益的世界主义，要求将国际道义和国家利益有机地结合起来，是对构建更加公正合理的世界秩序的阐发。⑦ 在国际关系的处理上，正确义利观主张求同存异，包容互鉴，在追求本国利益时兼顾他国合理关切，在谋求自身发展中促进与其他国家共同发展，从而形成休戚与共、守望相助的命运共同体。中国作为正确义利观的倡导者和推动者，更要坚持国际正义，讲求友好情义，在实现自身发展的前提下更多地惠及世界、承担义务，在国际社会充分发挥负责任大国的作用。

　　坚持正确义利观，对新时期中国外交工作的开展意义重大。第一，正确义利观是对中华民族优秀传统文化的继承和中国特色社会主义内在要求的体现，有利于形成中国特色、中国风格、中国气派的外交政策理念。"义利之辨"是中国传统思想当中的一个重要命题，不论是孔孟提倡的重义轻利，还是墨子主张的义利统一，都充分肯定了"义"的价值，而

---

①　《为我国发展争取良好周边环境 推动我国发展更多惠及周边国家》，《人民日报》，2013 年 10 月 26 日，第 1 版。

②　《中央外事工作会议在京举行》，《人民日报》，2013 年 11 月 30 日，第 1 版。

③　《借鉴历史经验创新合作理念 让"一带一路"建设推动各国共同发展》，《人民日报》，2016 年 5 月 1 日，第 1 版。

④　《王毅：正确义利观是中国外交的一面旗帜》，人民网，2014 年 1 月 11 日，http：//world.people.com.cn/n/2014/0111/c1002-24090140.html。

⑤　李海龙：《论中国外交之正确义利观的内涵与实践》，《理论学刊》，2016 年第 5 期，第 132-137 页。

⑥　王毅：《坚持正确义利观 积极发挥负责任大国作用》，《人民日报》，2013 年 9 月 10 日，第 7 版。

⑦　王泽应：《正确义利观的深刻内涵、价值功能与战略意义》，《求索》，2014 年第 11 期，第 25-30 页。

重义轻利、先义后利、以义取利等也成为中华民族的主流价值观。同时，中国特色社会主义是爱好和平的社会主义，始终坚持将爱国主义与国际主义相统一、中国人民利益和全人类共同利益相结合。正确义利观与中国传统义利观、社会主义义利观一脉相承，贯穿于新时期中国外交政策理念之中，如"亲诚惠容"的周边外交理念、"真实亲诚"的对非政策理念、构建"命运共同体"的倡议等都是相应体现。

第二，正确义利观是对新中国外交政策实践的总结和深化，有利于明确当前中国在国际社会的身份定位。新中国自成立时起，便主动承担起了维护世界和平与正义的职责，不仅率先提出并坚持奉行"和平共处五项原则"，还在自身经济十分困难的情况下无私援助第三世界国家。改革开放以来，随着综合实力的迅速增强并成为世界第二大经济体，中国对发展中国家援助的规模、质量和成效都显著提升，还明确欢迎周边国家搭乘中国发展的"便车"[①]。但与此同时，中国作为发展中国家的身份却遭到质疑，"中国威胁论"也甚嚣尘上。正确义利观的提出，向世界昭示了中国始终与发展中国家站在一起的立场，体现了中国坚持走和平发展道路的决心，也彰显了中国构建负责任大国的意愿。

第三，正确义利观是对历史经验的超越和对现实发展的回应，有利于为国际事务的妥善处理和全球善治的实现贡献力量。近代以来，"利益至上"、"只有永恒的利益，没有永恒的朋友"等西方理念被视作国际关系的"真理"，各国之间争权夺利，冲突不断。[②] 正确义利观的提出，有望为人类认识、分析国际问题提供新的视角，从而修正"国强必霸"的逻辑、破解"修昔底德陷阱"的宿命等。另外，在全球化背景下，金融危机、气候变化、恐怖主义等全球性问题不断涌现，虽然各国越来越难以单独应对，但围绕主导权和既得利益而展开的博弈却有增无减。正确义利观要求在追求本国利益时兼顾他国利益，在谋求本国发展中促进人类的共同发展，可为当前全球治理困境的解决提供思路。

二、重利轻义：北极治理的现状与困境

近年来，北极地区呈现出了环境恶化和经济机会反向上升的局面，这使北极治理成为与域内外国家的政治、经济等都紧密相关的综合性问题。[③] 进一步而言，北极治理相关事务可按属性大致划分为两类：一类是具有全球性特征、关乎人类共同利益、需要各国承担相应义务来推进的事务，如科学研究、气候变化、环境保护等；另一类是具有稀缺性特征、直接影响各国国家利益、以享有权利甚至拥有权力为前提的事务，如资源开发、航道利用、军事安全等。如果以义利观的标准来划分，前者可视为"义"的范畴，后者则属于"利"的范畴，北极治理可谓"义利并存"。然而，由于在"无政府"状态下各国往往"重利轻义"，即片面强调权利而忽视义务、重视本国利益而不顾人类共同利益，所以北极治理的发展现状不容乐观。

---

① 《习近平欢迎各国"搭便车"亚洲方式布局周边外交》，中国新闻网，2014年8月22日，http://www.chinanews.com/gn/2014/08-22/6523301.shtml。

② 秦亚青：《正确义利观：新时期中国外交的理念创新和实践原则》，《求是》，2014年第12期，第55-57页。

③ Charles Emmerson, *The Future History of the Arctic*, New York: Public Affairs, 2010, pp. 10-16.

（一）　开始掺杂私利的北极之“义”

受“重利轻义”错误义利观的影响，北极地区的科学研究、气候变化、环境保护等本属于“义”的事务逐渐掺杂了越来越多的国家私利，各国在这些事务上陷入了集体行动的困境。

第一，一些国家开始就北极科研、科考建立藩篱。因独特的地理位置和自然环境，北极地区素有“天然实验室”之称，很多地球奥秘和宇宙奥秘都蕴藏于此。鉴于高难的技术要求和不菲的资金投入，北极科研、科考一直都是国际合作程度较高的活动，早在 1882—1883 年、1932—1933 年西方国家就曾组织开展过第一次、第二次国际极地年（IPY），1990 年国际北极科学委员会（IASC）的成立更是掀开了北极研究全球化的新篇章。[①] 北极科研、科考是各国参与北极治理的基础路径，北极科研水平的高低以及知识积累的多寡也直接决定着各国在北极治理中的话语权。然而，随着科技在国家实力和国际关系中的地位逐渐凸显，一些发达国家为了谋取或维持竞争优势，增强了对最新信息、关键技术、前沿成果等的垄断，这阻碍了北极研究整体水平的提升和人类进一步认识北极的进程。

第二，各国难以将应对气候变化的承诺落到实处。无论是从影响范围还是影响程度看，气候变化都是人类有史以来面临的最严重的环境问题和挑战，[②] 而北极地区则是全球气候变化重要的“响应器”和“驱动器”之一。据美国国家海洋与大气管理局（NOAA）2016 年发布的报告显示，北极气温正继续以全球其他地区两倍的速度上升，[③] 这已导致北极地区的冰雪大面积消融、海水结构变异、海洋流动减弱等。这些变化一方面直接威胁到了北极生态系统稳定、造成世界海平面上升，另一方面也反作用于全球气候系统，加剧气候变暖并引发气象灾害。[④] 20 世纪 90 年代以来，世界各国已在联合国框架下就应对气候变化问题取得了一定进展，但由于一些发达国家一直不能忠实地履行减排承诺，广大发展中国家在减排和发展之间面临着巨大压力，这一问题的改善或解决依然任重而道远。

第三，北极环境保护机制“碎片化”严重。受气候变化和经济开发的双重影响，再加之北极生态系统自身的脆弱性和敏感性，北极环境保护面临的压力正越来越大。目前，北极地区的环境问题具体表现为外来物种入侵、生物多样性减少、海岸腐蚀、日益频繁的灾害性天气、矿产资源的开采与冶炼所造成的冻土破坏和固体废弃物污染、石油开采和运输所造成的污染、核污染以及原住民传统生活习俗遭到破坏等。[⑤] 对此，北极国家加强了国内层面的立法，但其往往暗含着增强主权的目的而未将生态环境的整体性保护视为第一要

---

① 肖洋：《地缘科技学与国家安全：中国北极科考的战略深意》，《国际安全研究》，2015 年第 6 期，第 106-131 页。

② 杨洁勉：《世界气候外交与中国的应对》，时事出版社，2009 年，第 210 页。

③ NOAA, Arctic Report Card 2016, December 2016, ftp：//ftp. oar. noaa. gov/arctic/documents/ArcticReportCard_full_ report2016. pdf.

④ AMAP, CAFF and IASC, Arctic Climate Impact Assessment （ACIA）, 2004, http：//www. amap. no/documents/doc/arctic-arctic-climate-impact-assessment/796.

⑤ 刘惠荣等：《北极环境治理的法律路径分析与展望》，《中国海洋大学学报》（社会科学版），2011 年第 2 期，第 1-4 页。

务；在国际层面，相关法律机制则分散于《联合国海洋法公约》等全球性公约以及北极理事会等区域性机制之中。由于尚不存在一个专门为保护北极环境而制定的国际条约，所以条约冲突、国际法与国内法冲突严重，北极环境治理的有效性亟待提升。①

（二）争夺日益加剧的北极之"利"

就北极地区的资源开发、航道利用、军事安全等属于"利"的事务而言，其受"重利轻义"的影响更重，致使各国之间的利益争夺和地缘冲突加剧，北极局势动荡不安。

第一，巨大的资源开发潜力引起"北极争夺战"。据美国地质调查局（USGS）公布的数据显示，北极是世界上最具潜力的油气资源开发区，蕴藏着全球未发现天然气储量的30%和石油储量的10%，② 可谓"第二个中东"。此外，这一地区还有丰富的铁、锰、金、镍、铜、钻石、磷灰石等矿产资源，森林、渔业资源以及独特的旅游资源等。随着全球气候变暖，可开采性增强，北极将成为世界能源、资源市场供给的主要增量区域。从地域空间分布看，北极地区的资源既有陆地的，也有海洋的，其中以陆地与海洋交接的地带以及大陆架区域最为富集。③ 因此，以2007年俄罗斯北冰洋底"插旗事件"为导火索，北极国家纷纷加强了对其主权和管辖权范围内资源的控制。同时，一些国家为了占据更多的资源，还就海上边界和沿岸大陆架的划分产生争议，致使"北极争夺战"不断升温。④

第二，各国就北极航道的法律地位争议不断。受气候变暖的影响，北冰洋海域冰融期变长、冰层变薄，这使经过俄罗斯北部沿岸的东北航道（Northeast Passage）和经过加拿大北方水域的西北航道（Northwest Passage）的通航条件大大改善。相较于传统航线，这两条航线具有显著的优势，如从日本横滨经东北航道前往荷兰鹿特丹，将比走马六甲海峡－苏伊士运河航线节省近5000海里和40%的航运成本；从美国西雅图经西北航道前往鹿特丹，则比走巴拿马运河节省约2000海里和25%的航运成本。⑤ 鉴于日益提升的战略价值，俄罗斯和加拿大分别加强了对东北航道和西北航道的管理并将其定义为"内水"，试图完全掌控这两条航线。此举招致美国、欧盟的强烈反对，它们认为北极航道属于国际航行海峡，应适用过境通行制度，⑥ 国际社会也普遍希望获得完全的通行自由。

第三，北极地区"再军事化"趋势明显。冷战时期，由于以美苏两大军事集团在北极地区隔洋（北冰洋）相望，所以双方在此形成对峙，北极也一度成为全球远程导弹布设密度最大的地区。1987年，戈尔巴乔夫发表"摩尔曼斯克演说"，北极由"冷战前沿"变成

① 刘慧荣、杨凡：《国际法视野下的北极环境法律问题研究》，《中国海洋大学学报》（社会科学版），2009年第3期，第1-5页。

② USGS，Circum-Arctic Resource Appraisal：Estimates of Undiscovered Oil and Gas North of the Arctic Circle，http：//pubs.usgs.gov/fs/2008/3049/fs2008-3049.pdf.

③ 陆俊元、张侠：《中国北极权益与政策研究》，时事出版社，2016年版，第254-255页。

④ 吴慧：《"北极争夺战"的国际法分析》，《国际关系学院学报》，2007年第5期，第36-42页。

⑤ U.S. Arctic Research Commission and International Arctic Science Committee，Arctic Marine Transport Workshop，2004，http：//www.arctic.gov/publications/other/arctic_ Marine_ transprt.pdf.

⑥ 白佳玉：《北极航道利用的国际法问题探究》，《中国海洋大学学报》（社会科学版），2012年第6期，第6-11页。

了"合作之地"，① 并在冷战结束后进一步加快了国际合作的步伐。然而，随着 21 世纪以来北极地区的战略价值显著提升，北极国家纷纷增强了在这一地区的军事演习和军事存在，其中以俄罗斯、加拿大、美国最为高调。乌克兰危机爆发后，美欧与俄罗斯陷入"新冷战"，北极再次成为了美俄安全威胁的主要方向和战略博弈的"新边疆"，双方在这一地区的军事部署都不断升级。② 如果各方继续强化在北极的军事存在，这一地区出现军事对峙乃至"擦枪走火"的可能性只会越来越大，③ 与北极治理的宗旨背道而驰。

三、义利兼顾：中国参与北极治理的路径选择

综上可见，对于当前北极治理"义利并存"的特性及其因"重利轻义"而陷入的发展困境，既重视国际道义与责任，又强调彼此互利和共赢的正确义利观具有很强的适用性和指导价值。中国是正确义利观的倡导者，在北极地区也同时涉及"义"、"利"两方面的事务，因而应在参与北极治理的进程中率先做到义利兼顾、实现义利统一并将其发扬光大。以正确义利观为指导，中国参与北极治理需从以义为先、取利有道和互利共赢三个层面展开。其中，以义为先是应该长期坚持且毫不动摇的原则，取利有道是在北极"开发时代"必须遵循的要求，而互利共赢则是始终强调并不懈追求的目标。

（一）坚持以义为先

北极治理之"义"涉及科学考察、气候变化、环境保护等关乎人类共同利益的事务，是北极治理的底色和本质。中国是一个负责任的大国，同时也是北极域外国家，这些事务的"全球性"可为中国参与提供充足的理据，"低政治性"则能避免为"中国北极威胁论"提供口实。因此，科研、环保等事务从历史上看是中国参与的突破口和基本路径，从现实来看则应继续作为中国参与的优先领域。

第一，中国是国际北极科研、科考的重要力量。中国虽然于 1999 年才组织开展了首次北极科考，但进入 21 世纪以来发展迅速。截至 2017 年，中国已先后组织开展了 7 次北极科考，在挪威的斯瓦尔巴群岛建立了"黄河"科考站，在北极气候变化对东亚气候的影响研究，北冰洋海-冰-气相互作用过程研究和北极日地物理、生态、冰川变化长期观测和研究等方面取得了显著成果④。域外国家在北极事务上的发言权和影响力，在很大程度上取决于该国以科研为主的北极知识储备的获取和转化能力。⑤ 因此，中国应继续提升北极研究实力和水平，并更加注重与国际同行的科研合作与成果分享，充分彰显北极科考大国的作用和担当。

---

① Oran R. Young, "Governing the Arctic: From Cold War Theater to Mosaic of Cooperation," *Global Governance*, Vol. 11, No. 1, 2005, pp. 9-15.

② 张佳佳、王晨光：《地缘政治视角下的美俄北极关系研究》，《和平与发展》，2016 年第 2 期，第 102-114 页。

③ 《北极军事化趋势堪忧》，新华网，2016 年 2 月 12 日，http://news.xinhuanet.com/mil/2016-02/12/c_128713558.htm。

④ 北极问题研究编写组：《北极问题研究》，海洋出版社，2011 年版，第 369 页。

⑤ 程保志：《中国参与北极治理的思路与路径》，《中国海洋报》，2012 年 10 月 12 日，第 4 版。

第二，中国与北极地区的气候、环境事务密切相关。北极地区是影响中国气候系统的核心动力来源之一，北极气候变化已对中国的自然生态系统、沿海地区、森林、水资源、农业生产、牧业、旅游等经济活动和社会生活的各个层面造成了不小的负面影响。[①] 同时应该注意的是，作为世界上最大的发展中国家和碳排放国，中国对北极地区的气候变化、环境恶化也负有不可推卸的责任。因此，中国一方面需主动承担起相应的环保义务，如进一步落实节能减排目标、加强污染监测和污染防治等；另一方面则应在联合国框架内及北极理事会等区域性机制中积极发挥建设作用，推动涉北极气候、环境治理机制的发展完善和有效运行。

（二）遵循取利有道

北极治理之"利"包括资源开发、航道利用、军事安全等直接影响各国国家利益的事务，是近年来各国角力的焦点。随着中国的快速崛起和对国际机制的持续融入，中国在北极地区也有着合法、合理的经济利益和安全利益。但中国毕竟是北极域外国家，因而必须在遵守相关国际法原则以及北极国家法律法规的基础上，有理、有度、有节地维护自身利益，绝不能急功近利，唯利是图，引起北极国家和国际社会的反感。

第一，中国是北极"开发时代"的合法参与者。中国在北极地区的经济利益主要体现在资源和航道两个方面。就前者而言，中国是世界上第一大石油（包括原油和石油产品）进口国、第四大天然气进口国和第二大煤炭进口国，[②] 开发潜力巨大的北极将成为中国能源进口的新方向；就后者而言，北极航道特别是东北航道的开通将给中国带来一定的红利，如为对外贸易提供新的航线选择、降低对马六甲海峡的过度依赖等。中国在北极地区享有的资源开发、航行自由等权利具有充足的法理依据，但不可否认，北极经济开发的主导者依然是北极国家。因此，中国一方面应高度重视多边机制，如充分利用《联合国海洋法公约》等赋予的权利、积极发挥作为国际海事组织（IMO）A 类理事国[③]的作用等；另一方面应不断巩固并加强与北极国家的双边关系，有序落实与冰岛、俄罗斯等国签署的涉及北极经济开发的合作协议。

第二，中国是北极地缘政治变化的合理关切者。北极地区具备"得三洲两洋通衢地利之便，瞰制北半球主要国家"的军事战略价值，尽管中国在可预见的未来都不具备实力直接涉及这一领域，但随着国家利益抵达全球，也有必要对北冰洋的安全价值予以关注。[④] 就近年来北极地区的"再军事化"趋势而言，其虽然在很大程度上属于北极国家的内政问题，但作为联合国安理会的常任理事国，中国应在坚持"和平共处五项原则"的前提下表

---

① 陆俊元：《北极地缘政治与中国应对》，时事出版社，2010 年，第 297 页。

② IEA. Key World Energy Statistics 2016, http：//www. iea. org/publications/freepublications/publication/Key-World2016. pdf.

③ 国际海事组织的理事会由 40 个理事国组成。理事国分为 A、B、C 三类：A 类为 10 个国际航运大国，B 类为其他 10 个国际海运贸易大国，C 类是另外 20 个区域性航运大国。中国于 1973 年恢复了在国际海事组织中的成员国地位，并从 1989 年开始连续成为 A 类理事国。参见国际海事组织网站：http：//www. imo. org/About/Pages/Structure. aspx.

④ 郭培清：《中国的北极利益梳理》，《时事报告》，2013 年第 7 期，第 48 页。

示合理关切，与相关国家一道维护北极局势的和平稳定。

（三）追求互利共赢

互利共赢不仅是各方利益的实现，更是共同发展、共同富裕、共同繁荣的道义的彰显，因此是义、利两方面的和谐统一。中国在北极治理中追求的互利共赢应至少包含以下3个方面。

第一，追求与北极国家的互利共赢。北极国家在北极地缘政治格局中占据支配地位，与北极国家的合作是中国参与北极事务、实现北极利益的重要路径。[①] 而随着中国综合实力的增强，无论是科学研究、环境保护，还是资源开发、航道利用，北极国家都越来越需要中国的资金、技术投入。正是基于这种战略互需，中国不仅与北欧五国建立了中国-北欧北极研究中心、与俄罗斯开展联合北极科考等，还参与格陵兰地区的矿产资源开发、入股俄罗斯的亚马尔 LNG 项目等，已成为北极国家信得过的北极合作伙伴。

第二，追求与其他域外国家的互利共赢。就北极治理而言，中国与其他域外国家特别是北极理事会正式观察员国具备相似的利益诉求和身份认知，因而在很多事务上存在合作的动力。同时，面对北极国家依然存在的"域内自理会"倾向，域外国家为保障自身的合法权益也需要协调立场、共同应对。[②] 在此情形下，中国应加强与域外国家的互信、互助，也应倡导北极国家和域外国家间的互尊、互利，共同研究和解决北极治理所面临的困境。

第三，追求与北极原住民的互利共赢。北极原住民包括萨米人、因纽特人等，数量约200多万人，是北极地区"真正的主人"。原住民在北极治理中的作用不可忽视：一方面，萨米理事会、俄罗斯北方土著人协会等 6 个原住民组织是北极理事会的永久成员，在国际北极治理中拥有一定的话语权；另一方面，根据相关国际法和北极国家的规定，原住民团体在社会、经济发展方面拥有特殊权利，在土地使用、产业活动等领域拥有特殊地位。[③] 中国政府历来支持世界范围内原住民权益的保护，所以应加强与北极原住民的沟通与合作，在尊重其权利、关注其诉求、增进其福祉的基础上实现北极利益。

结语

作为新时期中国外交的指导原则，正确义利观以和平发展为世界大义，以合作共赢为世界大利，并主张将二者有机地统一起来，这对缓解因"重利轻义"而陷入困境的北极治理极具使用价值。这种价值一方面体现在对各国北极政策实践的调节和规范，促使其兼顾本国利益和人类共同利益，实现权利和义务的有机统一；另一方面则体现为对北极治理机制的改善和创新，确保各治理主体共参、共建、共享、共赢，优化议程并能采取切实有效的行动。需要注意的是，作为一项饱含中国智慧、中国特色的新倡议，正确义利观在国际

---

① 丁煌、朱宝林：《基于"命运共同体"理念的北极治理机制创新》，《探索与争鸣》，2016 年第 3 期，第 94-99 页。

② 王晨光、孙凯：《域外国家参与北极事务及其对中国的启示》，《国际论坛》，2015 年第 1 期，第 30-36 页。

③ 彭秋虹、陆俊元：《原住民权利与中国北极地缘经济参与》，《世界地理研究》，2013 年第 1 期，第 32-38 页。

社会的扩散必然是一个长期而曲折的过程。这就要求中国必须在参与北极治理的过程中切实做到义利兼顾、实现义利统一，充分发挥率先垂范、身体力行的关键作用。中国是北极事务建设性的参与者和合作者，应该坚持以义为先的原则，遵循取利有道的要求，追求互利共赢的目标，在承担国际道义的前提下谋求北极利益，在实现自身发展的同时推动北极善治。

论文来源：本文原刊于《南京社会科学》2017 年 05 期，第 58-64 页。

积极开展海上溢油应急区域合作，助力 21 世纪海上丝绸之路建设

张良福[①]

摘要： 东亚海域，特别是我国周边海洋，既是船舶、货轮、大型油轮航行最繁忙的海域之一，也是世界上油气勘探开发活动最集中的海域之一。海上溢油风险源多。但迄今东亚地区有关海上溢油应急方面的合作十分薄弱。我国是世界大国、东亚地区的强国，是全球海运大国，也是海洋油气生产、石油进口海上运输大国，应积极倡导和推动东亚海域的海上溢油应急合作。我国正在倡导共同建设 21 世纪海上丝绸之路，海洋环保合作是该倡议的重要组成部分。我国可以海上溢油应急合作为重要抓手和突破口，不断深化海洋环保合作，助力 21 世纪海上丝绸之路建设。

关键词： 海上溢油；应急救援；东亚；海洋环保；区域合作

东亚海域，特别是我国周边海洋，既是船舶、货轮、大型油轮航行最繁忙的海域之一，也是世界上油气勘探开发活动最集中的海域之一。海上溢油风险源多。但迄今东亚大部分国家的溢油应急能力薄弱，海上溢油应急区域合作严重不足。我国是世界大国、东亚地区的强国，是全球海运大国，也是海洋油气生产、石油进口海上运输大国，有责任、有义务积极倡导和推动东亚海域的海上溢油应急合作。本文在分析 21 世纪海上丝绸之路沿线海域、特别是东亚海域是海上溢油风险度、区域应急合作状况和中国海上溢油应急能力建设的基础上，就加强海上溢油应急区域合作提出对策建议。

一、21 世纪海上丝绸之路沿线海域、特别是东亚海域是海上溢油事故高发区域

21 世纪海上丝绸之路沿线海域，特别是东亚海域，是世界上海洋运输最繁忙的海域。沿线许多国家是航运大国、海洋贸易大国、原油出口或进口大国，沿线分布了众多的大型原油装卸港口。沿线的大部分海域也是海洋油气勘探开发生产的重要区域。因而海上丝绸之路沿线海域也是海上溢油事故高发区域。

[①] 张良福 安徽省桐城市人，北京大学国际关系学院法学博士，曾就职于世界知识出版社《世界知识》编辑部、外交部亚洲司、中国驻菲律宾大使馆、常驻联合国代表团、外交部边界与海洋事务司，现任职于中国海洋石油总公司经济技术研究院，主要从事能源经济、中国外交政策、国际海洋法问题研究。联系邮箱：zhanglf3@cnooc.com.cn。

（一）油轮运输容易引发溢油事故

21 世纪海上丝绸之路沿线海域，特别是东亚海域，是世界上原油运输最繁忙的海域，大型油轮往来频繁，沿海岸线分布了众多的大型原油装卸港口。当前，东亚地区经济快速发展，海上航行运输密度日益提高，油轮数量、载重量不断增加，海上溢油的风险也与日俱增。

我国沿海地区港口密布。自 20 世纪 60 年代末大庆油田、大港油田、胜利油田相继开发以来，北油南运、沿海沿江输送成为我国原油生产和消费的基本格局，船舶溢油事故便随之而来。此外，自 1993 年起我国从原油出口国转为原油净进口国以来，原油进口数量不断上升，尤其是从中东、非洲经过印度洋、马六甲海峡、南海的石油运输量大幅增加。2012 年中国原油净进口量达 2.84 亿吨，2015 年中国全年原油进口量达到 3.355 亿吨，2016 年已高达 3.81 亿吨，石油对外依存度上升至 67%。中国 90% 以上进口石油是通过船舶海洋运输进口的。油轮特别是超大型油轮在我国水域频繁出现，使得原已十分繁忙的通航环境更加复杂，导致船舶溢油污染，特别是重特大船舶溢油污染的风险增大。

根据国家海事行政主管部门的统计，1973—2006 年，我国沿海共发生大小船舶溢油事故 2 635 起，其中溢油 50 吨以上的重大船舶溢油事故共 69 起，总溢油量 37 077 吨，平均每年发生 2 起，平均每起污染事故溢油量 537 吨。特别是自 2005 年以来，全国沿海和内河水域共发生船舶污染事故 253 起，较大船舶油污事故也时有发生，其中溢油量 50 吨以上的事故 9 起。[①] 每起重大事故造成的直接经济损失都达几百万元甚至数千万元，导致一些以养殖业为生的渔民破产，沿海旅游胜地受到污染，海洋生态环境遭到严重破坏。

2010 年和 2011 年大连新港连续发生 5 次溢油事故，重创当地的旅游业、水产养殖业及海洋生态环境。2013 年 11 月青岛黄岛中石化黄潍输油管线爆燃，大量原油泄漏入海，严重影响当地经济社会发展和居民生命财产安全和生活，并对附近海域生态环境造成严重损害。[②]

东北亚的日本、韩国等国也是原油进口大国。2015 年日本进口原油 1.68 亿吨，2015 年日本原油进口量为 1.955 亿千升（约 337 万桶/日）。[③] 2016 年日本原油进口量为 1.9272 亿千升。韩国 2016 年原油进口量比上年上升 4.4%，至 1.439 亿吨。[④] 东南亚国家，如印度尼西亚、马来西亚、越南等则是石油生产和出口大国，原油出口运输量大。

中日韩等国的原油进口主要来自中东地区，印度洋、马六甲、南海航线上，每天密集航行着巨大的油轮。整个东亚海域来自于船舶溢油事故的风险始终居高不下。

---

① "近年来国际国内发生的重大海上溢油事故"，2007 年 6 月 1 日 15：30：06　来源：新华网，http://news.xinhuanet.com/video/2007-06/01/content_ 6185341.htm。

② 国家海洋局海洋发展战略研究所课题组编：《中国海洋发展报告（2014）》，海洋出版社 2014 年 4 月第 1 版，第 244 页。

③ "日本 2015 年原油进口下滑 创自 1988 年来最低"，2016 年 1 月 26 日 8 点 44 分 来源：FX168　发稿：QQ1561418108 http://www.coatingol.com/news/info106237.htm。

④ "韩国 2016 年原油进口创历史高位"，中国石油新闻中心，发表日期：2017-01-24 09：10，http://news.cnpc.com.cn/system/2017/01/24/001631564.shtml。

东亚国家在沿海地区还建设运营了大量港口和各种储油设施、临海炼化基地等，溢油事故风险很大。一旦发生油轮溢油事故都是海洋生态的一场浩劫。海上溢油事故应急的形势严峻。

（二）海上溢油的另一个来源是海洋油气开发引发的溢油事故。

东亚大部分海域，油气资源丰富，是世界上重要的海洋油气生产区域之一。

我国的海洋石油勘探开发始于 20 世纪 50 年代末，1978 年开始探索对外合作，随后勘探开发活动从渤海扩大到黄海、东海、南海海域，海洋石油产量也逐年增加。1982 年海洋石油年产量仅 9 万吨，2000 年已突破 2 000 万吨大关，2010 年中国海洋油气产量达到 5 000 万吨，成功建成"海上大庆油田"。此后连续实现稳产增产。2014 年，我国海洋原油产量 4614 万吨，海洋天然气产量 131 亿立方米，为保障国家能源安全作出了重要贡献。截至 2014 年底，中国海洋石油总公司在国内近海的在生产油气田已突破百个，其中油田 93 个、气田 13 个，在生产平台达 200 座。与此同时，水下海底管线已增至 292 条，总长度达 5 926 千米。

随着海上油气勘探开发强度的增加，难免会发生溢油事故，如海洋石油平台、海上储油设备及输油管道破损、海上油田等意外漏油、溢油、井喷等。国土资源部的数据显示，在"十一五"期间，全国发生 41 起海洋石油勘探开发溢油污染事故，其中渤海 19 起，南海 22 起。[①]

渤海是我国海洋石油的主要生产基地，海上石油勘探开发活动频繁，海上采油平台和生产油井众多。据国家海洋局统计，渤海现有输油管道溢油概率约为每年 0.1 次；渤海石油平台由于火灾及井喷所引起的溢油事故概率约为每年 0.2 次。渤海由于是内海，自净能力较差，海上溢油又很难降解，对海洋生态的破坏较为严重。2011 年 6 月至 9 月，康菲中国和中海油位于渤海海域的蓬莱 19-3 油田发生重大溢油事故，溢油油污沉积物污染面积为 1600 平方千米，影响范围涉及辽宁、河北、天津、山东三省一市。国家海洋局将此次溢油事故定性为中国迄今最严重的海洋生态事故和漏油事故，给渤海海洋生态环境和生物资源造成严重危害，给三省一市的渔民造成重大损失[②]。

南海地区也溢油高风险区域。我国在南海北部海域，如北部湾、珠江口盆地、海南岛周边海域进行大规模油气勘探开发，年产原油一直在千万吨以上。越南、印度尼西亚、马来西亚、文莱、菲律宾、泰国等南海周边国家也在大力开发南海油气资源。在南海中南部海域，越南、马来西亚、文莱、印度尼西亚等国有 1 000 多口石油钻井，年采石油量超过 5 000 万吨，存在发生溢油事故的风险。2010 年 4 月墨西哥湾钻井平台"深水地平线"爆炸事件给南海油气开发敲响起警钟。南海地区一旦发生溢油事故，后果将不堪设想。

南海海域还是日本、韩国、中国台湾和中国大陆的原油运输大动脉，以及东南亚国家

---

①　"我国近 5 年发生海上溢油污染事故 41 起"，2011 年 10 月 10 日 22：53：33　来源：新华网 http：// news. xinhuanet. com/2011-10/10/c_ 122139117. htm。

②　"蓬莱 19-3 油田溢油事故联合调查组关于事故调查处理报告"，来源：国家海洋局　发布时间：2012-06-21，http：//www. soa. gov. cn/xw/hyyw_ 90/201211/t20121109_ 884. html。

之间的交通动脉。南海周边国家越南、菲律宾、马来西亚和印度尼西亚等在沿岸建立了多个原油码头和石油储备中心，发生船舶漏油的风险很大。这些因素都给南海海域溢油污染带来巨大的风险。马六甲海峡是中国、日本和韩国原油进口的主要通道，历史上，马六甲海峡多次发生重大油污事故，因而一直是溢油事故的重灾区。

二、东亚海域溢油应急合作刚刚起步，应急合作能力亟待加强

与东亚海域海上溢油污染高风险形成鲜明对照的是，东亚海域的海洋环境保护状况、特别是海上溢油应急合作，远远落后于国际社会的普遍要求，远远落后于世界其他海域。

（一）国际公约为区域应对海上溢油提供了约束和指引，但东亚国家参与度不高，履约能力弱

1982 年通过的《联合国海洋法公约》高度重视海洋环境保护，并在第十二部分的第二节对海洋环境保护和保全方面的全球和区域合作做了专门规定：要求各国尽力"在全球性的基础上或在区域性的基础上，直接或通过主管国际组织进行合作"，"各国应共同发展和促进各种应急计划，以应付海洋环境的污染事故"。《公约》第九部分"闭海或半闭海"第 123 条规定：闭海或半闭海沿岸国应互相合作，应尽力直接或通过适当区域组织"协调行使和履行其在保护和保全海洋环境方面的权利和义务"。

国际海事组织以及联合国环境规划署、开发计划署等联合国机构制订通过了一系列涉及海洋环境保护、应对海洋石油污染的国际公约和协议，如《1969 年国际油污损害民事责任公约》、《1972 年防止倾倒废弃物和其他物质污染海洋公约》、《73/78 国际防止船舶造成污染公约》、《控制危险废物越境转移及其处置巴塞尔公约》、《1990 年国际油污防备、反应和合作公约》、《保护海洋环境免受陆源污染全球行动计划》等。

除《联合国海洋法公约》外，上述其他公约被东亚国家接受、加入或批准的普遍性较低，特别是不少东南亚国家未加入上述有关公约，或者即使加入了相关公约但履约能力很低。上述公约中有关开展区域环保合作、区域应急合作计划等规定往往不能得到落实，甚至是形同虚设。

（二）区域海项目开始实施，但进展有限

联合国环境规划署作为全球环境制度中最重要的国际组织，在 20 世纪 70 年代启动了区域海项目，将全球封闭及半封闭的海域分为若干区域，鼓励每一区域的沿岸国家参与到海洋环境保护的合作中，为海洋环境治理的区域合作提供了良好的框架。涉及东亚海域的区域海项目有西北太平洋行动计划（NOWPAP）、东亚海协作体（COBSEA）、东亚海项目（东亚海域环境管理伙伴关系计划，PEMSEA）等，这些项目均致力于推动区域内国家在区域溢油反应防备、海洋环境保护方面开始合作。

为共同应对海上溢油污染事故，在联合国环境署（UNEP）的倡议和国际海事组织的帮助下，西北太平洋地区沿岸 4 国（即中国、俄罗斯、日本、韩国）1994 年 9 月 14 日在

韩国首尔召开了第一次政府间会议，会上通过了西北太平洋行动计划（《西北太平洋地区海洋和海岸带环境保护管理和开发行动计划》（The Action Plan for the Protection, Management and Development of the Marine and Coastal Environment of the Northwest Pacific Region, 简称为西北太平洋行动计划，NOWPAP），主要合作内容之一就是海上溢油污染防备与应急反应项目。2004 年 11 月中国、韩国、日本和俄罗斯四国签署了《西北太平洋地区海洋污染防备与反应区域合作谅解备忘录》及《西北太平洋行动计划区域溢油应急计划》，建立起在溢油应急领域的合作和互相援助的行动机制。通过这种机制可统一协调和组织跨国的海上溢油应急反应行动，对督促成员国履行成员国义务、加快溢油应急国际间的合作步伐、提升共同抵御重大溢油事故的反应能力起到了积极的推动作用，同时也对各成员国加大海洋环境保护工作力度，保护沿岸和整个西北太平洋海域海洋环境产生了积极的影响。

东亚海协作体行动计划（COBSEA）是联合国环境规划署组织实施的全球 14 个区域海行动计划之一，于 1981 年正式成立，目的是通过对话与合作，可持续管理东亚海洋及其沿岸环境。目前成员国有澳大利亚、柬埔寨、中国、印度尼西亚、韩国、马来西亚、菲律宾、新加坡、泰国和越南。COBSEA 以信息交换、能力建设、生态环境保护、污染治理、政策开发和公共教育作为未来中、短期合作重点。

东亚海协作体（COBSEA）框架下的由联合国环境规划署（UNEP）/全球环境基金（GEF）组织的"扭转南中国海及泰国湾环境退化趋势"项目（简称南中国海项目），是南中国海周边 7 国（中国、越南、柬埔寨、泰国、马来西亚、印度尼西亚、菲律宾）共同参加的海洋环保大型区域合作项目。项目执行的内容包括红树林、珊瑚礁、海草、湿地、渔业资源与陆源污染控制 6 大领域，该项目为推动南海区域的环保合作作出了重要贡献。

东亚海项目，即东亚海域环境管理伙伴关系计划（PEMSEA）。2003 年 12 月东亚海洋可持续发展部长会议通过《东亚海洋可持续发展战略》，倡导开展海洋环保合作，确保东亚海洋的可持续发展。

在联合国环境规划署发起的全球区域海项目中，除了南北极海域外的另外 16 个区域中，有 14 个区域确立了合作保护海洋环境法律制。唯一没有从法律上确立相关制度的，正是东亚的两个区域——西北太平洋区域和东亚海区域。这两个区域的海洋环保合作只有不具有任何拘束力的区域行动计划，并无区域公约的支持，仅仅是依靠各成员国的"良好意愿"加以支撑。该区域行动计划中最引人注目的用词，就是对"灵活性"的强调。从另一个角度讲，也可以看出该区域大部分国家对海洋环境保护并未给予应有的重视。这种态度对区域内合作的影响很直接，即合作进程极为缓慢。区域行动计划的实施仍然是以政策导向为主，以各国的政治意愿为主。

（三）东亚区域合作框架的海上溢油合作刚刚起步

近年来，随着东亚地区区域合作意识的不断上升，一系列区域合作组织和合作行动开始启动并取得积极进展，包括海上溢油问题在内的海洋环保领域合作日益受到重视。

在东盟地区论坛（ARF）框架下，海上溢油问题受到专门重视。2013 年 7 月，第 20届 ARF 外长会议通过了《ARF 生物事件应急与反应的最佳实践》等文件，批准召开"海上溢油研讨会"，以推动东盟地区论坛成员国在海上溢油领域的合作，应对当今显著增长的海上溢油风险。2014 年 3 月 27 日至 28 日东盟地区论坛海上溢油区域合作研讨会在中国青岛召开，通过在溢油事件预防、监测预警、应急响应、回收处置等方面进行多边交流与研讨，推动在海上溢油领域最新成果信息的共享，倡导建立区域溢油应急响应专家网络，从而推动东盟地区及周边国家在海上溢油领域的区域性合作，促进区域海洋经济的可持续发展。2014 年 7 月 ARF 外长会通过了《海上溢油事故预防、准备、应对和恢复合作声明》。

在东盟与中日韩（10+3）合作框架下，海洋环保合作不断发展，成为推动东亚区域合作向前发展的组成部分。东盟与中日韩环境部长会议和高官会，就环保政策问题进行对话，共同探讨合作的重点领域和具体合作项目。在中日韩三边合作框架下，三国领导人承诺在环境保护领域密切合作。2003 年 10 月 7 日在印度尼西亚巴厘岛举行的三国领导人会议上发表了《中日韩推进三方合作联合宣言》。随后三国外长制定和签署了《中日韩三国合作行动战略》，关于环境保护，三国将继续举行环境部长会议，评估和审议部长会议提出的项目，使这些项目扩展到三国间的各种环保合作活动，促进东亚海洋开发和保护的可持续发展。

总体上看，东亚海域是海上溢油风险度全球最高的地区之一，但在包括海上溢油应急合作在内的海洋环保合作程度最低的地区，区域合作的体制机制或者尚未建立，或非常薄弱，根本无法适应保护海洋环境的急迫要求。

三、中国已初步建立了比较完善的海上溢油应急体系

中国政府高度重视海洋环境保护和海上溢油应急工作。随着经济的发展，中国不断加快完善相应的法律法规，建立国家溢油应急反应体系，制定污染应急计划，提高溢油应急反应能力。

1982 年 8 月五届人大通过了《中华人民共和国海洋环境保护法》。该法是我国海洋环境保护的基本法。1999 全国人大常委会对 1982 年的《中华人民共和国海洋环境保护法》做出了较为系统的修改，其中对海上污染事故应急问题作出了较为明确规定，这是我国环境法最早作出较为系统、全面的环境污染事故应急规定。

按照该法规定：国家根据防止海洋环境污染的需要，制定国家重大海上污染事故应急计划。国家海洋行政主管部门负责制定全国海洋石油勘探开发重大海上溢油应急计划，报国务院环境保护行政主管部门备案；勘探开发海洋石油，必须按有关规定编制溢油应急计划，报国家海洋行政主管部门审查批准。国家海事行政主管部门负责制定全国船舶重大海上溢油污染事故应急计划，报国务院环境保护行政主管部门备案；装卸油类的港口、码头、装卸站和船舶必须编制溢油污染应急计划，并配备相应的溢油污染应急设备和器材。沿海可能发生重大海洋环境污染事故的单位，应当依照国家的规定，制定污染事故应急计划，并向当地环境保护行政主管部门、海洋行政主管部门备案。沿海县级以上地方人民政府及其有关部门在发生重大海上污染事故时，必须按照应急计划解除或者减轻危害。为了

保证上述规定的贯彻执行，法律还进一步明确：违反本法规定，船舶、石油平台和装卸油类的港口、码头、装卸站不编制溢油应急计划的，由依照本法规定行使海洋环境监督管理权的部门予以警告，或者责令限期改正。以应急计划为规范的主要内容，体现了预防为主，防控结合的原则。① 2013 年 12 月我国对《中华人民共和国海洋环境保护法》进行了再次修订，就海洋环境保护问题作出了更严格的规定。②

（一）建立了比较完善的船舶溢油应急体系

我国的船舶溢油应急体系建设工作及船舶溢油事故的应急处置工作主要由交通部海事局及沿海各省、市政府负责实施。多年来，交通部海事局及沿海各省市地方政府全面加强我国船舶溢油应急管理体系建设工作，建立了国家、省级、港口级、船舶级 4 级船舶溢油应急预案体系，提高了我国船舶重大污染事故应急处置能力。

交通部和国家环保总局于 2000 年 4 月 1 日联合发布实施了《中国海上船舶溢油应急计划》。2004 年，根据国务院制定相关突发事件应急预案的要求，交通部在原《中国海上船舶溢油应急计划》的基础上进行了较大修改，制定了《中国国家船舶污染水域应急计划》，将适用区域范围由海上扩大至所有水域，将污染物适用种类由油污扩大至油污和有毒有害化学品。为更好地整合国内资源，加强国内区域间的协作，交通部海事局主持编制完成并实施了《珠江口区域海上溢油应急计划》、《台湾海峡水域船舶油污应急协作计划》、《渤海海域船舶污染应急联动协作机制》等协作行动计划。这些应急预案的编制完成，表明我国已初步建立了国家、省级、港口级、船舶级 4 级船舶溢油应急预案体系，为我国船舶溢油应急体系建设工作的全面开展提供了制度上的保障。

目前，全国各沿海港口均已建立了专门的船舶溢油应急组织指挥机构，一些沿海省市成立了船舶溢油应急反应中心，一些省市将溢油应急职能挂靠在海上搜救中心，并设立了溢油应急分中心，中心办公室一般设在当地海事部门。全国沿海和内河主要港口均设有分支或派出机构，形成了覆盖全国海域的船舶溢油监视监测体系。国家还先后在烟台、秦皇岛建设完成了两个国家溢油应急设备库，并建立了应急技术交流示范中心，为我国船舶溢油应急工作提供技术支持保障。海事主管部门每年都在沿海主要港口组织开展不同规模的船舶防污和应急培训，组织海上溢油应急演习，培养溢油应急指挥人才和较为熟练的清污作业人员，提高重大海上溢油事故应急时部门间的配合协作水平和相关人员的实际操作能力。

（二）建立了比较完善的海洋石油勘探开发溢油应急体系

为实施《中华人民共和国海洋环境保护法》，防止海洋石油勘探开发对海洋环境的污染损害，1983 年，国务院发布了《中华人民共和国海洋石油勘探开发环境保护管理条

---

① 翟勇："我国环境污染应急的法制建设"，中国人大网 www. npc. gov. cn 日期：2012 - 04 - 09，http：//www. npc. gov. cn/npc/xinwen/rdlt/sd/2012-04/09/content_ 1729510. htm。

② 《中华人民共和国海洋环境保护法》，中国人大网，http：//www. npc. gov. cn/wxzl/gongbao/2014-03/21/content_ 1867698. htm。

例》，"适用于在中华人民共和国管辖海域内从事海洋石油勘探开发的企业、事业单位、作业者和个人，以及他们所使用的固定式和移动式平台及其他有关设施"，明确规定"企业、事业单位、作业者应具备防治油污染事故的应急能力"。[①]

按照《中华人民共和国海洋环境保护法》的规定，国家海洋局作为海洋石油勘探开发环境保护管理的主管部门，负责制定全国海洋石油勘探开发重大海上溢油应急计划，建立海洋石油勘探开发溢油应急预案体系。2004 年国家海洋局组织制定"全国海洋石油勘探开发重大海上溢油应急计划"和《海洋石油勘探开发溢油事故应急预案》。2006 年国家海洋局还制定下发《海洋石油勘探开发溢油应急响应执行程序》，对应急响应划分了 3 个级别。

2015 年 4 月，根据形势发展和国家重大海上溢油应急处置牵头部门和职责分工的要求，国家海洋局该应急预案体系进行了整合、修订，发布实施新修订的《国家海洋局海洋石油勘探开发溢油应急预案》，适用于中华人民共和国管辖海域内发生的海洋石油勘探开发溢油事故。新修订预案包括总则、组织机构及职责、应急管理程序、附则四章和附录，对原有预案体系的应急组织机构、职责、应急程序等进行了较大优化完善，进一步建立健全了统一领导、分级负责、反应快捷的应急响应工作机制。该预案根据溢油事故的严重程度和发展态势，将应急响应设定为 4 个等级，分别为Ⅰ级（特别重大）、Ⅱ级（重大）、Ⅲ级（较大）和Ⅳ级（一般），与《突发事件应对法》和国家突发公共事件总体应急预案相衔接。该预案设立了新的国家海洋局应急组织机构，包括海洋石油勘探开发溢油应急管理委员会和现场指挥部。[②]

（三）建立了国家重大海上溢油应急处置部际联席会议制度

随着我国海上经济活动、尤其是海上油运等活动的更加频繁，海上溢油风险也随之提高，2012 年国务院批复同意建立国家重大海上溢油应急处置部际联席会议制度。部际联席会议的主要职能是："在国务院领导下，研究解决国家重大海上溢油应急处置工作中的重大问题，提出有关政策建议；研究、审议国家重大海上溢油应急处置预案；研究国家重大海上溢油应急能力建设规划；组织、协调、指挥重大海上溢油应急行动；研究评估重大海上溢油事故处置情况；指导、监督沿海地方人民政府、相关企业海上溢油应急处置工作"，[③]"旨在建立统一指挥、反应灵敏、协调有序、运转高效的海上应急管理机制，有效整合各方力量，切实提高重大海上溢油应急处置能力，全力维护我国海洋环境安全、清洁"。[④] 部际联席会议的成员单位包括：交通运输部、外交部、发展改革委、工业和信息

---

① 国家海洋局政策法规和规划司编：中华人民共和国海洋法规选编（第四版），海洋出版社，2012 年，第 117 页。

② "国家海洋局发布海洋石油勘探开发溢油应急预案"，时间：2015 - 04 - 10 10：51：16，来源：中国海洋在线，http：//www. oceanol. com/shouye/yaowen/2015-04-10/43318. html。

③ "部际联席会议制度工作效率有待观察"，本报记者 刘一丁《中国能源报》（2013 年 7 月 1 日第 14 版），ht-tp：//paper. people. com. cn/zgnyb/html/2013-07/01/content_ 1262092. htm。

④ "开展合作交流 切实做好海上应急处置工作"，华夏经纬网， 2012 - 12 - 24 10：29：46，http：//www. huaxia. com/hxhy/hzjl/2012/12/3139843. html。

化部、公安部、财政部、环境保护部、农业部、卫生部、海关总署、安全监管总局、国家气象总局、能源局、国家海洋局、总参作战部、海军、空军、武警部队、中石油、中石化、中海油、中远集团和中国海运集团共 23 个部门和单位。交通运输部为牵头单位，部长为牵头人。交通运输部每年组织召开一次重大海上溢油应急处置部际联席会议，以便加强我国重大海上溢油应急的组织协调、沟通联系，充分发挥指挥部的作用，力求各成员单位在应急行动中能够相互配合、资源共享、优势互补、协同作战，发挥整体合力。

（四）积极参与了国际、区域、双边溢油应急合作

中国签署、批准和加入了一系列的国际海洋环境公约和协议。目前，中国已缔结和参加国际环境条约 50 多个，其中涉及海洋环境保护的国际条约和协议主要有：1982 年《联合国海洋法公约》、1969 年《国际油污损害民事责任公约》、1972 年《防止倾倒废弃物和其他物质污染海洋公约》、《73/78 国际防止船舶造成污染公约》、《控制危险废物越境转移及其处置巴塞尔公约》、1990 年《国际油污防备、反应和合作公约》、《保护海洋环境免受陆源污染全球行动计划》等。中国努力履行相关公约赋予的责任和义务，加大对溢油应急设施设备与人员、资金、基地的投入，不断提高履约能力。

中国政府积极参与保护海洋环境的全球性项目和行动计划，与联合国环境规划署、联合国开发计划署、国际海事组织、联合国教科文组织、世界银行、亚洲开发银行等国际组织密切合作，积极参与有关全球性海洋环保合作项目和活动。例如，中国政府积极参与联合国环境规划署组织实施的"保护海洋环境免受陆源污染全球行动计划（简称 GPA）"。

在区域海行动层面，中国政府积极参与了联合国环境署的区域海行动计划，如涉及东亚海域的有西北太平洋行动计划（（NOWAP，主要涉及西北太平洋、黄海）、东亚海协作体行动计划（主要涉及南海及东南亚海域）、扭转南中国海及泰国湾环境恶化趋势项目行动计划（UNEP/GEF-SCS，主要涉及南海）及黄海大海洋生态系项目等，对推动东亚国家开展区域合作，保护东亚海洋环境作出了重要贡献。中国政府积极参与了上述区域海行动计划，并在其中发挥了重要作用。

在中国—东盟（10+1）合作框架下，海洋环保合作是重要合作领域，并且合作的广度和深度都在迅速发展。2003 年中国与东盟发表《中国与东盟面向和平与繁荣的战略伙伴关系联合宣言》，再次郑重承诺"进一步活跃科学、环境、教育、文化、人员等方面的交流，增进双方在这些领域的合作机制"。为此，中国与东盟制定了《落实中国—东盟面向和平与繁荣的战略伙伴关系联合宣言的行动计划》，该行动计划明确提出：召开中国—东盟环境部长会议，进行政策对话，并探讨成立中国—东盟环境保护联合委员会，制定工作计划；探讨建立中国—东盟环境信息网络等。在中国—东盟交通部长会议机制下，与东盟相关机构密切协调，在海上搜救、防止海上船舶污染环境、船舶压载水管理等领域举办互利项目。

在亚太经济合作组织（APEC）框架下，中国政府积极参与和倡导有关海洋环保领域的合作。

中国大力开展与周边海洋邻国的海洋环境保护合作，为共同保护周边海域的环境作出

贡献。迄今，中国已与绝大部分周边海洋国家签订了环保、科技等领域的合作协定，或者其他类型的双边合作文件，海洋环保合作是其中的重要内容之一。中国还与一些国家就海洋环保签署专门的合作协定或实施具体合作项目。例如，1998年，中国国家环保总局与韩国海洋水产部签订了黄海环境合作研究协议，依据该协议，从1998年起，中韩双方共同进行中韩黄海环境联合调查与合作研究。中国与韩国的双边溢油应急合作也已进入实质性阶段。

中国与文莱两国已经开启海上溢油应急合作窗口。2013年2月，文莱交通部代表团访问国家海洋局北海分局，双方就海上溢油监测与评估技术、溢油鉴别技术、溢油漂移预测等进行研讨，达成合作共识。3月，国家海洋局北海分局与文莱交通部共同起草了《中—文海洋环境保护及油气田开发谅解备忘录》。

（五）中国海洋石油总公司不断加强溢油应急响应能力建设

按照我国法律法规要求，各石油公司在进行海上石油勘探开发作业时，必须配备与其开发规模相适应的溢油应急响应能力。中国海洋石油总公司作为负责勘探开发中国国家管辖海域油气的国有企业，在大力开发海洋油气资源的同时，日益重视海上勘探开发生产的安全、环保、清洁，重视海洋生态环境保护，促进海洋油气开发和生态环境和谐发展。为此，高度重视海上溢油的防备工作，不断加强溢油应急响应能力建设。

2002年，中国海油提出"要打造一支属于自己的溢油应急队伍"。2003年1月10日，中国第一家按国际惯例和标准运作的专业化溢油应急响应公司——中海石油环保服务（天津）有限公司（后发展为中海油能源发展股份有限公司采油环保服务公司，简称"环保公司"）正式成立，从此拉开了中国海油溢油能力建设的序幕，也填补了中国在海上溢油应急方面的空白。

中国海油以区域化、模块化为原则，进行溢油应急响应基地建设；同时以专业化、系列化为原则，进行环保船研发建造，提高溢油综合清除控制能力。目前，中国海油具备了海上作业二级溢油应急响应的能力，即具备应对溢油量10~100吨的事故的能力。除在上游勘探开发生产设施和下游码头配置了溢油应急设备外，还在渤海、南海东部和南海西部沿海建有8个溢油应急基地，研发配置了5艘溢油应急环保工作船（在渤海有2艘、南海西部1艘、南海东部1艘、惠州1艘），在建的5艘将来在南海东部和南海西部各增设1艘，渤海增设2艘，上海增设1艘。届时，渤海海域基本上可以做到2个小时到达溢油事故现场。为进一步提高海上溢油应急快速反应能力，到2020年，应急基地将达到18个，溢油应急响应网络覆盖整个中国海域；各种系列的环保船15艘，响应速度在"2~6小时溢油应急响应圈"的基础上大幅度提升。[①]

中国海油溢油应急能力建设成为国家海上溢油应急能力建设的一个组成部分。中国海油不断加强与政府部门如交通运输部、环境保护部、国家海洋局等以及沿海地方政府有关部门的密切协同合作。2006年4月和5月，中海油公司分别与交通部救助打捞局、天津武

---

① "中国海油建8个溢油应急基地 拥9艘环保船"，2014年3月13日08：05，来源：人民网-能源频道。

警五支队签署《应急响应资源共享协议》和《海上溢油应急响应合作协议书》，搭建起政府与企业间的溢油应急战略合作平台，共同提高溢油应急技术研发能力和应急防备能力。

中国海油还与同行企业、社会救援力量开展合作。2011 年，中国海油、中国石油、中国石化三大石油公司曾签订《海上应急救援联动协议》，确定了三方在海上应急救援领域的合作框架。2014 年 12 月 26 日，中国海油、中国石油、中国石化在山东省、河北省、辽宁省和天津市海事局领导的见证下，在天津签署《溢油应急战略联盟协议书》，正式成立"应急救援联动协调小组"，以便在溢油应急救援工作中形成合力，逐步建成保障有力、协调有序、快速反应的区域应急救援体系。[①]

加强国际合作、区域合作也是中国海油提升溢油应急能力的一个重要方向。2010 年，环保公司联合韩国海洋环境管理工团倡议成立区域溢油应急技术咨询组织（RITAG），为东亚、东南亚溢油应急组织提供区域性合作平台。目前已有中国、新加坡、韩国、泰国、日本、马来西亚共 6 个国家的企业作为正式成员加入。

2015 年 1 月，中国海油正式成为 OSRL（溢油应急有限公司）股东会员。OSRL 是一家专业溢油应急响应公司，由全球多家石油公司联合出资成立，为其成员在全球范围内提供溢油应急服务，是墨西哥湾、北海、东南亚等全球各大海上石油产区的主要溢油应急力量。加入 OSRL，意味着中国海油在全球作业场所，尤其在墨西哥湾和英国北海地区将能提供及时的溢油应急保障。

2015 年 4 月，环保公司又与印度尼西亚最大的溢油应急处理公司——OSCT（印度尼西亚溢油应急战备队）签订了合作协议，将在科研技术、专家协作、设备贸易、基地建设及市场开拓领域展开重要合作。[②]

近年来，中国海油应急产业"走出去"的动作不断，服务布点涉及乌干达、赤道几内亚、刚果、文莱、印度尼西亚、伊拉克等国家和地区。中国海油正在以市场为引导，推动打造国际溢油应急服务品牌，为参与国际市场竞争蓄力。

四、积极倡导和推动东亚海上溢油应急合作

中国是陆海兼备的海洋大国。海洋是中华民族生存和发展的重要空间，是支撑中国经济社会持续发展的蓝色国土和半壁江山。

正如习近平总书记在主持中共中央政治局就建设海洋强国研究进行集体学习时所强调指出的，21 世纪，人类进入了大规模开发利用海洋的时期。海洋"在国家生态文明建设中的角色更加显著"，中国"要坚持走依海富国、以海强国、人海和谐、合作共赢的发展道路"。[③] 国务院总理李克强指出："人海合一是人与自然和谐相处的大道"，应坚持在开发海洋的同时，"善待海洋生态，保护海洋环境，让海洋永远成为人类可以依赖、可以栖

---

① "三大石油公司聚力应急救援"，《中国海洋石油报》，2015 年 1 月 6 日第 1 版。

② "海油环保产业挺进东南亚"，《中国海洋石油报》，2015 年 5 月 8 日第 1 版。

③ "进一步关心海洋认识海洋经略海洋　陆海统筹走依海富国以海强国之路"，2013 年 8 月 1 日新华每日电讯第 1 版。

息、可以耕耘的美好家园"。①

东亚海域，是中国与周边各国的共同财富。保护好海洋环境是东亚国家的共同责任。一个环境良好、生态健康的海洋，将造福于所有沿海国家，乃至全人类。开展海上溢油应急区域合作，共同保护海洋环境，是所有东亚国家的共同需要和责任。

（一）做好海上溢油应急工作是实现建设美丽中国、海洋强国的战略目标的必然要求

党的十八大报告首次提出建设海洋强国战略，强调要"提高海洋资源开发能力，发展海洋经济，保护海洋生态环境，坚决维护国家海洋权益，建设海洋强国。"积极应对海上溢油严峻形势、保护我国海洋环境，是有效保护海洋生产力和生态服务价值，保持永续发展的有力举措，也是加强海洋管理、维护我国海洋权益、建设海洋强国的必然选择。

党的十八大报告还首次提出了"建设美丽中国"战略，实现中华民族永续发展。美丽中国离不开美丽海洋。海洋生态文明是我国生态文明建设不可或缺的重要组成部分，是建设美丽中国的不可或缺的组成部分。随着开发利用海洋的强度与广度的不断加大，海洋环境污染的风险也在加大。人民群众对美好海洋生态环境的追求与愿望更加迫切，对加快推进海洋生态文明建设、保护自身环境权益等提出了新的要求与期盼。海洋石油污染是海洋生态环境的杀手。海上溢油应急工作事关我国经济社会发展、生态文明建设、人民生命财产、海洋环境安全。

（二）做好海上溢油应急区域合作，事关中国的国际义务与形象

海洋生态系统具有全球"公共物品"的属性，海洋环境问题具有高度的跨国影响和区域、全球属性，这决定了世界所有国家及各种非国家行为体只有进行合作，才能有效应对其挑战。在这一进程中，发达国家和大国应该发挥主动、表率、先行者、示范者乃至主导者、领导者的作用和影响。中国是东亚地区乃至全球的大国，更是东亚地区乃至全球的海运大国、石油进口大国、海洋油气生产大国，有责任、有义务、也有能力积极倡导和推动东亚国家开展海上溢油应急合作。与周边国家合作应对海上溢油问题，是我国履行国际合作义务的必然要求，也完全符合我国与周边国家的共同利益与需要，能够造福周边国家，更造福中国。做好海上溢油应急区域合作，有利于树立中国负责任的环保大国形象，能够把海洋环保合作转化为中国未来新的综合国力、综合影响力和国际竞争新优势。

（三）做好海上溢油应急区域合作，是建设 21 世纪海上丝绸之路的需要

海上石油污染问题是海上丝绸之路沿线国家共同面临的问题。开展溢油应急合作是我国打造周边命运共同体、中国—东盟共同体的需要，是 21 世纪海上丝绸之路沿线国家的共同需要和愿望。中国政府向 21 世纪海上丝绸之路沿线国发出倡议，"以共享蓝色空间、

---

① 中华人民共和国国务院总理李克强："努力建设和平合作和谐之海——在中希海洋合作论坛上的讲话"，2014年6月20日，雅典。

发展蓝色经济为主线，以保护海洋生态环境、实现海上互利互通、促进海洋经济发展、维护海上安全、深化海洋科学研究、开展文化交流、共同参与海洋治理等为重点，共走绿色发展之路，共创依海繁荣之路，共筑安全保障之路，共建智慧创新之路，共谋合作治理之路，实现人海和谐，共同发展"。① 中国已初步建立溢油应急反应体系，为积极开展21世纪海上丝绸之路溢油应急合作提供了良好的基础和条件。

（四）做好海上溢油应急区域合作，为区域和全球海洋治理作出中国贡献

长期以来，中国在提供地区公共安全与服务产品方面的能力、理念与意识比较薄弱，随着中国综合国力的不断增强和国际及地区影响力的扩大，中国需要在国际和地区事务中承担责任，履行义务。中国可以溢油应急区域合作为突破口，倡导、推动建立东亚海洋环境保护合作机制，为东亚地区提供更多公共安全与服务产品，为造福中国、造福周边国家和人民作出自己的贡献，把我国周边海域建设成为和平、友好、合作的海洋，为区域和全球海洋治理作出中国贡献。

五、关于开展海上溢油应急区域合作的对策建议

2015 年 3 月 28 日国家发展改革委、外交部、商务部联合发布的《推动共建丝绸之路经济带和 21 世纪海上丝绸之路的愿景与行动》② 和 2016 年 6 月 20 日国家发展改革委和国家海洋局联合发布的《"一带一路"建设海上合作设想》③ 两个重要文件均把海洋环保合作作为加强 21 世纪海上丝绸之路海上合作、建立互利共赢的蓝色伙伴关系的重要内容。为此，中国应采取多种政策措施，积极倡导和推动东亚地区开展海上溢油应急区域合作。

（一）在我国溢油应急能力建设上，应立足中国，着眼东亚和 21 世纪海洋丝绸之路建设的需要

2016 年我国出台了《国家重大海上溢油应急能力建设规划（2015—2020 年）》，④ 就加强应对发生在我国管辖海域内的重大海上溢油事故能力建设作出了战略部署和规划。《规划》的实施将进一步全面提升我国海上溢油应急能力，降低重大海上溢油事故对我国海洋生态环境的不利影响。但仅仅着眼于发生在我国管辖海域内的重大海上溢油事故应急能力建设是远远不够的，与中国作为全球和东亚地区大国的地位不符，也难以适应建设 21 世纪海上丝绸之路的需要。中国不仅要满足本国海上溢油应急的需要，并且要考虑到为区

① "国家发展改革委、国家海洋局联合发布《'一带一路'建设海上合作设想》"，来源：新华网　发布时间：2017-06-20，http：//www.soa.gov.cn/xw/hyyw_90/201706/t20170620_56591.html。
② "中国发布'一带一路'路线图（全文）"，发表时间：2015-03-28 16：23：36，http：//www.guancha.cn/strategy/2015_03_28_314019_s.shtml。
③ "国家发展改革委、国家海洋局联合发布《'一带一路'建设海上合作设想》"，来源：新华网　发布时间：2017-06-20，http：//www.soa.gov.cn/xw/hyyw_90/201706/t20170620_56591.html。
④ "国家重大海上溢油应急能力建设规划（2015—2020 年）"，http：//www.gdemo.gov.cn/zwxx/zcfg/gjzcwj/gjbmwj/201603/t20160331_226763.htm。

域和全球的溢油应急作出贡献。为此，应该立足中国，着眼东亚和 21 世纪海洋丝绸之路建设，全面、完整地加强我国溢油应急能力建设。应该将 21 世纪海上丝绸之路沿线海域，特别是东亚区域海上溢油应急合作的需求纳入我国海上溢油应急能力建设规划之中，从顶层设计开始，为我国倡导和参与海上溢油应急区域合作做好政策、法律法规、战略、能力等方面的准备。

（二）在海上溢油应急区域合作问题上，应主动发出中国声音，贡献中国智慧和中国方案

习近平总书记 2013 年 10 月 24 日周边外交工作座谈会讲话中特别指出，"以更加开放的胸襟和更加积极的态度促进地区合作"。中国应该加大参与全球和区域海洋环境保护的力度，特别是要各种国际和区域场合，就东亚区域的海洋环境状况、特别是海上溢油风险提出警示，发出中国声音，以大国胸襟、人类情怀，力求"谋大势、讲战略、重运筹"，积极呼吁、引导、推动东亚国家开展区域合作，主动谋划东亚地区包括溢油应急合作在内的区域合作设想，贡献中国智慧和中国方案。为此，应该组织国内相关部门和智库资料开展海上溢油应急区域合作专题研究，做好政策储备。

（三）善于利用国际公约及其机制，推动海上溢油应急区域合作

以主动、带头落实国际组织、国际条约有关区域、次区域合作的义务与规定的方式，积极推动海上丝绸之路沿线国家和海域的溢油应急合作。继续积极参与全球和区域海上溢油应急合作，如提高我国的国际公约履约能力建设、以及西北太平洋行动计划（NOWPAP）、东亚海协作体（COBSEA）、东亚海项目（东亚海域环境管理伙伴关系计划，PEMSEA）等区域海项目下的溢油应急合作，推动区域海合作项目进一步机制化、规范化、常态化。

（四）以南海作为溢油应急区域合作的先行示范区

南海地区是国际油轮航行最繁忙的海域之一，也是世界上油气勘探最集中的海域之一。海上溢油风险度相当高。加强海上溢油应急合作迫在眉睫。实现建设美丽中国、海洋强国的战略目标，需要一个生态优美的南海。为此，中国作为南海地区的大国和南海岛礁主权和海域权利的最大拥有者，南海地区的航行大国，也是油气开发大国，理应积极主动地承担起保护南海海洋环境的责任，大力推动南海区域的海上溢油应急合作，为造福中国、造福南海周边国家和人民作出自己的贡献。

中国首先应该自身不断加强对船舶航行、海上石油勘探开发溢油风险实时监测及预警预报，防范船舶、海上石油平台、输油管线、运输船舶等发生泄漏，完善海上溢油应急预案体系，建立健全溢油影响评价机制。在此基础上，推动东亚地区特别是南海周边国家开展海上溢油应急合作。中国在南海的海上溢油应急和海上搜救、减灾防灾能力仍然薄弱，应在南海加紧建设应急基地、码头与机场。可以海南岛和西沙群岛为依托、以我国驻守的南沙岛礁为前出基地的应急搜救基础设施体系，尤其要在西沙群岛和南沙岛礁上，加快各

种类型和规模的港口、码头、机场、航道等基础设施的建设。建立健全海上交通安全应急救援指挥机构，完善海上搜救应急预案体系，定期开展海上联合搜救演练，不断提高航海保障、海上救生和救助服务水平。倡议成立南海区域海上溢油应急合作组织，建立"海上溢油应急合作中心"，举办南海多国联合应急合作培训和演习等。

（五）扶持和鼓励我国相关组织或机构成长为大型溢油应急服务供应商

积极探索以市场化、专业化方式加强我国海上溢油能力建设和对外合作，积极推动我国相关组织或机构建立专业应急队伍或专业清污公司，并扶持和鼓励其成长为大型溢油应急服务供应商。

经过多年的稳健发展，中国海洋石油总公司已成为中国国内溢油应急行业的"领头羊"，并在全球范围内国际石油公司中，中国海油自持溢油应急设备水平排名第一，溢油应急响应能力国际排名第四[①]。在建设 21 世纪海上丝绸之路中，中国海油已具备为"海上丝绸之路"提供从预防、监测到应急响应、事故恢复等全程溢油应急保障服务的能力。目前，中国海油应急产业海外发展的路线图是将突破点定位在东亚及东南亚，通过区域多边联动机制建设，建设东亚—东南亚"海上丝绸之路"的应急通道。同时，以中国海油现有的海外区块为基础，推进海外区块的安全环保能力建设，推动建立国家级海外应急示范基地，示范基地定位为立足中国海油、兼顾中方企业、服务当地社会、辐射"一带一路"，助力包括印度洋—中东—非洲—欧洲在内的海上生态安全。[②] 中国政府应该积极扶持和鼓励中国海油成长为大型溢油应急服务供应商，既可以提高我国海上溢油应急处置能力，也可以"走出去"，服务 21 世纪海上丝绸之路上的溢油应急合作需要。

论文来源：本文为中国海洋发展研究会 2017 年学术年会暨第四届海洋发展论坛投稿。

---

① "中国海油溢油应急的特色之路"，《双赢》（中国海油），2015 年 3 月第 10 页。
② 《打造应急"后盾"助力"一带一路"》，《中国海洋石油报》，2015 年 5 月 20 日第 1 版。

"一带一路"的地缘风险与挑战浅析

胡志勇[①]

摘要：中国领导人提出的"一带一路"倡议正在积极推进，为中国新一轮经济发展创造了有利的条件和机遇，但与此同时也带来了一定的地缘风险，面临着诸多挑战。中国应正确面对风险，切实做好相关风险评估等防范风险的措施，控制风险，避免损失，更顺利、可持续地推进"一带一路"建设。

关键词：一带一路；风险；挑战

中国新一届领导人提出的"一带一路"倡议充分反映了中国合作共赢的新理念、新蓝图、新途径和新模式。中国以"一带一路"加强与沿线国家共同打造平等互利、合作共赢的"利益共同体"和"命运共同体"的新理念。[②]

一、"一带一路"倡议的战略意义

2013 年 9 月，中国国家主席习近平在哈萨克斯坦倡议用创新的合作模式，共同建设丝绸之路经济带。[③] 同年 10 月，习近平主席访问印度尼西亚期间，又提出了构建 21 世纪海上丝绸之路的战略构想。"一带一路"战略构想审时度势，对密切我国同中亚、南亚周边国家以及欧亚国家之间的经济贸易关系，深化区域交流合作，统筹国内国际发展，维护周边环境，拓展西部大开发和对外开放的空间，具有重大的现实意义。[④] "一带一路"已成为中国新一届领导人外交政策与国际经济战略的核心，为中国新一轮经济发展创造了有利的条件与机遇。

"一带一路"是合作发展的理念与倡议，是充分依靠中国与有关国家既有的双、多边机制，借助既有的、行之有效的区域合作平台，积极主动地发展与沿线国家的经济合作伙伴关系，为现有的地区机制注入新的内涵与活力。"一带一路"有助于中国与沿线国家和地区共同打造政治互信、经济融合、文化包容的利益共同体、命运共同体和责任共同体。"一带一路"将进一步推动中国与"一带一路"沿线国家友好合作关系，从而实现构建

---

① 胡志勇，男，中国海洋发展研究会理事、上海社科院国际问题研究所研究员、"中-南亚安全理事会"副理事长兼秘书长、上海海洋战略研究所所长，研究方向：国际关系、海洋安全。

② Written Interview Given by Chinese President Xi Jinping to Major Media Agencies of Four Latin American and Caribbean Countries，CRI，12 Sept.，2014

③ 赵学亮：习近平在哈萨克斯坦演讲：共建丝绸之路经济带，《京华时报》，2013 年 9 月 8 日。

④ 冯宗宪："一带一路"构想的战略意义，《光明日报》，2014 年 10 月 20 日。

"经济共同体"向"命运共同体"的历史性转变，因而"一带一路"具有十分重要的现实意义。

第一，"一带一路"体现了开放性和包容性。"一带一路"不是一个封闭、固定、排外的机制。"一带一路"倡议的地域和国别范围呈现了开放性的特征。与其他国家相比之下，中国提出的"一带一路"倡议计划更详尽，范围更广，涉及国家、地区更多，受益面更大。"一带一路"倡议旨在使中国发展引擎所驱动的地缘经济潜力，形成巨大的正外部性，为相关国家和地区所共享。"一带一路"也并非从零开始，而是现有合作的延续与升级。① 而且，"一带一路"具有包容性：中亚、俄罗斯、南亚和东南亚国家是优先方向，中东和东非国家成为"一带一路"的交汇之地，欧洲、独联体和非洲部分国家也可融入合作。有关各方可以把现有的、计划中的合作项目连接起来，形成系列、可持续发展的合作态势，从而发挥"一加一大于二"的整合效应。

第二，"一带一路"体现了广泛性特征。"一带一路"交流合作范畴非常广泛，优先领域和早期收获项目可以是基础设施互联互通，也可以是贸易投资便利化和产业合作，而且，"一带一路"有助于进一步加强中国与沿线国家和地区之间的人文交流和人员往来。"一带一路"包含的合作项目与合作方式，都可以把政治互信、地缘毗邻、经济互补的优势转化为务实合作、持续增长的优势，从而实现物畅其流，政通人和，互利互惠，共同发展的目标。

第三，进一步提高中国在国际新秩序构建中的地位与作用。在"一带一路"建设不断推进的过程中，中国坚持正确的义利观，道义为先、义利并举，带动沿线发展中国家经济发展。② 中国不仅要打造中国经济的升级版，而且通过"一带一路"积极打造中国对外开放的升级版，在扩大与世界各国特别是周边国家的互利合作进程中不断提高中国在构建国际新秩序中的地位，积极发挥一个负责任大国的政治担当，带动和推动广大发展中国家全面发展。

二、"一带一路"面临的地缘风险与挑战

中国的"一带一路"正改变中国与世界其他主要大国的双边关系，正在引发新一轮全球地缘政治与地缘经济的博弈，并将给国际政治、经济新秩序的重构带来诸多新的因素。但与此同时，"一带一路"也带来了一定的地缘风险，面临着诸多挑战。③ "一带一路"可能具有潜在的巨大收益，但也不能忽视"一带一路"诸如相关投资收益率偏低、投资安全不确定性、可能加深而非缓解沿线国家对中国崛起的疑虑等潜在风险。④

"一带一路"沿线国家的政治风险已经成为中国国家战略推进与中国企业走出去的最

---

① Stephanie Daveson：One Belt, One Road strategy：A new opportunity，*Brookings News*，2 March，2015.

② 习近平：中国坚持和积极践行正确的义利观，新华社，北京 2015 年 1 月 8 日电。

③ Lucio Blanco Pitlo III：China's 'One Belt, One Road' To Where? Why do Beijing's regional trade and transport plans worry so many people? *The Diplomat*，17 February，2015.

④ C Belt：China's "One Belt, One Road" Initiative：New Round of Opening Up?，*RSIS*，*Commentaries*，11 March，2015.

大风险。如何保障中国企业的海外投资安全成为中国必须面对的挑战。[①] 因此，对于"一带一路"国家的政治风险进行分析与评估已经成为当前中国国际问题研究最为急迫的任务之一，中国应切实做好相关风险评估等防范风险的措施，切实强化"一带一路"建设中的风险管控问题，[②] 更顺利、可持续地推进"一带一路"建设。

目前，中国对外经济发展正以"一带一路"为导引，积极地加强与"一带一路"沿线国家和地区展开经济合作。中国正积极筹办"亚洲基础设施投资银行"和"丝路基金"。全球的视线正聚焦中国，中国正发展成为世界的中心。但是，"一带一路"也存在着政治、经济和安全等领域的风险。相比于欧美地区，"一带一路"上的一些国家，不仅基础设施建设落后、经济发展水平较低，而且存在着政局动荡、腐败严重等一系列的重大风险。中国企业对相应风险应做到充分而准确的评估，并制定出有针对性的应对方案。[③]特别是随着"一带一路"具体项目的不断铺开，沿线国家和地区的不安全因素陡然上升。中资企业应充分注意到这一点。否则，"一带一路"建设可能成为阻碍中国新一轮经济发展的障碍。

以中国与巴基斯坦达成规模达 460 亿美元的投资计划为标志，中国"一带一路"倡议正由蓝图变成一个个具体的项目。但这些项目能否真正落实建设仍有诸多不确定的地缘因素。

在全球地缘政治方面：由于"一带一路"沿线国家在政治、经济、文化、社会等层面与中国存在着巨大的差异，中国在团结这些国家上面临着诸多障碍。

首先，中国在规划和实施"一带一路"战略构想进程中将不可避免地受到美国的影响，在美国看来，出于抗衡美国"亚太再平衡"等一系列考虑，中国提出陆海并进的"一带一路"倡议，一方面在战略空间上可以实现向西拓展，另一方面也能满足中国快速增长的能源资源进口需求及急迫的海上通道安全需求。"丝绸之路经济带"的建设为中国提供了在经济和外交上拉近"本国与南亚、中亚和包括沙特阿拉伯在内海湾国家关系"的机遇，超越长期以来中国对外开放和交往主要面向的东亚及太平洋方向，向广阔的西部方向大力拓展。

其次，"一带一路"经过的沿线国家由于政治体制不同，政治的不确定性依然存在。"一带一路"建设不得不面对沿线国家主权冲突与世界主要大国地缘战略博弈等现实问题。[④]而且，还不得不面临着沿线国家政权更迭所带来的种种被动局面，同时也面临着沿线国家各种政治力量冲突的潜在危险。在"一带一路"建设进程中，面临着沿线国家法律冲突的问题以及生态、环保等方面的冲突。

而且，中国将在美国从阿富汗撤军之际密切与阿富汗的经济与商业联系，进一步发展与巴基斯坦的关系以打通赴印度洋通道，增强与资源丰富的海湾及非洲国家的互联互通。另外，欧盟也将成为中国扩大共同利益的工作重点。

在安全方面：尽管中国积极推进"一带一路"建设，但是事实上亚太国家仍欢迎美国

①④　张明：直面"一带一路"的五大风险，《国际经济评论》，2015 年第 4 期。

②　马昀："一带一路"建设中的风险管控问题，《政治经济学评论》，2015 年第 4 期。

③　储毅、柴平一：绸缪"一带一路"五大风险，《金融博览：财富》，2015 年第 6 期。

在亚太地区发挥积极作用。随着中国在南海等问题上态度日趋强势，某些国家不得不求助于美国发挥更大的地区安全保障作用。

"一带一路"沿线地缘政治因素错综复杂，伴随"一带一路"建设的不断推进，相关民族问题将会逐渐升温。[①] 中国必须考虑到沿途国家面临的安全困境。而且，极端宗教势力、暴力恐怖势力和民族分裂势力已成为影响中国"一带一路"沿途各国顺利实现"五通"的一大障碍。

中巴经济走廊起自瓜达尔港，终于新疆喀什。瓜达尔港位于巴基斯坦南部俾路支省的阿拉伯海沿岸，当地陷于分裂叛乱活动达 10 年之久。而喀什位于中国新疆维吾尔自治区腹地，自 20 世纪 90 年代中期起就是维吾尔族分裂运动的发源地。从瓜达尔港到喀什，中巴经济走廊还途径一系列塔利班武装分子占领区。但到目前为止，武装分子仍控制着巴基斯坦与阿富汗的西北边境，武装分子在边境地区影响力依然很大。因此，中巴经济走廊建设的安全隐患在于它随时可能因战乱而受阻。[②] 潜在的危险性不容忽视。

如果实现了互联互通，则意味着既把商机带进来的同时又给那些极端民族主义分子、宗教恐怖分子进入中国提供了极大的便利。中国必须考虑到这个现实问题，如果处理不当，这将严重影响到中国边疆地区特别是新疆地区的稳定与安全，甚至影响到中国境内的民族关系。

以中巴铁路为例，西至巴基斯坦的瓜达尔港，东至中国新疆的喀什市。喀什是中国新疆维吾尔自治区的重要城市，也是中国新疆南疆地区维吾尔族集中聚居地。一旦中巴铁路修通，那么喀什将无疑成为地区中心，吸引更多其他国家的穆斯林前来居住，与中国新疆周边毗邻的中亚和南亚以及西亚等地区的众多穆斯林国家人口将蜂拥而至，地广人稀的中国新疆将成为周边国家穆斯林争相前来定居的地方。一方面，喀什将更加繁荣；另一方面，大批穆斯林聚居在喀什，将带来安全上的诸多严峻问题：非法居留、非法移民和滞留不归等现象将成为影响中国新疆安全的不稳定因素，[③] 给中国新疆地方政府的社会管理带来更为复杂的困难。更为严重的是，一旦中巴铁路修通，没有连绵昆仑山和珠穆朗玛峰的阻隔，数量庞大的巴基斯坦穆斯林彻底跨过天险，大规模进入中国新疆地区学习、工作、定居和生活，使得本来人口处于劣势的汉族在新疆地区的处境将更加艰难。巴基斯坦、阿富汗是众所周知的世界伊斯兰原教旨主义温床之一。[④] 而且，随着中吉乌铁路的修建与开通，中巴铁路和中吉乌铁路成为穆斯林云集喀什最经济最便利的交通设施，中国新疆的安全态势将可能处于一种事实上的失控局面，甚至波及西藏与青海等省区的少数民族，这将给中国中央政府治理少数民族省区带来极为被动的局面，可能演变成中国与周边 6 亿穆斯林人发生冲突的导火线，使得中国的民族关系进一步对立，甚至危及到中国同整个穆斯林世界的关系，将直接威胁到中国西部边疆地区的安全与稳定。[⑤] 因此，由宗教、民族、部

① 蒋利辉、冯刚："一带一路"民族地区的重大战略机遇，《中国民族》，2015 年第 5 期。

② 李希光：中巴经济走廊的战略价值与安全形势，《人民论坛》，2015 年 7 月 17 日。

③ Abdullahy Khan：Security Landscape of Pakistan, *Global Affairs*（Pakistan），February，2015.

④ 吴云贵：伊斯兰原教旨主义、宗教极端主义与国际恐怖主义辨析，《国外社会科学》，2002 年第 1 期。

⑤ "一带一路"需克服五大障碍，《国际先驱导报》，2015 年 2 月 4 日。

落矛盾与冲突所致的安全风险、人文风险等，将成为"一带一路"推进中必须应对的主要风险点。其中，伊斯兰教、印度教和佛教的信仰人群主要聚居在"一带一路"沿线，由宗教分歧、教派矛盾、民族纷争、部落冲突等诱发的人文风险日益增多。①

从更深层次考虑，"21 世纪海上丝绸之路"建设将使中国的触角超越西太平洋海域，向南深入南太平洋、向西开辟进入印度洋通道，与美国、印度、日本等国在这些海域的海上力量抗衡。

从地缘战略考量，为了应对和牵制中国崛起，美国积极拉拢印度，美、印两国都以牵制中国为深化战略伙伴关系的出发点，印度出于本国的战略利益对中国"一带一路"倡议表现出了极大的摇摆心态，并产生安全方面的担忧。

中国"一带一路"建设面临恐怖主义和极端势力的威胁。② 随着美国及北约撤离阿富汗，阿富汗现任政府瓦解，塔利班势力很可能卷土重来，恐怖主义和极端势力将威胁"一带"沿线的稳定，将迫使中国"一带"建设不得不绕道甚至被迫中止。暴力恐怖势力、宗教极端势力、民族分裂势力在内的三股极端势力成为影响"一带一路"建设的最不稳定的因素，③ 而各国对打击这三股极端势力并没有形成合力。

"一带一路"经中亚，到中东、俄罗斯和欧洲，这条现代丝绸之路将连接起 65 个国家和 44 亿人口。"一带一路"最终将中国与印度洋、东非、红海以及地中海相连结。这些目标的实现完全取决于中国日益增长的海上力量，但中国军事力量能否与之相匹配不能不引起中国高层的关注，如果安全没有跟上，很可能导致血本无归。一旦"一带一路"沿线国家政局发生波动，或者出现战火，中国的投资能不能收回成本都将成为不得不考虑的一个现实问题。"一带一路"沿线国家多采取"平衡外交"和"实用外交"战略，使中国与其合作也面临更多的困难与障碍。

尽管中、俄两国在政治、军事、经济、能源等领域的合作越来越呈现制度化趋势，双方在诸多领域仍存在诸多分歧：中国对俄罗斯贸易顺差导致双边贸易失衡；俄罗斯致力于打造俄白哈关税同盟并扩大"欧亚联盟"，这与中国"一带"建设在地区主导权上存在着矛盾；中亚是俄罗斯的利益范围，中国在中亚的活动引起了俄罗斯的担忧。而且，中、俄两国人文交流水平较低，互信的民间基础薄弱；④ 俄罗斯在中国敏感的领土争议问题上抱暧昧态度，与日本、印度、越南及其他亚洲国家积极发展关系。另外，中、俄历史上的领土争议、军事争端、意识形态分歧等导致双方隔阂。

中国新一届领导人提出的"丝绸之路经济带"及"21 世纪海上丝绸之路"战略正得到国际上诸多国家和地区的积极响应，但也受到一些国家的误解甚至警惕。⑤ 早在 2011年，时任美国国务卿的希拉里就提出了"新丝绸之路计划"，美国试图在阿富汗、巴基斯坦、印度及中亚等地区构建新型经济、交通和能源连同网络。而且，某些地区性大国出于

---

① 马丽蓉："一带一路"与亚非战略合作中的"宗教因素"，《西亚非洲》，2015 年第 4 期。

② Balochistan: An Overlooked Conflict Zone, *Geopolitical Diary*, 6 May, 2015.

③ 刘海泉："一带一路"战略的安全挑战与中国的选择，《太平洋学报》，2015 年第 2 期。

④ 李亚男：论中俄关系发展进程中的人文交流与合作，《东北亚论坛》2011 年第 6 期。

⑤ 王卫星：全球视野下的"一带一路"：风险与挑战，《人民论坛·学术前沿》（2015 年 5 月）。

本国战略利益的需要对中国"一带一路"的态度消极甚至反对。"丝绸之路经济带"的实施将引起印度、伊朗及土耳其等地区性大国的猜疑与警惕，而"21世纪海上丝绸之路"也会引起日本、印度的警觉。类似印度这样的国家一开始就对中国的"一带一路"心怀疑虑与戒备，他们认为中国"一带一路"不仅仅是经济扩张，而且是军事扩张。为此，印度还搞了一个与中国"一带一路"相抗衡的"一丝一路"计划（又称"季风计划"），以分散中国的影响力。① 印度是中国在西南方向最大的邻国，是"丝绸之路经济带"和"21世纪海上丝绸之路"的汇聚之地。中国"一带一路"战略能否成功，印度至关重要。而印度尼西亚也针对中国的"一带一路"出台了一个"海洋强国"计划，旨在对冲获抵消中国"一带一路"的影响。如何在"一带一路"不断推进进程中与这些满怀狐疑的国家处理好合作关系将不得不成为一个巨大挑战。② 如何推进与"一带一路"沿线国家和地区战略规划的有序对接和有机整合、避免形成地缘战略对抗、减少排他性的恶性竞争正成为中国推进"一带一路"进程中必须面对的一个重要问题。

同时，在推进"一带一路"的过程中，也面临着诸多非传统安全的挑战，③ 涵盖恐怖主义、能源安全、跨国犯罪、海上救援与搜救、水资源与环境安全等诸多领域。目前，非传统安全挑战已经成为能否顺利推进"一带一路"战略的重要安全因素。应对非传统安全挑战客观上需要中国整合内部资源提供必要的区域公共产品，积极推动网络型安全合作保障机制建设。从长远看，非传统安全问题的解决和应对客观上有利于沿线国家建立合作框架，推动经济发展和共同安全，提升中国战略影响力，从而实现"一带一路"倡议目标。④

在经济方面：中国实施"一带一路"并不能替代其与亚太地区方向重要经济体的联系，在短期内其影响力难以超越美国。而且，在"一带一路"建设推进过程中，"一带一路"沿线的国家和地区更加欢迎美国的存在，形成"在经济上与中国的向心力越来越大，在政治与安全上与中国的离心力越来越大"的战略悖论，尽管这些国家和地区在与中国交往中，对中国经济高度依赖，但在政治和安全领域对中国的疑虑和不安也日趋上升，从而导致中国与周边国家关系复杂性进一步上升。

同时，中国在推进"一带一路"的过程中还面临着具体落实的机制缺失挑战。目前，中国国内各部门、各省（市）之间有机衔接也面临着严峻挑战。国内各部门、各省（市）为了本部门、本地区的利益，可能出现新一轮失序性竞争，许多"一带一路"项目一哄而上，并不利于中国新一轮整体开放战略，中国中央政府应避免各部门、各省（市）在"一带一路"战略推进中角色定位重叠、合作项目同质化、新建产能盲目扩张等现象，牢固树立"全国一盘棋"大战略。

目前，中国已开始规划并陆续公布对"一带一路"沿线国家的投资规模。如中国最近就承诺将在巴基斯坦投资460亿美元，超过了2008年以来对巴基斯坦的所有外国直接投资的两倍，也超过了自2002年起美国投入巴基斯坦的整个援助规模，尽管一部分基建项目可能会

① 木春山："一带一路"的印度风险：神秘的香料之路和季风计划，《大公报》，2015年6月16日。
② 赵可金："一带一路"应强化安全为基，《中国网》，2015年6月15日。
③④ 李扬："一带一路"面临五大非传统安全问题，中国皮书网，2015年4月20日。

花费 10~15 年的时间。这些投资项目高度集中于中巴经济走廊上，这条经济走廊结合了一系列交通和能源工程，以及一个直通印度洋的深海港口的开发项目。中国的投资对于巴基斯坦来说无疑是一个机会。但是，这些项目如何按时按质实施将成为一个必须考虑的问题。

三、中国必须做好"一带一路"相关风险评估和对策

中国在推进"一带一路"的过程中必须尽快建立"一带一路"合作项目的投资风险评估与和海外利益保障机制，[①] 以减少因沿线国家和地区政体不同、文化习俗各异及当地法律制度和市场风险等带来的投资损失，尽早规避沿线国家政局动荡、政府腐败等政治风险。同时，中国政府应及早出台保护国内民营企业"走出去"的法律法规和政策举措，加大对民营企业对外投资的政策支持、金融支持、投资保护等力度，提高民营企业的国际竞争力和企业的社会责任意识，提高民营企业的诚信意识。中国政府还应尽早建立"一带一路"建设项目投资服务保障机制，以有效管控对外投资风险，早日形成中国对外投资"项目评估、服务保障、风险管控"一条龙对外投资保障机制，有效促进和推动中国企业"走出去"，[②] 扩大中国在世界经济中的影响力。

中国应从国家层面加强对"一带一路"的统筹谋划、整合配置国内多方面资源，有序推进，形成优势互补、协同开放和联动发展的良性互动局面。中国应尽早建立利益共享机制，平衡好国内各方面的利益，[③] 以减少不必要的投资浪费及由此带来的损失。

不可否认，"一带一路"成功实施将在一定程度上推进国际新体系的重构，但不能改变全球秩序。因为，现存的国际合作与全球治理机制的主导权仍掌握在发达国家手上，以美国为首的西方大国不愿意看到中国主导世界的进程，这将长期影响着中国"一带一路"的推进。

实际上，中国主动出击推动"一带一路"建设，本质上是在美国主导力缺乏、区域合作机制化程度较低的中亚、南亚、中东及其他相关地区推行地区一体化战略。中国一方面可以避免在东亚与美国的竞争和对抗进一步激化，另一方面可以扩大自身影响力，以经济合作为先行力，逐步带动和整合政治和安全领域的协作，从而增强安全互信，建立安全机制，实现安全共赢，是"一带一路"的安全观最重要的发展方向。[④]

而且，尽管中国 GDP 已位居世界第二，但中国国内还存在诸多短期内无法解决的问题，尽管大多数中国人的生活水平提高了，但国民整体素质离发达国家的水平还相差甚远。这些软实力不可能在短时间内迅速提升，这将成为影响中国崛起不可忽视的巨大因素。

尽管亚洲基础设施投资银行（简称"亚投行"）目前已拥有 57 个意向创始成员国。但是，如果资金、组织以及治理问题不能得到切实有效的解决，亚投行将成为新的一项

①　石善涛：推进"一带一路"建设应处理好的十大关系，《当代世界》，2015 年第 5 期。
②　"一带一路"推动中国企业"走出去"让各国共享发展机遇，新华社，北京 2015 年 2 月 5 日电。
③　宋荣华等："一带一路"战略引领中国企业走出去，《人民日报》，2014 年 12 月 27 日。
④　赵可金："一带一路"应强化安全为基，《中国网》，2015 年 6 月 15 日。

"烂尾"工程，其象征意义将会大大超过其本身的实际意义。许多国家将不会继续投资，甚至会撤资。

因此，中国必须充分进行"一带一路"建设的风险评估，做好各种应对措施，特别要对那些高冲突国家进行全方位的风险研究，做好海外投资产业规划与引导，合理避开风险。必须借鉴国际经验，对潜在冲突进行风险管控，将损失降到最低。

同时，中国必须强调"一带一路"是经济合作倡议而非战略构想存在，积极通过各种渠道加强对美政界、学界、商界等公共外交，强调"一带一路"倡议的合作性、开放性、非排他性和互利共赢性，淡化零和博弈及对抗的抗美色彩。在具体地区和领域探索和加强中美务实合作的基础。

所以，中国在推进"一带一路"战略的同时，必须对丝绸之路进行现代性的重构，避免大国心态，切实打消这些国家的顾虑，重构与中国密切相关的特定区域内的国际秩序，改善中国的国家安全环境，积极主动地发展与沿线国家的经济合作伙伴关系，共同打造政治互信、经济融合、文化包容的利益共同体和命运共同体。

结语

中国积极推进"一带一路"建设，就中国国家发展战略而言，的确是一个具有战略眼光的决策。但是，在实施进程中，必须考虑到沿线国家和地区的实际情况，特别是要全盘考量沿线国家和地区的地缘政治、地缘经济与地缘安全的不确定因素及其对中国"一带一路"的影响，中国政府必须清醒地认识到"一带一路"不是包治中国经济的灵丹妙药，若在推进过程中对方方面面考虑不周到，又可能导致在政治上失分，在经济上血本无归，在安全上"引狼入室"等严重后果。因此，笔者建议：

互联≠互通：即：在"一带一路"建设推进过程中，可以将沿线国家和地区考虑进去。但是，对于那些恐怖活动严重、民族问题突出的国家和地区不可实现互通。

互赢≠独赢：即：在"一带一路"建设推进过程中，与沿线国家和地区实现互利共赢，但是，中资企业不可以只顾及自己赚钱赢利而忽视当地的生态环境及当地发展状况。

互惠≠通惠：即：在"一带一路"建设推进过程中，对沿线国家和地区积极提供互惠的便利，但是，中资企业不能对沿线国家和地区大包大揽，什么都优惠而可能导致"赔本赚吆喝"，得不偿失。

互利≠通吃：即：在"一带一路"建设推进过程中，给沿线国家和地区提供互利的同时必须考虑自身因素，量力而行，千万不能"通吃"，而犯"贪多嚼不烂"的错误。

论文来源：本文原刊于《西部学刊》2016 年第 8 期，第 5-8 页。

项目资助：中国海洋发展研究会重点研究项目（CAMAZD201407）。

近期中国海洋军事战略之观察与展望

——从 2015 年度最新发布的白皮书说起

张晓东①

摘要： 本文从 2015 年度中国国防白皮书所体现的新变化出发进行分析和展望，从海军战略的角度予以观察，展望中国未来海军战略发展方向及可能面对的问题。在海上丝绸之路战略实践的新背景下，在 2015 年最新版国防白皮书中，中国海权战略被首度明朗化和海外利益攸关区被首度提出，笔者认为印度洋周边是首要的海外利益攸关区，同时中国对外海洋军事合作将会面对新的目标。除了近海防御战略被再次强调，新版白皮书提出了远海护卫型海军建设目标，这将推动中国远海护卫战略，乃至两洋战略的成型。由于太平洋地区和印度洋地区环境差异，中国较易在也应该在印度洋利益攸关区着力发展军事合作伙伴，培养战略支点，实现军事外交创新的突破。中国海军战略的发展面临着不少新的课题。

关键词： 中国；海权战略；白皮书

随着中国崛起的步伐越迈越大，海外投资和市场日益扩大，特别是 2013 年 10 月习近平提出建设 21 世纪海上丝绸之路战略构想提出并付诸实践以来，中国保障海外利益的需要与日俱增，海洋军事战略的重要性也不言而喻。2015 年 5 月中国国务院新闻办发布了 2015 年度中国国防白皮书，② 约两年发布一次的国防白皮书被外界视为中国军事战略新发展的观察指南，而最新版的新内容更引起坊间热议。对比以往发表的内容，会发现有趣而具备重大意义的变化，其中包括海洋军事战略的重要调整。笔者期望立足于白皮书，从海军战略的角度观察，讨论中国未来海军战略发展的方向及可能面临的问题。

一、中国海权战略的首度明朗化和海外利益攸关区的首度提出

新版国防白皮书明确提出"维护海权"，"维护海外利益安全"，和"海外利益攸关区"，体现了中国海洋军事战略特别是海权战略在"海洋强国战略"背景下取得新进展，以往的白皮书没有对海权和海外利益攸关区如此明确，如 2013 年度白皮书对海洋问题依然聚焦在"海洋权益"而非"海权"。像中国这样一个正在崛起，而海外利益不断增长的

① 张晓东，男，中国海洋研究会海洋法治专业委员会学术秘书，上海社会科学院历史研究所助理研究员，上海郑和研究中心兼职研究人员，研究方向为海洋史，军事史和海权战略问题。

② 2015 中国国防白皮书《中国的军事战略》，中华人民共和国国务院新闻办公室，2015 年 5 月 26 日发布。

大国，发展海权早就具备合理性和必然性。

在本版白皮书之前，中国海权建设实际已经进行了一段时间，2004 年国防白皮书曾提出"争夺制海权"，党的十八大报告也首次将"建设海洋强国"确定为国家发展的战略目标，今年白皮书只不过明确提出海权战略。其实近年来中国海外利益不断增长，早在 21 世纪初，"我国原油、铁矿砂、氧化铝、铜矿石等进口依存度已经高达 40%～90%。"① 到 2007 年底中国海外资产已经达到 22 881 亿美元，有 15 个港口货物吞吐量超过 1 亿吨，世界上 10 大集装箱港口 5 个在中国，2010 年中国海洋生产总值高达 38 439 亿元，比上年增长 12.8%，占国内生产总值的 9.7%，当年全国涉海就业 3 350 万人，其中新增就业 80 万人。② 根据国际能源机构统计，2008 年中国石油进口已达 1.788 88 亿吨，而据国家能源局数据，2009 年度中国石油进口已达 1.99 亿吨，进口依存度已超过 50%，中国 45 种主要矿产中，2010 年保证需求的只有 24 种，2020 年将会减为 6 种，铁铜铅都会出现不足。2003 年上述矿产品自给率已降为 51%，34.8%，52.3%，2010 年三种主要金属对外依存度达到 60%～80%。③ 目前中国外贸对海洋运输业的依赖程度已经高达 70%，这样的海上生命线一经受到威胁，后果不堪想象。

此外不仅竞争国家的军事力量、恐怖组织和海盗的猖獗也都是对我国海上航线的新威胁，如《中国的有力臂膀——保护海外公民与资产》一书的作者帕雷洛—普莱斯纳和马蒂厄·迪沙泰尔指出，海外中国工人约有 500 万人，"在 2004 年到 2014 年间有数十名中国公民在海外遇害。"④ 因此，社会转型的发展要求中国规划海权，成为有力量保障自身海上利益的强国，而在这新形势下 2015 年白皮书指出"中国国家安全内涵和外延比历史上任何时候都要丰富，时空领域比历史上任何时候都要宽广"，也就顺理成章。

除了前言，最新版白皮书分为 6 节，在第三节"积极防御战略方针"中还提出"加强海外利益攸关区国际安全合作"。"海外利益攸关区"是首次提出的概念表达，"攸关"一词说明是海外利益最为集中和紧迫之处。"海外利益攸关区"包括哪些地方？中国将与哪些国家合作以及如何合作？这些都是非常有意义的问题。笔者认为这可以理解为中国将在合作的框架下推进海权发展，维护海外利益，而海外利益攸关区应当首先是南海到印度洋的航线周边要地，作为中国海外能源和矿藏重要来源的中东和非洲部分地区一定不会缺席，因为这里是我国生命线所在，运来油气和矿产资源，运出大量产品。穿过南海和马六甲海峡，直至印度洋沿岸，是"21 世纪海上丝绸之路"的重要干线。但是马六甲海峡东西存在不同的国际形势，推行合作的条件也因而不同。在马六甲以西的航线上，中国没有海岸线出海口，不依靠合作不能建立海外基地，不建海外基地则无法确立军事存在，这将难以保障海外利益，这与中国本土相临近的东亚地区西太平洋边缘海海域形势不同。后者与中国海岸线相距较近，已经成为基于本土的中国军事力量有效威慑范围，但还存在不少

① 国家商务部副部长高虎城："中国对外贸易的形势与环境"，《社会科学报》，2006 年 2 月 9 日第 2 版。

② "海洋经济总体运行状况"，中国国家海洋局网站，2010 年 12 月，http：//www.soa.gov.cn/soa/hygbml/jjgb/ten/webinfo/2011/03/1299461294189991.htm.

③ 中国现代国际关系研究院世界经济研究所：《国际战略调查》，时事出版社，2005 年，前言第 8 页。

④ ［美］戴维·特威德："中国可能走向战争的 500 个理由"，彭博新闻社网站 6 月 16 日文章，见《参考消息》，2015 年 6 月 17 日，第 14 版。

争端，因此，合作之于马六甲海峡及其以西的海外利益攸关区的意义非常重要。

相比较而言，东南亚存在激烈的海上争端，当然中国在当地也有几个老朋友，而在印度洋地区除了印度没有与其他国家的领土争议，合作势头相对看好。在南海开展军事合作需要更多的智慧去克服更大的难度。但是，即使只有印度洋周边地区入选，在海外利益攸关区的候补名单上，依然还有其他选候选项。比如拉美地区，中国在当地的投资和贸易正在快速成长，长期以来太平洋跨洋航线的安全保障是在美国海权的独立庇佑下，中国如何在拉美加强合作仍然需要创新。在其他地区中国海外利益保障的迫切性略逊，都不能算是最攸关的地方，但在形势允许下仍可以不同程度推进合作，比如最近的中俄地中海军事演习，其意义就非同小可。

鉴于此，笔者认为中国应推进各地区的海洋军事合作，但要分清轻重缓急，中国海权战略已经明确提出，它的实施只能谨慎进行，根据海上丝绸之路的利益形势需要和环境形势变化进一步展开，可以选择灵活机动的推进方式，分别以不同阶段、区域、方式、速度进行，当然可以有环印度洋"海外利益攸关区"的重点经营，不必强求所有海域都同时推动，时机不成熟不能强行推动，招致阻力反弹，条件成熟，寻找到突破口则立刻付诸实践，比如在地中海或是拉美地区，中国的海外利益虽然不及在中东、印度洋地区攸关，但只要获得机遇，就可以适时推进海上盟友间的联合演习合作，而条件不成熟的地方却可以慢慢经营。这将有很多课题可以研究。

二、未来中国的国际海洋军事合作战略及其展望

此次白皮书中军事合作被作为一个章节专门提出来，即第六节"军事安全合作"，重点包括中外大国军事关系和周边外交合作机制，海上合作，履行国际责任义务，提供公共产品等几个问题，而"加强海外利益攸关区国际安全合作"是在第三节"积极防御战略方针"中提到的，显然这种合作将是防御性的，可能包含合作下的共同防御，防御目标首先可以有非传统安全威胁。这也可以理解为中国透过白皮书向外界表达出一向坚持的非进攻性及不针对特定国家的合作原则，以打消"中国威胁论"的舆论干扰。长期以来，中国坚持不结盟政策，但在当前时代背景下发展海权必须以合作为支撑，这是由历史和现实的多重原因决定的。中国发展远洋海权不是要搞殖民侵略，更不可能走英美老路。大英帝国即使在其极盛期也需和盟国合作，不得不出让一部分次要的海洋权益，比如缔结英日同盟，美国全球海洋霸权更是以众多盟国合作为重要基础。中国走出远洋，不与当地国家开展友好合作很难取得立足点。全球经济一体化的发展趋势使各国利益互相渗透，相互依赖程度大大加强，因此一个国家要保护自己的海上生命线就需要合作，也可以找到很多合作的理由。未来中国的考验将是这一方面的经验值积累和军事外交的创新能力。

首先，关于海洋军事合作的对象问题，白皮书第六节明确提出"全方位发展对外军事关系"，而在具体合作对象论述顺序上，深化中俄交流合作被放在构建中美新型军事关系之前，之后依次提及中欧关系，中非、中拉、中国与南太平洋国家的传统友好军事关系，然后是深化上合组织防务合作，最后是亚太地区一系列多边合作与对话机制。而在全球责

任部分也提到亚丁湾海域护航行动以及行动中的多国交流合作会继续下去，末尾提出中国将会加大参与国际行动的力度，承担更多国际责任和义务，提供更多公共安全产品。这都是中国对承担国际责任和巩固军事外交关系的积极的表达，是长期历史态势的总结和反映，很多内容是长期历史态势的总结和反映，很多内容是长期以来一直在做，今后肯定会继续深化的。

有趣的是，白皮书把中俄中美关系排了个"座次"，中俄在前，中美在后。这是因为从海洋合作的角度来看，当中国海军穿越苏伊士进入地中海的时候，最积极欢迎的大国就是俄罗斯。事实上，中国与其他大国之间的对外军事合作至今最有成效的主要依然是俄罗。相比之下，尽管2014年中国参加了美国主导的"环太平洋军事演习"，但是双方的军事互信一直存在种种问题，美国对中国实行"遏制"，双方在海军方面既有合作又有竞争，但中美毕竟是一对全球最大的经济体。虽然"新型大国关系"建立的路途始终不够平坦，相信中国仍然会继续谋求中美军事合作不破局和向前进展，不过进展不会太快，而且可能会不时产生摩擦。

白皮书的合作对象"序列"多多少少也说明中国多年来对外军事合作对象扩展进程略有缓滞。笔者认为显然未来开展合作必须首先满足白皮书所述几个重点方向，且未来合作对象应包括可以相对容易取得新的进展的国家，也必须满足几类条件：一是与中国具有深厚的传统友谊，什么都可以敞开谈，比较需要中国的援助，比如"巴铁"，它其实是类盟国，可以尽量开展多方面高端合作；二是有希望成为海上丝绸之路可资利用的地缘支点国家的小国，即位置重要，需要外来援助，对于大国间地缘博弈相对中立，参与国际政治热情不高，比如吉布提、塞舌尔群岛相对容易形成"战略支点"，斯里兰卡原本也属于这一类；三是这类国家存在于中国海上生命线要害周边，在地区范围内有一定影响力，甚至可能具备一定参与地缘政治的兴趣，如韩国、印度尼西亚、新加坡，即使中国与之双方关系没有那么友好，也必须保持一定程度的合作，能争取还是争取，通过发展战略对接拉近双方的关系，至少决不能将其完全推往竞争对手的怀抱。

其次，对于合作的形式、方式，此次白皮书提到的主要是利用现有的合作框架包括国际对话机制进行深化与拓展，第六节专门具体提到，除发展与海外国家军事合作，以及西太平洋海军论坛对话机制，还要"积极参与国际海上安全对话与合作，坚持合作应对海上传统安全威胁和非传统安全威胁"。白皮书在谈及联演联训时提到要"推动演训项目从非传统安全领域向传统安全领域拓展，提高联合行动能力"，要继续开展亚丁湾护航，"加强与多国护航力量交流合作，共同维护国际海上通道安全"，也提到"推动建立有利于亚太地区和平稳定繁荣的安全和合作新架构"，此外还提到了如何以各种国际间的各种形式、层次推进，以及如何参与国际维护安全行动，履行国际责任义务，加强交流合作，护航国际通道，提供公共产品等等，传达了中国期望进一步开展军事合作的愿望和前景。与历年白皮书相比，新版谈军事合作从内容事项来看也是相对丰富具体的，这说明军事合作正在受到更多的重视和表达，但往年白皮书有好几版也曾有专节论述国际军事合作，其中有些内容也是一贯的，如与上合组织国家的合作常常是具体的重点。

应该承认的是，本次白皮书中的海洋军事合作部分，新的具体内容不是太多，这必然需要在将来的长期动态中加以发展和理解。中国目前为止利用这些多年来行之有效的方法逐渐取得进展，但随着海上丝绸之路的顺利铺开，对中国海权发展的客观要求只会更高，中国理应谋求在丝路沿线加强合作，仅仅依靠传统方式是不足的，需要创新，而随着中国崛起速度不断加快，消弭其他国家的戒心和防范的难度也在增加，如今中国明确海权战略，逐步走出去，需要很多创新，仅仅依靠现有框架是不够的。其实近年来，特别是"一带一路"丝绸之路战略推行以来，中国在经济领域对于国际体制的创新能力还是令人赞叹甚至嫉妒的，如"亚投行"创立和"产能合作"等等，在军事方面依然需要这种创造力，同样需要合作体制的创新才可同时把具有利我逻辑的海权和具有利他逻辑的海洋合作同时推进。中国应当提倡新义利观和新安全观，继续主张合作安全、共同安全、综合安全，扬弃绝对安全、单边安全、狭义安全，推进利益共同体、命运共同体的建构，在国际责任和义务的名义下通过合作实施建设性干预，甚至追求共同崛起。如金砖国家中的巴西和俄罗斯都可以作为共同崛起的合作对象，帮助中国实现海上合作。以巴西为例来分析，目前中国虽然施以产能合作作为主要合作内容，但是海军合作扩大的空间很大，巴西是曾被地缘政治学大师麦金德视为有海洋崛起的有着优良地理条件的国家，而中国在拉美的投资和市场日益增加，"据估计，最近10年来中国在拉美的投资超过1000亿美元，而且还有很大的发展空间。习近平制定的在未来10年内在拉美投资2 500亿美元的目标带来更多变化。"[①] 巴西一旦崛起，其军事力量也会同样扩大，并寻求海外利益保障。作为拉美最大国家和工业强国的巴西也有意与中国开展军事技术合作，中国和巴西的陆空合作项目一直有良好基础。中国在拉美的海外利益正在快速成长，而长期以来太平洋跨洋航线的安全保障是在美国海权的管控庇佑之下，中国如果能够与巴西、阿根廷等拉美国家开展海上合作，促进共同的海洋崛起，联手护航南太平洋中拉航线，对于促进中国对外的海权合作也是有巨大帮助的。

最后，笔者想指出的是，从实现合作效果来看战略盟国的重要性不可低估，中国在利益攸关区树立有意义的存在，其最大的困难，除了别国的猜疑、提防，和西方大国的战略围堵，再就是自己的条条框框太多。比如坚持不结盟，当然有助于开展自由的全方位军事合作交往，不受盟约羁绊，尽量不介入某些热点地区的国际干预，不会陷入麻烦，但是没有同盟关系或全方位合作的准同盟关系就没有靠得住的"铁哥们"，因此中国仍然需要至少与某些国家结成"准结盟"关系。回顾历史，海洋大国多具有全球性的海洋军事存在，在不同地区多少都拥有一定的海洋合作关系，否则很难单打一地孤立存在，如大英帝国也曾在第一次世界大战前通过英日同盟实现了远东海洋军事合作，正是在同盟国的支持下，日本完成了日俄战争的胜利，分享了第一次世界大战的胜利，实现了在远东海洋的崛起，英国也依靠这一同盟牵制了俄德竞争对手。美国在战后的全球海洋存在，除了前沿部署之外就是依靠滨海地区的众多盟国，或者说其多数海外基地的前沿部署是通过盟国的广泛存在实现的。此外，国际政治中没有亘古不变的信条和承诺，时代阶段变更，历史条件变

---

① 西班牙《世界报》网站5月25日报道："中国在南美挑战美国的影响力"，参见《参考消息》，2015年5月27日，第2版。

化，政治也要变通。取得海军外交的突破就要解放思想，比如除了西方的外交智慧尽可照搬应用，中华民族传统外交智慧和传统武德中还有很多有价值的重要思想，可以用来树立自己的话语体系，提出新的理论号召。大国在道义号召下实施建设性干预，大国为维护正常秩序运转而援助、干预小国和整个地区，在中国古代春秋战国时期乃至后来的东亚朝贡外交时代就已经有成熟的理论和广泛的实践可供历史借鉴。当然这与社会转型下的文化转型也有一点关系，从经验来看中国与美国尚有一点差距需要弥平。

三、中国海军战略的两翼结构：近海防御与远海护卫

白皮书第四节"军事力量建设发展"中提出"海军按照近海防御、远海护卫的战略要求，逐步实现近海防御型向近海防御与远海护卫型结合转变"，实际上也是提出新的海军战略，这也再次展示了中国"蓝水海军"雄心壮志。白皮书使用"远海"而非"远洋"一词，表明谦虚谨慎切合实际的态度。远海毫无疑问是近海之外的相邻海域，至少也是第一岛链和马六甲海峡之外距离中国较近的印度洋周边远洋。在新版白皮书中，积极防御战略再次被强调的同时，获得扩大式的修正补充，在海军战略方面非常清晰，表现得更加积极主动。

过去中国海军长期执行"近海防御"和"积极防御"的战略，"积极防御"是解放军战略传统，自毛泽东时代就已如此。毛泽东在革命年代提出"诱敌深入再给其致命一击"的战略思想，提出弱势力量战胜优势力量的战略理论。[①] 美国学者罗杰·克里夫指出："自1927年建军以来，如何打败武器装备更加优良的对手，就一直是中国人民解放军面临的问题。因此，中国的战略家们传统上一直在制定击溃优势敌军所需的战略和战术，变化的只是他们对会卷入的冲突类型的论点。"[②] 中国人民解放军海军的建立比陆军要晚，海军战略的独立明确提出也经历了相当的过程。有美国学者指出："几十年来，中国海军被认为是一个反对外国入侵的次要角色，……直到20世纪70年代末，邓小平启动了改革开放，北京阐明了视野更加广阔的海权观。在中国人民解放军海军司令员、海军上将刘华清的请求下，中国领导人要求海军提高进攻能力，既防御大陆，又能在第一岛链内外航行。"[③] 这种也是符合事实的。

前军委副主席刘华清在1985年明确提出要实行"近海防御"的海军战略："我第一次正式提出了中国的'海军战略'问题"。[④] 这一战略的提出至今刚好30年。"近海防御"战略在以往中国海军实力与日美等周边海军实力差距相对较大的岁月里起了非常有效的作用，是威慑"台独"，抗衡霸权主义海洋遏制干涉的有效武器。这一战略是区域性积极防御战略，也被视为"反介入"战略，不是针对某国的主动进攻性战略，会着力打造利我的

---

① 参见毛泽东："中国革命战争的战略问题"，《毛泽东选集》第1卷，外文出版社，1966，第220、第234页。

② ［美］罗杰·克里夫著，肖铁峰译："中国国防战略中的反进入措施——2011年1月27日在"美中经济与安全评估委员会"上所作的证词"，见《外国军事学术集萃》，解放军出版社，2013年，第74页。

③ ［美］吉原恒淑，詹姆斯·霍姆斯：《红星照耀太平洋》，社会科学文献出版社，2014年，第82页。

④ 刘华清：《刘华清回忆录》，解放军出版社，2007年，第432页。

"近海"作战空间，形成战略力量的有效威慑范围，就如美国学者吉原恒淑和詹姆斯就中国 2008 年国防白皮书指出的"扩大和准备更具竞争力的战场空间这一观点，与几版（2008 年及其以前）国防白皮书提出的适应海军发展的一般要求完全一致。"①

"近海防御"战略的奥秘在于"近海"内涵具备弹性，可根据军事实力增长而发挥更大的威力。1983 年海军作战会议之前，"海军把距我海岸 200 海里以内的海域作为'近海'。"之后刘华清根据邓小平指示统一认识近海，把第一岛链内外海域以及太平洋北部的海域作为"近海"，之外是"中远海"。② 美国海军战争学院教授伯纳德·D. 科尔对其海军现代化计划解读为"到 2000 年，中国人民解放军将能够对第一岛链之外的海域实施控制"，"到 2020 年，中国人民解放军海军将能够对第二岛链之外的海域实施海洋控制，""到 2050 年，中国人民解放军海军将拥有航母，并具备全球作战能力"。③ 就是说"近海"范围扩张的弹性是随时间推移下中国作战力量的增强来实现的。同时西方学者也注意到中国海军在 20 世纪 90 年代以后正稳步取得进步："这样的力量结构一直持续到 20 世纪 90 年代早期。……而中国是以有条不紊的、连续的方式发展海上力量。早期海军的防御型思维——必须承认是需求而非选择的产物，它催生了关于如何打败海上优势敌人的富有想象力的思考。"④

在 1985 年以后，直至 2014 年，我们都可以说"近海防御"战略就是中国海军战略，但现在可以讲它将会仅仅是二分之一，"远海护卫"正在成为新的战略。但海军战略的两翼是相辅相成，而非完全互相独立的部分。原因很简单，如果近海制海权都不能掌握，如何走出远海远洋？中国没有通往大洋的直接海口，前往印度洋太平洋，必须从南海东海出去，自近海而远洋，是循序渐进地上台阶。近海防御战略不仅在将来不会放弃，相反其地位永不下降，因为它事关国土海疆安全，在解决海洋争端和美国实施战略拒止方面依然是有效和必不可少的。随着军事实力增强，"近海"将会获得扩大，中国海军将会有更大活动空间，并使通往远洋的通道更广阔、自由和安全，"远海"也自然被推往更远阔的"远洋"。此外，白皮书第一节"国家安全形势"明确提到全球形势和新军事革命，提到不少周边面临的安全挑战，指出"世界经济和战略中心加速向亚太地区转移"，点明美国推进亚太"再平衡"，日本"谋求摆脱战后体制"，个别邻国在岛礁上加强军事存在和挑衅，朝鲜半岛存在不稳定不确定因素，台湾统一问题，分裂势力问题，非传统安全问题等具体问题，对于陆上仅有一句"一些陆地争端也依然存在"，甚至没有点印度的名，其对安全形势论述笔墨集中的地域是东亚海域周边。显然未来军事力量建设将会集中于海洋军事力量、高科技和非传统安全等重点方向，而针对周边海域的近海积极防御战略的价值在很长时间内仍然很高。

"远海护卫"战略的实践行动实际已经开始很长时间了，其实质并非完全新的东西。改革开放多年来，中国对海外生命线的依赖从无到有，与日俱增，对远洋海权的需求日益

---

① ［美］吉原恒淑，詹姆斯·霍姆斯：《红星照耀太平洋》，社会科学文献出版社，2014 年，第 37 页。
② 刘华清：《刘华清回忆录》，解放军出版社，2007 年，第 434 页。
③ 陈弋泽译："中国海军的陆地线防御思维"，《现代舰船》，2013 年第三期 B。
④ ［美］吉原恒淑，詹姆斯·霍姆斯：《红星照耀太平洋》，社会科学文献出版社，2014 年，第 82 页。

增长，而中国远洋护航早已开始。2008 年以来中国参与打击索马里海盗的国际行动，并在最初 4 年动用约 1 万人次。① 截至 2012 年 12 月 25 日，中国护航编队与 20 多个国家的 50 多艘军舰通过信息资源共享，在印度洋海域共建起有效的信息网络，加强务实合作，先后与美国 151 特混编队、欧盟 465 特混编队、北约 508 特混编队建立反海盗信息共享机制和指挥官会面机制，与俄韩美等国进行联合护航、演练。2012 年 2 月 23 日由中国海军发起和举办的国际护航研讨会，有来自不同国家、组织的近百名代表参加。中国海军为全球航行安全与世界和平履行国际义务的同时，也体现出自身是负责任大国的形象。但面临的问题也需正视，中国海军远海护卫能力很有限，尚需大力建设。美国学者克里斯托弗·沙曼指出 2013 年中国国防白皮书已经强调要维护国际海上通道安全，"我们现在所看到的就是中国海军正在执行其战略使命——以及为什么'深海防御'正符合其逐渐演变的海上战略。"沙曼还认为"海上丝绸之路并不意味着中国海军的深海资产会大幅升级——但我确实看到深海部署增加了一些"护卫舰、驱逐舰和潜艇，随着中国海军越来越适应此类任务，数量还会增加。② 笔者想指出的是，随着海上丝绸之路的全面铺开，"当前中国的海上生命线实际将会成为海上丝绸之路贸易的重要内容"，未来对海权的要求只会更高。③

相比较而言，"近海防御"战略和"远海护卫"战略对环境条件的要求不同，对军事基地的条件和合作策略要求不同。"近海防御"对寻找基地的要求不高，因为中国自身地理条件良好，"为沿海基地提供了丰富的站点。新的军事战斗力本来就是为了从陆上基地打击海上目标而设计的。随着攻击射程范围的提高，岸上防御可以部署在更远的内陆，用大陆腹地作为避风港对沿海入侵者施以惩戒。"④ 而"远海防卫"战略环境条件有所不同，必须在马六甲和第一岛链之外取得海外基地，这种基地当然只有通过合作才能获得，至少要首先获得"落脚点"。因此"远海护卫"对合作要求更高，但这是否表明中国应该在马六甲东西两边采取两种发展策略？这是一个深刻的问题。但同样重要的另一个问题是，"近海防御"和"远海护卫"的战略两翼将会使中国海军必须具备两洋（太平洋和印度洋）战略。

四、中国版"两洋战略"的可见未来

如果说中国海军战略拥有了近海防御和远海护卫的两翼，则必将逐步使中国的两洋战略加快成型。中国必须重视南海，突破马六甲困局，使战略的两环相得益彰。

在各大洋，中国的海外利益都在扩展，都有推行战略的需要，包括北冰洋航线开辟导致的新的海洋利益格局变化也很值得关注，但与中国关系密切的两个大洋就是太平洋和印度洋：一个是"家门口"和重要市场；另一个是生命线和海外利益攸关区。虽然印度洋生

---

① ［法］埃马纽埃尔·德维尔："中印海军角力"，法国《费加罗报》5 月 11 日文章，参见《参考消息》，2015 年 5 月 13 日，第 14 版。

② 美国《防务新闻》4 月 11 日报道："中国的'一带一路'战略"，参见《参考消息》，2015 年 4 月 13 日，第 14 版。

③ 见拙作："论海上丝绸之路的海权战略与国际合作"，《筹海文集》第一卷，2015 年，第 248 页。

④ ［美］吉原恒淑，詹姆斯·霍姆斯：《红星照耀太平洋》，社会科学文献出版社，2014 年，第 100 页。

命线日益重要，中国并不具备印度洋出海口，也不具备直接进入太平洋的大洋出海口，但可从西太平洋边缘海穿越第一岛链进入，对中国来说这部分海域既是通道又是门户。"近海防御"战略其实就是中国的太平洋海军战略，旨在确保国家安全，防御周边海域危害，并予以有力反击，目前如何能够突破第一岛链的封锁和前出第二岛链，如何实现反介入战略，如何影响和控制周边海域的制海权等问题都是重点努力方向。"远海护卫"战略其实首先就是中国的印度洋战略。印度洋形势和西太平洋不同，中国海军缺少天然立足点，海军行动以护航为主，有重大海外利益，但也没有争端和宿敌，需要更多的低调姿态与国际合作，逐步培养战略伙伴和海洋战略支点。

中国与美国不同。美国有直接通往大西洋和太平洋的出海口，也需要和必须有"两洋"战略，但美国"两洋"海岸并不相连，因此其两洋战略可以是也必须是相对独立的部分。连接美国的"两洋"海上力量是通过巴拿马运河和全球海洋航线，包括印度洋航线实现的。中国只有通往"一洋"的间接出口，可同样需要关注"两洋"，因此中国的"两洋"战略相互关系必然是相对紧凑。对中国而言，连接和整合中国"两洋"海上力量就只能通过南海这个衔接部，因此也是中国在军事上需要确保通航顺畅的重要环节。无论前出印度洋还是太平洋，中国都可以通过南海方向实现。因此中国"两洋"战略的联结节点和弱点所在，就是南海和马六甲，远海护卫的起点首先是在南海而不是印度洋航线上，因此关键还是在于马六甲困局如何突破。中国太平洋军事战略实际上除了按照自身逻辑完成目标之外，还要替印度洋战略的展开提供先期通道支持。近海防御战略的实施力度和有效范围越大，通过制海权争控而施加影响的"近海"地理空间越大越巩固，借南海通往印度洋的能力也就越强，通道也越宽敞安全，对太平洋战略、印度洋战略乃至远海护卫战略的支持就越有效。"近海防御"战略下中国海军战力的覆盖范围必须扩大到马六甲海峡、龙目海峡、巽他海峡，否则就会被困死在周边海口。历史上没有大洋直接出口的强国崛起存在着前车之鉴，"正如英国在第一次世界大战期间所做的那样，他们对德国航运实施'远程封锁'。"① 结果，"除非德国海军可以侧翼包抄不列颠群岛，提高其战略位置，否则它没有任何机会促进德国的整体战略成功。"② 中国要避免重蹈覆辙。过去研究者喜欢强调台湾的海洋战略地理价值，但从突破马六甲来看，海南和南海诸岛的价值远大于台湾。中国不能占据马六甲，因此要有尽可能接近马六甲的海军基地和打击力量投送基地，可以具备在战时将敌手尽可能地逼离近海，甚至谋求获取对马六甲海峡的战略控制力，这种基地在包括海南的南海可以找到，这也是对于中国而言南海战略价值极大的原因之一。因此，中国海军战略关键的一环在于南海和马六甲。中国应当发展可以覆盖马六甲地区的军事打击力量，使得对手在战时放弃通过封锁马六甲和南海以实现"远程封锁"海上战略的努力，这要在很大程度上依靠南海基地，甚或包括构想中的泰国克拉运河，从最近的合作发展趋势来看，印度尼西亚有望成为中国的战略伙伴。

在突破马六甲进入印度洋之后，中国海军实施"远海护卫"战略和印度洋战略还需广

① ［美］吉原恒淑，詹姆斯·霍姆斯：《红星照耀太平洋》，社会科学文献出版社，2014 年，第 66 页。
② ［美］吉原恒淑，詹姆斯·霍姆斯：《红星照耀太平洋》，社会科学文献出版社，2014 年，第 67 页。

泛努力。比如中国发展两洋战略必须照顾到特定的平衡，应该牢记向东的海军战略方向是有限的，不能过多地向东采取进攻姿态，而是要向南看，确保南下生命线的使命应该高于向东对对手实施防御性积极反击的使命。近海防御战略有其地理扩展限度，不必盲目扩大，不能也没有必要一定扩大到第二岛链以东多么远，因为那会压迫和挑战美国，引起强烈反弹。在中国作战实力赶超美国以前，近海防御的重点应当是坚持积极防御战略目标的完成和把远海护卫力量"护送出去"，即在发生冲突情况下保证统一台湾和击退周边敌手之外，战略"东进"本身不是重点，能够顺利实现"南出"才是当务之急。

此外，"近海防御"在很大程度上借助了陆基导弹力量和航空兵，而对"远海护卫"而言，来自本土陆地的支持非常有限，对海军生存能力的要求更高，而远洋深海环境复杂，要求海军力量发展更上一层楼，中国海军舰队一旦前出远海，就算想做"要塞舰队"和"存在舰队"[①] 也不可能了。以目前中国海军作战实力来看，远洋作战能力与海洋强国相比仍有很大差距。

结语

新版国防白皮书首次明确海权战略的多个发展方向，安全合作依然被置于重要地位。这些战略新变化都是形势发展释然，也可想见在未来无论中国是否在主观上早有计划，还是"摸着石头过河"，推进军事合作与发展中国特色的"两洋"战略都是历史必然，从实际需要出发，中国应当致力于在印度洋海外利益攸关区组建主导下的海上合作体系，并在全球范围逐步培养海上战略伙伴和海洋战略支点。关键还在于中国所面临的问题如何克服，平衡如何把握，方向如何坚定。

中国的海军战略在海外的推进与地缘战略的推进应当是相辅相成的关系。美国学者吉原恒淑和詹姆斯·霍姆斯解读 2008 年及以前的白皮书，认为中国对全球地缘政治关切不明朗，甚至矛盾。但中美战略透明度认识尺度不同，而且中国长期以来不谋求称霸。笔者不禁想问各国海军战略合理的规划应是服从于国家大战略，而国家大战略下不包含或者说不催生地缘政治诉求吗？问题在于无论白皮书中的地缘政治影响都是客观存在和实在有力的。邓小平在 20 世纪 80 年代指出："霸权主义和集团政治已经行不通了。现在不仅要建立国际经济新秩序，而且也要建立国际政治新秩序。和平共处五项原则应该成为解决国际政治问题和国际经济问题的准则。"[②] 长期以来，和平崛起和民族复兴无疑被很多人认为应是中国的国家大战略目标的重要组成部分，实现它需要良好的地缘环境，中国的地缘战略也将围绕目标的实现而规划和展开，而"一带一路"战略就是当前中国最大的地缘战略。走出去的海军战略和地缘战略应该是一致的关系，每到一个地区，海军战略不可避免

---

① 这是近代海军战略史上存在过的两种理论概念，"要塞舰队"强调的是舰队和沿海要塞基地力量的配合作战，但有依赖性，"存在舰队"强调海军作战力量在大洋上的独立存在，但也有理论缺陷，可以参考：［美］马汉：《海军战略》，商务印书馆，2012 年，第 359-360 页，以及［英］朱利安．S. 科贝特：《海上战略的若干原则》，上海人民出版社，2012 年。

② "会见伊东正义一行时邓小平谈国际关系准则时强调用和平共处五项原则解决国际政治经济问题"，《人民日报》，1989 年 9 月 20 日，第 1 版，评论员文章。

也要服从和推动中国地缘战略，中国在外的地缘战略也要包含、照顾海洋战略的考量。除了实力，国际安全合作是打开阻碍中国海权发展的现实围栏的重要缺口，而合作的突破需要更多的思想解放和机会，不同形式、层次的军事外交要根据不同的国际关系以及相应的国际大环境来展开。

作为海洋大国曾经的历史坐标，英美海权发展有不同的路径和机遇，英国靠自由贸易作旗号，以炮舰为重要工具，机遇是经济变革领先于广大殖民地，美国靠军事保卫和反扩张联盟为旗号，机遇主要是"二战"和"冷战"，通过反法西斯战争把军事力量送过大洋，送到各大洲，冷战开始后则以维护和平、秩序为幌子，通过共同防御找到了一大群盟友，确立了全球海洋军事存在的前沿部署。对于中国，除了要对抓住历史机遇做好充分准备外，也要学会创造机遇，否则天上掉下来的馅饼不够吃。

论文来源：原文发表于《太平洋学报》2015 年第 10 期，第 65-74 页。

项目资助：中国海洋发展研究会重大项目（CAMAZDA201501）。

2015 年美国《21 世纪海上力量
合作战略》评析

刘 佳[①] 石 莉[②] 孙瑞杰

摘要：2015 年 3 月，美国海军、海军陆战队、海岸警卫队联合发布了《21 世纪海上力量合作战略》。其注意到全球地缘政治和海上安全环境的变化，对三支海上力量的任务目标、军力部署、分工协作和能力建设等做出部署，重申"前沿存在"和"加强合作"的基础性作用，强调"印亚太"地区对美国经济发展和海上安全的重要意义，提出"全域介入"和"全球海军网"等新的作战概念。该战略是美国亚太"再平衡"战略在海洋领域的调整和升级，反映出美对华在海洋领域政策的两面性，体现了美国希望与中国在共同应对海上安全威胁方面加强合作的意愿，也暗含了美国对中国建设"21 世纪海上丝绸之路"的反制策略。

关键词：美国；《21 世纪海上力量合作战略》；海军；海军陆战队；海岸警卫队

2015 年 3 月 13 日，美国海军、海军陆战队和海岸警卫队联合发布了第二份《21 世纪海上力量合作战略》[③]（简称新版《战略》）。新版《战略》以 2012 年"防务战略指南"[④]、2014 年《四年防务评估报告》[⑤] 和《四年国土安全评估报告》[⑥] 为战略指导，对三支海上力量的任务目标、军力部署、分工协作和能力建设等做出了规划。较之 2007 年发布的同名文件，新版《战略》做出了大幅调整。通览全文，"前沿存在"和"加强合作"是其两大核心，关注"印亚太"地区和实施"全域介入"是最有新意的两项内容。新版《战略》反映出美国军方针对国防预算削减、安全挑战增多等内外环境变化所做出的一些战略思考，展示出维护美国全球海洋利益的决心和手段。

---

① 刘 佳，女，国家海洋信息中心副研究员，主要研究方向：海洋战略、规划。

② 石 莉，女，国家海洋信息中心副研究员，主要研究方向：海洋科技情报。

③ U. S. Navy, U. S. Marine Corps, U. S. Coast Guard, "A Coorperative Strategy for 21ˢᵗ Century Seapower", http：//www. defense. gov/Blog_ files/MaritimeStrategy. pdf, March 2015.

④ U. S. Department of Defense, "Sustaining U. S. Global Leadership：Priorities for 21ˢᵗ Century Defense", http：//archive. defense. gov/news/Defense_ Strategic_ Guidance. pdf, January 2012.

⑤ Department of Defense, United States of America, "Quadrennial Defense Review Report", http：//www. usip. org/publications/national-defense-panel-releases-assessment-of-2014-quadrennial-defense-review, March 2014.

⑥ U. S. Department of Homeland Security, "2014 Quadrennial Homeland Security Review", http：//www. dhs. gov/sites/default/files/publications/2014-qhsr-final-508. pdf, June 2014.

一、新版《战略》的主要内容

美国国防部曾于 2012 年 1 月出台名为《维持美国的全球领导地位：21 世纪防务的优先事项》的防务战略指南，其基本目标是保持美国的全球领导地位、维持美国的军事优势，以适应未来的需求①。2014 年《四年防务评估报告》将"再平衡"作为美国军事战略调整的核心，强调保卫本土、营造全球安全、军力投送与决战制胜是美国军事战略的三大支柱②。2014 年美国国土安全部公布的第二份《四年国土安全评估报告》将确保美国国家利益作为终极目标，提出五项基本任务，包括阻止恐怖袭击、确保边境安全、落实移民法、保障网络空间安全、强化灾害预警和响应能力③。新版《战略》与上述三份文件一脉相承，是美国亚太"再平衡"战略在海洋领域的调整和升级。

新版《战略》的主要内容如下：首先，判断美国面临着复杂多变、不稳定的国际安全环境和广泛的海上安全挑战，同时也享有许多战略机遇。新版《战略》认为，国际地缘政治发生了深刻变化。印度洋-亚洲-太平洋（Indo-Asia-Pacific，简称"印亚太"）地区对美国及其盟国和伙伴国的重要性在持续增加；中东和非洲地区的持续动荡给暴力极端组织和恐怖主义组织的泛滥提供了条件；北大西洋公约组织（NATO）仍然是世界最强大的联盟，也是保障跨大西洋地区安全的核心；商船自由通过霍尔木兹海峡、马六甲海峡、巴拿马运河和苏伊士运河等海上战略通道的重要性与日俱增；具有反介入和区域拒止（A2/AD）能力的国家使得美国一贯主张的海上航行自由面临严峻挑战；跨国犯罪组织仍然威胁着非洲和西半球的稳定；气候变化和海水升温导致沿海地区风暴潮灾害增加，同时，北极和南极冰川融化为更大范围的海上活动创造了条件。

具体来看，第一，美国面临的海上安全威胁呈现出 3 个特点。一是国家行为体构成的传统安全威胁更加突出。新版《战略》明确指出，中国海上力量不断向印度洋和太平洋扩张，军事意图缺乏透明度，增加了地区紧张和不稳定，有导致误判甚至紧张局势升级的潜在可能；俄罗斯军事现代化、非法夺取克里米亚以及军事入侵乌克兰对欧洲安全和稳定带来了严峻挑战；伊朗对霍尔木兹海峡安全通航的威胁在不断增加；伊朗和朝鲜继续发展核武器和远程弹道导弹技术，对美国及其盟国和伙伴国的安全构成了威胁。二是非传统安全领域面临严峻挑战。新版《战略》将暴力极端主义、恐怖组织、海盗、大规模杀伤性武器扩散、跨国犯罪组织等作为非传统安全领域的重点威胁，其热点区域是中东和非洲。三是关键性领域威胁的蔓延。新版《战略》认为新的军事挑战来自网络空间和电磁频谱，并将有能力通过网络空间和电磁频谱威胁美国全球指挥和控制系统（C2）的对手视作威胁重点。

第二，把强化前沿存在、加强与盟国和伙伴国的关系作为海上力量合作战略的两项基础性内容。美国海军拟通过增加海外基地驻军并减少成本高昂的轮换、运用模块化设计的

---

① ② 储召锋："解读美国 2014 年《四年防务评估报告》"，《现代国际关系》，2014 年第 5 期，第 25-32 页。

③ U. S. Department of Homeland Security, "2014 Quadrennial Homeland Security Review", http：//www. dhs. gov/sites/default/files/publications/2014-qhsr-final-508. pdf, June 2014.

平台、优化部队配置等创新举措，使前沿部署的军舰由 2014 年的 97 艘增加到 2020 年的 120 艘。新版《战略》提出一系列军事布局：一是增加"印亚太"地区的海上军力部署，到 2020 年，大约 60% 的海军军舰和飞机将部署到该地区，优化日本、关岛、新加坡和澳大利亚的军力部署，加强与东南亚国家的联合军演；二是将驻扎在中东地区的军舰从目前的 30 艘增加到 2020 年的 40 艘，在该地区保持可靠的战斗力，遏阻冲突，消除盟国和伙伴国的疑虑和恐惧，并对危机作出反应；三是继续支援北约常设反水雷舰队，为欧盟提供军事保障，例如海岸和海上神盾弹道导弹防御系统，保护盟国和伙伴国免遭弹道导弹的威胁，2015 年底之前在西班牙部署 4 艘具备弹道导弹防御能力的驱逐舰；四是向非洲派驻具有应变能力的海上力量，与伙伴国安全部队并肩打击恐怖主义、非法走私以及非法掠夺自然资源的行为，美国海军将在非洲大陆保持一个远征基地，支援反恐、海上安全、情报、监测和侦察行动；五是在西半球继续加强伙伴关系，保卫本土安全和地区安全，打击非法走私和跨国犯罪组织，保持在古巴关塔那摩基地的军事部署；六是提升在北极地区的行动能力，加强与环北极伙伴国的合作，维护地区安全。

值得注意的是，新版《战略》指出，为了达到军事部署和财政紧缩之间的平衡，"要将最现代化和技术最先进的部队派遣到最需要的地方"，确保"在需要的地点、需要的时间"行动。正如奥巴马总统在 2014 年发表的《国情咨文》中所述，他只会在"真正需要"的情况下才会派兵参战，并且不会让美军卷入无底洞式的冲突之中①。这反映出美国军方秉持的是在有限的地区实质性地投入军事力量的理念，而不是无所不包地统揽问题。

第三，确定美国海上力量在维护国家安全时需要具备的 5 大基本作战能力。在全球大洋的海上行动能力是美国的战略优势，新版《战略》要求进一步强化海军、海军陆战队、海岸警卫队三支海上力量之间的合作，通过发展五项必备能力来完成保卫本土安全、遏阻冲突、应对危机、挫败侵袭、保护海上公域、加强伙伴关系、提供人道主义救援等使命。这 5 项必备能力包括：一是全域介入能力。考虑到全球公域②的重要性日益增加，新版《战略》提出了至关重要的一项作战能力，即"全域介入"，并将其作为 5 大能力之首。"全域介入"能力是为了确保美军在海、陆、空、天、网络空间和电磁频谱 6 个领域的行动自由，并将美军在这 6 个领域空间的各种行动整合起来，与海上控制和力量投送相结合，打败潜在对手的反介入和区域拒止战略。"全域介入"作战将"通过利用优越的战场态势感知，运用网络和电磁机动战，采用集成火力投射，在反舰弹道导弹和巡航导弹发射前消除威胁"。二是威慑能力。美国前总统布什在 2006 年的《国家安全战略》和《四年防务评估报告》中将"威慑"这一冷战概念重新引入国家安全政策，取代了先前的"支持发动先发制人的战争以消除流氓国家造成的威胁"③。威慑是"使对手为避免产生某种

---

① The White House Office of the Press Secretary, "President Barack Obama's State of the Union Address", http：// www. whitehouse. gov/the-press-office/2014/01/28/president-barack-obamas-state-union-address, January 2014.

② 美国国防部 2010 年发布的《四年防务评估报告》指出，"全球公域"是指不受单个国家控制，同时又为各国所依赖的领域或区域，它们构成了国际体系的网状结构，主要包括海洋、空域、太空和网络空间 4 大领域。

③ The White House, "The National Security Strategy of the United States of America", http：//www. georgewbush-white-house. archives. gov, September 2002.

结果而放弃实施某些特定政策的行动"①。根据新版《战略》，美国海上力量将通过战略核威慑和传统威慑来完成使命，前者以海军弹道导弹核潜艇为保障，后者以航母打击群和两栖常备群为核心。三是海上控制能力。海上控制是美军建立局部海上优势的重要保障，也为保障海上运输通道安全奠定了基础。海上控制的基本要素包括水面战、水下战、打击战、水雷战、防空和导弹防御、海上领域意识以及情报、监测和侦察。四是力量投送能力。新版《战略》强调，可靠的力量投送能力是加强威慑、维护地区稳定、对危机作出反应的重要保障，也是开展人道主义救援、对灾难做出快速反应的必要条件。力量投送能力的提高取决于增强空运（如空中燃料补给能力）、海运和后勤支援能力，以及在全球部署基地和预置设备的能力。五是海上安保能力。新版《战略》要求美军加强对海上公域和海上通道的安全保障，应对军事和非军事安全挑战。新版《战略》认为，所有国家共享海上安保带来的利益，因此这是一个可以扩大与盟国和伙伴国合作的领域。美国将通过多国演习和训练，加强与相关国家海上力量之间的合作，共同打击跨国有组织犯罪、保护渔业和海上贸易等。

第四，为应对国防预算削减带来的挑战，美国海上力量将作出一些调整和变革。在当前财政支出收紧的环境下，新版《战略》指出，美军将通过优化开支、人才培养、创新作战概念等方式，打造一支富有能力、常备不懈的未来部队。对此，新版《战略》要求在购买和管理新式武器系统时注意控制成本，优先考虑其可购性。新版《战略》呼吁海军应增加同空军和陆军的合作，实施反拒止行动，特别是空军的情报、监视和侦察能力以及陆军的导弹防御系统将成为美国海上军力的有益补充。在人才培养方面，要通过培养具备优良品格和责任感的领导人来强化美军的作战优势，同时要发展战略思想和知识资本，例如恢复海军和海军陆战队委员会、制定海军战略计划，从而在海军官兵和智库之间形成合力。新版《战略》还提出了若干新的作战概念：一是加强地区和全球力量投送能力，实施"联合作战介入概念"（Joint Operational Access Concept），指导未来作战部队在全球公域的介入和行动自由。二是深化与盟国和伙伴国的安全合作，打造"全球海军网"（a global network of navies），共同应对海上安全挑战。"全球海军网"这一构想包括3方面内容：一是扩大合作部署，将盟国和伙伴国的军事力量整合到航母打击群和两栖常备群的训练和战备演习中；二是提升与盟国和伙伴国的联合作战效能，不断增加人员交流和情报共享，加强军事演习，特别是在"印亚太"地区和欧洲地区的军演；三是建立地区和国际论坛，共同探讨主权争端、经济、安全、防务和执法方面的问题；四是开发针对敌人薄弱环节的战术、技术和方法，包括探索传统的动力打击与非动力行动之间的平衡，深化电磁机动战、空间和网络概念等。

二、新版《战略》调整的原因

美国海军于1986年曾发布过一版海上战略。此后，随着苏联的解体，在经历了

---

① U. S. Department of Defense, "Deterrence Operations Joint Operating Concept", http：//www. dtic. mil/futurejointwarfare/concepts/do_ joc_ v20. doc, December 2006.

"9·11"事件、阿富汗战争、伊拉克战争之后，国际形势发生巨大变化，美国海军、海军陆战队、海岸警卫队于2007年10月首次联合发布了《21世纪海上力量合作战略》。时隔8年，国际安全环境、地区安全形势以及国内局势发生了新的变化，三支海上力量再次联合发布合作战略。对此次新版《战略》调整的原因，可以从以下四个维度加以分析。

第一是国际体系的推动。美国在冷战后很长时间所享有的"单极时刻"正随着全球权势转移和力量格局重新配置而不复存在。始于2008年的全球性金融危机给了以美国为首的西方传统经济强国一记重拳。与之形成鲜明对比的是，以"金砖国家"为代表的新兴经济体蓬勃发展壮大，尤其是他们在应对金融危机中表现抢眼，从而在很大程度上改变了原有的国际体系结构。[①] 中国、印度、俄罗斯、巴西四国均已进入世界经济前十强行列。这一切似乎预示着"后西方世界"的到来[②]。可以认为，美国海上力量合作战略做出调整是美国因国际政治经济格局变化的客观需要而进行的全球战略调整的重要组成部分。

第二是全球安全环境发生了变化。目前，全球所面临的威胁主要是恐怖主义、大规模杀伤性武器扩散、走私、贩毒、海盗等，而海洋是这些敌对势力实施破坏活动的要地。新版《战略》指出，"美国是一个被大洋阻隔的西半球国家，在远离美国海岸线的国际水域维持行动的能力是美国的优势所在。美国海上力量必须在日益依赖海洋的全球环境中保持这种优势"，而"美国海上军事力量进入海上公域并实现航行自由面临着日益增加的挑战"。对此，新版《战略》认为，美国"不能再单打独斗了"，要重视、强化与盟国和伙伴国的合作，共同应对海上安全挑战，转移防务负担。

第三是地缘政治形势发生了变化。新版《战略》指出，"美国的经济和安全同流经印度洋和太平洋的贸易息息相关"，该地区"对美国以及盟国和伙伴国的重要性日益增加"，"全球经济依赖来自中东和中亚的石油、天然气，美国与此密不可分"。与此同时，亚太地区地缘政治格局正在发生历史性变化，中国、俄罗斯等太平洋沿岸国家快速发展，美国在该地区日益面临大国崛起带来的挑战。印度的政治、经济影响力也日益增加。反映在新版《战略》中，就是将美国长期关注的"亚太"调整为"印亚太"地区，拉紧与盟国和伙伴国的安全网络，强化前沿存在和前沿作战，避免任何一个国家挑战美国全球海洋霸主的地位。

第四是不容乐观的财政环境使然。自2008年金融危机以来，美国陷入了自1929年大萧条以来最为严重的经济衰退，加上两场耗资巨大的外部战争，美国政府财政赤字持续攀升[③]。奥巴马上任伊始，就将复苏美国经济、平衡政府预算尤其是国防预算作为施政重点。新版《战略》对预算限制问题着墨尤多，凸显出美国军费预算相当紧张，但字里行间也隐含着威胁的意味，"预算削减将限制作战优势，并导致预备役不足而无法应对各种危机"，海军被迫将"增加一些任务风险水平，减少在某些地区的存在"。因而，新版《战略》被认为是一份向国会要钱的文件，力争将预算保持在原来的高位运行。

---

① 储召锋："解读美国2014年《四年防务评估报告》"，《现代国际关系》，2014年第5期，第25-32页。

② Stephen F. Szabo, "Welcome to the Post-Western World", *Current History*, Vol. 110, Issue 732, January 2011, pp. 9-13.

③ 张愿："试析美国海军战略的调整及其影响"，《现代国际关系》，2012年第3期，第1-8、第30页。

三、新版《战略》对我国的影响

美国新版《战略》共 6 次提到中国，而 2007 年《21 世纪海上力量合作战略》对中国只字未提，这反映出在海洋问题上美国对中国的战略关切日渐增加，表现出美对华在海洋领域政策两面性的特点，即中国崛起对美利弊兼有。新版《战略》宣称，"中国海上力量向印度洋和太平洋的扩张带来了机遇与挑战"，认为"中国对相关国家使用武力或恐吓的方式提出领土要求"，"中国军事意图缺乏透明度，易造成冲突和不稳定，有可能导致误判甚至冲突升级"，并把中国与俄罗斯、伊朗、朝鲜等国家一同列为对其安全的挑战或威胁，表示要加强对中国的关注和防范。但同时新版《战略》也指出，作为《海上意外相遇规则》的签署国，中国有能力接受国际规则、制度以及与不断上升的国家地位相称的行为标准。正如奥巴马政府 2015 年 2 月发布的《国家安全战略》中所指出的，"美国欢迎一个稳定、和平与繁荣的中国的崛起。我们寻求与中国发展建设性的关系，这种关系给我们两国人民带来好处，并促进亚洲和世界各地的安全和繁荣"。可见，美国对中国走向海洋、建设海洋强国的心态是复杂的，既希望借助中国的力量来降低和解决全球与区域性的海上安全挑战，又担心中国会从海上威胁其领导地位。这种复杂心态给我国海洋发展带来了机遇和挑战。

首先，新版《战略》表达了美国与中国在共同应对海上安全威胁方面加强合作的意愿，为我国加强与美国的海上合作提供了机遇。新版《战略》指出，"通过持续不断的前沿部署以及与中国海上力量的建设性互动，美国海上军事力量将减少误判的可能性，降低进犯意愿，致力于维护地区和平稳定"。新版《战略》还赞赏了中国在维护海上安全方面的努力，特别肯定了"中国在亚丁湾打击海盗行动、利用医疗船实施人道主义援助和救灾所做出的贡献"，积极评价了"美国海岸警卫队与中国渔政联合打击公海拖网捕鱼的合作"。美国对"印亚太"地区的开放也为中美增加沟通交流的机会、协调彼此立场解决争端、推动地区秩序和国际秩序朝着公正合理的方向发展提供了机遇。这也体现了奥巴马政府的预期，"欢迎中国与美国以及国际社会一道，在推进经济复苏、应对气候变化与核不扩散等优先议题中，担当起负责任的领导角色"①。由此来看，中美开展海上合作的空间非常大。

其次，我国周边地缘战略框架有强化之势，海上安全和海洋维权形势堪忧。新版《战略》提出了"全球海军网"的新概念，通过与原有的"千舰海军"计划、"空海一体战"以及正在研究推行的"群岛防御战略"相呼应，美国将与盟国和伙伴国建立起针对中国、相互关联的防御体系，阻碍中国空军的制空权以及海军进入西太平洋和印度洋。这无疑会进一步恶化中国的周边安全环境。除此之外，美国在"印亚太"地区加强与盟国和伙伴国的合作，强化前沿存在和军事部署，会进一步刺激南海周边一些国家在领土权益上持更强硬的态度，同时也刺激其他域外大国在介入南海事务上采取更为积极的姿态。这将明显增

---

① The White House, "The National Security Strategy of the United States of America", http：//www.fpc.state.gov.

加解决南海争端的难度，我国维护海洋权益的努力也将面临越来越大的压力。

最后，新版《战略》隐含了美国对我"21世纪海上丝绸之路"倡议的反制策略。新版《战略》所关注的"印亚太"地区，恰恰与我国建设"21世纪海上丝绸之路"的重点方向完全吻合。美国借助此番海洋战略调整以及一系列同盟合作计划，将对我国"海丝"战略形成直接牵制，导致安全风险和不确定性陡增。美国不仅这样制定政策，而且早已开展了实际行动。我国与越南、菲律宾以及印度、斯里兰卡、缅甸等国的关系在一些问题上趋于复杂，尤其在重大项目合作上出现反复甚至倒退，其背后不排除有美国实施反制策略带来的负面影响。

结语

美国是当今世界第一海上强国，但与过去相比，其实力正在下降。在未来一段时期内，美国将继续借助"离岸平衡"策略，以美国主导、盟国推进的方式来规划实施其海上战略构想。此外，相比2007年版战略，中国因素在新版《战略》中的篇幅大幅增加。作为世界上最大的发展中国家和发达国家，中美两国在经济全球化的发展中利益交融，在维护地区和国际和平与安全方面拥有共同的利益和责任。尽管中美在海上安全等方面存在争议，但中美两国有加强海上合作的共同需求。因此，在构建中美新型大国关系的倡议下，加强中美海上务实合作应成为未来发展方向，双方需增信释疑，减少误判，努力管控矛盾分歧，积极拓展中美同为海洋大国的利益汇合点，提升两国在海上的利益依存程度，打造利益共同体和命运共同体。

论文来源：本文原刊于《太平洋学报》2015年第10期，第49-54页。

项目资助：中国海洋发展研究会项目（CAMAJJ201508）。

第二篇　海洋经济

全国海洋经济"十二五"规划评估

徐丛春[①]　朱　凌[②]　周怡圃　赵　鹏　李宜良

摘要：《全国海洋经济发展"十二五"规划》是"十二五"时期指导海洋经济发展的宏观指导性规划。《规划》实施以来，海洋经济总体实力进一步提升，海洋产业结构逐步优化，海洋科技创新能力进一步加强，海洋可持续发展能力逐步增强，海洋经济调控体系逐步完善。总的来看，规划主要指标进展顺利，大部分规划任务按时有序推进。但是，海洋经济发展方式粗放、科技自主创新和转化能力不足、海洋环境保护形势严峻、体制机制不完善等问题仍是制约海洋经济发展的突出问题。为此，针对上述问题，在"十三五"海洋经济规划编制之际，提出了推进《规划》实施以及制定实施"十三五"规划的若干建议。

关键词：十二五；海洋经济；规划评估

一、全国海洋经济发展"十二五"规划实施情况

2012 年 9 月 16 日，《全国海洋经济发展"十二五"规划》（以下简称《规划》）经国务院批准正式实施，这是继 2003 年 5 月我国制定发布的第一个纲领性文件《全国海洋经济发展规划纲要》之后，再次推出的新一轮全国海洋经济综合性规划[1]。《规划》实施以来，海洋经济总体实力进一步提升，海洋产业结构逐步优化，海洋科技创新能力进一步加强，海洋可持续发展能力逐步增强，海洋经济调控体系逐步完善。总的来看，规划主要指标总体进展顺利，大部分规划任务按时有序推进。

（一）主要指标总体进展顺利

《规划》确定了经济发展、科技创新、结构调整、环境保护、经济调节五个方面的发展目标，根据对"十二五"前 3 年海洋经济实施情况的跟踪监测，主要指标总体进展顺利，海洋生产总值年均增长、海洋科技成果转化率等 4 个指标提前实现规划预期目标要求（指标实际值/规划预期值>100%），海洋生产总值占国内生产总值的比重、海洋科技对海洋经济的贡献率等 5 个指标基本实现规划目标要求（指标实际值/规划预期值［90%，

---

①　徐丛春，女，国家海洋信息中心，研究方向：海洋经济与规划。
②　朱　凌，女，国家海洋信息中心，研究方向：区域海洋经济。

100%］），海洋新兴产业增加值占海洋生产总值比重指标与规划预期目标有较大差距（指标实际值/规划预期值<70%）。各指标对比规划预期目标的实现程度见图1。

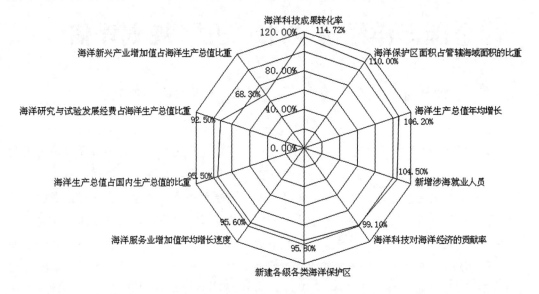

图1　规划指标对比预期完成情况雷达图

（二）规划任务按时有序推进

《规划》确定了优化海洋经济总体布局、改造提升海洋传统产业、培育壮大海洋新兴产业、积极发展海洋服务业、提高海洋产业创新能力、推进海洋经济绿色发展、加强海洋经济宏观调控七大任务。从各项任务推进情况看，多数任务执行情况较好，部分任务有些滞后。具体表现在：

区域经济布局方面。按照陆海统筹的原则，海洋经济总体布局逐步优化，北部、东部和南部三个海洋经济圈正在形成，山东半岛蓝色经济区、浙江海洋经济发展示范区等增长极加速崛起，海岛开发与保护有序推进，总体上看，海洋经济布局正逐步从近海向海岛与深远海推进。但是，区域经济布局缺乏统筹协调，区域分工与协作较弱，区域特色不鲜明，区域经济优化布局和协调发展任务推进较为缓慢。

海洋产业结构调整方面。海洋渔业、海洋船舶工业等海洋传统产业加快转型升级，海水利用业、海洋生物医药业等海洋新兴产业蓬勃发展，邮轮游艇、涉海金融等一些新型的海洋服务业态初露端倪，海洋产业结构调整呈现积极的变化。然而，我国海洋产业总体上仍处于产业链低端，自主研发能力薄弱，国际竞争力不足；同时，海工装备制造、邮轮产业等部分新兴产业也呈现产能过剩的势头，因此加快海洋产业转型升级、提升产业竞争力的任务尤其繁重。

海洋产业创新方面。国家持续加大对海洋科技的政策支持与投入力度，鼓励海洋产业核心技术创新，引导与支持科技型涉海企业发展，组建了海洋监测、深海装备、海水淡化等产业技术创新联盟，一批海洋高技术企业和龙头企业快速成长，初步形成了国家和地方相结合、政产学研金相结合的科技兴海组织体系，海洋科技成果转化率不断提高，海洋人才引进和培育加快推进，海洋科技创新与支撑能力不断增强。但是，我国海洋产业核心技术储备、产学研用联合等海洋科技创新机制建立与完善、海洋科技中介服务机构与网络服务机构培育等任务推进较为滞后。

海洋经济绿色发展方面。我国海洋资源循环利用技术和循环经济模式有所突破，海洋生态环境保护得到进一步加强，粗放型海洋产业加快绿色转型，企业安全生产和灾害防范意识提升，特别是海上溢油应急能力显著提高。然而，我国海洋产业在绿色发展方面仍然是以政府引导为主，环保产业和产品的发展仍处于起步阶段。同时，海洋循环经济发展模式示范工程进展较缓，在海洋产业节能减排技术方面尚需加大相关技术的研发与成果推广应用。

海洋经济指导与调节方面。海洋经济规划指导得到加强，制定发布了多项涉海规划与政策，建立了部际联席会议制度加强海洋经济管理的统筹协调；同时，通过强化海洋经济监测评估，推进全国海洋经济发展试点，研究制定海洋领域投融资政策助力海洋经济发展，海洋经济宏观指导与调节能力逐步增强。但是，国家在对海洋经济的宏观指导与保障方面存在着政策落实不到位、保障责任不明晰、配套制度不完善等方面的问题，包括：一是规划指导和政策扶持还不到位；二是海洋经济监测评估工作基础还不够扎实；三是全国海洋经济发展试点工作还有待深入；四是海洋经济管理的统筹协调还有待落实；五是海洋经济发展的制度环境有待健全完善。

经过对规划执行情况与未来发展趋势的综合分析判断，预计在"十二五"末期《规划》提出的各项既定目标和任务大部分可实现，但受"十二五"期间国内经济形势总体低迷、国际形势引发的海洋经济发展的不确定性以及海洋产业发展中体制机制矛盾等因素影响，海洋生产总值占国内生产总值比重、海洋新兴产业占国内生产总值比重等目标实现有一定难度，海洋经济规划的部分配套政策措施还无法到位，在一定程度上影响了"十二五"规划的执行力和实施效果。

二、规划实施中面临的突出问题

（一）海洋经济粗放增长方式尚未根本转变，产业结构升级与布局优化任务艰巨

"调结构、转方式"是"十二五"时期经济社会发展的主线，经过几年的努力海洋产业结构调整成效初步显现，然而海洋产业结构性矛盾依然突出，转方式任务仍然艰巨。一方面，产业间发展不平衡。目前海洋渔业、海洋交通运输业、滨海旅游业依然是我国海洋经济的支柱产业，2011—2013 年，三大海洋产业增加值合计占主要海洋产业增加值比重均超过 70%[2]，传统的产业发展方式仍然占主导，而海洋战略性新兴产业和海洋高端服务业规模小，航运服务业、邮轮游艇、海洋文化、涉海金融等新型服务业才刚刚起步，海洋经济整体发展水平还有待进一步提升。另一方面，部分产业同构问题尚未根本解决，产能过

剩压力依然较大。一是一些沿海地区港口发展缺乏统筹协调，港口产能结构性过剩，呈现出明显的过度竞争态势；二是近几年随着海工装备市场的兴旺，越来越多企业因造船产能过剩或受利益驱动，开始涉足海洋工程装备业务，同样也承接海工装备建造订单。这种盲目地进入导致了海工装备市场中低端同质产品的重复无序竞争，产品赢利空间进一步压缩等问题；三是海水养殖、海洋生物医药制造、滨海旅游等产业由于技术的落后，产品较为低端，高技术、高附加值的产品极少，照此继续发展有可能引发产业低水平竞争和产能过剩。

另外，滨海产业区域布局趋同越发突出。近年来，重化工业沿着中国漫长的海岸线遍地开花，钢铁、石化等重化工业向沿海聚集已成为普遍趋势。"十二五"期间，一系列沿海地区的开发规划先后获批，在中国的沿海地区掀起一场新的重工业发展高潮。而令人担忧的是，除了国家立项规划的项目外，沿海一些不具备条件的地区在政策上也将重化工业作为支柱产业优先发展。目前，大部分新建的重工业项目都选址在围海造地形成的土地上，这些高能耗、高污染的工业项目，其上下游产业也大都是能源和原材料消费大户，造成大量陆源污染物排海，极大地增加近海生态环境污染和环境灾害风险。

（二）尽管海洋科技自主创新与技术转化取得一定成绩，但与国外相比自主化、高端化差距仍较大

尽管"十二五"以来通过科技专项和区域创新示范等措施，海洋科技自主创新和技术转化能力有了一定的提升，但相比主要发达国家而言，我国海洋科技自主创新与技术转化能力依然不足，突出表现在：一是海洋科技自主创新能力较弱，高端研发设计不足。目前我国海洋自有技术与国际先进水平相比仍存在较大差距，原创性和附加值高的海洋技术创新成果较少，我国承接的海工订单，其设计大多都参照或直接使用欧美的设计方案，海洋油气资源勘探开发所用到的动力定位系统、FPSO 单点系泊系统、水下生产系统等关键配套设备和系统的核心技术基本被国外少数公司掌控，海水淡化工程特别是万吨级以上工程多数采用国外公司技术；二是科技创新还存在"花多果少"的问题，科研成果在产业化过程中遇到市场渠道无法打开，国内外用户对新成果接受度不高，很多技术和产品成果或束之高阁，或中途流产，海洋科技成果转化率相对较低。此外，企业科技创新的主体地位没有得到完全确立，企业研发和创新能力较弱；三是高层次复合型人才缺失。海洋科学及技术涉及的学科范围广泛，海洋战略性新兴产业的发展需要一批懂科学、懂技术、熟悉制造工艺和试验程序，能利用、集成各种新原理、新概念、新技术、新材料和新工艺等最新科技成果的专业人才队伍，人才短缺影响行业的发展。

（三）海洋环境整治与生态修复的力度逐年加大，但海洋生态环境保护与防灾减灾形势依然严峻

近几年从国家到沿海地方不断加大涉海重点领域污染整治力度，然而沿海生产生活污水、垃圾等随意排入海洋，违法填海、非法采砂等现象依然时有发生，海洋环境污染和生态系统受损趋势尚未得到根本控制。2013 年，我国 72 条主要江河携带入海的污染物总量

约 1 672 万吨[3]。入海排污口邻近海域环境质量状况总体依然较差，80%以上无法满足所在海域海洋功能区的环境保护要求。其中，排污口邻近海域 81%水质、35%沉积物质量、62%生物质量不能满足海洋功能区的环境质量要求。实施监测的河口、海湾、滩涂湿地、珊瑚礁、红树林和海草床等海洋生态系统中，处于亚健康和不健康状态的海洋生态系统共占 77%。此外，各类海洋环境灾害和应急事件时有发生，2011 年以来，大连湾"7·16"溢油事故、蓬莱 19-3 特大溢油事故、"塔斯曼海"号油轮溢油事故等重大溢油事故频繁发生，已经成为危害人类健康，破坏海洋生态环境的重要因素，这些事故的发生概率虽小，但由于突发性强、破坏性大、后遗症严重，一旦发生其影响程度往往是巨大的，通常会引起事故周围海域生态环境受到严重破坏，造成巨大的经济损失，导致区域的生态失衡，甚至造成长期的危害，致使海洋生态环境难以恢复。2013 年，仅渤海沿岸滩涂及近岸海域就发现 27 次油污，溢油和危化品泄漏的风险居高不下。

（四）制约海洋经济发展的体制机制虽有改善，但距陆海统筹的真正实现仍需要一个过程

海洋开发，是一个与人口、资源、环境密切相关，集资源利用、社会经济、国家安全等重大问题于一体的特殊领域。因此，以开发利用和保护海洋为主要目的的海洋经济活动必然涉及多个部门，需要一个高层次的海洋事务统筹机构有效协调部门利益，实施陆海统筹。"十二五"规划实施以来，国务院成立了国家海洋委员会，并批准设立了促进全国海洋经济发展部际联席会议，初步建立健全了海洋经济综合管理与协调机制以及海洋管理体制。但由于时间尚短，各涉海部门的协调和配合还不够紧密，部际联席会议制度还缺少有效的落实制度与实质性地发挥作用，对海洋经济的指导与调节还未发挥效应，距离真正实现陆海统筹、健全海洋经济发展的体制机制仍有相当长的路要走。

同时，《规划》的编制与管理实施也是影响《规划》执行效率的一个重要因素，从表现出来的问题来看，主要包括：一是《规划》相应的配套落实政策和措施不健全；二是《规划》部分任务有些超前，落实有待深入；三是《规划》编制启动滞后，难以发挥对省级规划的指导与监督；四是规划多数任务缺乏明确的执行主体，责权分配不明确，从而降低了规划的执行效率[4]。

三、推进《规划》实施和"十三五"规划编制的对策建议

2015 年是"十二五"规划的收官之年，也是承前启后的一年。既要加快推进"十二五"规划的实施力度，又要紧锣密鼓地启动"十三五"规划编制工作，因此，为做好规划的承接工作，对推进《规划》实施和"十三五"规划编制提出以下对策建议。

（一）推进《规划》实施的对策建议

1）继续推进规划配套政策的制定与落实

按照《规划》部署，进一步完善和利用好部际联席会议工作机制，加强对海洋经济的

指导与调节，重点落实以下 7 项政策措施，明确责任分工和制定具体时间表，争取在规划期内取得实质性进展：一是坚持以市场为主体、以产业结构调整升级为导向，抓紧制定和发布"海洋产业发展指导目录"；二是尽快出台"全国海洋主体功能区规划"，建立与生态系统和经济社会发展相协调的海洋产业时空规划格局；三是在科学总结和评判海洋经济发展试点经验基础上，抓紧出台"支持全国海洋经济发展的指导意见"；四是尽快组织开展邮轮游艇、休闲渔业、公共服务及文化产业等涉海服务标准的研究与制定；推动落实海洋产业分类国际标准的研究制定工作，全面加强海洋产业标准化建设；五是争取在"十二五"末完成全国海洋经济调查中期任务；争取国家和省级海洋经济运行监测与评估能力建设完成阶段性目标；六是与发改委、财政部、银行机构等涉海部门联合建立国家海洋产业发展基金；着手开展涉海政策性担保平台的建设；七是抓紧研究制定海洋特色产业园区管理办法，探索海洋产业集聚发展、融资创新等模式。

2）加紧完成规划既定的目标和任务

通过对规划目标和任务的评估，海洋服务业发展速度、海洋新兴产业在海洋生产总值的比重、海洋研究与开发经费占海洋生产总值的比重等指标均与规划预期有一定差距，特别是海洋新兴产业受体制机制等因素制约，与规划目标差距较大。因此，在"十二五"期末之际，一是要加大力度推动海洋新兴产业发展。通过体制机制创新和重大政策项目落地，强化海洋新兴产业发展政策与措施的进一步落实，尽快制定相关配套制度，突破制约我国海洋工程装备制造业、海洋药物和生物制品业、海水淡化与综合利用业、海洋可再生能源业等新兴产业及业态发展的体制性障碍，通过园区示范、产学研合作、金融资金投入等多种渠道，提升海洋新兴产业发展速度，提高海洋新兴产业占海洋生产总值比重，从而进一步优化我国海洋产业结构。二是要给海洋服务业创造更为宽松的发展环境，研究制定相关政策，逐步破除体制机制障碍，鼓励邮轮游艇、涉海金融服务等新型业态的发展，并将其培育为海洋经济重要的增长点。三是继续大力支持海洋科技创新，鼓励产学研技术创新联盟，推动海洋科技的创新研发和科技产业人员的集聚，逐步提高海洋关键技术与装备的自主研发能力，进而加快海洋科技成果产业化进程，为我国海洋强国战略的实施提供永续的内生动力。

（二）制定与实施"十三五"海洋经济规划的政策建议

1）对"十三五"时期海洋经济发展趋势的判断与展望

"十二五"以来，我国海洋经济发展逐步进入了一个新的阶段，面临的机遇千载难逢，面临的风险与挑战也前所未有，综合来看"十三五"时期仍将是海洋经济大有作为的发展期。

从面临的机遇来看。近年来我国经济外向型程度进一步加深，与世界经济的联系更加紧密，世界经济增长更加依赖中国经济增长的拉动，进而为我国对外发展提供更多机会，也为海洋经济发展创造了良好的外部环境。我国自贸区战略的确定，使双边自贸谈判进一步加速，与韩国、澳大利亚、新西兰的自贸区谈判取得实质性进展；多边贸易协议进一步深化，中日韩自贸协定、《区域全面经济合作伙伴关系》（RCEP）以及中国－东盟自贸协定（"10+1"）升级版都在加快推进；我国倡导统筹式的自由贸易整体架构也得到支持，亚太自由贸易区前期研究工作正式启动；"一带一路"由构想逐步迈入实施阶段，都促进了我国对外贸易领域开放范围的扩大和开放程度的加深，为我国加快实施海洋经济"走出去"战略，推进海洋经济在更广范围、更大规模、更深层次上参与国际合作与竞争提供了良好条件。同时，我国经济发展方式转变进入了一个关键时期，经过多年的积累，我国科学技术水平和成果转换实现了飞跃，制造业实力显著增强，服务业增长势头明显，国内庞大有效的需求市场基本形成，为推进我国在全球产业分工格局的转变，实现我国产业价值链由低端向高端发展，加速海洋产业的转型升级提供了基础和动力。

从面临的挑战来看。国际方面，世界经济仍处于金融危机后的大调整阶段，区域经济分化加剧，美国经济增长稳定，欧盟经济复苏乏力，日本经济低位运行，新兴市场国家增长减速，总体来看世界经济形势将维持低增长态势，国际需求不足长期存在，贸易增长依然在低位徘徊，对外向型海洋产业增长负面影响持续。贸易保护主义抬头，美国主推的跨太平洋战略经济伙伴协定（TPP），把中国排外和边缘化，对中国对外贸易增长提出了更严峻的挑战。以能源生产与消费格局发生重大调整为主的能源资源竞争不断加剧，围绕海洋资源的权益争夺愈演愈烈，地区间摩擦和冲突时有发生，我国海洋事务的周边环境不可预测和不可控风险增多。国内方面，中国经济正处在经济增速换挡期、结构调整阵痛期、前期政策消化期"三期叠加"的阶段，国内经济增速放缓，从高速增长转为中高速增长，经济结构不断优化升级成为中国经济的新常态。处于"增长减速"和"结构调整"的宏观形势之下，海洋经济也由高速增长进入了深度调整期，结构调整的紧迫性和艰巨性进一步加剧。同时，一些地区追求大规模、高强度的发展方式，给海洋资源和生态环境带来巨大压力，资源环境承载能力已接近极限，海洋生物资源几近枯竭，自然岸线快速缩减，海洋自然灾害损失俱增，海洋环境污染日益加剧；滨海地区的产业结构和布局不合理问题突出，部分产业产能过剩，重化工业与城镇居民生活布局相互交叉，安全风险与环境污染，对我国海洋经济发展都提出了新的挑战。

因此，通过对未来一段时期国内外形势的研判，初步判断出未来一段时期海洋经济发展仍面临着复杂的国内外宏观形势。伴随着"十二五"后期，海洋经济逐步步入新常态，预计2015年乃至更长时间，海洋经济的发展速度仍将保持与国民经济增速持平，乃至低于国民经济增速，同时宏观经济下行压力的加大也将增加海洋经济发展的不确定性。但从长远来看，保持海洋经济稳定增长的基础条件和基本面向好趋势没有改变。随着国际市场需求的复苏和我国对外贸易的恢复性增长，海洋传统产业将继续保持平稳增长；随着国内消费需求的扩大和产业结构调整力度的加大，海洋服务业和海洋新兴产业也将继续成为海洋经济的增长极。

2）制定与实施"十三五"海洋经济规划的若干建议

"十三五"时期是国家全面深化改革的关键时期，也是海洋经济由高速增长转而进入深度调整期、全面推动产业转型升级、实现向质量效益型转变的新阶段。按照党的十八大提出的全面深化改革的战略部署和十八届三中、四中全会的重大决定，海洋经济规划编制与实施要紧密结合"十三五"时期的新特征，谋求新的编制思路，具体包括：

一是适应新常态，以结构优化、提质增效、创新升级、绿色发展、扩大开放为基本原则，指导与谋划"十三五"时期海洋经济发展。当前，伴随着国民经济发展进入新常态，海洋经济发展也步入了新常态，海洋经济增长速度由高速增长过渡为中高速增长，经济发展方式正从规模速度型粗放增长向质量效率型集约增长转变，这不仅是海洋经济自身发展的内在要求，也是海洋经济转变发展方式的客观使然。适应新常态，海洋经济规划的目标导向，将从注重规模和速度向内涵式转变，即以结构优化、提质增效、创新升级、绿色发展、扩大开放为基本原则，谋划"十三五"海洋经济发展。其中，结构优化是方向，提质增效是目标，创新升级是动力，绿色发展是宗旨，扩大开放是手段，环环相扣，互为补充，体现了"十三五"规划编制的总体思路和方向。

二是按照依法治国理念，进一步厘清政府与市场的关系，加快向市场简政放权，努力发挥市场在资源配置中的决定性作用。党的十八届四中全会将依法治国理念提高到新的战略高度，"十三五"时期要秉承依法管海和依法治海的理念，将其贯彻到规划编制与实施的始终，贯穿到海洋工作的各个方面、各个环节。一方面，加强立法工作，完备法律体系，加紧推进《海洋基本法》的起草编制和《海环法》的修订工作，完善《海域法》、《海环法》、《海岛法》等各项法律法规配套制度；另一方面，按照"法无授权不可为，法不禁止即可为"的原则，进一步厘清政府和市场的关系，加快政府从管理职能向服务职能的转变，通过负面清单管理、简政放权、搭建平台等途径，深化政府改革。同时，坚持发挥市场在资源配置中的决定性作用，充分调动企业和社会创业创新创造的积极性，激发海洋经济内生动力，为海洋经济发展营造良好的环境。

三是紧密配合海洋强国、京津冀协同发展、"一路一带"、长江经济带等国家战略的实施，做好海洋经济领域重大任务、重大政策和重大战略的谋划。"十二五"时期，海洋得到了国家前所未有的关注与重视，多部涉海战略与规划相继出台，特别是"海洋强国战略"和"21世纪海上丝绸之路战略"的相继实施，给海洋带来了难得的发展机遇。因此，要紧密结合国家战略部署，以强化海洋装备制造业发展、促进海上互联互通、拓展与海上丝绸之路沿线国家经济、文化与人文等领域的合作等为着眼点，认真研究一批对国家战略实施、海洋经济结构调整与升级带动性强的重大工程，对推进海洋经济结构优化、创新升级、绿色发展、扩大开放作用显著的重大项目，对破解海洋经济发展体制机制障碍、增进市场活力的重大政策。

此外，首先，在规划编制方式和方法创新思路，坚持开门编规划、合力订规划的基本原则，打破政府绝对主导的规划编制体系，引入外力，广泛吸收社会各界对海洋经济发展的需求，将政府的引导和市场主体的积极性充分结合，真正让规划来源于市场且服务于市场；其次，针对规划执行主体不明晰的问题，应在规划贯彻实施过程中提出部门责任分工，凡是在政府职能范围内且属于法律授予的权力和职责，就应担负起规划的监督实施责任，从而体现规划的权威性和可操作性；再次，针对规划配套落实政策措施不健全的问题，要配合规划的任务落实和海洋经济发展中存在的问题，加紧研究制定促进海洋经济发展的配套政策措施，进而推动规划的执行力度。最后，要将长远战略与当前实际有机结合，着眼于海洋强国、21 世纪海上丝绸之路等战略的贯彻实施，重点谋划 5 年的规划任务和目标，以保证规划目标和任务的可实现与可操作性。此外，全国海洋经济发展规划要做好顶层设计，提早谋划和部署，从而确保建立起从中央到地方"全国一盘棋"的规划体系，进而保证国家战略规划意图的执行与实现。当然，尽早实现规划立法，明确各类规划的地位和范围以及政府各部门的责权利，保证规划编制和实施的权威性，才是解决上述规划编制与实施中体制问题的关键所在。

参考文献

[1]　国务院. 全国海洋经济发展"十二五"规划（全文）[EB/OL]. [2013-1-18].
　　　http：//www. soa. gov. cn/zwgk/fwjgwywj/gwyfgwj/201301/t20130118_ 23783. html
[2]　国家海洋局. 中国海洋统计年鉴 2013 [M]. 北京：海洋出版社，2014.
[3]　国家海洋局. 2013 年中国海洋环境状况公报 [EB/OL]. [2014-03-31].
　　　http：//cn. chinagate. cn/economics/2014-03-31/content_ 31952090. htm
[4]　王晓惠，徐丛春，等. 海洋经济规划评估方法与实践 [M]. 北京：海洋出版社，2009.

论文来源：本文原刊于《海洋经济》2015 年第 4 期，第 3-10 页。
项目资助：中国海洋发展研究会重点项目 （CAMAZD201401）。

论中非渔业合作

贺　鉴[①]　段钰琳[②]

摘要： 海洋渔业资源已经成为当今世界不可被忽视的重要资源。随着经济的发展，人类需求的增加，海洋渔业资源越来越成为人们生活中不可或缺的一部分。非洲丰富的天然渔业资源，日益成为大国海洋竞争的利益着眼点。中国本着互惠的原则，与非洲国家展开海洋渔业合作，双方优势互补，以求互利共赢。中非双方如何更好地开展海洋渔业合作成为一个不可回避的重要课题，双方既迎来无限机遇，同时又面对众多挑战。

关键词： 中国；非洲；海洋渔业合作

20 世纪 80 年代，中非海洋渔业开始合作。中非双方开展海洋渔业合作不仅仅具有巨大的互补性，还具有重大的现实意义。众所周知，非洲凭借优越的地理位置和其他自然条件，使其拥有丰富的渔业资源。非洲不仅拥有大量的海洋渔业资源，还有大量的内湖渔业资源。近年来，随着渔业资源的开发和利用速度加快，渔业资源的需求不断增长。但是，非洲国家的渔业开发技术落后，大部分国家资金不足，国家对渔业的建设和开发能力相对薄弱，并没有实现对自身渔业资源的充分开发与利用。而中国自改革开放以来，取得了一系列的辉煌成就，自身拥有先进的技术，雄厚的资金，以及丰富的发展经验等。这些客观事实的存在，都为开展海洋渔业合作提供了重大的机遇，双方开展合作存在巨大的互补性。与此同时，中非开展海洋渔业合作还具有重大的现实意义。既可以创造良好的经济效益，也可以创造良好的社会效益。有资料显示，2000 年初，中国与摩洛哥开展海洋渔业合作，合资公司年均创汇额惊人，累计向摩洛哥政府上缴税收 3000 多万美元；与此同时，还促进了当地的就业，长期雇佣摩洛哥船员，并且为其培养了众多专业捕鱼人才，还带动了摩洛哥第三产业的发展，有力地促进了当地经济的快速发展，[1]这些合作成果都是有目共睹的。

一、中非海洋渔业合作成就

在全球化和信息化快速发展的今天，资源的激烈竞争成为常态。中非开展海洋渔业合作，一举一动无疑引起外界的高度关注，如何更好地实现互利共赢，务实合作，是对双方

---

① 贺　鉴，男，中国海洋大学法政学院教授，博士生导师，主要从事海洋政治、比较政治制度等方面的研究。

② 段钰琳，女，中国海洋大学治政学院研究生。主要从事海洋政策方面的研究。

的严峻考验。双方在开展海洋渔业合作的过程中，既创造了一系列的成就，同时也存在着一些问题，既有机遇也有挑战。

（一）中非海洋渔业合作实现了双方经济上互补共赢

几十年来，非洲国家虽然与西方大国开展海洋渔业合作，但是并没有为非洲国家带来多少收益，没有改变非洲国家贫穷落后的状况，粮食危机从根本上没有得到缓解，反而是由于西方国家对非洲渔业的过度捕捞问题，加剧了非洲国家的饥荒、贫困、失业等社会问题。有资料显示，欧盟进行海洋渔业捕捞的大型拖船长度每艘都过百米，一天的捕捞作业量就能达到200多吨鱼，几乎可将其附近海域"清理干净"；欧盟渔船的过度捕捞已经严重威胁到非洲国家沿海地区居民的正常生活，"掠夺"了当地居民生活的重要生存资源；《东非人民》的报道认为，如果欧盟过度捕捞的状况持续下去，将会给西非沿岸靠海吃饭的数百万人带来重大灾难，其生计将面临灭绝。[2]

"授人以鱼不如授人以渔"。中国参与非洲渔业资源的开发利用，重视对非洲国家渔业先进技术、管理经验的提供，帮助非洲国家提高自身的建设能力，实现非洲国家的经济发展。中国重视加强对本地渔业从业人员的技术培训，加强和非洲国家渔业领域的协作科研工作。例如，中国水产科学研究院淡水渔业研究中心作为中国向非洲提供技术支持的重要平台，已经连续30多年开设水产养殖技术培训班，为100多个发展中国家培训了1000多名渔业技术和管理人才，其中绝大多数学员都是来自非洲。[3]再者，中国国内企业的造船技术远远超过非洲，为促进中非海洋渔业合作的深度发展，中国企业为非洲提供先进的造船技术，满足非洲国家实现自身发展的技术需求，促进双方的技术交流与合作，共同推动海洋渔业合作的发展，有利于双方互帮互助，互利共赢。

投资多元化，务实合作，共发展。加大对非洲国家的渔业投资力度，重视非洲国家的渔业基础设施建设。对基础设施进行投资，是社会变革、生产力发展、经济成长的前提条件。[4]与基础设施落后的非洲国家进行海洋渔业合作时，中国需要注意根据非洲国家的实际需要，通过援助、工程承包等方式，发挥资金充足、技术先进和人力成本相对低廉的优势积极支持非洲国家建设渔业基础设施。例如大连国际合作远洋渔业合作有限公司在西非加蓬投资2000多万元建设了一座1000吨冷库及办公楼、仓库等设施；大连连蓬远洋渔业有限公司在西非加蓬投资2000万元建设了一座1000多吨的冷库及办公室、仓库等基础设施。[5]此外，中国摒弃西方大国对非洲国家的渔业开发模式，开启新模式，投资多元化，实现渔业资源的可持续发展。例如，中国与摩洛哥的渔业合作已经成为中摩两国间规模最大的互利合作项目。自1988年以来，中国的众多水产公司分别先后与摩洛哥当地私营企业进行了渔业合作，组建渔业合作公司20多家；其合作模式为：中国以卖方信贷方式向合资公司提供捕捞渔船，摩洛哥则以捕鱼许可证入股，双方各占一半的股份，由合资公司在十年内以分期的形式向中国偿还购船本息。[1]

（二）中非海洋渔业合作深化了双方政治上互助互信

中国与非洲的海洋渔业合作模式完全区别于西方。中非的海洋渔业合作是以互惠共享为原则的，从本质上完全区别于西方国家与非洲的渔业合作模式。中国作为最大的发展中国家，非洲作为最具发展潜力的大陆，双方海洋渔业合作的深入发展，深深触动着西方国家的敏感神经，不免引起它们的猜忌和误解，使其带着"有色眼镜"看事情，散发各种中国在非洲搞"新殖民主义"的不当言论，将中非合作关系妖魔化，这是严重违背客观事实的，是对中国的严重污蔑。其实，判断中国是否在非洲搞"新殖民主义"很简单，即中国是否以非洲的发展权益作为本国经济增长的代价。中国与非洲国家开展海洋渔业合作，一方面是使非洲国家能够从自身的资源中真正获取相应的收益；另一方面则是将这些收益用于经济发展所急需和必需的领域。[6]双方是在自愿互信的基础上开展海洋渔业合作的，是完全区别于西方的。

中国与非洲国家之前的合作确实存在信息不畅、渠道不通、数据不准的情况，但是中国积极参与非洲国家海洋渔业资源的开发与利用，始终本着务实合作，互惠互利的原则，注重加强与非洲合作国家的交流与沟通，增加中非之间的相互理解，推动中非之间政治互信。塞内加尔驻华大使阿卜杜拉耶·法勒曾经表示，中非的项目合作应该调动起所有中非参与者的积极性，提高合作热情与激情，并且"希望中国继续加大对非洲的资金投入"，海洋渔业合作是中非合作的重要领域之一，双方要以"亲、信、双赢"为准则推动海洋渔业项目的发展进程。[7]由此可见，来自非洲的声音，完全是对中非海洋渔业合作的欢迎和支持，原因很简单，就是中国没有以他国的发展权益为代价来实现自身的发展，而是以真诚的态度通过务实合作实现双赢。在中非海洋渔业合作的大框架下，中国力求务实合作，口惠行动也惠，不仅仅可以打破西方国家对中非海洋渔业合作的"妖魔化"言论，还可以进一步巩固中非之间的友谊情感，加强政治互信，消除误解，拓展合作空间，为中非海洋渔业合作开辟新天地，推动中非海洋渔业合作向更深、更广、更宽的领域发展，真正实现求合作，谋发展，互惠互信。

（三）中非海洋渔业合作促进了双方文化上包容互鉴

中非双方的民间交往已有一定历史。在20世纪上半叶，中国的移民和劳工就已经开始接触非洲，中国正是从这些劳工和移民开始更多的了解非洲的：中国劳工多被英、法、德等西方国家雇佣，或在小岛上当农民，或在南非和黄金海岸做矿工，或在坦噶尼喀、莫桑比克等修铁路，或是在南非、马达加斯加承担各种工程，或是在毛里求斯和留尼汪的种植园进行劳作等等，还有其他原来来到非洲的自由移民。[8]20世纪60年代，非洲国家获得独立，中国曾经派出文化代表团到达非洲进行学习，非洲国家也曾经派出年轻人到中国留学；坦赞铁路的修筑更是极大地提高了中非双方民间交往的水平，促进了非洲国家对中国的了解。众多中国工人参与了坦赞铁路的修建工作，据估计，人数超过6万人，这也为中非双方的接触提供了良好的契机。[9]21世纪，中非海洋渔业合作为中非的民间交往提供了新的机遇，有利于传承双方遗留下的可贵传统，巩固友好情感，增进彼此了解。中国可以将自身的和谐包容的传统文化理念，借助中非海洋渔业合作的平台，通过一系列的文化产品，传递到非洲，加强双方互动交流，增加彼此认知，消除误会；非洲国家也可以与当地的中国工作人员进行文化交流活动，将更多的非洲信息传递到中国去，双方加强认同，增进互信。此外，中非双方还可以互派人员交换学习，尤其是青年一代，对消除中非彼此的偏见和误解有着很大的促进作用。

（四）中非海洋渔业合作进一步提高了中国负责任的大国形象

中国与非洲国家开展海洋渔业合作，始终本着负责任的大国形象。中国在资金、技术、经验方面占据优势，非洲则拥有廉价的人力资源和市场以及当地的安全措施保障等，双方凭借巨大的互补性开展合作，符合各自发展意愿。而欧盟国家，通过提供一定的资金，与西非国家签订具有捕捞年限的协议来获取捕捞许可，为满足自身的资源需求和实现经济发展，完全不顾及非洲国家的发展利益。反观中国在与非洲国家的海洋渔业合作中，中国积极帮助非洲提高自身能力建设，包括加强本地渔业从业人员的技术培训，加强和非洲国家渔业领域的协作科研工作以及科研机构之间的合作等，从而帮助非洲国家解决粮食安全的问题。20 多年来，我国先后与非洲众多发展中国家建立平等互利、灵活多样的海洋渔业合作关系，建立起互利互补的合作格局。[10] 不仅仅帮助非洲国家充分开发利用渔业资源，还为他们提供了大量的就业机会，拉动经济发展，稳定社会，提高人民生活水平等，深受当地国家和人民的欢迎和称赞。中国与非洲国家的海洋渔业合作是双向互动的，中国利用自身的优势，本着务实负责任的态度，真诚地与非洲国家开展海洋渔业合作，更多的是扮演着领导者的角色，起着引领的作用，而不是一意孤行的霸权者，只顾及自身的发展，完全不把别国的利益放在眼里；非洲国家更是借助自身的长处，积极参与，取长补短，扮演着参与者的角色，而不是一味的处于被动地位的接受者。在中非海洋渔业合作的大框架下，中国既是实践者，也是传播者。通过自身的实际行动，向国际社会传递更多的"中国好声音"，让国际社会充分了解和认识中国，赢得更多国际社会的认可，从而进一步提高了中国负责任的大国形象。

（五）中非海洋渔业合作助力了"海丝梦"的早日实现

中非海洋渔业合作也是"海丝梦"的重要组成部分。2014 年在厦门举行的"海上丝绸之路·21 世纪对话暨中非海洋渔业合作论坛"，提出了"中国非洲联合投资开发海上丝绸之路沿线城市计划"的构想，引起了外界的高度关注。"21 世纪海上丝绸之路"是中国为了建设全球伙伴关系网联通世界的新型贸易之路，[11] 其原则是共商、共享、共建。让众多国家参与其中，发展成果共享，兼容并蓄，互利共赢，这是"21 世纪海上丝绸之路"的重要内容。中非海洋渔业合作完全符合该原则该内容，双方进行海洋渔业合作最大的突出特点就是互利共赢，这完全与"海丝梦"的"共享"理念相吻合。非洲渔业资源丰富，需要资金、技术和经验来提高自主开发能力，实现对渔业资源的充分利用；而中国经过改革开放以来，取得了一系列的成就，总结了宝贵的发展经验，中国经济的进一步发展则需要开辟更多的资源渠道，双方恰好优势互补，开放合作，实现互利共赢。"海丝梦"的实现是一个长期的巨大工程，单靠中国一个力量去完成是不可能的，它的实现需要各方的共同努力。中非海洋渔业合作不是短期的合作，作为实现"海丝梦"的重要组成部分，需要以一种战略的眼光来审视，它是大势所趋，完全符合当今世界的历史发展潮流。它有利于进一步促进双方的经济繁荣，产业优化升级，实现投资多元化，开辟投资新环境；有利于进一步开启新的合作模式，实现可持续发展；有利于民心互通，携手共进，全面发展；有利于争创更加和平稳定的国际合作环境，促进和谐国际新秩序的构建。这些无疑对"海丝梦"的早日实现都起到了助推作用，符合中非共同的长远利益。

二、中非海洋渔业合作存在的问题

中国与非洲国家的海洋渔业合作，必然存在一系列的问题。既需要双方自身的努力，也需要中非共同的努力，同舟共济，携手与共，实现资源共享，互利发展，共同开创美好合作前景。

（一）中国对非洲海洋渔业投资收益回报与风险

非洲国家的经济发展现状是我国对其海洋渔业投资的最大经济风险。众所周知，非洲国家经济发展速度缓慢，基础设施建设落后，资金短缺，技术滞后，自身建设能力不足，人民生活水平低下；非洲国家发展海洋经济，资金和技术是其最大的瓶颈。加上发展远洋渔业具有投资大、生产周期长的特点，这无疑使得中国对非洲国家的渔业投资，存在巨大的经济风险。巨大的资金投入，周期长，收益回报甚微，则容易导致投资国家陷入周转困难，被动发展的局面，不利于达到发展共赢的目的。远洋渔业属于耗资大的工程，单纯的单方面投资，不利于调动双方合作发展的积极性，也不利于远洋渔业的长远发展。

非洲自身的复杂情况，是中国对其海洋渔业投资的最大政治风险。非洲政治的不稳定，国内环境复杂，给我国渔业投资带来很大的不利影响。非洲历史上深受西方国家的殖民统治，政治、经济、文化、社会等各方面，严重依赖西方，保留了殖民统治时期宗主国的政治传统，多实行民主政治，政权不稳定，容易发生内乱战争。加之，非洲政府本身的脆弱性，管理能力低下，缺乏权威性，使得原本不稳定的国内政治更加不安定。这些因素，都给中国对非洲国家渔业的投资造成了很大的政治风险。非洲国家深受西方的民主、人权、自由等意识形态的影响，对中国的日益强大心存各种疑虑和误解，甚至对中国提出不切实际的合作期望，所提出的要求远远超出中国的承受范围，曾经的传统友好感情和认知度在下降。加上西方国家对中国的妖魔化言论，声称中国在非洲搞"新殖民主义"，肆意散播"中国威胁论"，严重破坏中国在非洲的投资进程，对中非关系造成十分恶劣的影响。究其根本，随着中国的经济发展，其在非洲的投资，与欧美形成激烈的竞争，根本上触及了西方国家在非洲的利益，西方国家针对中国的言行是严重不公与不利的。

气候变化是我国对非洲国家海洋渔业投资最大的自然风险。一般来说，气候变化影响海洋的物理和生物地球化学性质，包括海洋温度、pH 值（酸性）、氧含量、区域性风模式，以及循环和上升强度。[12]这会使渔业资源的分布发生变化，形成对其管理的挑战。气候变化不仅仅影响海洋鱼类的生理和生物过程，影响物种的物候以及分布，还会对某些海洋物种生物过程的季节性产生影响，使得海洋生物链发生变化，这些都会对海洋渔业资源的开发和利用造成难以预知的影响。[13]全球气候变暖已经成为不争的事实，气温升高和极端性气候的屡屡出现，会改变鱼类的生存环境，水质和水温会发生变化，这容易造成鱼类的迁徙，改变原有的生物群落，影响鱼类的数量和质量，影响着渔场环境和渔场资源状况。

（二）中国对非洲海洋渔业资源开发利用中的"双红"问题

过度捕捞是"双红"问题之一。随着科学技术的发展，先进的捕鱼设备被广泛使用，各国捕捞能力得到普遍提高，全球渔业资源呈现下降趋势。非洲渔业资源缺乏科学合理的管理方法和监督措施，使得过度捕捞问题日益恶劣。据非洲安全研究机构报告，近年来一些西方大国在与非洲国家进行渔业合作的过程中，由于过度捕捞，使得非洲国家的鱼类资源大幅减少，甚至面临渔业资源枯竭、海洋环境恶化的危险。据统计，持有欧盟执照的渔船每年从毛里塔尼亚和摩洛哥水域中捕捞大量的渔业资源，大约 20 多万吨。[10]这些做法对于依靠渔业资源发展的非洲国家来讲，都会产生极其恶劣的影响。过度的开发不仅仅会破坏生态环境，降低水产品的数量和质量，还会进一步地对当地的经济和社会发展造成很大的负面影响，加剧贫困、失业等问题，危及人民的福祉。

环境污染是"双红"问题之二。环境污染则会使生态环境失衡，生物多样性减少，严重影响鱼类的生存环境。较高的人口增长率、较快的工业化和城市化，随之而来的生活垃圾、工业垃圾、农业污染等，都是造成环境污染的重要因素。环境污染会破坏鱼类生存的水域质量，导致富营养化，打破生态系统的平衡，使得鱼类的栖息地丧失，导致鱼类的数量和质量下降，严重的会导致某些鱼种灭绝。还有一点值得一提，就是人类破坏性的捕鱼方式，比如"炸药炸鱼"和"毒药毒鱼"等粗暴方式，这些快速而有效的方法会满足捕捞者眼前的既得利益，但是其前提是以破坏环境为巨大代价的，严重破坏经济的可持续发展，不利于人类的长远利益。

（三）影响中国自身形象塑造的主要因素

外媒对中国远洋渔业作业的负面报道是影响中国自身形象塑造的因素之一。非法捕捞是一个全球性的问题，同时也是一个十分严峻的问题，它不仅给当地带来巨大的经济损失，还会严重影响生态环保和社会发展。关于非法捕捞问题，西非就是一个典型的例子，该地区的非法捕捞占总捕捞量的 40%以上。[14]中大西洋东部地区国家众多，发展各异，政府能力有限，渔业管理常年处于混乱无序状态，容易发生矛盾冲突，例如在 20 世纪 90 年代，几内亚、塞拉利昂和利比亚因非法捕捞问题造成严重的流血冲突。[15]据法国媒体报道，中国渔船扎堆非洲捕捞，24 个国家呼吁中国采取措施；来自绿色和平组织掌握的数据显示，至少有 70 多艘来自中国三大海洋渔业企业的渔船在非洲地区从事非法捕捞活动；绿色和平组织绿色和平亚洲地区"海洋"项目负责人拉希德·康表示，"中国的一些无良企业利用了非洲当地和中国当局监管不到位的现状。"[16]这是对中国形象的严峻挑战，针对此种情况，中国政府务必核实，到底有没有报道中的事实，给非洲民众一个交代，给中国自身一个交代，更给世界一个交代。非洲国家面对中国的日益强大，难免会产生相对的不安全感和种种疑虑，不免容易提高对中国参与非洲海洋渔业开发利用的警惕性和敏感性；加之西方媒体对中国的不当言论，严重影响中非双方的互信发展、互惠发展以及长远发展。

中国企业如何"走出去"是影响中国自身形象塑造的因素之二。中国国门的打开，不管是"引进来"还是"走出去"，从个人到集体，一言一行，都是中国形象的代言人，也是外界所高度关注的对象。2016年5月14日，中国渔船"鲁黄远渔186号"在南非附近被扣押，由于语言沟通存在障碍，中国船员和南非执法人员在沟通过程中出现了误会；事发后，经过南非多部门调查证明，中国渔船未曾在南非水域捕鱼，只是由于天气恶劣原因被迫进入南非海域避险，但是由于"未持有捕鱼围网许可"和"未配备油类记录簿"，最后被相关部门处以罚款后放行。[17]2016年7月4日，根据喀麦隆当局表示，除了进入非法捕鱼区，中国渔船正在使用不符合规定的渔网进行捕鱼，据了解，被搜查的5吨鱼被拍卖，并且船员被罚款。[18]多年来，中国政府严格遵守《中华人民共和国渔业法》和《远洋渔业管理规定》，并根据两者建立以一整套远洋渔业管理制度，对违法违规的企业和渔船进行严格处罚；但是随着市场需求的激增，管理未能及时跟上渔船增加的速度，就不免暴露出一系列的管理疏漏问题。[19]此外，在中非海洋渔业合作中，还存在着中国远洋渔业某些人员的素质低下，目光短浅等问题，为了个人的既得利益，同行恶意竞争，哄抬市价，扰乱市场秩序，严重损坏中国的国家形象，加深了非洲民众对中国的误解。

（四）"新常态"下中国对非海洋渔业投资的可持续发展问题

作为世界第二大经济体的中国，最近几年经济增长速度放缓；中国经济增长率在2014减至7.3%，[20]为自1990年以来的最低值。根据中国国家统计局的数据，2015年第一、第二季度的GDP增长率为7.0%，[21]这是2009年第二季度以来的最低值，预计未来还会持续下降。李克强总理曾经在2015年的达沃斯世界经济论坛上指出，中国经济正在进入"新常态"，在这个阶段，中国的经济将保持较慢但却是更为健康的增长。经济发展速度相对缓慢，市场相对疲软，资金周转周期延长，投资者倾向于保守，对外投资信心不足，这些因素势必会对中国对非洲的渔业投资造成很大影响，不管是政府出资还是企业或个人投资，中国对非洲渔业投资是否可以持续无疑是个值得研究的课题。

三、强化中非海洋渔业合作对策

（一）做好投资环境风险评估，降低风险，加强合作

首先，调整主观思想，理性客观看待机遇与风险并存的局面。中非海洋渔业合作是长期的，需要以一种大局观来审视，理性看待投资风险与机遇并存的现实，做好充分的心理准备，避免半途而废。其次，必须做好投资收益与风险评估。充分了解当地的实际情况，作好对非洲市场的调研工作，做出客观评估报告，结合实情，理性投资；充分发挥管理人员的作用，定期对投资资金进行运转分析，做好收益评估与风险预测，并建立和完善投资风险预警机制，尽可能地降低损失。再次，中非双方可以借助中非合作论坛，通过建立长

期有效的稳定合作机制，开展全方位、多层次的合作方式，引领非洲国家积极参与进来，充分调动其积极性，多一份力量，少一份风险。此外，加强对非洲国家的学习和认识，适应其社会生活的多样性，时刻关注非洲国家的时政环境，了解其相关政策，并作出及时调整；加强对非洲自然环境的研究和海洋环境的勘探，做好气候环境预测；针对极端性气候天气，制定出一系列相应的应急措施，提高减灾防灾能力，降低损失。

海洋渔业投资作为一项巨大的工程，不管是从政治、经济，还是自然环境方面，中国方面务必做好投资风险评估，投资金额巨大，工程耗时长久，风险难以掌控，方方面面的问题都不容忽视。在新形势下，"一带一路"的提出大大促进了中非合作，虽然风险犹存，但是合作前景也是充满潜力与希望的，坚信机遇与风险并存，压力和动力同在。

（二）注重对生态环境的保护，实现"双红"的平衡发展

中国参与对非洲海洋渔业资源的开发和利用，可以通过有序可持续发展手段对海洋渔业资源进行开采和利用，尽最大努力采用先进的渔船设施，对海域资源的数据力求准确，注重珍贵鱼种的保护，遵循当地的相关规定，渔船和拖网尽量符合要求，网眼尽量放大，注重鱼苗的保护；同时通过科学的经营手段使海洋休养生息，有足够的缓和期，以实现生态平衡。远洋渔业的开发与利用，都是中非经济发展的重要项目，不仅仅使中国获得利益，还要使非洲国家建立起可持续发展的现代化产业；摒弃西方国家的"掠夺式"合作模式，绝不能以破坏生态环境为代价，一味攫取，要实现经济发展与生态保护的双赢结果，在享受生态环境带来的"红利"同时，也要注重生态"红线"。

海洋渔业资源要想得到持续健康发展，良好的生态环境是其重要的前提条件。在开发利用非洲海洋渔业资源的同时，务必注重当地生态环境的保护，求发展谋合作重要，生态环保同样也重要。非洲国家可以借鉴中国的发展经验，尽量少走弯路。良好的环境是人类生存的重要前提条件之一，没有了良好的环境，再高程度的发展也是毫无意义的。

（三）加强对自身形象的塑造，提高话语权

针对外媒的负面报道，中国政府有责任也有义务在遵守国际法规的基础上，完善自身的各种远洋渔业法规，加强对远洋渔业企业的审查，同时尊重非洲国家的相关法规，要让非洲国家意识到，中国与其开展海洋渔业合作是互利共赢的经济合作，而不是资源掠夺，这是一个长期的具有重大战略意义的合作，需要双方的共同努力，打造光明的合作前景；同时也会为其他国家开展互惠合作树立榜样作用，中国口惠行动也惠，以实际行动提高自身的话语权，占取道德制高点，西方媒体针对中国的不利言论便会被击碎，中国也会赢得更多的国际认可与支持。

为保持中非海洋渔业合作的有序健康发展，中国政府有必要加强对中国远洋渔业企业的管理和规制，建立科学有效的监管机制，严格落实各项远洋捕捞手续，规范其作业行为。同时还要加强对个人的定期培训，提高素养，规范行为，避免渔业问题上升为国际社会的敏感话题。中国企业也要努力实现本土化，尊重当地的法律，学习当地的文化，积极融入当地的社会生活，加强与当地民众的交流，努力向他们表达自己，让非洲民众更加了

解中国，同时，也要学会倾听他们的诉求，以真诚的态度稳固传统友谊。

（四）加大政府支持力度，实现投资多元化

2014 年 12 月，李克强总理在国务院常务会议上指出要加大金融对企业"走出去"的支持。"新常态"下，中国需要以一种大局观的眼光来审视中非海洋渔业合作，将投资渠道是否畅通，信息来源是否可靠，投资环境是否稳定等重要因素纳入考虑范围，审时度势，降低风险，以求达到双方共同的长远利益。"新常态"下，海外投资需要政府的支持，需要政府对海外利益的有效保护。政府可以出台一系列相应的优惠政策，提高补贴，降低利息，优惠贷款等，为海外投资者搭好"唱戏"平台。[22] 同时，政府需要完善海外投资保护机制，加强与东道国政府的磋商，通过建立双边协商机制，有效维护投资者的海外利益。

要充分发挥民营企的积极作用。民营企业作为新兴力量正日益发挥不可替代的作用。随着海外投资环境的改善，投资条件的放宽，在非投资的民营企业数量和民营企业投资额度则会大大上升，2015 年 9 月 29 日发布的《非洲黄皮书：非洲发展报告（2014—2015年）》（"《黄皮书》"）指出，截至 2013 年年底，在非洲投资的中国企业中 70% 都是民营企业或中小型企业，[23] 这也正是未来中非海洋渔业合作的新趋势。随着来自中非发展基金等各类基金及国内银行的支持，加上适当放宽的融资条件，民营企业将获得更多外部资金支持的机会。新的合作模式，更加多元化的投资主体以及投资领域，将是新常态下中非渔业合作所表现的新形式，这都将中非渔业合作带到了新的十字路口，合作前景仍是一片美好。

总之，中非积极开展海洋渔业合作，需要双方的共同努力，携手共进。中非海洋渔业合作是互助互补，互利共赢的。中国始终本着互惠的原则与非洲国家建立真诚的合作关系，一直用实际行动落实自己的原则，完全区别于西方国家的"掠夺"式发展模式，并且受到非洲国家的欢迎与支持。中国具有资金、技术和经验等方面的优势，非洲国家则具有丰富的渔业资源和充足的劳动力，双方的合作是优势互补，互利共赢的，有利于推动双方经济发展，增强政治互信，促进文化互鉴，深化合作领域，提升合作层次。

参考文献

[1] 伊佳. 中非渔业合作能否如鱼得水［N］. 国际商报，2012-01-30（C01）.

[2] 苑基荣，吴乐珺. 欧盟过度捕捞殃及非洲渔业［N］. 人民日报，2012-04-24（021）.

[3] 无锡新传媒网. 无锡助力中非合作 连续 33 年培训上名非洲渔业人才［EB/OL］. http://www.wxrb.com/node/news_ wuxi/2013-3-25/KC8FHFJF7423980.html，2013-03-25/2016-04-08.

[4] W. W. Rostow, The Stages of Economic Growth,［M］. London：Cambridge University Press, 1962.

[5] 中国水产养殖网. 海外基地缺乏远洋渔业"桥头堡"亟待建设［EB/OL］.
http://www.shuichan.cc/news view-131174.html，2013-05-07/2016-03-12.

[6] 李若谷. 西方对中非合作的歪曲及其伪证［J］. 世界经济与政治，2009（4）：16-25.

[7] 中国新闻网. 中非渔业合作再获新进展［EB/OL］.
http://www.chinanews.com/cj/，2014-07-08/2016-03-16.

［8］ Li Anshan, A History of overseas Chinese in Africa to 1911, ［M］. New York：Diasporic Africa Press，2012.

［9］ Jamie Monson, Africa's freedom Railway：How a Chinese Development Project Changed Lives and Livelihoods in Tanzania, ［M］. Bloomington &Indiana polis：Indiana University Press，2009.

［10］ 张振克，任则沛. 非洲渔业资源及其开发战略研究［M］. 南京：南京大学出版社，2014，223.

［11］ 贺鉴，刘磊. 总体国家安全观视角中的北极通道安全［J］. 国际安全研究，2015（6）：132 −156.

［12］ S. C. Doney, M. Ruckelshaus, J. E. Duffy, J. P. Barry, F. Chan, C. A. English, H. M. Galindo, J. M. Grebmeier, A. B. Hollowed, N. Knowlton, Climate change impacts on marine ecosystems, ［J］. Mar. Sci. 2012（4）.

［13］ FAO. Climate change implications for fisheries and aquaculture：Overview of current scientific knowledge ［R］. FAO Fisheries and Aquaculture Technical Paper. No. 530. Rome：FAO. 2009，15−17.

［14］ MRAG, Review of Impacts of Illegal, Unreported and Unregulated Fishing on Developing Countries ［R］. DFID. 2005.

［15］ 符跃鑫，张振克，等. 西非海洋渔业资源非法捕捞现状和对策［J］. 世界地理研究，2014 （4）：17.

［16］ 参考消息网. 法媒：中国渔船扎堆非洲捕捞 24 国呼吁中国采取措施［EB/OL］. http：// www. cankaoxiaoxi. com/world/20160116/1054568. shtml ，2016−01−16/2016−05−09.

［17］ 中国新闻网. 被南方当局扣押的 4 艘中国渔船被罚款后全部获释［EB/OL］. http：// www. chinanews. com/hr/2016/06−24/7916287. shtml ，2016−06−24/2016−07−12.

［18］ Illegal Fisheries：Cameroonian Forces Raid Chinese Ship Off The Coast Of Limbe ［EB/OL］ http：// cameroon−concord. com/business/item/6351−illegal−fisherie−cameroonian−forces−raid−chinese−ship− off−the−coast−of−limbe.

［19］ 覃胜勇. 中非渔业合作如何摆脱无序［J］. 南风窗，2016（14）：82−84.

［20］ 中国日报网. 统计局修正 2014 年中国 GDP 增速为 7. 3%［EB/OL］. http：//caijing. chinadaily. com. cn/2015−09/07/content_ 21806949. htm，2015−09−07/2016−07−12.

［21］ 人民网. 统计局：前三季度 GDP 同比增长 6. 9%国民经济运行平稳［EB/OL］. http：//finance. people. com. cn/n/2015/1019/c1004−2771 3825. html，2015−10−19/2016−07−13.

［22］ 新浪财经网，闫立金："一带一路"是政府搭台企业唱戏［EB/OL］. http：//finance. sina. com. cn/360desktop/hy/20151121/101923815252. shtml，2015−11−21/2016−06 −23.

［23］ 中国皮书网，非洲黄皮书：非洲发展报告（2014−2015）［EB/OL］. http：//www. pishu. cn/zxzx/xwdt/330190. shtml，2015−10−03/2016−06−23.

论文来源：本文原刊于《中国海洋大学学报（社会科学版）》。

项目资助：中国海洋发展研究会项目（CAMAJJ201503）。

我国税收政策对海洋产业结构
优化的影响研究

张　伟[①]　张　杰　张玉洁　朱　凌

摘要：文章在收集并整理 1996—2012 年我国海洋经济数据基础上，通过建立 VAR 模型，采用格兰杰因果检验分析、协整检验分析、脉冲响应分析方法深入分析了我国税收政策对海洋产业结构优化的影响。结果表明：我国税收政策对海洋三次产业结构的调整效应主要表现在短期内，并均呈现出波动性趋势，且长期影响较小。呈现这种影响态势的原因，一方面是由于相关税收政策效应随时间推移边际效应递减，另一方面是由于产业经营主体对税收相关政策作出理性调整。

关键词：海洋产业；税收政策；VAR 模型；产业结构优化

海洋是人类生存和发展的基本环境和重要资源，是世界各国进入全球经济体系的重要桥梁，是沿海国家拓展经济和社会发展空间的重要载体。据《2013 年中国海洋经济统计公报》显示，2013 年我国海洋生产总值达 54 313 亿元，是 2001 年的 5.7 倍，海洋生产总值占国内生产总值比重为 9.5%，比上年增长 7.6%。2001 年至 2013 年间，海洋经济总量呈稳步增长态势，年均增长速度达 15.6%。但在发展的同时也面临海洋生态环境破坏严重、产业结构不合理、产业同构等一系列问题，针对这些问题，多数学者从政策的角度寻求解决之道。周达军等（2009）从海洋产业政策实施三要素之间的关系出发，探讨了政府海洋产业政策的实施机制，提出政府海洋产业政策的实施要体现科学发展观[1]；孙悦民（2010）对我国海洋资源政策体系所存在的问题进行了剖析，设计了海洋资源政策体系的立体架构[2]；王琪等（2012），姜旭朝（2009）综合研究分析了美日英和欧洲发达国家海洋经济政策，提出海洋科技水平的提高是我国海洋经济实现可持续发展的重要保障[1,3]；王利国（2012）和崔娇（2010）研究了我国海洋灾害应急管理状况，并针对海洋生态补偿机制提出政策建议[4-5]；王树文（2012）深入探讨了我国海洋政策在执行中存在的问题，并提出组建海洋综合管理机构、提高目标群体对政策的认同度和理解度等建议[6]；王永燕（2012），刘理想（2012）从法律角度研究了现代海洋产业税收法律和海洋产业投融资法律体系[7-8]；吕芳华（2013）对我国海洋新兴产业发展政策进行了研究，提出发展海洋新兴产业是促进海洋经济发展方式转变以及实现海洋产业结构优化的重要举措。

由于海洋政策所包含的内容是多方面，对海洋经济发展的作用也是不同的，为了聚焦

---

① 张　伟，男，国家海洋信息中心，助理研究员，研究方向：海洋经济及海洋统计信息化。

研究重点，本文从理论和实证两个角度研究我国税收政策对海洋产业结构优化升级的影响。

一、海洋税收力度对海洋产业结构演进的理论分析

一般情况下，政府为了某种产业的发展会依据该产业不同的发展阶段制定不同的政策，遵循"规划、引导→鼓励、扶持→促进、调整→限制"的演化路径。

海洋税收政策是海洋政策的重要组成部分，其对引导海洋产业优化升级和海洋健康发展有着积极作用，政府会依据海洋产业及海洋经济发展形势，针对性的进行税收力度调整。海洋产业初始发展时期，政府往往给予海洋产业税收优惠政策促进产业发展，另外，也会引导社会资本向海洋产业聚集，进而为海洋产业发展提供了一个良好的发展环境；一段时期以后，政府会依据海洋产业具体发展状况（包括产业对国民整体经济的重要性、产业发展效益状况、产业对就业的拉动等指标）进行税收政策调整，比如我国在 2007 年以前，海洋第一产业在整体海洋经济中所占比重均在 10%以上，但 2007—2012 年该比重下降到 5%左右，这一方面说明作为海洋第一产业的海洋渔业对我国国民经济发展有重要作用，需要以财政补贴、税收优惠等政策促进其发展；另一方面也表明在 2007 年以后在维持海洋经济快速发展情况下，我国更加重视扶持海洋第二、第三产业的发展，财政补贴及税收优惠逐渐向这类产业倾斜，我国海洋第二、第三产业的蓬勃发展对海洋第一产业形成了"挤压"，海洋第二、第三产业发展迅速；随着海洋第二、第三产业的规模不断发展壮大，产业出现产业同构、盲目竞争、低水平发展等现象，此时政府会依据实际情况对海洋税收作出调整，并通过市场机制对海洋三次产业产生影响，引导其转向理性发展。

二、海洋税收力度对海洋产业结构优化升级的实证分析

（一）模型构建

向量自回归（VAR）是一种基于数据统计性质，将系统中每个内生变量作为其他所有变量滞后值而建立的一种非结构化模型。它通过在回归模型中引入滞后变量，模拟经济系统的动态演变过程，进而分析受时滞因素影响的经济变量的变化规律，是近年来经济学家进行经济研究的重要方法之一。

VAR 模型的数学表达式为：

$$y_t = \Phi_1 y_{t-1} + \cdots + \Phi_p y_{t-p} + Hx_t + \varepsilon_t; \quad t = 1, 2\cdots, T$$

式中，y_t 是 k 维内生变量列向量；x_t 是 d 维外生变量列向量；p 是滞后阶数；T 是样本个数。k 是 k 维矩阵，1，$\cdots$，p 和 kd 维矩阵 H 是待估计的系数矩阵。t 是 k 维扰动列向量，它们相互之间可以同期相关，但不与自己的滞后值相关且不与等式右边的变量相关，假设 y 是 t 的协方差矩阵，是一个（k k）的正定矩阵。上式可以展开表示为：

$$\begin{pmatrix} y_{1t} \\ y_{2t} \\ \vdots \\ y_{kt} \end{pmatrix} = \Phi_1 \begin{pmatrix} y_{1t-1} \\ y_{2t-1} \\ \vdots \\ y_{kt-1} \end{pmatrix} + \cdots + \Phi_p \begin{pmatrix} y_{1t-p} \\ y_{2t-p} \\ \vdots \\ y_{kt-p} \end{pmatrix} + \begin{pmatrix} \varepsilon_{1t} \\ \varepsilon_{2t} \\ \vdots \\ \varepsilon_{kt} \end{pmatrix}$$

本文选取 1996—2012 年我国海洋税收负担率、海洋第一产业产值比重、海洋第二产业产值比重和海洋第三产业产值比重构成时间序列，并建立自回归模型。

$$y_t = \Phi_1 y_{t-1} + \cdots + \Phi_p y_{t-p} + \varepsilon_t; \quad t = 1, 2 \cdots T$$

对序列取自然对数不改变原变量之间的协整关系，但可以使其趋势线性化，消除时间序列中的异方差现象。因此，模型中，$yt = [LNFlt, LNSlt, LNTlt, LNTt]$，具体变量说明如下：$LNFlt$ 为海洋第一产业产值比重，$LNSlt$ 为海洋第二产业产值比重，$LNTlt$ 为海洋第三产业产值比重，$LNTt$ 为海洋税收负担率；T 为样本个数，P 为滞后阶数，ε_t 满足线性回归的经典假设，在模型中表示冲击向量。

（二）数据整理及说明

本文采用的数据来自于历年《中国海洋统计年鉴》、《中国劳动统计年鉴》、《中国海洋统计公报》等资料并通过整理所得，如表 1 所示。

表 1　我国海洋三次产业及海洋税收负担（单位：亿元）

年份	总产值	第一产业	第二产业	第三产业	三次产业所占比重	税收额度	税收负担率（%）
1996	2855.2	1445.3	449.6	960.4	0.51：0.16：0.34	6909.8	0.097
1997	3104.4	1568.5	556	979.9	0.51：0.18：0.32	8234	0.104
1998	3269.9	1772.1	499.3	998.5	0.54：0.15：0.31	9262.8	0.110
1999	3651.3	1998.8	561.3	1091.2	0.55：0.15：0.30	10682.6	0.119
2000	4133.5	2084.3	693.9	1355.3	0.50：0.17：0.33	12581.5	0.127
2001	7233.8	2256.6	3481.4	1495.8	0.31：0.48：0.21	15301.4	0.140
2002	9050.3	2541.1	2292.4	4216.9	0.28：0.25：0.47	17636.5	0.147
2003	10077.7	2821.7	3106.2	4149.9	0.28：0.31：0.41	20017.3	0.147
2004	12841	3852.3	3081.8	5906.9	0.30：0.24：0.46	24165.7	0.151
2005	16987	2887.8	5265.9	8833.2	0.17：0.31：0.52	28778.5	0.156
2006	18408	2577	7731.4	8099.5	0.14：0.42：0.44	34804.4	0.161
2007	24929	1274	11503	12152	0.05：0.46：0.49	45622	0.172
2008	29662	1608	14026	14028	0.05：0.47：0.48	54223.8	0.173
2009	31964	1879	15062	15023	0.06：0.47：0.47	59521.6	0.175
2010	38439	2067	18114	18258	0.05：0.47：0.48	73210.8	0.184
2011	45570	2327	21835	21408	0.05：0.48：0.47	89720	0.190
2012	50087	2683	22982	24422	0.05：0.46：0.49	100600.9	0.194

注：表中数据已经以 1990 年价格指数为基准，消除了价格因素的影响。

（三）测度方法及结果

1）时间序列平稳性检验

经典时间序列分析以及回归分析往往隐性的包涵了序列平稳的假定，然而，在实际经济研究中所收集整理到经济数据却往往是非平稳的，如果直接将非平稳序列用于经济建模及分析，会使 t、F、χ^2 等检验失去意义，进而得出错误的经济结论。因此，本文使用扩张的 ADF 检验法对用于模型的时间序列进行平稳性检验，其检验结果如表 2 所示。

表 2　VAR 模型中时间序列单位根检验结果

序列名	ADF 检验值	临界值（10%）	结论	序列名	ADF 检验值	临界值（10%）	结论
LNT	−1.970	−3.066	不平稳	DLNT	−3.547	−3.081	平稳
LNFI	−0.795	−3.066	不平稳	DLNFI	−5.135	−3.081	平稳
LNSI	−0.397	−3.066	不平稳	DLNSI	−5.123	−3.081	平稳
LNTI	0.443	−3.066	不平稳	DLNTI	−3.457	−3.081	平稳

表中检验序列平稳性时，采用带有截距项的 ADF 检验，且结果为在 5% 置信水平下的检验结果，DLNT、DLNFI、DLNSI、DLNTI 为原序列的一阶差分序列。

如表 2 检验结果显示，原序列的 ADF 检验值均大于在 5% 置信水平下的临界值，原序列为非平稳序列，直接进行回归分析会产生"伪回归"现象，严重影响对经济形势的分析；然而，原序列一阶差分以后，在 5% 置信水平下为平稳序列，有进行回归分析的意义。因此，本文将采用一阶差分序列进行实证分析。

2）模型滞后期的确定

应用 VAR 模型的一个关键步骤在于对变量滞后期的确定。事实上，样本足够大，滞后期足够长，更能保证对经济形势和规律分析的准确性，但是，一般情况下，样本数据量对经济分析而言是相对不足的，如果滞后期确定太长，就会出现自由度的过分损失，致使估计偏差增大，统计显著性检验失效的现象，如果滞后期确定太短，就不能充分滞后变量对解释变量的影响。因此，本文应用常用的 AIC 信息准则和 SC 信息准则来对滞后期做出判定，即选择 AIC 和 SC 值最小的所对应的滞后阶数为最优阶数，检验结果如表 3 所示。

表 3　VAR 模型最佳滞后阶数

滞后阶数	AIC 值	SC 值
0	−2.097	−1.923
1	−1.844	−0.975

滞后阶数	AIC 值	SC 值
2	-2.206	-0.462
3	-255.56*	-253.31*

注：表中"*"表示 Eviews 检验中自动选出的滞后最佳阶数。

（四）Granger 因果检验

Granger 因果检验是由美国学者 Granger 于 1969 年首次提出的，其定义为：如果变量 X 对变量 Y 的预测是有帮助的，或者说通过 X 可以增加对 Y 的解释力，那么变量 X 就构成了 Y 的 Granger 原因。事实上，进行 Granger 检验的本质在于判断滞后变量能否引入到变量方程中进行经济分析。本文应用 Eviews 软件进行了 Granger 因果检验，结果如表 4 所示。

表 4 Granger 因果检验结果

原假设	滞后期=2		滞后期=4		滞后期=5	
	F 统计量	P 值	F 统计量	P 值	F 统计量	P 值
Dlny1 不是 Dlnyt 的 Granger 原因	2.375	0.148	0.492	0.748	0.213	0.326
Dlnyt 不是 Dlny1 的 Granger 原因	0.292	0.751	0.224	0.909	0.134	0.034
Dlny2 不是 Dlnyt 的 Granger 原因	0.019	0.981	4.640	0.119	2.341	0.067
Dlnyt 不是 Dlny2 的 Granger 原因	0.302	0.746	0.214	0.915	0.229	0.067
Dlny3 不是 Dlnyt 的 Granger 原因	0.611	0.564	0.247	0.893	0.198	0.034
Dlnyt 不是 Dlny3 的 Granger 原因	0.576	0.581	0.634	0.673	0.492	0.099

注：表中临界值是在 10% 的置信度下取得。

最常用的 Granger 因果检验判断标准是利用 F 统计量与临界值的大小对比或者对应 P 值大小，通常临界值取 10% 显著水平，当 F 统计量大于临界值时，接受原假设，对应的 P 值大于 0.1；当 F 统计量小于临界值时，拒绝原假设，对应的 P 值小于 0.1。

从表 4 中可以看出无论是海洋第一产业、海洋第二产业还是海洋第三产业，在短期内与海洋税收力度均不构成单向或双向 Granger 因果关系。也就是说，一方面说明海洋三次产业的税收额度对国家税收贡献很小，我国海洋经济亟待大力发展；另一方面也说明现阶段国家对海洋产业的税收力度并没有对海洋产业优化升级起到明显作用，这符合我国海洋经济发展现实，我国海洋经济正处于萌芽或发展阶段，现阶段的首要任务是推动海洋产业发展，而不是在海洋产业发展尚未达到成熟或衰退阶段，通过税收政策来调节海洋三次产业在整个海洋经济发展中的结构。但是，从滞后 5 期以后，除了海洋第一产业不是海洋税收力度的 Granger 原因以外，其他海洋产业与海洋税收力度之间产生了明显的 Granger 因果关系，这一方面说明随着海洋税收力度的调整作用，海洋第一产业在整体海洋经济中的比重将会进一步下降（表1中反映了这样的事实），这符合我国政府制定的海洋经济发展战略；另一方面也说明海洋税收力度对海洋三次产业调整效果具有时滞效应，这符合经济学规律，随着海洋税收力度在三次产业中的调整，海洋第二产业与海洋第三产业必将占据海洋经济税收的大部，这也是我国海洋经济发展题中之意。

（五）协整检验

所谓协整是指多个非平稳经济变量的某种线性组合是平稳的，即对于两个序列 $\{X_t\}$ 和 $\{Y_t\}$，如果 $Y_t \sim I(1)$，$X_t \sim I(1)$，且存在一组非零常数 α_1、α_2 使得 $\alpha_1 X_t + \alpha_2 Y_t \sim I(0)$，则称 X_t 与 Y_t 之间存在协整关系和经济意义上的长期均衡关系。上述虽然已经证明四组序列一阶差分后是平稳序列，但是否存在协整关系，仍需进一步检验。本文应用 Eviews6.0 软件和较为常用最大特征根法进行协整检验（表5）。

表 5　VAR 模型最大特征值检验结果

原假设	最大特征根	临界值（5%）	P 值	结论
None	32.681	21.305	0.0000	拒绝
At most 1	22.013	16.002	0.0000	拒绝
At most 2	19.642	13.956	0.0000	拒绝

注：None：0 个协整向量；At most 1：至少一个协整向量；At most 2：至少两个协整向量。

从表5可以看出，最大特征值均大于各自5%显著水平下的临界值，都拒绝原假设，说明海洋税收力度、海洋三次产业之间存在至少两个协整向量，海洋税收力度与海洋三次产业之间存在长期均衡关系。

（六）脉冲响应分析

VAR 模型的脉冲响应分析是指在该模型中给予其中一个内生变量冲击，这种冲击不仅能够影响该变量，而且能够通过 VAR 模型内部传导机制，影响其他变量。本文选择了12 个观察期，对国家给海洋税收力度一个冲击对海洋三次产业结构的冲击进行研究，脉冲响应图如图1~图3所示，图中横坐标表示观察期，纵轴表示海洋产业对冲击的响应程度，虚线表示正负两倍标准差偏离带。

从图1可以看出，当国家给予海洋税收一个冲击，这种冲击对海洋第一产业的影响在短期和长期之间是不同的。短期内税收冲击对海洋第一产业影响波动性较大，第一个观察期冲击作用并不明显，到第二、第三观察期，冲击表现出负效应，第四期正效应明显，这段时期正负效应表现出巨大的波动性，这表明以海洋渔业为主的海洋第一产业对海洋税收力度（或者是财政补贴等优惠政策）短期内具有很强的敏感性，当国家给予海洋税收有一个正向冲击，海洋第一产业便会迅速发展，产业可能会产生同构、资源衰退、种群生态平衡等问题，冲击的负效应明显，但是这种发展态势经历一两个观察期后，通过优胜劣汰的市场选择后，产业规模或产业产值会趋于理性，负效应便会转化为正效应；长期内仍具有

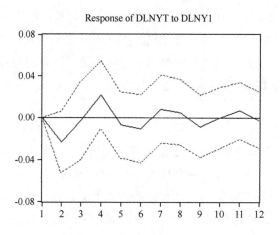

图 1　海洋税收力度对海洋第一产业的冲击曲线

波动性，但波动幅度明显变小，第五、第六期为负效应，第七、第八期为正效应，第九期为负效应，第十期到第十一期又为正效应，这一方面表明，海洋税收力度对第一产业的冲击作用随时间的推移，效果逐渐减弱，另一方面也表明通过海洋税收力度的调节进行海洋第一产业的调整作用是具有时间约束的，即时间越长效果越小，因此，对海洋第一产业的调整一方面要适时地对海洋税收力度进行调整，另一方面也要配合其他相关海洋政策。

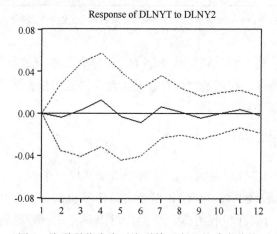

图 2　海洋税收力度对海洋第二产业的冲击曲线

从图 2 中可以看出，给予海洋税收一个冲击，从总体上讲，对海洋第二产业的影响并不是很大，而且冲击效果呈现出由小到大再到小的现象，具体表现为：第一、第二两期为负效应，效果不是很明显，第三、第四、第五期为正效应，第六、第七期为正效应，这一阶段正负效应的波动性较大，从第八期以后正负效应交替，波动性不大。这表明当国家海洋税收力度发生调整时，短期内由于政策实施的时效性等原因不会影响海洋第二产业的发展，但是随着时间推移，政策渗透到产业发展中，就会对产业发展呈现出明显的正效应，这样，产业规模逐渐变大、产值增加，产业利润高于社会平均利润，社会资本向产业转移，产业发展出现同构、恶性竞争现象，负向效应逐渐显现。长期内，第七期以后，冲击仍会产业有波动性影响，但是影响幅度明显变小，这表明海洋税收力度对产业的调节效应已经得到了较为充分的发挥，若要对海洋第二产业进行调整，必须对海洋税收力度做出调整。

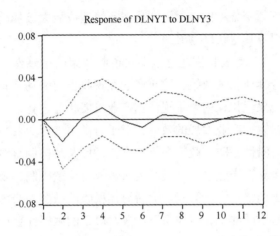

图 3　海洋税收力度对海洋第三产业的冲击曲线

从图 3 可以看出，海洋税收力度对海洋第三产业的冲击效果呈现出由大到小的态势，且前期冲击波动性要大于后期。短期内，即第一期到第五期内，第三期之前冲击效果为负，第三期到第五期为正，这表明我国海洋第三产业在短期内对海洋税收力度是比较敏感的，当国家给予海洋税收一个正向冲击，会在很大程度上扶持海洋第三产业发展，但是，海洋第三产业基本属于海洋新兴产业，其具有风险大、收益高、科技水平要求高的特点，因此，在海洋税收正向冲击的情况下，社会资本会向海洋第三产业集聚，但是，由于海洋科技水平发展的不足，就会造成海洋第三产业低水平发展，对资源、资本造成浪费，负效应明显，但是，社会资本主体是理性的，一方面，在市场原则下，在较短时期内会对产业发展形势做出理性判断，一部分资本会推出产业，使产业发展趋于理性；另一方面，经过市场优胜劣汰和对成本收益的考量，市场中将留下具有发展实力的海洋第三产业主体，这时冲击效应为正。长期内，从第七期开始，冲击效应明显减弱，这一方面原因为市场主体的理性调整，另一方面是税收力度政策效应明显减弱。

三、政策建议

根据以上结论，笔者认为运用海洋税收政策推动海洋三次产业结构的调整，实现产业结构优化，可以从以下几个方面着手。

（一）逐步完善海洋经济市场体制，为我国海洋经济发展提供良好的市场环境，进而也为海洋税收政策更好地发挥对海洋三次产业结构的调整，创造有利条件。如完善我国海洋生产要素市场，使海洋经济市场主体能够在对海洋税收做出反应的同时，及时地通过生产要素流动实现产业转移或升级，缩短税收政策对三次产业影响的滞后期，进而达到整体海洋产业结构优化调整的目的。

（二）完善海洋财税体制改革，强化税收政策对海洋三次产业的影响。依据我国海洋经济和产业发展的现实状况，制定科学合理的海洋税收政策。对于经济效益好、海洋生态环境破坏小、充分拉动就业以及具有良好发展前景的海洋产业要基于税收优惠政策，推动其发展，反之，对于资源密集型的、对海洋生态环境造成极大破坏的海洋产业要利用税收手段抑制其发展，并引导其尽快转型升级。

（三）对于海洋第一产业要特别注意短期对税收政策的敏感性，在基于海洋税收正向冲击的同时，应当配合其他相关政策，防止产业在税收正向驱动下盲目发展，产生产业同构、恶性竞争等负面现象，长期内要重视依据产业发展状况进行税收力度的调整，使税收政策切实发挥调节海洋第一产业发展的效应；对于海洋第二产业要特别重视税收政策对产业发展和结构调整的时滞性，防止政策在指导产业发展及结构调整时出现较大幅度的波动现象。对于这种现象国家应当建立一套及时的政策效应反馈机制，及时了解海洋税收政策效应状况，并适时作出调整；海洋第三产业对海洋税收的敏感性与海洋第一产业类似，也主要体现在前期，但是不同的是，海洋第三产业对政策的敏感性会严重影响我国海洋第三产业发展规模及发展前景，因此，国家在制定相关海洋税收政策的同时一定要充分权衡政策对海洋第三产业带来的效应，既不能因为税收优惠过度导致第三产业低水平发展，造成资源浪费，更不能因为税收支持力度不足，影响我国海洋第三产业的发展。

参考文献

［1］　周达军，崔旺来．我国政府海洋产业政策的实施机制研究［J］．渔业经济研究，2009，（06）：3-9.

［2］　孙悦民．我国海洋资源政策体系的问题及重构［D］．广东海洋大学，2010.

［3］　姜旭朝，王静．美日欧最新海洋经济政策动向及其对中国的启示［J］．中国渔业经济，2009，（02）：22-28.

［4］　王利国．我国海洋灾害应急管理政策研究［D］．中国海洋大学，2012.

［5］　崔姣．我国海洋生态补偿政策研究［D］．中国海洋大学，2010.

［6］　王树文，王琪．初探我国海洋政策执行中的问题及对策［J］．海洋信息，2012，（04）：47-52.

［7］　王永燕．促进现代海洋产业发展的税收法律政策研究［D］．烟台大学，2012.

［8］　刘理想．海洋产业投融资法律政策研究［D］．烟台大学，2012.

［9］　吕芳华．我国海洋新兴产业发展政策研究［D］．广东海洋大学，2013.

论文来源：本文原刊于《海洋开发与管理》2015年第3期，第106-111页。

项目资助：中国海洋发展研究中心重大项目（AOCZDA201302-1）。

我国滨海城市旅游经济与生态
环境耦合关系研究

李淑娟① 李满霞②

摘要：以我国14个重点滨海旅游城市为例，在构建旅游经济系统与生态环境系统评价体系的基础上，利用2005—2012年的面板数据，对14市旅游经济与生态环境的耦合协调度进行了定量分析。结果显示：14市旅游经济与生态环境发展水平整体优化，但两者之间存在差异；14市旅游经济与生态环境的耦合协调度逐渐上升，但绝对等级较低；空间维度上，环渤海地区、长三角地区、海峡西岸经济区与环北部湾地区内部城市旅游经济与生态环境耦合协调度差异缩小，珠三角地区内部差异扩大；5个区域之间差异缩小；由于14市旅游经济发展水平差异逐渐缩小导致其旅游经济与生态环境耦合协调度差异逐渐缩小。

关键词：滨海城市；旅游经济；生态环境；耦合协调

旅游业资源消耗、环境依托的产业属性决定了其与生态环境的关系密不可分，良好的生态环境是旅游业发展的保障。海洋资源与生态环境是滨海城市旅游发展的主要依托，而滨海城市生态环境的好坏影响其海洋资源环境，进而影响其旅游的发展，故处理好生态环境与旅游发展的关系是滨海城市实现旅游可持续发展的基础。21世纪是海洋的世纪，我国作为海洋大国，高度重视以海洋为依托的滨海旅游业的发展，在《中国海洋21世纪议程》和《全国海洋经济发展规划纲要》中都把"滨海旅游"列为新兴的支柱性海洋产业[1]。改革开放以来，我国东部沿海地区经济发展迅速，旅游业发展水平一直处于全国领先位置，尤其是大连、天津、青岛、上海、杭州、宁波、福州、厦门、深圳、广州、中山、珠海、海口、三亚这14个重点滨海城市发展最为突出。2013年14市共实现旅游总收入14 814.2亿元，占全国旅游业总收入的50.22%。鉴于此，本研究以我国14个重点滨海旅游城市2005—2012年的面板数据为例，基于耦合协调视角，重点研究其旅游经济系统与生态环境系统的耦合发展以及格局演化，以期为我国滨海旅游业的可持续发展提供借鉴。

---

① 李淑娟，女，中国海洋大学副教授，硕士生导师，博士，研究方向：旅游资源开发与规划。
② 李满霞，女，中国海洋大学硕士研究生，研究方向：旅游资源开发。

一、研究方法与评价指标体系构建

（一）研究方法

1）数据标准化处理

旅游经济系统和生态环境系统由若干个指标组成，由于指标间的量纲以及对系统的指向不同，需对数据进行标准化处理。其公式如下：

$$正向指标标准化：x'_i = \frac{x_i - x_{\min}}{x_{\max} - x_{\min}} \tag{1}$$

$$负向指标标准化：x'_i = \frac{x_{\max} - x_i}{x_{\max} - x_{\min}} \tag{2}$$

式中，x'_i 为原始指标的标准值；x_i 为指标的原始数据；$x_{\min}$，$x_{\max}$ 分别表示原始指标的最小值和最大值。

2）综合发展水平评价模型

利用线性加权法分别对旅游经济系统和生态环境系统综合发展水平进行测算[2]，公式如下

$$u_i = \sum_{i=1}^{m} w_{ij} u_{ij} \tag{3}$$

式中，u_i 为系统第 i 年的综合发展水平；u_{ij} 为指标 j 对系统的功效贡献大小，通过公式（1）（2）对原始数据进行标准化获得；w_{ij} 为指标权重，通过熵值赋权法获得。

3）耦合协调模型

借鉴物理学中的耦合度函数，在相关研究的基础上[3]，指出旅游经济系统与生态环境系统的耦合度公式为

$$C = \left[\frac{u_1 u_2}{\left[\frac{u_1 + u_2}{2} \right]^2} \right]^{\frac{1}{2}} \tag{4}$$

$$T = \alpha u_1 + \beta u_2 \tag{5}$$

$$D = \sqrt{C \times T} \tag{6}$$

式中，u_1 与 u_2 分别是各城市旅游经济系统与生态环境系统的综合发展水平；C 为耦合度，$C \in [0, 1]$，且越大越好。当 $C = 0$ 时，表明旅游经济系统与生态环境系统处于无关联状态；当 $C = 1$ 时，表明旅游经济系统与生态环境系统处于最佳耦合状态。T 为旅游经济系统与生态环境系统的综合评价指数，反映两者的整体效益或水平；α，β 为待定权数，由于对于城市发展而言，旅游经济发展和生态环境保护同等重要，故 $\alpha = \beta = 0.5$；D 为耦合协

调度，$D \in [0, 1]$，数值越大，表明旅游经济系统与生态环境系统整体耦合发展程度越高，能够有效避免低旅游经济水平与低生态环境水平得出的高耦合值难以反映旅游经济与生态环境整体"功效"的弊端。借鉴相关学者[4]的研究，将耦合协调度按以下标准分类，见表1，同时按照 u_1 与 u_2 的对比关系，又可以将每大类细分为旅游经济超前型、旅游经济与生态环境同步型与旅游经济滞后型3种类型。

表1 旅游经济系统与生态环境系统耦合协调度的绝对等级评价标准

耦合协调度（D）	协调等级	耦合协调度（D）	协调等级
$0 \leq D < 0.10$	极度失调	$0.50 \leq D < 0.60$	勉强协调
$0.10 \leq D < 0.20$	严重失调	$0.60 \leq D < 0.70$	初级协调
$0.20 \leq D < 0.30$	中度失调	$0.70 \leq D < 0.80$	中级协调
$0.30 \leq D < 0.40$	轻度失调	$0.80 \leq D < 0.90$	良好协调
$0.40 \leq D < 0.50$	濒临失调	$0.90 \leq D \leq 1$	优质协调

4）变异系数

$$V = \frac{1}{|\bar{y}|} \sqrt{\frac{1}{m} \sum_{i=1}^{m} (y_i - \bar{y})^2} \tag{7}$$

式中，V 为变异系数；$\bar{y}$ 为某评价值的均值；m 为城市的总个数；y_i 为第 i 个城市的评价值。

（二）评价指标体系构建

评价指标体系是评价旅游经济与生态环境协调发展的基础。本文评价指标体系的构建主要基于作者尽可能收集到的统计资料，立足于现行的评价体系，本着整体对应、比例适当、重点突出、总量指标与均值指标相结合的原则。在旅游经济系统中，选取国内旅游收入、国际旅游外汇收入、国内旅游人数、入境旅游人数和旅游总收入占 GDP 比重 5 个指标来反映 14 个重点滨海旅游城市的旅游经济发展状况。在生态环境系统中，既考虑到人类活动对生态环境造成的破坏，又考虑到人的主观能动性，会对环境破坏积极进行治理。故选取涵盖环境污染和环境治理的建成区绿化覆盖率、人均公共绿地面积、工业废气排放量、工业固体废弃物产生量、工业废水排放量、工业固体废弃物综合利用率、生活垃圾无害化处理率、城镇生活污水处理率 8 个指标来反映 14 个重点滨海城市的生态环境发展状况（见表2）。

表2 旅游经济系统与生态环境系统耦合关系评价指标体系及权重

系统	评价指标	单位	指标性质	权重
旅游经济系统	国内旅游收入	亿元	正	0.2015
	国际旅游外汇收入	万美元	正	0.1793
	国内旅游人数	万人次	正	0.2120
	入境旅游人数	万人次	正	0.2132
	旅游总收入占GDP比重	%	正	0.1940
生态环境系统	建成区绿化覆盖率	%	正	0.1128
	人均公园绿地面积	平方米	正	0.2731
	工业废气排放量	亿标立方米	负	0.1098
	工业固体废弃物产生量	万吨	负	0.1681
	工业废水排放量	万吨	负	0.1230
	工业固体废弃物综合利用率	%	正	0.1055
	生活垃圾无害化处理率	%	正	0.0443
	城镇生活污水处理率	%	正	0.0634

二、城市旅游经济与生态环境耦合关系的实证研究

（一）数据来源

本研究所用数据主要来源于2005—2012年的《中国旅游统计年鉴》、《中国区域统计年鉴》、《中国环境统计年鉴》、《中国城市统计年鉴》，以及14市的《统计年鉴》和《国民经济与社会发展统计公报》。

（二）原始数据处理

首先通过公式（1）和公式（2）对原始数据进行标准化处理，然后用熵权赋值法对14个滨海城市2005—2012年的原始数据进行计算，得到指标权重如表2所示。根据公式（3）~公式（6）计算出14个城市2005—2012年的旅游经济综合发展水平、生态环境综合发展水平、旅游经济和生态环境的耦合协调度（见表3~表5）。

表3 14市旅游经济综合发展水平

城市	2005年	2006年	2007年	2008年	2009年	2010年	2011年	2012年
大连	0.0513	0.0609	0.0740	0.0873	0.1009	0.1117	0.1222	0.1382
天津	0.1175	0.1231	0.1403	0.1606	0.1647	0.1897	0.2540	0.2997

续表3

城市	2005 年	2006 年	2007 年	2008 年	2009 年	2010 年	2011 年	2012 年
青岛	0.0599	0.0752	0.0926	0.0826	0.0979	0.1113	0.1263	0.1474
上海	0.3655	0.3888	0.4379	0.4484	0.4767	0.6814	0.6806	0.7191
杭州	0.1223	0.1403	0.1581	0.1715	0.1890	0.2336	0.2630	0.2982
宁波	0.0541	0.0660	0.0785	0.0894	0.1028	0.1224	0.1368	0.1545
福州	0.0160	0.0320	0.0424	0.0471	0.0599	0.0671	0.0792	0.1035
厦门	0.0906	0.0920	0.0978	0.0969	0.1023	0.1249	0.1399	0.1649
深圳	0.1939	0.2165	0.2519	0.2599	0.2693	0.3089	0.3483	0.3906
广州	0.2124	0.2379	0.2641	0.2650	0.3064	0.3761	0.4048	0.4363
中山	0.0185	0.0178	0.0193	0.0192	0.0178	0.0200	0.0243	0.0274
珠海	0.0977	0.1118	0.1068	0.1102	0.1179	0.1379	0.1280	0.1222
海口	0.0295	0.0276	0.0255	0.0242	0.0244	0.0215	0.0215	0.0286
三亚	0.1971	0.1876	0.1864	0.1806	0.1694	0.1790	0.1735	0.1872

表4　14市生态环境综合发展水平

城市	2005 年	2006 年	2007 年	2008 年	2009 年	2010 年	2011 年	2012 年
大连	0.5339	0.5679	0.6297	0.6779	0.6935	0.7140	0.6908	0.6859
天津	0.4808	0.4443	0.4562	0.4581	0.4615	0.4389	0.4901	0.4909
青岛	0.6647	0.6767	0.6862	0.7362	0.7295	0.7333	0.7413	0.7393
上海	0.3866	0.4031	0.4051	0.4281	0.4460	0.4259	0.4179	0.4435
杭州	0.5051	0.5444	0.5908	0.6066	0.6695	0.6839	0.6598	0.6698
宁波	0.5699	0.5836	0.5114	0.5122	0.5062	0.5237	0.5074	0.5318
福州	0.6019	0.6467	0.5964	0.6453	0.6391	0.6648	0.6391	0.6382
厦门	0.7102	0.7356	0.7692	0.6959	0.6843	0.6810	0.8365	0.8723
深圳	0.7236	0.7737	0.7582	0.7782	0.7939	0.8439	0.8491	0.7627
广州	0.6047	0.6051	0.6582	0.6095	0.6524	0.6763	0.6893	0.7079
中山	0.6343	0.6481	0.6507	0.6417	0.6671	0.6774	0.7384	0.7703
珠海	0.6554	0.6567	0.7092	0.7482	0.6872	0.7922	0.7925	0.8573
海口	0.6212	0.6831	0.6977	0.7265	0.7451	0.7767	0.7437	0.7409
三亚	0.8669	0.8700	0.9148	0.9218	0.9223	0.9401	0.9313	0.9336

表5 14市旅游经济与生态环境耦合协调度

城市	2005年	2006年	2007年	2008年	2009年	2010年	2011年	2012年	均值
大连	0.4068	0.4312	0.4647	0.4933	0.5143	0.5315	0.5390	0.5549	0.4920
天津	0.4875	0.4836	0.5030	0.5208	0.5251	0.5372	0.5940	0.6193	0.5338
青岛	0.4467	0.4750	0.5021	0.4966	0.5169	0.5345	0.5532	0.5746	0.5125
上海	0.6131	0.6292	0.6490	0.6619	0.6790	0.7340	0.7303	0.7515	0.6810
杭州	0.4986	0.5257	0.5529	0.5679	0.5964	0.6322	0.6454	0.6685	0.5860
宁波	0.4190	0.4429	0.4476	0.4626	0.4776	0.5032	0.5133	0.5354	0.4752
福州	0.3132	0.3791	0.3987	0.4176	0.4423	0.4595	0.4743	0.5070	0.4240
厦门	0.5036	0.5100	0.5237	0.5096	0.5144	0.5400	0.5849	0.6159	0.5378
深圳	0.6120	0.6398	0.6610	0.6706	0.6800	0.7145	0.7375	0.7388	0.6818
广州	0.5987	0.6160	0.6457	0.6340	0.6686	0.7102	0.7268	0.7455	0.6682
中山	0.3293	0.3278	0.3349	0.3330	0.3301	0.3412	0.3660	0.3811	0.3429
珠海	0.5031	0.5205	0.5246	0.5358	0.5335	0.5749	0.5644	0.5689	0.5407
海口	0.3679	0.3706	0.3653	0.3641	0.3673	0.3594	0.3557	0.3816	0.3665
三亚	0.6430	0.6357	0.6426	0.6388	0.6287	0.6405	0.6341	0.6466	0.6388
均值	0.4816	0.4991	0.5154	0.5219	0.5339	0.5581	0.5728	0.5912	0.5344

（三）结果分析

1）旅游经济与生态环境综合发展水平总体优化

较2005年，2012年14市旅游经济综合发展水平平均增长1.28倍，其中福州增长最快，达到5倍以上，海口、三亚则有所下降，发展水平曲线呈U形，分别下降3%和5%。2008年受金融危机影响，除天津与珠海外，其余城市都出现增长缓慢甚至负增长的现象。天津以滨海新区开发开放为契机，抓住2008年北京奥运会、京津城际高铁开通、市容综合整治等机遇，扩大旅游宣传，推进旅游品牌建设，深化区域合作，故在全球金融危机的大背景下，旅游经济指标增幅仍处在全国前列。珠海旅游经济水平增长的原因为入境游客基本不变，国内游客急剧增多。由于珠海临近澳门和香港，台湾游客入境较多选择澳门珠海这一通道，故珠海接待入境过夜游客主要来自港、澳、台地区，占珠海接待入境过夜旅游者总人数的82.77%，所以金融危机对珠海入境旅游者影响不大。珠海接待的国内游客主要来自于本省，2008年本省游客占国内游客的59.76%，其中以广州游客最多，占32.07%，主要旅游吸引力来自于优美的城市环境，海岛、温泉、高尔夫三大旅游产品，大型活动以及主题公园等。2010年，受世博会的影响，上海市与杭州市旅游经济综合发展水平增长最快。广州市则是因为亚运会、亚残会、武广高铁等机遇，增长最快，并辐射周边的深圳、珠海、中山等城市。

较 2005 年，14 个滨海城市的生态环境综合水平缓慢上升，平均增长 15%，其中，杭州、珠海增长较快，达到 30% 以上，宁波则呈下降趋势，下降 6.7%。在 14 个城市中，上海、天津的生态环境综合水平较低，究其原因，城市工业的快速发展，人口的增多以及道路交通的发展，导致城市工业三废排放量大。

2）旅游经济发展水平总体滞后于生态环境发展水平

比较 14 市的旅游经济与生态环境综合发展水平，可以得出，除上海 2007—2012 年旅游经济水平超前于生态环境水平之外，其他城市的旅游经济发展水平均滞后于生态环境发展水平。因此，在以后的发展中，上海市要加强生态环境建设，关注环境质量，提倡生态化、低碳的旅游增长方式。其他 13 市要利用本身的环境资源优势，扩大旅游产业规模，推动产业结构调整，实现其转型升级，以期发挥旅游经济与生态环境更大的协同效应。

3）耦合协调度逐渐上升，绝对等级较低

较 2005 年，2012 年 14 个滨海城市的旅游经济与生态环境的耦合协调度平均提高24.22%。福州市由于旅游经济的快速发展和生态环境的平稳发展，其旅游经济与生态环境的耦合协调度增长最快，上升了 61.9%；三亚市由于旅游经济与生态环境发展波动较小，其旅游经济与生态环境的耦合协调度增长最慢，上升了 0.56%。但从整体来看，14个滨海城市旅游经济与生态环境的耦合协调度等级较低。2005 年各城市的旅游经济与生态环境的耦合协调度值在 0.313 2~0.643 0 之间，涉及 4 个等级，其中轻度失调有 3 个，分别是福州、中山和海口，占总体的 21.43%；濒临失调的城市有 5 个，分别为大连、天津、青岛、杭州和宁波，占总体的 35.71%。2012 年各城市的旅游经济与生态环境的耦合协调度值在 0.381 1~0.751 5 之间，涉及 4 个等级，其中轻度失调的城市有 2 个，分别为中山和海口，占总体的 14.29%；勉强协调的城市有 5 个，分别为大连、青岛、宁波、福州和珠海，占总体的 35.71%。从 14 市旅游经济与生态环境的耦合协调度等级上来看，各个城市旅游经济与生态环境的关系正在由失调逐渐向协调方向发展，但协调的水平大多数还处于勉强协调和初级协调阶段，发展潜力巨大。

（四）耦合协调度演化特征

1）总体演化特征

分别对 14 市 2005—2012 年旅游经济与生态环境的耦合度和耦合协调度数值求均值，绘制于图 1 中。2005—2012 年 14 市旅游经济与生态环境耦合度均值位于 0.6~0.8 之间，说明 14 市旅游经济系统与生态环境系统相互关联程度较强；耦合协调度均值位于 0.4~0.6 之间，说明 14 市旅游经济与生态环境整体协调发展等级较低。旅游经济与生态环境的耦合协调度均值低于耦合度均值，这是因为 14 市的旅游经济系统整体发展水平较低，虽然旅游经济系统与生态环境系统相互作用程度较强，但其整体发展水平不高；14 市旅游经济与生态环境耦合协调度与耦合度相随，并呈现缓慢上升趋势，这是因为 14 市旅游经济与生态环境的发展水平都呈现增长趋势。由此可以看出，14 市旅游经济系统与生态环境系统的耦合协调格局具有一定的稳定性，并逐渐向协调方向演化。14 市旅游经济系统与生态环境系统相互关联程度较强，但整体发展水平较低，旅游业发展与生态环境改善之间的良性循环处于较低的层次。

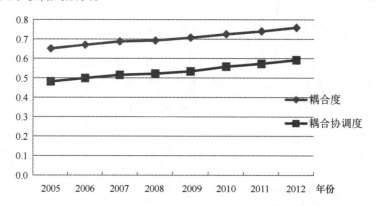

图 1　2005—2012 年 14 市旅游经济与生态环境耦合度与耦合协调度均值比较

2）耦合协调度格局演化

为了更直观地了解 14 市旅游经济与生态环境耦合协调度格局的时空演化特征，将计算结果用 ARCGIS10.0 绘制于我国沿海城市图中，如图 2 所示。

（1）耦合协调度的时空演化特征

从时间维度上看，14 市旅游经济系统与生态环境系统的耦合协调度等级逐渐上升，2012 年没有处于濒临失调水平的城市，且最高等级由 2005 年的初级协调水平发展到中级协调水平。2005 年处于轻度失调状态的有福州、中山、海口，2012 年福州上升为勉强协调状态。2005 年处于濒临失调状态的有大连、天津、青岛、杭州、宁波，2012 年天津、杭州上升为初级协调状态，青岛、大连上升为勉强协调状态。2005 年处于勉强协调状态的有广州、厦门、珠海，2012 年广州上升到中级协调状态，厦门上升到初级协调状态。2005 年位于初级协调状态的有上海、深圳、三亚，2012 年上海、深圳上升到中级协调状态。

为了更好地了解 14 市旅游经济与生态环境耦合协调度的变动原因，分别计算 14 市旅游经济与生态环境耦合协调度的均值与变异系数，绘制于图 3 中。从中可以看出，变动重组是由城市旅游经济与生态环境耦合协调度整体发展水平与变动程度共同决定的。杭州、广州、上海、天津、厦门旅游经济与生态环境耦合协调度的均值与变异系数均高于 14 市旅游经济与生态环境耦合协调度的平均水平，说明其耦合协调度整体水平高且发展迅速，上升趋势明显。深圳、三亚、珠海旅游经济与生态环境的耦合协调度整体水平较高但较稳定，故上升趋势缓慢。福州、大连、宁波、青岛旅游经济与生态环境耦合协调度整体水平不高但发展活跃，故上升趋势明显。中山、海口旅游经济与生态环境耦合协调度整体水平

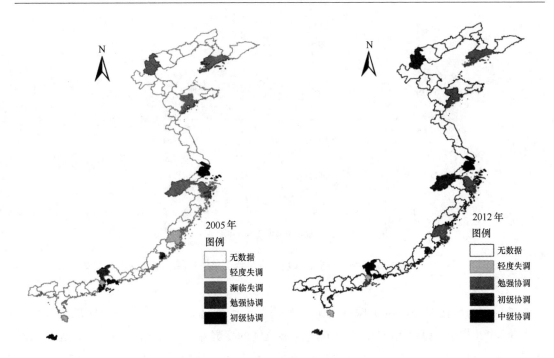

图2　14市耦合协调度的演化过程

低且发展缓慢，故上升趋势不明显，一直处于轻度失调状态。

　　福州市旅游经济与生态环境的耦合协调度变动最活跃，原因是福州市旅游经济的快速增长。福州市政府高度重视旅游业发展，积极出台相关扶持政策，重点推进古都文化游、温泉休闲游、滨海度假游、环城休憩游、特色节事游等旅游品牌建设；充分利用高铁和航空条件的改善，将福州市打造成海峡西岸经济区重要的旅游集散中心——在国内连通方面，随着温福高铁、福厦高铁、京沪高铁的开通，实现了北京—厦门东部沿海高铁一线贯通；在两岸连通方面，2008年12月和2009年3月分别实现"福州—台北"空中客运直航和"福州—马祖—基隆"海上直航；在省内连通方面，福泉厦漳高速公路"四改八"扩建工程、省内多条高速公路、旅游公路相继竣工通车。这些因素都推动了福州市的旅游发展，促成了其旅游经济的快速增长。海口和三亚作为海南省仅有的两个地级市，旅游经济与生态环境的耦合协调度变异程度都不高，但在整体发展水平上却是一低一高，主要原因是城市的旅游经济发展水平存在差异。三亚作为新兴的旅游城市，旅游资源特色突出，景点规模大，旅游饭店档次高，旅游基础设施较完善，国际知名度高，故旅游经济发展水平较高。海口市旅游资源开发力度小，特色不明显，配套设施不完善，故旅游经济发展水平低。上海、深圳与广州旅游经济与生态环境耦合协调度总体发展水平较高，主要原因是这3个城市建设进入成熟期，旅游经济与生态环境的综合评价指数水平高。从旅游经济方面看，上海市高于深圳和广州市，但从生态环境方面看，深圳与广州市高于上海市，弥补了旅游经济发展水平方面的不足，故三者旅游经济与生态环境耦合协调度整体发展水平较高。

　　从空间维度上看，将14个城市划分到5个区域，由北向南依次为：环渤海地区、长

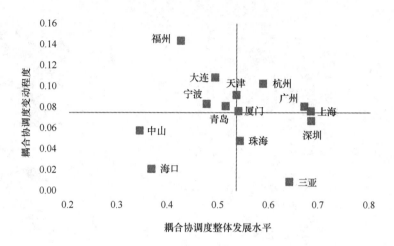

图 3　14 个滨海城市旅游经济与生态环境耦合协调度整体发展水平及变动程度对比

三角地区、海峡西岸经济区、珠三角地区和环北部湾地区。分别计算每个区域内部城市 2005 年与 2012 年旅游经济与生态环境耦合协调度的变异系数，绘制于图 4 中，比较区域内部差异。可以看出，珠三角地区内城市旅游经济与生态环境耦合协调度差异扩大，其余 4 个区域内城市旅游经济与生态环境耦合协调度差异缩小，尤其以海峡西岸经济区内部差异缩小最为显著。环渤海地区内，较 2005 年，2012 年大连市、天津市、青岛市旅游经济分别增长 1.69 倍、1.55 倍和 1.46 倍，生态环境发展水平分别增长 28%、2.1% 和 11%。可以看出，在旅游经济方面，3 个城市增幅相差不大；在生态环境发展水平方面，大连市、青岛市的增幅远远高于天津市的增幅。由于 3 市生态环境发展水平皆滞后于旅游经济，故大连市、青岛市旅游经济与生态环境耦合度增幅大于天津市，因此导致区域内城市旅游经济与生态环境耦合协调度差异缩小。长三角地区内，较 2005 年，2012 年上海市、杭州市、宁波市旅游经济分别增长 96.7%、1.44 倍及 1.86 倍；生态环境发展水平分别为上海市增长 14.7%，杭州市增长 32.6%，宁波市下降 6.7%。可以看出，上海市旅游经济与生态环境增长放缓，且旅游经济的增速超过了生态环境的增速，导致旅游经济与生态环境的耦合度下降 2.8%；杭州市、宁波市旅游经济的发展速度超过了生态环境的发展速度，故二者在旅游经济系统与生态环境系统综合发展指数增长的同时也导致旅游经济系统与生态环境系统的耦合度分别提高 16.5% 和 48.4%。因此，长三角地区内城市旅游经济与生态环境耦合协调度差异缩小。海峡西岸经济区内部差异缩小显著的主要原因是福州市旅游经济的快速增长。较 2005 年，2012 年福州市、厦门市旅游经济分别增长 5.47 倍、82%；生态环境发展水平分别增长 6%、22.8%。可以看出，2 市旅游经济系统与生态环境系统综合评价指数都有所上升，由于 2 市生态环境发展水平滞后于旅游经济，故福州市旅游经济与生态环境耦合度增幅远远高于厦门市增幅，导致区域内城市旅游经济与生态环境耦合协调度差异明显缩小。珠三角地区内，较 2005 年，2012 年深圳、广州、中山、珠海的旅游经济分别增长 1 倍、1.1 倍、48% 及 25%；生态环境发展水平分别增长 5.4%、17.1%、21.4% 及 30.8%。可以看出，深圳、广州旅游经济的增长速度快于生态环境的增长速度，导致2市旅游经济与生态环境的耦合度增长较快；而中山市与珠海市则发展缓慢，区域内形成两极分化状态，城市旅游经济与生态环境耦合协调度差异扩大。环北部湾地区内，较2005年，2012年海口市、三亚市旅游经济分别下降3%、5%；生态环境发展水平分别增长19%、7.7%。可以看出，海口市旅游经济系统与生态环境系统综合评价指数增长快于三亚市，又因为2市旅游经济与生态环境耦合度都略有所下降，因此导致区域内城市旅游经济与生态环境耦合协调度差异缩小。

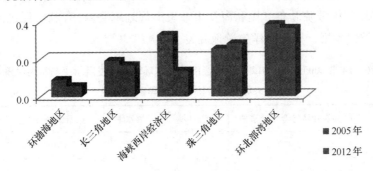

图4　2005年与2012年5个地区内部城市旅游经济与生态环境耦合
协调度变异系数比较

分别计算5个区域2005年与2012年旅游经济与生态环境耦合协调度的变异系数，比较区域之间的差异，得到结果分别为0.0977与0.0882，可以看出，随着各个区域旅游经济与生态环境综合水平的发展，区域间的差异逐渐缩小。较2005年，2012年环渤海地区、长三角地区、海峡西岸经济区、珠三角地区旅游经济分别增长1.56倍、1.16倍、1.52倍、87%，环北部湾地区旅游经济下降4.8%；5个地区生态环境发展水平分别增长14%、13%、15%、18%、13%。由北向南5个区域旅游经济系统与生态环境系统综合评价指数分别增长31%、40%、25%、30%、10%；在旅游经济与生态环境耦合度上，环渤海地区、长三角地区、海峡西岸经济区、珠三角地区分别增长29%、16%、49%、7%，环北部湾地区下降6%。因此5个区域间旅游经济与生态环境耦合协调度差异缩小。进一步分析，得出环渤海地区与海峡西岸经济区旅游经济的快速发展是区域间差异缩小的根本原因。

（2）耦合协调度总体空间变异及原因分析

分别计算14市2005年与2012年旅游经济综合发展水平、生态环境综合发展水平和旅游经济与生态环境耦合协调度的变异系数，如表6所示。纵向比较来看，旅游经济变异系数减小，说明14市间的旅游经济发展水平差异缩小；生态环境变异系数略有增加，说明14市间的生态环境发展水平差异扩大；旅游经济与生态环境的耦合协调度变异系数减小，说明14市间耦合协调度空间分异缩小。横向比较来看，影响14市旅游经济与生态环境耦合协调度空间差异的主要原因是旅游经济的发展水平。比较14市2006—2012年旅游经济的增长速度，可以看出，大连、天津、青岛、杭州、宁波、福州6市增长速度较快，超过了14市的平均水平。这说明，随着经济地快速发展，各市充分挖掘当地资源优势，打造多样化的旅游产品，旅游基础设施不断完善，旅游供给水平不断提升，游客不再局限于广州、深圳、上海等几个大都市，开始向其他城市扩散。广州、上海、深圳由于城市建设进入成熟期，旅游经济系统体量大，发展水平高，能减缓外界干扰所带来的波动，故旅游经济增势放缓，从而导致 14 市间旅游经济发展水平差异缩小。

14 市旅游经济的快速发展，离不开当地经济的支持与保障。这 14 个城市，由于地处我国东部沿海，地理位置优越，对外开放早，经济发展水平高，旅游基础不断完善，居民收入不断增加，为当地旅游经济的发展提供了良好的经济保障。另外，海洋旅游的发展，亦得益于我国"建设海洋强国"的战略政策。21 世纪是海洋的世纪，我国鼓励实施海洋旅游开发，2008 年国务院颁布《国家海洋事业发展规划纲要》，有利于促进海洋事业的全面、协调、可持续发展，推动海洋旅游地开发。

表 6　14 市 2005 年与 2012 年旅游经济、生态环境综合发展水平与旅游经济与生态环境耦合协调度变异系数比较

年份	旅游经济综合发展水平	生态环境综合发展水平	旅游经济与生态环境耦合协调度
2005	0.839	0.192	0.223
2012	0.812	0.203	0.2

三、结论

本研究以 14 个重点滨海城市 2005—2012 年的数据为例，在构建城市旅游经济系统与生态环境系统综合评价体系的基础上，对 14 市旅游经济与生态环境的耦合协调度进行了分析，得出的主要研究结论如下。

第一，14 市旅游经济与生态环境综合发展水平整体优化。2012 年，14 市旅游经济综合发展水平较 2005 年平均增长 1.28 倍，生态环境综合水平缓慢上升，较 2005 年平均增长 15%。

第二，上海市 2007—2012 年旅游经济综合发展水平超前于生态环境综合发展水平，其余 13 市都是旅游经济发展滞后于生态环境发展。

第三，14 市旅游经济与生态环境的耦合协调度逐渐上升，但绝对等级较低。2012 年较 2005 年 14 市的耦合协调度平均上升 24.22%，但大部分城市位于中级耦合水平及以下，耦合水平不高。

第四，从时间维度看，14 市旅游经济与生态环境耦合协调整体发展水平与变动程度是耦合等级变动重组的主要原因，整体发展水平高且发展活跃的城市，上升趋势明显。从空间维度看，环渤海地区、长三角地区、海峡西岸经济区、环北部湾地区内部城市旅游经济与生态环境耦合协调度差异缩小，珠三角地区由于中山市旅游经济发展乏力，区域内部差异明显；5 个区域之间旅游经济与生态环境耦合协调度差异缩小。

第五，从 14 市整体来看，由于旅游经济发展水平差异的缩小，导致 14 市旅游经济与生态环境耦合协调度差异缩小。

因此，在未来的发展中，滨海城市要注意以下几个方面：一是加强对海洋环境的保护。海洋资源是滨海城市旅游发展的重要依托，加强对海上旅游项目的生态化建设以及海洋污染的控制与治理，有利于实现滨海城市海洋旅游的可持续发展；二是利用资源环境优势，推动旅游产业结构优化，实现旅游产业转型升级。加强旅游行业管理，科学规划旅游基础设施，提升旅游服务的质量与水平；三是重视城市生态环境建设。要注意保护城市多样的生态系统，提高城市绿化率；四是将高新技术注入旅游业运作模式，提高旅游产业效率，增加其附加值；五是加强区域内城市之间以及区域与区域之间的合作，在发挥城市辐射带动作用的同时，形成良好的互动机制，从而带动整个沿海地区旅游经济与生态环境耦合协调水平的上升。

参考文献

[1]　张广海，刘佳. 中国滨海城市旅游开发潜力评价［J］. 资源科学，2010，32（5）：899-906.

[2]　姜焉，马耀峰. 区域旅游产业与经济耦合协调度研究——以东部十省（市）为例［J］. 华东经济管理，2012，26（11）：47-50.

[3]　生延超，钟志平. 旅游产业与区域经济的耦合协调度研究——以湖南省为例［J］. 旅游学刊，2009，24（8）：23-29.

[4]　庞闻，马耀峰，唐仲霞. 旅游经济与生态环境耦合关系及协调发展研究——以西安市为例［J］. 西北大学学报（自然科学版），2011，41（6）：1097-1106.

论文来源：本文原刊于《商业研究》2016 年第 2 期，第 185-192 页。

项目资助：中国海洋发展研究会海大专项（CAMAOUC201404）。

沿海地区蓝绿指数的构建及差异性分析

丁黎黎[①]　朱　琳[②]　刘新民

摘要： 引入超效率 DEA 非参数线性规划方法构建了沿海地区蓝绿指数，衡量创造 GOP 过程中资源消耗、污染排放、环境治理的投入程度，利用 Malmquist 方法对蓝绿指数变化进行了动态分析。构建了聚类矩阵和收敛指数。结果显示：蓝绿指数 10 年整体均值并不处于蓝绿前沿面，各地区海洋经济增长对资源消耗、污染排放与环境治理的程度呈现出较大差异性，其中上海、广东、海南的蓝绿指数排名位于前列；蓝绿前沿的变化幅度对沿海地区的蓝绿指数产生了较大正向影响；聚类矩阵中，除上海、广东呈现"双高"外，其他沿海地区均呈现"单偏"型；收敛指数则表明沿海三大经济区域海洋绿色经济发展差距逐渐缩小。

关键词： 蓝绿指数；超效率 DEA；聚类矩阵

"十二五"发展规划中明确指出海洋经济要做到"绿色发展，统筹考虑海洋生态环境保护与陆源污染防治，加强海洋资源节约集约利用，增强海洋经济可持续发展能力"。那么在我国倡导海洋经济绿色发展过程中，如何科学地把握海洋经济发展过程中的绿色程度？如何判断 GOP 创造过程中的资源损耗、环境污染的程度？探讨这些问题有益于提高我国海洋经济可持续发展政策制定的准确性。

关于国家或地区绿色发展程度的研究，现有文献主要通过构建"指数"来衡量绿色水平或程度。国内外对绿色指数含义和指标测度体系的研究存在较大差异，考虑了宏观经济、生态环境、资源能源和生活质量等各个方面，但研究重点却集中在生态环境和资源能源两个视角。例如，Leipert[1] 提出将环境污染等负面影响价值纳入绿色国民经济核算中。Hall 和 Kerr[2] 构建绿色指数对美国 50 个州的环境质量做了评估。美国耶鲁大学和哥伦比亚大学合作开发的环境可持续性指数（ESI）[3] 尝试对各国或区域环境可持续发展情况进行评估。Rogge[4] 则构建了环境绩效指数（EPI）去评估各国在环境保护方面的表现。国内相关研究主要有北京师范大学与其他机构联合测度了我国各地区的绿色发展指数[5]。中国科学院可持续发展战略研究组评估了 30 个省、直辖市、自治区的资源环境综合绩效指数（REPI）[6]。朱勇华和张庆丰[7] 利用主成分分析法估算了我国绿色 GDP 综合指数。吴翔和彭代彦[8] 利用同样方法测算了包含资源与环境因素的环境综合指数。林卫斌和陈彬[9] 基于

---

① 丁黎黎，女，中国海洋大学经济学院金融系教授，山东省泰山学者青年专家，研究方向为海洋经济管理。

② 朱琳，女，硕士研究生，研究方向为海洋经济管理。

传统 DEA 方法构造了经济增长的绿色指数。张江雪和王溪薇[10]运用同样的方法测算了工业绿色增长指数。

通过文献整理发现了三个问题：一是现有研究主要集中在国民经济绿色发展状况，缺少海洋经济这种特殊经济系统的绿色发展程度研究。然而海洋经济已成为我国经济可持续发展的新增长点。因此，剖析"中国式"海洋经济成为国民经济新增长点背后的事实，构建体现沿海地区海洋经济绿色程度的"蓝绿指数"（Blue-Green Index，BGI），是对海洋经济绿色发展的有益补充。二是已有研究在环境污染方面构建绿色指数时往往只考虑 CO_2、SO_2 等污染物的排放，而未考虑经济发展中的环境治理因素。我国政府已明确提出了打破"先污染后治理"的环境规制思路，环境治理与污染排放活动已开始施行。因此将环境治理因素纳入到分析框架中具有重要的现实意义。三是现有研究通过权重表达综合指标之间的关系，很难剔除主观因素对加权过程的影响。

基于此，本文考虑环境污染排放与治理存在的差异性，从省域层面出发衡量了沿海地区海洋经济发展过程中的绿色水平或程度。尔后利用聚类矩阵和收敛指数法重点考察了沿海地区海洋经济绿色发展的空间集聚趋势及分布特征。本文的创新之处：一是采用超效率DEA 模型构建了沿海地区的"蓝绿指数"，尝试测度了包含资源消耗、污染排放、环境治理 3 种成本投入影响下海洋经济增长的绿色水平；二是考虑到资源与环境的外溢性和依赖性特征，对沿海地区绿色指数是否存在空间集聚进行了梳理，从而揭示出沿海地区海洋经济绿色发展的相互影响与内在空间联系，以期为我国海洋经济的绿色发展提供一定理论基础。

一、蓝绿指数的构建与测度

（一）研究方法与指标选取

1）研究方法

本文采用超效率 DEA 方法[11]研究沿海地区的蓝绿指数。该方法不仅克服了传统评估方法中的主观影响，而且解决了传统 DEA 模型无法对多个为 1 的指数进行比较的问题。借鉴绿色 GOP 核算思想，本文将沿海地区海洋生产总值作为产出，将影响海洋经济绿色增长的要素看作投入要素，对这些投入的效率测度则被看作蓝绿指数。在已有文献研究中，将资源消耗和环境污染看作影响经济增长绿色程度的两种要素[8-11]，已经被学者广泛接受。不同于以往研究，本文认为在衡量沿海地区蓝绿指数，需要将环境污染进一步细化为污染排放与环境治理，即资源消耗、污染排放（治理后的污染控制水平）、环境治理 3 种投入要素。因为在海洋经济这种特殊经济体系中，环境治理投资活动作为一种污染控制手段，不仅能直接作用于环境质量的改善，而且能够通过"创新贸易效应"间接作用于 GOP[12]。

本文首先构建报酬不变假设下的超效率 DEA 模型，见图 1。其中 x_1，x_2，x_3 分别代表资源消耗、污染排放、环境治理 3 个活动。SAS' 代表传统 DEA 模型下生产单位 GOP 带来的资源消耗、污染排放、环境治理的最优组合。令线段 AB 表示 A 点的投入量仍然可增加的幅度，则 A 点的超效率蓝绿指数评价值为 $OB/OA > 1$。具体原理如下：在计算决策单元 A 点的蓝绿指数时，将其排除在决策单元的参考集之外，则有效蓝绿前沿面就由 SAS' 变为 SS'，这里的 SS' 便是定义为在规模报酬不变的超效率 DEA 模型下的"蓝绿前沿"（Blue-Green Frontier）。假设 C 点代表一个地区，与位于蓝绿前沿面上 B 点相比，其海洋经济增长的绿色程度较低。这里 OB/OC 就是衡量一个地区海洋经济增长的绿色程度，可将其定义为超效率 DEA 模型下的蓝绿指数。如果一个地区的蓝绿指数为 1，则代表着该地区海洋生产处于蓝绿前沿；若蓝绿指数为 1.2，则表示这一地区即使再等比例增加 20% 的投入，其依然处于由样本中其他地区所定义的蓝绿前沿上；若蓝绿指数不足 1，则这个地区海洋经济增长的绿色程度随蓝绿指数变小而变低。

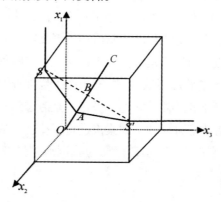

图 1　蓝绿指数的超效率 DEA 模型

本文扩展了报酬不变的前提假设，构建了如下超效率 VRS-SE-DEA 模型，见图 2。其中实线和虚线分别代表不变和可变规模报酬下的蓝绿前沿。E 点在不变规模报酬下的蓝绿指数为 $BGI_C = AE_C/AE$；而在可变规模报酬下蓝绿指数为 $BGI_V = AE_V/AE$，影响蓝绿指数的规模效应（SE）为 $BGI_C/BGI_V = AE_C/AE_V$。为表述方便，我们将可变规模报酬下的蓝绿指数 BGI_V 定义为纯蓝绿指数，不变规模报酬下的蓝绿指数便可以分解为纯蓝绿指数和规模效应指数，即 $BGI_C = BGI_V \times SE$。该公式能够衡量经济规模处于资源消耗、污染排放、环境治理的规模报酬递增或递减阶段对蓝绿指数的影响，即某一地区 E_v 处于蓝绿前沿的规模报酬递增区域，它可以通过从 E_v 向最优规模 F 点移动（即去掉规模无效）使其蓝绿指数进一步得到改进。因此，本文通过观察蓝绿指数中的规模效应指数，分析海洋经济增长与资源消耗、污染排放、环境治理之间的相关关系。在运用超效率 DEA 方法构建沿海地区的蓝绿指数基础上，本文进一步借鉴 Malmquist 指数模型[13]分析了沿海地区海洋经济蓝绿指数的动态变化趋势。

2）指标体系与数据获取

本文在兼顾样本数据的可比性、可得性及科学性基础上，构建了衡量沿海地区蓝绿指

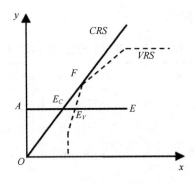

图 2　蓝绿指数的规模效应

数的投入产出指标体系，见表 1。因 DEA 方法要求投入产出指标不宜过多，同时为了排除各指标的统计单位不同而造成的数量级差别，本文利用改进的熵值法[14]将沿海地区 2003—2012 年的 3 个污染物排放指标综合计算为 1 个污染排放综合指数，4 个资源消耗指标综合计算为 1 个资源消耗综合指数。指标选取说明：① 资源消耗主要体现在海洋渔业、海洋盐业、海洋船舶工业、海洋油气、海洋矿业以及海域资源等海洋经济活动直接（一次）开发利用的资源方面。我们给出表 1 中的资源消耗指标。其中海洋油气、海洋矿业等资源的消耗量近似于其产量，本文采用能源消耗代替这类资源消耗，衡量创造 GOP 过程中的油气和矿业资源消耗程度。② 污染排放指标的选取，以往文献研究[8,9]主要考虑三废指标。由于分析框架存在环境治理这一因素，本文选取污染排放指标均为治理后排放出的污染量（见表 1）。③ 环境治理指标的选取，本文采用沿海地区的海洋工业环境污染治理投资总额。数据来源于历年的《中国海洋统计年鉴》、《中国能源统计年鉴》和《中国环境统计年鉴》。

表 1　投入产出指标体系

指标名称	类别	指标构成	具体内容
投入指标	污染排放	污染排放综合指数	万元海洋产值工业废水处理达标排放量（吨/万元）
			亿元海洋产值工业废水中化学需氧量去除量（吨/亿元）
			万元海洋产值工业固体废物综合利用量（吨/万元）
	资源消耗	资源消耗综合指数	海洋捕捞产量（万吨）
			海盐产量（万吨）
			海洋产业能源消费量（吨标准煤）
			造船完工量（万综合吨）
	环境治理	环境治理指标	海洋工业环境污染治理投资总额
产出指标	GOP	GOP	GOP

（二）蓝绿指数的测算结果及其分析

基于 CRS-SE-DEA 模型，运用 EMS1.3 软件计算得到 2003—2012 年沿海各地区的蓝

绿指数 BGI_c，表 2 给出测算结果。

表 2　2003—2012 年沿海地区的蓝绿指数 BGI_c

地区	2003 年	2004 年	2005 年	2006 年	2007 年	2008 年	2009 年	2010 年	2011 年	2012 年	均值	排名
天津	0.695	0.925	0.599	0.540	0.590	0.522	0.614	0.704	0.729	0.558	0.649	5
河北	0.141	0.133	0.092	0.299	0.287	0.272	0.166	0.187	0.105	0.127	0.181	11
辽宁	0.276	0.240	0.199	0.186	0.307	0.346	0.288	0.351	0.368	0.369	0.293	7
上海	2.111	2.152	2.044	5.085	2.690	3.071	1.998	2.009	1.610	3.336	2.611	1
江苏	0.241	0.199	0.157	0.271	0.257	0.320	0.242	0.333	0.222	0.267	0.251	10
浙江	0.860	0.859	0.732	0.400	0.438	0.455	0.473	0.564	0.385	0.390	0.556	6
福建	1.189	0.670	0.438	0.582	0.918	0.767	0.695	0.727	0.533	0.538	0.706	4
山东	0.456	0.352	0.256	0.257	0.250	0.227	0.283	0.278	0.312	0.086	0.276	8
广东	2.026	1.794	2.588	2.695	1.972	2.516	3.205	2.011	1.967	1.449	2.222	2
广西	0.219	0.268	0.184	0.313	0.320	0.266	0.173	0.267	0.323	0.279	0.261	9
海南	1.610	2.535	2.403	0.540	3.521	2.331	1.914	2.519	0.335	0.287	1.799	3
平均值	0.893	0.922	0.881	1.015	1.050	1.008	0.914	0.904	0.626	0.699	0.891	

表 2 测算结果显示：从整体发展水平来看，2003—2012 年沿海地区的蓝绿指数平均值为 0.891，意味着沿海地区海洋经济对资源的依赖程度、环境的污染程度和对环境的治理程度均处在非前沿水平。从省域层面来看，沿海地区的蓝绿指数又呈现出较大差异性。①上海、广东和海南三个地区在 GOP 创造过程中重视了资源、污染和治理问题，处于蓝绿前沿面之前，其蓝绿指数均大于 1。上海、广东得益于早期资本积累和优越的地理条件，而海南服务业在 GOP 中所占比重相对较大，给环境和资源带来的压力较小。但海南近两年出现蓝绿指数小于 1 的情况，需引起重视。②福建、天津、浙江的蓝绿指数均值小于 1 且在 0.5 以上，10 年间指数呈现上下震荡态势。福建、浙江海洋渔业、海盐等资源丰富，海洋第一、第三产业多为资源依赖型产业，陆域污染源计入海污染物逐年增加，局域海域水质 COD 超标，加之治理力度不到位致使海洋大省福建及浙江的蓝绿指数均处于较低水平。③辽宁、山东、广西、江苏、河北等地区的蓝绿指数远离蓝绿前沿，指数均在 0.5 以下。辽宁海洋渔业、船舶工业比重较大，但海洋产业水平并不高，存在资源浪费现象。山东蓝绿指数显示出的低值可以看出山东海洋经济的迅猛发展对资源环境带来的伤害程度较大。江苏其蓝绿指数也呈现低值，资源短缺是导致江苏海洋经济绿色发展"洼地"现状的主要原因。广西蓝绿指数低在于过度依赖于海洋工业特别是重化工业，同时对环境污染治理的投资不足，造成其环境的进一步恶化。河北的蓝绿指数均值只有 0.181，且 10 年间变化不大。河北海洋资源并不丰富，海洋第二产业比重高达 50% 以上，同时区域位置与北京接壤，承接了北京较多污染型产业，增加了河北的资源消耗与环境污染，使其蓝绿指数一

直处于较低状态。

（三）蓝绿指数的分解结果及其分析

为了更好地分析沿海地区的蓝绿指数变化趋势，本文运用沿海 11 个地区 2003—2012 年的面板数据，采用 Malmquist 指数方法测算了蓝绿指数的变化值。将蓝绿指数分解为相对蓝绿指数的变化和蓝绿前沿的变化，前者又可进一步分解为纯蓝绿指数变化和规模效应变化。因篇幅限制，计算结果未在本文全部列出，仅给出 2003—2012 年沿海地区综合蓝绿指数分解情况及趋势变化（见图 3），沿海各地区蓝绿指数变化的分解结果（见表 3）。

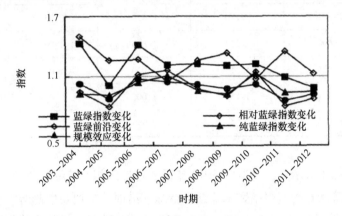

图 3　2003—2012 年沿海地区的综合蓝绿指数分解及趋势变化

图 3 曲线趋势变化显示：① 在整个样本时期内，蓝绿前沿变化各年均对蓝绿指数均具有较强的正影响作用。相对蓝绿指数变化除 2005—2006 年、2006—2007 年、2009—2010 年期间，其余各年对蓝绿指数的影响为负。其中，相对蓝绿指数在以上 3 个期间的上升是由纯蓝绿指数变化与规模效应变化的共同提高所致。蓝绿指数变化在 2004—2005 年出现了较明显的下降趋势，这与我国 2003 年首次颁布的《全国海洋经济发展规划纲要》紧相关，即海洋经济迅速增长的同时带来了资源与环境的破坏。② 2007 年综合蓝绿指数变化达到高峰，在 2006—2007 年期间，相对蓝绿指数变化对蓝绿指数作出较大贡献。其中纯蓝绿指数变化和规模效应变化共同促进了相对蓝绿指数大幅度提高。这与"十一五"规划中对资源和环境的规制与生态环境治理投资理念的转变相一致，致使蓝绿指数得到提高。③ 作为"十二五"规划开局的第一年，2011—2012 年期间，蓝绿指数却出现小于 1 的现象。这正代表了"期末效应"，即地方政府往往通过提前消耗资源，降低环境治理力度等办法来完成"十一五"海洋经济增长的任务与目标。

表 3　2003—2012 年沿海地区的蓝绿指数分解结果

地区	相对蓝绿指数变化	蓝绿前沿变化	纯蓝绿指数变化	规模效应变化	蓝绿指数变化
天津	0.976	1.268	0.994	0.982	1.237
河北	0.989	1.231	1.020	0.970	1.217

地区	相对蓝绿指数变化	蓝绿前沿变化	纯蓝绿指数变化	规模效应变化	蓝绿指数变化
辽宁	1.032	1.206	1.041	0.991	1.244
上海	1.000	1.298	1.000	1.000	1.298
江苏	1.011	1.257	1.009	1.003	1.272
浙江	0.916	1.242	0.932	0.983	1.138
福建	0.934	1.266	0.958	0.975	1.182
山东	0.831	1.276	0.870	0.956	1.061
广东	1.000	1.234	1.000	1.000	1.234
广西	1.025	1.218	1.000	1.025	1.249
海南	0.871	1.152	1.000	0.871	1.004
均值	0.960	1.240	0.983	0.977	1.191

表 3 的分解结果显示：① 2003—2012 年沿海各地区相对蓝绿指数的均值为 0.960，表明各地区海洋经济增长的蓝绿指数未能达到蓝绿前沿面并呈现发散趋势。该分解结果是表 2 中沿海地区蓝绿指数平均值为 0.891 的主要原因。② 蓝绿前沿的变化幅度对沿海地区的蓝绿指数具有较大的正向影响。其中，上海和广东两个地区始终处于蓝绿前沿，其相对蓝绿指数保持不变，使得这两个地区的蓝绿指数均大于 1。虽然海南的蓝绿指数大于 1，但相对蓝绿指数去却小于 1，说明海南在大力发展旅游服务业的过程中，虽然对资源的依赖程度相对较低，但是污染排放和环境治理两种活动具有时间效应。随着时间的推移，这两种活动的影响开始显现。辽宁、江苏、广西的相对蓝绿指数大于 1，表明这些地区一定程度向蓝绿前沿靠拢。虽然这 3 个地区的蓝绿指数均在 0.5 以下，因为这些地区的海洋资源生产力相对较低，部分海洋资源利用率低，且存在一定的海洋环境污染问题。但是，这些地区近年来已经加大了环境治理投资力度，海洋环境污染治理措施初见成效。相比较而言，天津、河北、浙江、福建、山东、海南的相对蓝绿指数小于 1，表明这些地区不同程度地远离蓝绿前沿。

二、沿海地区蓝绿指数的差异性分析

由于受区域经济发展水平、环境治理、资源禀赋等因素的影响，沿海地区的蓝绿指数之间存在着差异性，这种差异是逐渐拉大还是缩小？是否会持续存在抑或会随着经济的发展水平逐渐减弱或消失？本节通过聚类矩阵和收敛指数的构建进一步分析这种区域海洋经济绿色增长的差异性。

（一）聚类分析

本文基于蓝绿指数构成中的纯蓝绿指数与规模效应指数构建了"聚类矩阵"，分析省际差异性。纯蓝绿指数由投入导向的规模报酬可变的 VRS-SE-DEA 模型计算得到，规模效应指数由蓝绿指数与纯蓝绿指数的比值计算得到[①]。分别以 1.2 的纯蓝绿指数和 0.8 的规模效应指数为临界点对以上两个指数进行划分，可将沿海地区蓝绿指数划分为 4 种类型，如图 3 所示。

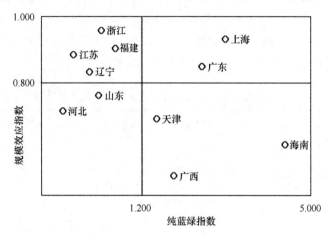

图 3 沿海地区蓝绿指数的聚类矩阵

第一种"双高型"，即纯蓝绿指数达到 1.2 以上及规模效应指数达到 0.8 以上的省市，仅有上海、广东两省。

第二种"低高型"包括辽宁、江苏、浙江、福建 4 个省区，其纯蓝绿指数低于 1.2 而规模效应指数在 0.8 之上。表明通过增加资源的消耗，采用污染型生产方式并不能实现海洋经济的进一步增长，需要严格将生产规模控制在资源环境承载力范围内，并通过技术进步提高资源利用率，生产方式向绿色生产方式转变。这些省区的今后改进的重点在于提高技术管理水平，注重环境污染管制，合理配置资源。

第三种"高低型"主要有天津、广西、海南 3 个省市区。特别是广西壮族自治区，其规模效应指数仅为 0.198，反映出这些省市区与最优规模存在较大的差距，今后应重点在资源开采利用和环保的技术及管理上不断进行革新，整合要素资源，提高资源环境规模效应。

第四种"双低型"包括河北、山东两省。这两省份以资源消耗、环境污染为代价取得海洋经济的发展，其经济规模并不处于资源消耗量、污染物排放量和治理投资额的最优规模，发展中资源环境的管理水平也相对落后，存在较大的改善空间。

（二）收敛性分析

本节从沿海三大经济区视角观测沿海地区蓝绿指数，利用收敛理论检验沿海地区蓝绿指数是否有收敛趋同的趋势。本文利用 Barro 提出的绝对 β 收敛模型来研究沿海地区蓝绿指数的演进过程，其模型简单描述为：$g_{i,t} = \alpha + \beta \ln BGI_{C_{i,0}} + \varepsilon$。这里 $g_{i,t}$ 为年均蓝绿指

---

① 由于篇幅限制，未展示省份纯蓝绿指数与规模效应指数的计算结果，感兴趣的读者可以向作者索取。

数，α 为常数项，$\ln BGI_{C_{i,0}}$ 表示 i 地区初始时期的蓝绿指数的对数值，ε 为误差项。如果 $\beta <$ 0 则表示存在绝对 β 收敛，即各区域蓝绿指数向着同一稳态水平趋近，落后地区存在追赶发达地区的趋势，否则不存在收敛。进行条件 β 检验最常使用的方法是 Panel Data 固定效应模型，它通过设定截面与时间固定效应，即考虑不同地区的不同稳态水平，也考虑各地区稳态值随时间的变化。条件 β 检验模型为 $\ln BGI_{C_{i,t}} - \ln BGI_{C_{i,t-1}} = \alpha + \beta \ln BGI_{C_{i,t-1}} + \varepsilon$。这里 $BGI_{C_{i,t}}$ 为 i 地区在 t 时期的蓝绿指数，如果 $\beta < 0$ 则表示存在条件 β 收敛，即各区域的蓝绿指数向各自的稳态水平趋近，否则不存在条件收敛趋势。

表 4　沿海地区、三大经济区的蓝绿指数收敛性检验

检验类型与模型	变量	沿海地区	环渤海区域	长三角区域	珠三角区域
绝对 β 收敛检验	常数项	−0.025	−0.028	0.040	−0.064
	$\ln BGI_{C_{i,0}}$	−0.012* (0.059)	−0.016** (0.045)	0.049* (0.058)	−0.044** (0.021)
	T 统计量	−0.547	−0.910	0.777	−1.788
	$Adg - R^2$	0.075	0.293	0.247	0.423
	F	0.299	0.829	0.603	3.198
条件 β 收敛检验	常数项	−0.059	0.368	0.112	−0.005
	$\ln BGI_{C_{i,t-1}}$	−1.351*** (0.004)	−1.066** (0.037)	−1.130** (0.023)	−0.279 (0.571)
	T 统计量	−3.378	−2.570	−2.916	−0.594
	$Adg - R^2$	0.436	0.412	0.249	0.089
	F	9.490	6.605	8.501	0.352

注：括号内数字为显著性概率，*、**、***分别表示在 10%、5%、1% 显著性水平上显著。

表 4 检验结果表明：沿海地区整体进行的绝对 β 收敛和条件 β 收敛的回归系数均为负值，且估计系数分别在 10% 和 1% 水平上显著，说明估计结果在统计上是可靠的，沿海地区整体蓝绿指数存在收敛趋势。说明在国家大力发展海洋经济的背景下，各沿海地区存在着相互"追赶效应"，各地区绿色发展水平存在趋同的趋势。从沿海三大经济区的条件 β 收敛检验结果来看，珠三角地区未通过显著性检验；而环渤海、长三角与珠三角地区的条件 β 收敛回归系数均为负值，且在 5% 水平上显著。表明环渤海与长三角呈现区域间海洋经济绿色增长程度的差异化，未向相同的水平收敛，而是在不同的水平层次上收敛，且维持了稳定的相互关系形态。

但沿海三大经济区的绝对 β 收敛检验结果却有较大差异，环渤海与珠三角蓝绿指数呈现显著的收敛特征，而长三角则呈现出微弱的发散特征。从绝对 β 收敛回归系数来看，环渤海和珠三角的 β 值为负，长三角地区 β 值为正，且均在统计上显著，说明环渤海与珠三角地区内部省份的蓝绿指数存在绝对 β 收敛，而长三角地区内部各省份蓝绿指数并未表现出收敛趋势，反而内部各省份海洋经济绿色增长程度差距有扩大趋势，意味着目前国家在海洋经济绿色发展中应该更注重长三角地区各省间的海洋经济绿色技术合

作交流。

三、政策建议

基于以上研究结论，本文从省域或区域视角提出政策建议。一是国家在海洋经济绿色发展中应更加注重环渤海经济区。聚类矩阵中河北及山东的蓝绿指数均属于双低型的省份，环渤海海域生态系统相对封闭，资源承载力十分有限，应规划和限制对其海洋自然资源的过度开发利用，减少资源依赖型产业发展，同时加大环境的治理力度，调整沿海的排放布局和允许排放量的目标体系，改善渤海的环境承载力。二是增强跨区域的经济、技术交流和环境治理合作。例如广西壮族自治区可加快与珠三角地区的市场对接，改善投资环境，壮大产业规模，提升其要素集聚优势，摸清海洋资源和环境承载力，制定海洋资源开发、利用、配置和保护的规划，加强广泛合作，统筹陆海资源与环境。三是在每个区域培育新的增长极，带动邻近地区海洋经济绿色增长。收敛结果明显表明长三角区域内部各省份海洋经济绿色增长程度差距有扩大趋势，且上海的蓝绿指数属于双高型的省份，可促进上海真正成为长三角区域整体海洋经济绿色发展的增长极，同时天津和广东可分别成为环渤海和珠三角经济区域带动海洋经济绿色发展新的增长极。

参考文献

［1］ Leipert C. A Critical Appraisal of Gross National Product：The Measurement of Net National Welfare and Environmental Accounting ［J］. Journal of Economics Issues，1987，21（1）：357-373.

［2］ Hall B，Kerr M L. 1991～1992 Green Index：A State-by-state Guide to the Nation's Environmental Health ［M］. Island Press，1991.

［3］ Esty D C，Levy M，Srebotnjak T，et al. Environmental Sustainability Index：Benchmarking National Environmental Stewardship ［J］. New Haven：Yale Center for Environmental Law & Policy，2005：47-60.

［4］ Rogge N. Undesirable Specialization in the Construction of Composite Policy Indicators：The Environmental Performance Index ［J］. Ecological Indicators，2012，23（11）：143-154.

［5］ 2012 中国绿色发展指数报告：区域比较 ［M］. 北京：北京师范大学出版社，2012.

［6］ 2011 中国可持续发展战略报告：实现绿色的经济转型 ［M］. 北京：科学出版社，2011.

［7］ 朱勇华，张庆丰. 利用主成分分析法建立中国绿色 GDP 综合指数 ［J］. 华北电力大学学报，2005，4：32-37.

［8］ 吴翔，彭代彦. 中国各地区环境综合指数研究 ［J］. 生态经济，2014，4：24-28.

［9］ 林卫斌，陈彬. 经济增长绿色指数的构建与分析——基于 DEA 方法 ［J］. 财经研究，2011，37（4）：48-58.

［10］ 张江雪，王溪薇. 中国区域工业绿色增长指数及其影响因素研究 ［J］. 软科学，2013，10：92-96.

［11］ Anderson P，Petersen N C. A Procedure for Ranking Efficient Units in Data Envelopment Analysis ［J］. Management Science，1993，39（10）：1261-1264.

［12］ 晋盛武，王圣芳，夏柱兵. 出口贸易与污染排放、治理投资关系的实证分析 ［J］. 合肥工业大

学学报，2011，6：20-25.

[13]　Färe R，Grosskopf S，Norris M. Productivity Growth，Technical Progress，and Efficiency Change in In-dustrialized Countries：Reply［J］. The American Economic Review，1997，87（5）：1040-1044.

[14]　康旺霖，王垒，雷沁. 基于信息熵-TOPSIS 方法的绿色采购绩效评价研究［J］. 物流科技，2014，11：4-7.

论文来源：本文原刊于《软科学》2015 年 8 月第 8 期，第 140-144 页。

项目资助：中国海洋发展研究中心项目（AOCQN201314）。

我国海水淡化发展现状及国际合作

王 静① 贾 丹② 陈爱慧 徐 显

摘要： 全球面临着日益严重的缺水危机。海水淡化作为一种可实现水资源可持续利用的开源增量技术，已成为全球解决沿海地区和海岛淡水资源短缺危机的重要手段，需求迫切。我国海水淡化技术产业通过多年的发展，积累了海水淡化技术出口的基础和经验，拥有了一定的走出去实力及优势。本文总结了我国海水淡化技术产业发展基础及国际合作现状，并就进一步促进我国海水淡化国际合作，提出几点建议。

关键词： 海水淡化；发展现状；国际合作；建议

一、海水淡化是缓解沿海地区水资源短缺的重要手段

水是基础性自然资源和战略性经济资源。随着人口增长、经济发展及气候变化等，全球面临着日益严重的缺水危机。根据世界银行发布的 2012 年世界发展指标，全球 90 个国家和地区出现了不同程度的缺水[1]。其中，轻度缺水（人均水资源量 1 700~3 000 立方米）国家 23 个；中度缺水（人均水资源量 1 000~1 700 立方米）国家 25 个，重度缺水（人均水资源量 500~1 000 立方米）国家 14 个；极度缺水（人均水资源量<500 立方米）国家 28 个。预计到 2025 年，全球将有 18 亿人生活在极度缺水的国家或地区。即使在人均水资源量大于 3 000 立方米的国家中，水资源危机也以不同的形式逐步凸显，如一些国家水资源也存在着时空分布不均；局部地区水资源开发利用过度；水资源量受气候影响较大；主要河流水环境恶化等问题。水资源危机已成为制约社会经济发展的重要瓶颈[2]。

海水淡化是一种可实现水资源可持续利用的开源增量技术，不受气候影响，水质好，可以较好地弥补蓄水、跨流域调水等传统手段的不足，已成为全球解决沿海地区淡水资源短缺危机的重要手段。截至 2014 年 9 月，全球淡化工程规模已达 8 528 万吨/日[3]。工程遍布亚洲、非洲、欧洲、南北美洲、大洋洲。尤其在中东和一些岛屿地区，海水淡化水已成为基本水源。

大力发展海水淡化，对于缓解沿海缺水地区和海岛水资源短缺形势，优化沿海水资源结构、保障沿海地区社会经济可持续发展，具有重要的意义。

① 王 静，女，国家海洋局天津海水淡化与综合利用研究所高级工程师，研究方向：海水利用发展战略研究。
② 贾 丹，女，国家海洋局天津海水淡化与综合利用研究所工程师，研究方向：海水利用发展战略研究。

二、我国海水淡化技术产业发展现状

（一）我国海水淡化产业发展现状

近年来，全国海水淡化工程总体规模不断增长。根据《2013 年全国海水利用报告》，截至 2013 年底，全国已建成海水淡化工程 103 个，产水规模超过 90 万吨/日，较 2012 年增长了 16%。全国已建成万吨级以上海水淡化工程 26 个，产水规模超过 80 万吨/日[4]。

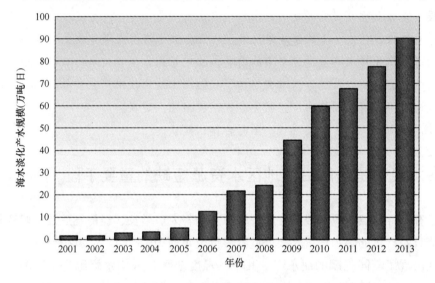

图 1　全国海水淡化工程规模增长

海水淡化工程在全国沿海 9 个省市都有分布，主要是在水资源严重短缺的沿海城市和海岛。北方以大规模的工业用海水淡化工程为主，主要集中在天津、河北、山东等地的电力、钢铁等高耗水行业；南方以民用海岛海水淡化工程居多，主要分布在浙江、福建、海南等地。海水淡化作为海洋经济和国家战略性新兴产业的重要组成，已逐步应用于人民的生产和生活中。

2013 年我国海水淡化工程产水成本集中在 5~8 元/吨，已接近国际水平。

（二）我国海水淡化技术发展现状

我国海水淡化技术的研究始于 1958 年。通过国家科技攻关的持续支持，我国在海水淡化关键技术方面取得重要进展，已掌握反渗透和低温多效等国际商业化主流海水淡化技术，开发了一批关键设备，建成了一批示范工程，相关技术达到或接近国际先进水平。形成了多个从事海水淡化技术研发的科研机构和高等院校，一批海水淡化关键材料、设备、产品的生产企业和工程公司，正在逐步培育形成[5]。

在反渗透海水淡化技术方面，我国已建反渗透海水淡化工程约 57 万吨/日。多项大型反渗透海水淡化工程由我国自主设计、建设、施工、运营。自主技术建成的 1.25 万吨/日反渗透海水淡化示范工程电耗 2.6 千瓦·时/吨[6]；正在福建古雷港经济技术开发区建设 2 万吨/日反渗透海水淡化工程，预计装置本体电耗 2.3 千瓦·时/吨，国产化率达 90%，单机规模与技术指标可达到国际先进水平。在关键部件与装备方面，国产海水淡化反渗透膜、高压泵、能量回收装置等初步得到了工程化应用；超滤膜产品性能已经接近国际先进水平；反渗透膜壳已形成产业，占据国内大部分市场，并出口国外形成了一定的知名度和影响力。

在低温多效海水淡化技术方面，我国已建低温多效海水淡化工程约 32 万吨/日，主要依托电厂建设。2003 年，完成我国首座工业规模低温多效海水淡化装置，工程规模 3 000 吨/日，主体装置国产化率达 99%[7]；在引进消化吸收国外 2 万吨/日装置的基础上，2008 年建成沧东电厂单机 1.25 万吨/日低温多效海水淡化装置，仅蒸汽喷射泵为国外公司提供；2013 年建成 2.5 万吨/日低温多效海水淡化工程，造水比达到 10.2～13，工程电耗 2.29 千瓦·时/吨[8]。目前国内研发机构已掌握了低温多效海水淡化成套技术，形成一批关键设备材料技术。

三、我国海水淡化国际合作现状

我国海水淡化技术产业通过多年的发展，取得了多项重要突破，初步构建起具有我国特色的海水淡化技术体系。我国与国际社会海水淡化技术交流与合作逐渐频繁，与多个国家和组织开展了广泛而深入的交流与合作。

在海水淡化技术装备出口方面，2003 年，我国科研机构完成巴基斯坦 GWADAR 港 500 吨/日反渗透海水淡化工程，成为我国首个出口国外的海水淡化装置。2007 年 3 月，成功中标印度尼西亚共 6 台套低温多效蒸馏海水淡化装置，合计产能 2.1 万吨/日。其中，INDRAMAYU 2×4 500 吨/日低温多效蒸馏海水淡化装置是当时国内出口的拥有自主知识产权的最大海水淡化设备，产水量、能耗等关键指标都达到或优于考核指标，吨水成本接近国际水平。2014 年，我国机构中标中东某钢厂 15 万吨/日反渗透淡化工程。在关键材料方面，反渗透膜壳、超滤膜等远销美国、西班牙、中东、韩国、日本等国家和地区；海水淡化工程用高效太阳能组件等出口国外。

在海水淡化学术交流方面，我国连续多年举办"淡化及水再利用国际论坛"、"亚太海水淡化与水再利用会议"、"青岛国际脱盐大会"等。特别是，"2013 年国际脱盐协会世界大会（IDA World Congress 2013）"在天津成功举行，我国多名专家学者受邀成为大会技术委员会主席及技术委员会成员。

在海水淡化对外培训方面，我国连续多年举办"发展中国家海水淡化与综合利用研修班"，向发展中国家官员展示了我国在海水淡化技术和工程建设等方面的水平和实力，促进了我国海水淡化技术在发展中国家的进一步推广和应用。正与国际脱盐协会科学院（IDA Academy）联系，准备在海水淡化教育培训方面开展深度合作。

在海水淡化对外咨询服务方面，近年来，我国机构为国际海水淡化项目提供了多次可行性研究、尽职审查等。特别 2014 年 10 月，我国海水淡化科研机构与环印度洋联盟

（IORA）区域科技转移中心签署谅解备忘录，在我国组建海水淡化技术转移协调中心，搭建了我国与环印度洋联盟地区国家在海水淡化领域的良好合作平台。

通过以上工作，我国积累了海水淡化对外合作的基础和经验，拥有了一定的"走出去"的实力及优势。

四、关于我国海水淡化国际合作的几点建议

世界大部分国家面临着水资源短缺及水环境恶化等问题，海水淡化及水再处理技术越来越受到各国的欢迎和关注，需求迫切。

我国日趋成熟的海水淡化技术已具备通过技术转移等各种方式走出国门的能力，随着国家"走出去"战略的实施以及海上丝绸之路建设进程的加快，海水淡化国际合作将大有可为。为促进我国海水淡化国际合作的开展，现提出几点建议如下。

（1）支持与国外机构合作开展海水淡化技术研发。当前我国海水淡化国际合作项目研发较少。鼓励国内机构与国外先进研发团队、跨国公司、国际组织等开展多方位的协同创新和开发合作，如共建研发中心、联合实验室，争取国际重大科研项目和工程项目等，促进国内外产学研深度合作。

（2）在国家层面推动海水淡化技术转移和推广。鼓励与国外机构合作，成立国际海水淡化技术转移中心；组织有关专家，尽快形成国家海水淡化技术转移出口目录，指导海水淡化技术转移工作；将海水淡化纳入国家领导人出访推介项目，在国家的推动和引导下，促进中国海水淡化及水再利用技术产品装备在需求国家的转移与推广。

（3）继续加强海水淡化技术培训与交流。支持成立海水淡化国际培训中心，从海水淡化技术培训和远程支持平台方面与发展中国家开展广泛合作。对发展中国家海水淡化技术和管理人员进行技术培训，对现有的和以后的海水淡化工厂进行远程技术支持和必要的现场人员支持。积极参加及组织召开有关海水淡化国际会议。

（4）国家对海水淡化技术工程出口给予政策支持。建议国家将海水淡化作为我国开展海洋国际合作的优先领域。将海水淡化有关技术产品列入到《中国高新技术产品出口目录》中去，使海水淡化享受目录中关于出口信贷、出口信用保险等方面的优惠政策。鼓励国内单位强强联合，共同争取和承揽国际重大科研项目和工程项目，拓展海外市场。

参考文献

［1］　The World Bank Group. Renewable internal freshwater resources per capita（cubic meters）［DB/OL］. ［2014-06-03］http：//data. worldbank. org/indicator/ER. H2O. INTR. PC.

［2］　Pacific Institute. The world′s water［R/OL］. ［2014-04-10］http：//worldwater. org/.

［3］　GWI/IDA. Inventory-2014 world［DB/OL］. ［2013-08］. http：//www. desaldata. com.

［4］　国家海洋局科学技术司. 2013 年全国海水利用报告［R］. 2014，7.

［5］　侯纯扬. 中国近海海洋—海水资源开发利用［M］. 北京：海洋出版社，2012.

［6］　六横建成全国最大反渗透海水淡化单机机组［EB/OL］.（2014-9-19）. http：//www. zhoushan. gov. cn/web/zhzf/zwdt/zwyw/201409/t20140919_ 709644. shtml.

［7］　阮国岭、尹建华、赵河立、吕庆春、于开录 . 海水淡化技术国内进展及其在循环经济中的应用［J］. 中国建设信息：水工业市场, 2007 年（3）：31-36.

［8］　袁利军 . 国华沧电海水淡化产业化成果及发展思路［J］科技信息，2013（25）：80-81.

　　论文来源：本文原刊于《水利经济》2015 年第 02 期，第 48-50 页。

　　资助项目：中国海洋发展研究中心项目（AOCQN201308）。

山东省海洋产业结构发展的生态环境
响应演变及其影响因素

苟露峰① 高 强②

内容提要：揭示海洋产业结构发展与生态环境互动演化的一般规律，通过定量分析2002—2012年山东省海洋产业结构与生态环境的耦合关系，得到以下结论：2002年以来山东省海洋产业结构发展势头良好，海洋生态环境水平小幅下降。山东省海洋产业结构与生态环境的耦合度呈现出逐年增大趋势，表明二者的耦合程度不断提高；同期山东省海洋产业结构发展对生态环境水平演变产生明显的"胁迫"影响，但胁迫程度逐渐减小。海域利用效率提升、海洋产业结构优化、环保投入增加及海洋保护区面积比重加大等因素对胁迫程度减小具有推动作用，其中海域利用效率提升是主要影响因素。

关键词：海洋产业结构；生态环境；耦合度；响应度；山东省

海洋产业结构的发展与生态环境变化是海洋经济发展的两个关键性问题，海洋活动对海洋生态环境的影响及作用机理已经引起世界范围的广泛关注，海洋产业生态化发展趋势也是人类社会未来的发展方向[1]。在海洋经济迅速发展背景下，海洋产业结构发展带来了一系列的生态环境质量下降的压力和挑战。入海污染物的无序排放、海洋产业结构布局不合理等，生态环境因素已经成为制约海洋经济可持续发展的主要因素，国内外学者对这一问题也给予了高度关注。Grossman 等提出了"环境库兹涅茨曲线（EKC）"理论[2]，Chow 和 Li Jie[3]采用132个国家1992—2004年的面板数据，借助 T-test 验证了经济发展与污染物排放的 EKC 曲线是存在的，Ooi 等探讨了区域可持续发展及生态环境承载力问题[4]，Taylor、Hand 等研究了区域经济发展与资源环境的相互影响关系[5,6]，袁杭松、陈来[7]通过构建不同产业类型的生态环境影响系数与产业结构生态环境影响指数，对巢湖流域产业结构演化的自然生态环境响应进行了定量评价，得出巢湖流域产业结构的生态环境影响指数呈波动性变化特征。李芳等[8]探讨了新疆产业结构变迁对生态环境的动态影响，研究得出产业结构与生态环境变化存在长期的动态均衡关系，产业结构变迁是影响总体环境质量的关键因素，同时指出产业结构的合理化和高度化是优化环境质量的重要途径。为深入揭示中国资源环境与经济发展的时空演变特征，沈小波、Vernon 及赵金国基于环境资源的约束角度探讨了经济发展与环境水平的互动关系[9-11]，指出科学技术的发展与经济发

---

① 苟露峰，女，博士，青岛理工大学商学院讲师，研究方向为海洋资源与环境管理研究。
② 高 强，男，中国海洋大学管理学院博士生导师、教授，研究方向为海洋经济管理和农业经济管理研究。

展方式的转变能有效推动资源环境与经济发展的良性互动。此外，江红莉[12]、李崇明[13]等分别从区域经济、资源环境等角度研究了产业开发对资源环境的影响，研究表明目前的经济发展和生态环境正向着协调状态发展。

总体来看，关于产业结构发展与生态环境相互关系问题研究已经取得了大量成果，并且研究空间范围涵盖国家[14]、区域[15]、城市[16]等多层次的空间尺度。但目前关于海洋产业结构发展与生态环境演化耦合、响应关系及其驱动因素的研究相对匮乏，并且从省级层面定量研究海洋产业结构发展与生态环境的演化关系近乎为零。基于此，本文以山东省为例，以海洋产业结构与生态环境耦合关系为主线，以理论规律揭示为基础，从省级层面定量分析海洋产业结构与生态环境的耦合度及变化特征，探讨海洋产业结构发展对生态环境演化的影响程度，揭示海洋产业结构发展与生态环境的耦合关系演变规律，为进一步研究中国海洋产业结构发展与生态环境演化相互作用关系提供借鉴。

一、海洋产业结构与生态环境水平演化规律

海洋产业结构发展与生态环境演化存在动态相互作用关系。海洋资源禀赋与利用以及生态环境本底是海洋产业发展的基础支撑，而海洋产业的发展是海洋生态环境演化的重要推动力，两者之间的互动演化作用构成了一个典型的开放系统。在开放系统中，海洋产业结构的发展与生态环境水平变化是系统演化的最重要特征之一。

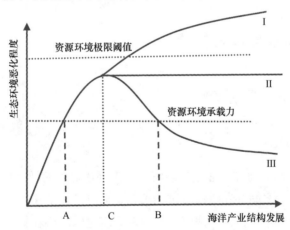

图 1　海洋产业结构发展与生态环境互动演化规律曲线

如图 1 所示，在海洋产业结构发展初期，海洋资源开发强度低，对海洋资源和生态环境影响较小，此时海洋产业结构发展与生态环境演化相互作用程度较弱；随着海洋资源开发强度的提高，大规模的海域资源利用推动了海洋经济发展，也打破了原有的生态环境系统平衡，海洋产业结构发展对生态环境演化的胁迫程度明显增强，生态环境污染恶化程度及生态压力不断增大。当海洋产业结构发展速度大于生态环境系统恢复速度时，将造成海洋生态环境承载力相对下降甚至超过生态环境承载能力（A 点）。当达到生态环境承载极限阈值时，生态环境系统将对海洋产业结构发展产生巨大的负响应效应。当海洋产业结构

发展对生态环境演化的胁迫影响以及海洋环境水平的恶化程度达到拐点 C 时，两者的演化互动作用将出现 3 种可能的情景：① 在不采取任何应对措施的情况下，随着海洋产业结构的发展，导致海洋生态环境系统进一步恶化，并越过极限承载阈值（曲线Ⅰ），海洋产业结构与生态环境演化将走向无序发展、不可持续的道路；② 通过采取一定的应对措施，使由于海洋产业结构发展导致的生态环境恶化程度保持相对稳定状态（曲线Ⅱ），但始终处于较高水平，海洋生态环境系统仍承受较大压力；③ 为实现海洋经济的可持续发展，采取强有力的应对措施海洋产业结构发展模式转变以及生态环境利用方式优化，使海洋产业结构发展对生态环境水平演化的胁迫程度逐渐减弱，海洋生态环境的恶化程度不断下降到海域承载范围之内（B 点），形成类似于环境库兹涅茨倒"U"形曲线的演化轨迹——曲线Ⅲ。

总体来看，海洋产业结构与生态环境演变相互作用系统中，人类活动处于主导地位。如果人类不合理利用海洋生态环境，且不采取积极措施应对生态环境水平下降，将会给海洋生态环境系统造成不可逆的破坏，海洋经济发展将变得不可持续。如果人类合理利用与改造海洋生态环境，且采取积极应对措施减弱对生态环境的胁迫影响，将促进海洋产业结构发展与生态环境相互作用协调演进。从长远来看，海洋产业结构发展与生态环境演化的相互影响和制约将长期存在，而定量评估区域海洋产业结构发展与生态环境的耦合关系，并揭示其影响因素对于指导中国海洋产业结构发展与生态环境建设实践具有重要借鉴价值。

二、评价指标体系与模型构建

（一）指标体系建立与数据来源

1）指标体系构建

（1）指标选取方法。海洋产业结构与海洋生态环境之间的耦合作用相对复杂，不仅海洋产业结构与生态环境之间存在错综复杂的关系，而且产业结构内部和生态环境内部同样存在复杂的关系，采用单一指标无法真实反映两系统之间的内在耦合机理。借鉴以往产业结构与生态环境耦合研究成果[13,17,18]的基础上，本文采用频度分析法、理论分析法及专家意见咨询等方法甄选各个评价指标，初步拟定一般评价指标体系。借助 SPSS21.0 统计分析软件对指标进行相关分析和主成分分析，最终得到相对独立的指标评价体系。

（2）指标体系基本框架。从目标层、系统层、指标层 3 个层次构建耦合评价指标体系，海洋生态环境效益评价体系应当能够反映研究区域生态环境系统的内在结构，遵循可操作性、可比性和区域特殊性等原则，以海洋生态环境质量的综合评价为目标选取 12 个指标。海洋产业结构的效益评价，就是在一定的评价期限内实现海洋资源的最优配置，通过文献比对分析，遵循阶段性、整体性和生态经济平衡发展原则，从中选取反映海洋产业结构效益的 12 项指标，最终构建具有递阶层次结构的指标体系（表 1）。

表1 海洋生态环境系统与海洋产业系统耦合评价指标体系

目标	系统	指标定义及方向	指标解析
海洋产业结构系统与海洋生态环境系统耦合	海洋生态环境系统	C1 生物多样性（+）	海洋生态监测区底栖生物多样性均值
		C2 严重污染海域面积（-）	中度污染以上海域占污染海域比重
		C3 人均海水产品产量（+）	海水产品产量与地区总人口之比
		C4 年均赤潮发生次数（-）	相应海域赤潮发生次数
		C5 海域养殖面积（+）	海水养殖面积占海水可养殖面积比重
		C6 单位面积工业废水排放量（-）	单位土地面积排放工业废水量
		C7 单位面积工业废水排放达标量（+）	单位土地面积排放达标工业废水量
		C8 单位面积工业固体废物产生量（-）	单位土地面积产生工业固体废弃物
		C9 单位面积工业固体废弃物综合利用量（+）	单位土地面积工业固体废弃物利用量
		C10 海洋自然保护区面积比重（+）	海洋自然保护区面积占国土面积比重
		C11 环保投入占 GDP 的比重（+）	环境污染治理投资占地区 GDP 的比重
		C12 近岸海洋生态系统健康状况（+）	生态监控区近岸海洋生态系统健康状况
	海洋产业结构系统	C13 人均海洋生产总值（+）	海洋生产总值与地区总人口之比
		C14 海洋生产总值占 GDP 的比重（+）	海洋生产总值与地区 GDP 之比
		C15 海域利用效率（+）	单位确权海域面积内海洋生产总值
		C16 人均固定资产投资增长率（+）	固定资产投资总额与地区总人口之比
		C17 海洋第三产业占海洋 GDP 的比重（*）	海洋第三产业占海洋 GDP 比重
		C18 海洋产业多元化程度（+）	海洋产业结构熵值
		C19 海洋第一产业占海洋 GDP 的比重（*）	海洋第一产业占海洋 GDP 比重
		C20 滨海旅游产业外汇收入（+）	涉海旅游服务业的生产总值
		C21 涉海就业人员比重（+）	涉海就业人员占社会总就业人数比重
		C22 海洋科研机构从业人员数增长率（+）	海洋科技人员占涉海就业人员比重
		C23 海洋科研课题数增长率（+）	海洋科研机构平均承担科研课题数量
		C24 海洋科研机构密度（+）	单位面积内海洋科研机构数量

注：（+）表示效益型指标；（-）表示成本型指标；（*）表示适中型指标。

2）数据来源及预处理

山东省地处中国东部沿海、黄河下游，境域包括半岛和内陆两部分，总面积 15.71 万平方千米，山东半岛三面环海，全长 3 121 千米，占全国大陆海岸线的 1/6，全省近海海域 17 万平方千米，占渤海和黄海总面积的 37%。近年来，山东省海洋经济年均提高 25%，远超经济增长速度，海洋经济占地区生产总值的比例也逐年提高，由 2001 年的 9.14% 上升到 2011 年的 17.70%，海洋经济的发展日益成为山东省经济发展新的增长点。本文根据预期的研究目的和设计的指标体系，选择较为典型的山东省海洋产业结构与生态环境演化较快、互动关系明显的 2002—2012 年作为数据分析时间尺度。各指标基础数据来源于《山东统计年鉴》、《中国统计年鉴》、《中国海洋统计年鉴》、《中国环境统计年鉴》、《中国海洋环境质量公报》、国家海洋局网站、中国科技部网站、国家统计局网站、山东统计信息网，部分较难获得的数据由笔者根据资料整理而得。

（二）指标数据标准化与权重确定

1）数据标准化

由于海洋产业结构与生态环境两个系统内指标量纲及指向不同，并且选择指标的含义及其属性情况均存在差异，因此需要先对样本进行归一化处理，以消去单位及数量级对评级结果的影响。

对于正向指标（即效益型指标），公式为：

$$y_{ij} = (x_{ij} - \min x_j)/(\max x_j - \min x_j) \tag{1}$$

对于逆向指标（即成本型指标），公式为：

$$y_{ij} = (\max x_j - x_{ij})/(\max x_j - \min x_j) \tag{2}$$

式中，y_{ij} 为指标的标准化数值；x_{ij} 为指标的原始数值；$x_{\max}$、$x_{\min}$ 为评价区内指标的最大、最小值。以年份数据作为样本，总样本数为 11，指标数为 24。因此，$i = 1，2，\cdots，24；j = 1，2，\cdots，11$。

2）求相关系数矩阵、特征值、方差贡献率及因子提取

为了消除变量之间的相关影响，减少指标选取的工作量，本文利用 SPSS21.0 统计分析软件，应用主成分分析方法对标准化后的数据进行分析，获得相关系数矩阵及初始因子载荷矩阵，求出主成分载荷和主成分个数，累计贡献率大于 85% 的前 n 个成分已基本反映了原变量的主要信息，因此选取前 n 个指标作为主成分。主成分方程为：

$$S_i = \partial_i X = \partial_{i1} X_1 + \partial_{i2} X_2 + \cdots + \partial_{im} X_m \qquad i = 1，2，3，\cdots，m \tag{3}$$

$$S = \lambda_1 S_1 + \lambda_2 S_2 + \cdots + \lambda_i S_i \tag{4}$$

式中，S 为综合得分；S_i 为第 i 主成分得分；λ_i 为第 i 主成分权重，即各主成分因素的贡献率；∂_i 为第 i 主成分的载荷值矩阵；$\partial_{i1}，\partial_{i2}，\cdots，\partial_{im}$ 为第 i 个主成分的载荷值；$X_1，X_2，\cdots，X_m$ 为标准化后的指标值。

3）评价指标的组合赋权

（1）熵值法求权重

熵值法是一种较为客观的权重获取方法，能够克服人为确定权重的主观性及多指标变量间信息的重叠。某项指标的熵值越大，其信息的效用值越小，则该指标的权重越小；某项指标的熵值越小，其信息的效用值越大，则该指标的权重越大。设 w^* 为第 i 个评价指标的熵权，计算各指标的熵权：

$$q_{ij} = x_{ij} / \sum_{i=1}^{n} x_{ij} \tag{5}$$

$$E_j = -\frac{1}{\ln n} \sum_{i=1}^{n} q_{ij} \ln(q_{ij}) \tag{6}$$

$$w^* = \frac{1 - E_j}{n - \sum_{i=1}^{n} E_j} \tag{7}$$

式中，x_{ij} 为指标的原始数；q_{ij} 为第 i 个评价指标的特征比重；E_j 为第 i 个评价指标的熵值，且 $E_j \geq 0$。

（2）变异系数法求权重

设 μ^* 为第 i 个评价指标由变异系数法求得的权重，计算各指标的变异系数：

$$\mu^* = \frac{\sqrt{\sum_{j=1}^{m} (x_{ij} - \overline{x^*})^2 / m}}{\overline{x^*}} \Bigg/ \sum_{i=1}^{n} \frac{\sqrt{\sum_{j=1}^{m} (x_{ij} - \overline{x^*})^2 / m}}{\overline{x^*}} \tag{8}$$

式中，$\overline{x^*}$ 为第 i 个指标所有被评价年指标的均值；n 为评价指标个数；m 为被评价年的年数。

（3）组合权重的确定

设 γ_k^* 为两种赋权方法组合后第 k 个指标的综合权重，将 γ_k^* 表示为 w_k^* 和 μ_k^* 的线性组合（ $k = 1, 2, 3, \cdots, n$ ），即：

$$\gamma_k^* = \alpha w_k^* + (1 - \alpha)\mu_k^* \tag{9}$$

式中，α 为 w_k^* 占组合权重的比例；$1 - \alpha$ 为 μ_k^* 占组合权重的比例。

以组合权重与两赋权方法权重偏差的平方和最小为目标建立目标函数，即：

$$\mathrm{min}z = \sum_{i}^{n} \left[(\gamma_k^* - w_k^*)^2 + (\gamma_k^* - \mu_k^*)^2 \right] \tag{10}$$

将式（9）代入式（10）得：

$$\mathrm{min}z = \sum_{i}^{n} \left[(\alpha w_k^* + (1 - \alpha)\mu_k^* - w_k^*)^2 + (\alpha w_k^* + (1 - \alpha)\mu_k^* - \mu_k^*)^2 \right] \tag{11}$$

对式（11）关于 α 求导并令一阶倒数为零，解方程得 $\alpha = 0.5$，因而解得组合后的综合权重 $\gamma_k^* = 0.5w_k^* + 0.5\mu_k^*$。组合赋权的权重获取方法能客观有效反映真实情况并对未来进行推测，避免人为主观赋权对重要性程度评价的偏差和知识认知的局限。

（三）模型构建

1）海洋产业结构与生态环境的耦合度模型

耦合度是描述系统或要素相互影响程度的度量指标[18]。本文提出的海洋产业结构与生态环境的耦合度主要是测度海洋产业结构与生态环境的耦合程度。由于耦合度 C 在反映海洋产业结构与海洋生态环境之间协调发展程度时，不能全面地衡量两系统协调程度的发展质量水平，即对于同一协调程度，不能准确反映出两系统是处于高水平协调还是处于低水平协调。因此，为定量测度海洋产业结构与生态环境的耦合程度，我们在构建"海洋产业结构与生态环境耦合度"模型的同时，引入耦合协调度函数 R，其计算公式为[19,20]：

$$R = \sqrt{C \cdot P} \tag{12}$$

$$C = \frac{2\sqrt{Ind(x) \cdot Env(y)}}{Ind(x) + Env(y)} \tag{13}$$

$$P = \alpha Ind(x) + \beta Env(y) \qquad (14)$$

式中，R 为海洋产业结构与生态环境的耦合协调度；C 为海洋产业结构与生态环境的耦合度；P 为海洋产业结构与生态环境的综合评价指数；$Ind(x)$ 为海洋产业结构综合评价指数，并且 $Ind(x) = \sum_{i=1}^{m} \lambda_i x_i (i = 1, 2, 3\cdots, m)$，其中，$\lambda_i$ 为 i 指标权重值，x_i 为 i 指标的标准化值。$Env(y)$ 为生态环境评价指数，并且 $Env(y) = \sum_{j=1}^{n} \gamma_j y_j (j = 1, 2, 3\cdots, n)$，其中，$\gamma_j$ 为 j 指标权重值，y_j 为 j 指标的标准化值；α、β 为待定参数，设定 $\alpha + \beta = 1$。结合海洋产业结构与生态环境的相互关系及其在耦合系统中的作用，设定 $\alpha = \beta = 0.5$。分析可得，在实际中 $C \in (0, 1]$，$R \in (0, 1)$，且 R 越大，说明海洋产业结构与生态环境耦合程度越大，反之则越小。据此，借鉴前者的研究成果[20-22]，结合海洋产业结构与生态环境相互关系的特殊性，设定耦合度等级及其划分标准见表2。

表2　海洋产业结构发展与生态环境的耦合度划分

协调等级	严重失调	中度失调	轻度失调	初级协调	中级协调	良好协调	优质协调
耦合度（R）	≤0.05	0.050~0.150	0.150~0.175	0.175~0.185	0.185~0.195	0.195~0.215	≥0.215

2）海洋产业结构发展的生态环境响应度模型

在耦合度分析的基础上，进一步研究海洋产业结构发展的生态环境响应度，定量测度海洋产业结构发展对生态环境演变的影响特征及影响程度。本文提出的海洋产业结构发展的生态环境响应度模型由两部分组成，即响应指数模型与响应度模型。响应指数模型主要是测度并刻画海洋产业结构发展对生态环境的影响变化趋势及特征；响应度模型则主要反映和比较不同时期海洋产业结构发展对生态环境的影响程度。借鉴已有的研究成果[23,24]，定义响应指数测度模型为：

$$I = \frac{dEnv(y)}{dInd(x)} \cdot \frac{Ind(x)}{Env(y)} \qquad (15)$$

式中，I 为海洋产业结构发展的生态环境响应指数；$\dfrac{dEnv(y)}{dInd(x)}$ 为生态环境水平对海洋产业结构发展的导数；$Ind(x)$、$Env(y)$ 分别为海洋产业结构评价指数与生态环境评价指数。

在式（15）的基础上进一步定义海洋产业结构发展的生态环境响应度 V，且 V 与 I 的关系为：

$$V = | I | \qquad (16)$$

通过构建响应指数模型进而测度海洋产业结构发展的生态环境响应的演变趋势及表现特征，当 $I > 0$ 时，表示生态环境对于海洋产业结构发展具有正响应的态势，海洋产业结构发展促使生态环境水平上升，海洋生态环境压力紧张；反之，当 $I < 0$ 时，表示生态环境对于海洋产业结构发展具有负响应的态势，海洋产业结构发展会导致生态环境压力的下降，海洋生态环境压力状况缓解；当 $I = 0$ 时为临界状态，理论上表示海洋产业结构发展对

生态环境压力水平无影响。理论上，V 值越大，海洋产业结构发展对生态环境变化的影响程度越大，反之，则越小。

三、山东省海洋产业结构与生态环境的耦合度

（一）海洋产业结构指数与生态环境指数测度

运用上述公式进行计算，如图 2 所示，2002—2012 年山东省海洋产业结构指数呈不断上升趋势，测算数值由 2002 年的 0.142 3 上升到 2012 年的 0.277 4，其中，2006 年和 2012 年的海洋产业结构发展增幅较为明显，表明山东省海洋产业结构得以不断优化，海洋产业化发展势头良好。海洋生态环境评价指数则呈小幅下降趋势，测算数值由 2002 年的 0.237 4 下降到 2012 年的 0.201 4，表明海洋生态环境逐年恶化，发展态势不容乐观。值得注意的是，2011 年以前海洋产业结构评价指数一直低于海洋生态环境评价指数，2011 年海洋产业结构评价指数为 0.206 9，首次超过海洋生态环境评价指数 0.204 8，2011 年以后海洋产业结构指数迎来了更为快速的增长。总的来说，山东省的海洋产业化的发展情况良好，但是忽视了对海洋生态环境的治理，生态环境资源亟须改善。

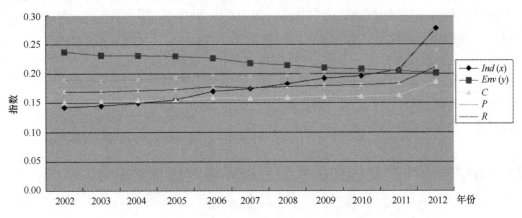

图 2　山东省海洋产业结构与生态环境及耦合度变化

表 3　山东省海洋产业结构与生态环境的耦合度评价

年份	Ind（x）	Env（y）	C	P	R	耦合发展类型
2002	0.1423	0.2374	0.1518	0.18985	0.1498	中度失调衰退海洋产业滞后型
2003	0.1453	0.2312	0.1528	0.18825	0.1696	轻度失调发展海洋产业滞后型
2004	0.1498	0.2309	0.1541	0.19035	0.1713	轻度失调发展海洋产业滞后型
2005	0.1556	0.2299	0.1556	0.19275	0.1732	轻度失调发展海洋产业滞后型
2006	0.1703	0.2266	0.1591	0.19845	0.1731	轻度失调发展海洋产业同步型
2007	0.1748	0.2181	0.1579	0.19645	0.1777	初级协调发展同步型

续表

年份	Ind（x）	Env（y）	C	P	R	耦合发展类型
2008	0.1826	0.2147	0.1592	0.19865	0.1778	初级协调发展同步型
2009	0.1921	0.2101	0.1607	0.2011	0.1798	初级协调发展同步型
2010	0.1965	0.2079	0.1613	0.2022	0.1806	初级协调发展同步型
2011	0.2069	0.2048	0.1635	0.20585	0.1875	中级协调发展同步型
2012	0.2774	0.2014	0.1867	0.2394	0.2114	良好协调发展海洋产业主导型

（三）海洋产业结构与生态环境的耦合度演变

运用公式（12）、公式（13）、公式（14）计算山东省海洋产业结构与海洋生态环境的协调水平和耦合程度，结果表明：2002年来，山东省海洋产业结构与生态环境的耦合度 $C_{山东}$ 呈波动上升趋势（由0.1518上升到0.1867），但总体协调水平较低，处于初级协调发展阶段。此外，山东省海洋产业结构与生态环境的综合评价指数 $P_{山东}$ 不断提高（由2002年的0.1899提高到2012年的0.2394），由此促使山东省海洋产业结构与生态环境的耦合协调度 $R_{山东}$ 呈逐年增大的态势（图2、表3），由2002年的0.1698上升到2012年的0.2114，表明山东省海洋产业结构与生态环境的耦合程度不断提高。

基于上述的发展态势判断，今后一段时期内，在山东省海洋产业结构不断调整的带动下，山东省海洋产业结构发展与生态环境的综合评价指数将进一步提高，同时，两者的总体协调水平将处于平稳上升运行，由此将促进山东省海洋产业结构与生态环境的耦合程度不断提升、耦合关系日趋紧密。

四、山东省海洋产业结构发展的生态环境响应指数变化

（一）海洋产业结构发展的生态环境响应度变化

基于公式（15），首先利用SPSS21.0对2002—2012年山东海洋产业结构评价指数 $Ind(x)$ 与生态环境评价指数 $Env(y)$ 进行曲线估计与拟合，得出两者的最优响应函数方程：

$$Env(y) = 0.353 - 0.919Ind(x) + 4.804Ind(x)^3 \qquad (17)$$

该响应函数为三次曲线方程，拟合优度 $R^2 = 0.964$，$F = 107.99$，通过显著性检验，说明拟合效果较好。进一步求导得：

$$\frac{dEnv(y)}{dInd(x)} = -0.919 + 14.412Ind(x)^2 \qquad (18)$$

将式（17）、公式（18）代入公式（15）、公式（16），在此基础上计算2002—2012年山东省海洋产业发展的生态环境响应指数 $I_{山东}$ 及响应度 $V_{山东}$。由图3可以看出，2002—

2012 年 $Env(y)$ 对 $Ind(x)$ 始终表现出 "负响应" 特征，但 $I_{山东}$ 不断增大，由 -0.378 增长到 -0.263，说明这一时期山东省海洋产业发展对生态环境演变产生了 "胁迫" 影响，引致海洋生态环境水平总体下降，但下降幅度不大。并且，$V_{山东}$ 由 0.378 下降到 0.263，表明这一时期山东省海洋产业发展对生态环境的胁迫影响程度波动减小。

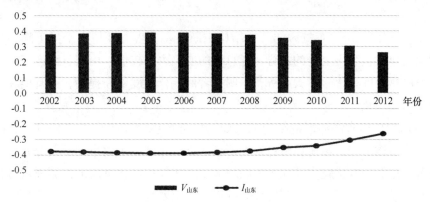

图 3　山东省海洋产业结构发展的生态环境响应度变化

总体来看，2002—2012 年山东省海洋产业结构的发展对生态环境变化的影响有一定的对应性和连续性。随着山东省海洋开发战略的不断推进，其对海洋生态环境产生明显的胁迫影响，但胁迫程度呈现不断下降的趋势。但不能就此断定未来山东省海洋产业发展对海洋生态环境的胁迫影响日趋弱化且两者将实现良性协调发展。原因在于山东省海洋产业发展与生态环境变化的相互关系复杂、影响因素多元化，加之诸多资源环境新问题和矛盾的约束，两者之间胁迫、促进与约束关系仍然存在波动变化的可能。因此，对于未来山东省海洋产业发展与生态环境变化的走势有待于进一步观察。

（二）海洋产业结构发展的生态环境水平响应度演变的影响因素

山东省海洋产业结构发展的生态环境响应指数 $I_{山东}$ 是关于海洋产业结构评价指数 $Ind(x)$ 与生态环境评价指数 $Env(y)$ 的函数关系式，即 $I_{山东} = f[Ind(x)，Env(y)]$，随着 $Ind(x)$ 和 $Env(y)$ 的变化，$I_{山东}$ 也会随之变化。从山东省海洋产业结构发展的生态环境响应变化来看，$I_{山东}$ 呈逐渐变大的态势。为了寻找这种变化的影响因素，首先明确山东省海洋产业结构及生态环境的内部要素变化与响应指数 $I_{山东}$ 变化的关系，并进行海洋产业结构发展的生态环境响应指数 $I_{山东}$ 变化与各自内部变量因素相关性判断二者相互作用的关系。

利用 SPSS21.0 软件分析得出，$I_{山东}$ 与 $Ind(x)$ 和 $Env(y)$ 均有强相关性，相关系数分别为 0.978 和 0.923，证明 $Ind(x)$ 和 $Env(y)$ 对于响应指数具有极高的解释力。对于具体因素展开进一步的分析得知，$I_{山东}$ 与 C_{10}、C_{11} 和 C_{15} 的相关性最高，相关系数分别为 0.913、0.956、0.986，证明海域利用效率的提升是山东省海洋产业结构发展对生态环境演变胁迫程度减小的主要影响因素，同时，环保投入的增加及海洋保护区面积比重加大也对 $I_{山东}$ 增大有一定的推动作用。由此可见，未来山东省海洋产业结构发展应进一步强化海域使用效率的提升，在此基础上，加快海洋产业结构调整、加大环保投入力度、加快推进生态环境利用技术进步，促进山东省海洋资源开发与生态环境演化互动关系不断改善，实现海洋经济的可持续发展。

五、结论与讨论

（1）2002 年以来，山东省海洋产业结构不断改善，生态环境水平呈下降趋势，二者的协调度呈现出小幅缓慢上升的态势，但总体的协调水平较低。山东省海洋产业结构发展与生态环境的耦合度呈逐年增大趋势，表明二者的耦合程度不断提高，并有望在今后一段时期内继续得到强化。

（2）同时期山东省海洋产业结构的发展对生态环境演变产生了"胁迫"影响，引致生态环境水平总体下降，但总体胁迫程度逐渐减小。海域利用效率的不断提升、资源环境政策的完善、产业结构优化、环保投入的增加及海洋保护区比重的加大等因素对胁迫程度的减小具有推动作用，其中海域利用效率的提升是主要因素。

（3）由于山东省海洋产业结构发展与生态环境变化相互作用关系的复杂性，本文仅从耦合与响应角度进行了初步探讨，受资料、数据等限制，构建的指标体系及选择的方法还有待于进一步完善，后期将从其他视角及不同空间尺度深入研究，以期更全面系统地揭示海洋产业结构与生态环境演化相互作用规律。

参考文献

［1］　Hiroyuki Nakahara. Economic contribution of the marine sector to the Japanese Economy ［J］. Tropical Coasts, 2009, 07: 49-53.

［2］　Grossman G, Krueger A. Economic growth and the environment ［J］. Quarterly Journal of Economics, 1995, 110 (2): 353-377.

［3］　Chow G C, Li Jie. Environmental Kuznets Curve: Conclusive econometric evidence for CO2 ［J］. Pacific Economic Review, 2014, 19 (1): 1-7.

［4］　Ooi G L. Challenges of sustainability for Asian urbanization ［J］. Current Opinion in Environmental Sustainability, 2009, 1 (2): 187-191.

［5］　Taylor C A, Stefan H G. Shallow groundwater temperature response to climate change and urbanizing ［J］. Journal of Hydrology, 2009, 375 (3/4): 601-612.

［6］　Hand L M, Shepherd J M. An investigation of warm-season spatial rainfall variability in Oklahoma City: Possible linkages to urbanizing and prevailing wind ［J］. Journal of Applied Meteorology and Climatology, 2009, 48 (2): 251-269.

［7］　袁杭松，陈来. 巢湖流域产业结构演化及其生态环境效应 ［J］. 中国人口·资源与环境，2010，S1: 349-352.

［8］　李芳，张杰，张风丽. 新疆产业结构调整的资源环境效应与响应的实证分析 ［J］. 软科学，2013，11: 111-116.

［9］　沈小波. 资源环境约束下的经济增长与政策选择：基于新古典增长模型的理论分析 ［J］. 中国经济问题，2010，（5）: 10-17.

［10］　Vernon H. The urbanization process and economic growth: The so-what question ［J］. Journal of Economic Growth, 2003, 8 (1): 47-71.

[11]　赵兴国, 潘玉君, 赵波, 等. 区域资源环境与经济发展关系的时空分析 [J]. 地理科学进展, 2011, 30 (6): 706-714.

[12]　江红莉, 何建敏. 区域经济与生态环境系统动态耦合协调发展研究——基于江苏省的数据 [J]. 软科学, 2010, 3: 63-68.

[13]　李崇明, 丁烈云. 小城镇资源环境与社会经济协调发展评价模型及应用研究 [J]. 系统工程理论与实践, 2004, 11: 134-139.

[14]　郑季良. 论产业集聚生态效应及其培育 [J]. 科技进步与对策, 2008, 4: 51-54.

[15]　王晶, 孔凡斌. 区域产业生态化效率评价研究——以鄱阳湖生态经济区为例 [J]. 经济地理, 2012, 12: 101-107.

[16]　郑辛酉, 贾铁飞, 倪少春. 基于土地利用变化的区域城市化生态效应分析——以上海城市边缘区轴向城市化样带为例 [J]. 资源科学, 2006, 6: 146-153.

[17]　乔标, 方创琳. 城市化与生态环境协调发展的动态耦合模型及其在干旱区的应用 [J]. 生态学报, 2005, 11: 211-217.

[18]　马丽, 金凤君, 刘毅. 中国经济与环境污染耦合度格局及工业结构解析 [J]. 地理学报, 2012, 10: 1299-1307.

[19]　乔标, 方创琳. 城市化与生态环境协调发展的动态耦合模型及其在干旱区的应用 [J]. 生态学报, 2005, 11: 211-217.

[20]　张晓东, 池天河. 90 年代中国省级区域经济与环境协调度分析 [J]. 地理研究, 2001, 4: 506-515.

[21]　张晓东, 朱德海. 中国区域经济与环境协调度预测分析 [J]. 资源科学, 2003, 2: 1-6.

[22]　毕军, 章申, 唐以剑, 等. 可持续发展的判别模式及其应用 [J]. 中国环境科学, 1998, S1: 31-37.

[23]　宋建波, 武春友. 城市化与生态环境协调发展评价研究 [J]. 中国软科学, 2010, (2): 78-87.

[24]　刘耀彬, 陈斐, 周杰文. 城市化进程中的生态环境响应度模型及其应用 [J]. 干旱区地理, 2008, 31 (1): 122-128.

论文来源: 本文为中国海洋发展研究会 2017 年学术年会暨第四届中国海洋发展论坛投稿。

第三篇　海洋法律

国外海洋环境污染犯罪刑事立法与司法存在的问题及应对

赵　星① 　王芝静②

摘要：在经济快速发展的当下，海洋环境遭到了严重的污染和破坏，并造成了巨大的经济损失和生态损失，而各国国内刑事立法及当前有关国际公约并不能有效改善这一局面。为了更好地应对流动性、全球性的海洋污染，切实有效保护海洋环境，完善各国国内环境刑事立法，增设海洋污染罪，并制定专门针对海洋环境污染的专业性国际公约，加强国际合作，是当前各国均需努力的方向。

关键词：海洋环境污染；海洋污染罪；国际合作

一、海洋环境重要性及其污染概况

海洋作为人类生命的发源地，是人类社会生存和发展所必不可少的物质保障，其对于人类进化至今乃至此后无数后代的继续生存发展所产生的巨大作用不言而喻。海洋的存在对人类至少具有三大优处：第一，海洋是人类的自然资源宝库和矿藏资源宝库。其每年的自然资源生产量是陆地自然资源产量的两倍，更是人们饮食生活的重要构成品，如海洋每年能出产 30 亿吨鱼贝类，而人类每年捕获的水产品总量也有 1 亿吨；除了在自然资源方面养活人类，海洋还会提供大量矿藏资源以及潮汐、海底瀑布等动力资源来推动人类各种产业、工业的发展。第二，占有地球表面十分之七面积的海洋是地球上最大的生态系统。现代科学监测和相关研究早已表明海洋是地球气温的调节器，海洋温度的变更将直接影响地球气象，海洋水循环的迟滞也将直接导致地球气候的恶劣。第三，海洋是人类交往沟通的交通要道。世界 100 多个临海国家乃至其他非临海国家，均需依靠海上交通进行密切交往，甚至很多国家的进出口贸易完全通过海上通道来实现。可想而知，若有一天与人类的生存和发展休戚相关的海洋消失了，人类也将很快走向灭亡。

工农业的迅猛发展以及人类生活水平的极大提高向人类证实了海洋作为资源能源宝库的巨大能量，但海洋环境污染行为日益频发、海洋环境污染日益严重的事实却也在不断向人类示警。近 200 年来，尤其近几十年来，随着工农业和城市发展的不断加快，人类活动和工业活动产生的垃圾、有毒有害物质也越来越多，"聪明"和"干净"的人类将大量有

---

① 赵　星（1970—），男，中国海洋大学法政学院教授，刑法教研室主任，主要从事刑事法学研究。
② 王芝静（1989—），女，山东省商河市人民法院法官，刑法学硕士，主攻刑法学。

毒有害物质不断排入海洋，海洋成为人类排弃废物的最大和最后"垃圾箱"，而这种排污行为远远超出了海洋的自我净化能力，从而导致了海洋污染问题日益严重。

据统计，每年因为油轮事故、船舶排放、海底油田开发、沿海企业排放入海的石油就有 600 多万吨。而油污会给海洋生态造成严重的破坏，1 升石油在海中完全氧化，需要消耗 40 万升海水中的溶解氧，大量的石油入海，必将导致海水严重缺氧，造成海洋生物大批量死亡，另外，石油的毒性化合物被鱼类吸收后也会引起死亡，人类捕食后还会引起某种疾病、甚至死亡的结果。同时海洋石油污染还会通过油膜覆盖使海洋水温升高，影响附近内陆地区甚至全球的气象。除石油污染外、放射性污染、重金属污染、有机物污染等也是海洋污染的重要成员。[1]

目前全球海洋生态环境污染已相当严重。作为污染重要来源的陆源污染物不仅导致近海海域海水质量严重下降，还在全球范围内形成了至少 400 个整片海域没有生物存活的"死亡区"，所占面积超过 24 万平方千米。典型海洋生态系统破坏也极为惨重，《2008 年世界珊瑚礁现状报告》中就指出世界范围内 54% 的珊瑚礁已处于危机状态，其中 15% 将在未来 20 年内消失，另外 20% 也将在 40 年内消失。而红树林面积从 1980—2005 年间就消失了 360 万公顷，而海草自 1980 年以来每年也会有 110 平方千米消失面积。

船舶行驶于海洋的排油排污，陆地居民、企业向海洋排弃生活垃圾、工业垃圾，海上工程、海底开发工程造成的废弃物、污染物均会对海洋造成一定的伤害，一旦这些垃圾甚至有毒有害物质超出海洋的自我净化能力，就会被沉积于海洋。轻者会造成海洋水质的浑浊，影响其观赏价值；重者各类有毒有害物质会破坏海洋水质，使其不再适应于海洋生物的存活，造成海洋动植物的大量死亡；更有甚者，某些有毒有害物质会被海洋中的动植物吸食，各类有毒有害物质经过海洋生态系统中生物链的一级级累加，最终通过人类对海洋生物的捕食而造成人类本身的健康损害甚至生命的丧失。如果说仅仅丧失观赏价值，无法致使人类动情于海洋污染的治理，而海洋动植物的死亡也难以造成自私人类的后怕，那么，人类自身健康甚至生命的损失却攻击的人类无处藏身，只能开始想各种办法对海洋污染加以整治和预防。

海洋环境污染具有技术机理复杂性、污染物质流动性、危害范围广泛性、污染难以逆转性等特点。海洋是一个庞大的生命体系统，其间富含的自然资源、生物资源、能源资源之多难以想象，有毒有害物质甚至普通废物一旦排入海洋，其与各种资源之间如何反应或者发生各种污染、何种危害后果，至今即使最先进的海洋科学技术怕也难以纠察清楚；而污染或危害一旦发生便不会安静地待在原地，而像是活了似的肆意蔓延，随着海洋的流动，污染物质会拼了命似的从浓度较高之地流窜至浓度较低之地进而污染其他海域或国家；污染一旦发生，其危及之处便不再限于海水水质本身，而是通过或已研究清楚的机理或未研究清楚的机理影响各种海洋生物的生存、健康甚至生命，破坏海洋生物多样性、海洋生态系统多样性；海洋环境污染的技术机理复杂性和流动性同时决定了污染一旦发生便难以甚至无法逆转，这在显示海洋污染严重性的同时也揭示了海洋环境污染必须予以惩治的原因。

无奈，不管是通过行政规章或命令制定各种行业及其装置的规格、从事海洋相关生产作业的方式、向海洋排放各种物质的范围、标准，并处罚违反该规定的行为人，还是通过民事损害赔偿的方式让造成污染损害的行为人付出金钱的惨痛代价，都没有抑止海洋环境污染行为的发生。因此，维护海洋环境的重担就落到了环境刑事法律及刑事制裁的肩上。

二、世界主要国家关于海洋污染的刑事立法及司法概况

（一）日本

日本由于陆地面积狭长而被海洋环围这一特殊地理环境，其自身的迅猛发展完全得益于对海洋的开发和利用。然而非可持续性开发利用海洋的日本不仅享受到了经济的迅猛腾飞，却也迎来了海洋环境的严重污染和破坏。20世纪50年代以来，整个日本近海海域受到了工业发展的严重污染，赤潮频发、鱼虾绝迹，甚至整个海洋生态环境完全失衡。当然，值得一说的是，震惊世界的水俣病也终于唤醒了迷途中的日本。此后日本颁布了很多规制海洋污染行为的法律法规，环境刑事法律体系也开始逐渐完善。虽然在诸多法律法规中多为行政性规定，但也不乏刑事性法律的适用。尤其当时全球独一无二的环境刑事单行法——《关于危害人体健康的公害犯罪制裁法》（简称《公害罪法》）问世后，更是将刑罚在海洋环境保护中的作用极大地提高。

日本涉及海洋环境保护最有效的当属《海洋污染防治法》和《公害罪法》，这两部法律以3个重要的刑事罚则构成了规制日本海洋环境污染犯罪的刑事法律基本制度。第一，处罚危险犯。不同于我国以"造成财产损失和人员伤亡"为刑罚起点，日本《公害罪法》第2条、第3条以及《海洋污染防治法》第55、第56条均将海洋污染犯罪定位为危险犯，规定只要排放有害于人体健康的物质（包括那些在人体中积蓄或通过其他作用会危害人体健康的物质），可能给公众的生命或健康造成危险时，即可进行处罚，而无需发生实害结果。第二，法人犯罪双重处罚。《公害罪法》第4条和《海洋污染防治法》第54至第62条均规定，法人的代表人、法人或自然人的代理人、使用人员及其他从业人员如果实施了与其法人或自然人的业务有关的水污染犯罪行为或违法行为时，除处罚行为人外，还应对该法人或自然人处以罚金。[2]第三，发生实害结果加重处罚。根据《公害罪法》规定，故意排放有害于人体健康的物质，对公众的生命或身体造成危险的，应处3年以下徒刑或300万日元以下罚金，若因此致人死伤则应处7年以下徒刑或500万日元以下罚金；过失排放有害于人体健康的物质对公众生命健康造成危险的，应处2年以下徒刑或监禁、或200万日元以下罚金，但若因此致人死伤则应处5年以下徒刑或监禁、或300万日元以下罚金。[3]可见，日本环境刑事法律不仅处罚结果加重犯，而且将故意和过失两种犯罪心态区别对待，处以不同程度的刑罚。

除了上述3项重要刑事罚则，日本环境刑事法特有的"因果关系推定原则"也是值得特别学习和借鉴的。《公害罪法》第5条规定："伴随工厂或企业的业务活动而排放有害于人体健康的物质，致使公众的声明或身体受到严重危害，并且认为在发生严重危害的地域内正在发生该种物质的排放所造成的对公众的生命或身体的严重危害，此时便可推定此种

危害纯系该排放者所排放的那种有害物质所致。"[4]此原则确立后在日本海洋环境污染案件中得到广泛应用，有效解决了海洋环境污染因技术复杂、因果关系难以认定的难题，为保护海洋环境作出了巨大贡献。但，日本至今都没有给予海洋的特殊性足够重视，设置海洋污染罪，这不得不说是一种损失和不足。

（二）美国

美国属于典型的判例法国家，没有统一的刑法典，但美国对于海洋的综合管理制度、海洋保护区制度和一系列环境行政法规仍显示了其保护海洋环境的决心和实力。美国颁布的有关海洋保护的行政法规主要有：1972年《海洋保护、研究和鸟兽禁猎区法》、1972年《海洋倾废法》、1976年《船舶污水禁排条例》、1977年《清洁水法》、1980年《海洋保护、开发及责任法》、1990年《油污法》和2000年《防止船舶污染法》等。其中1977年《清洁水法》和1990年《油污法》明确规定了污染海洋环境的刑事责任。

《清洁水法》规定，进入与海岸线相连的通航水域或进入毗连区水域，违反规定排放油类或危险物质，达到可能对公共卫生、福利或环境有害的数量时，即应判处刑罚。该法对海洋环境污染犯罪行为的刑罚规定有以下几个特点：① 区别对待故意和过失，累犯加重处罚。其中故意犯应处每违法日5 000美元以上5万美元以下罚金，或3年以下监禁，或并处；过失犯罚金数额为故意犯的1/2，自由刑为故意犯的1/3；累犯则处每违法日10万美元以下罚金或6年以下监禁或并处。② 处罚结果加重犯。当故意排放危险物质的行为死亡或处于严重人身伤害的极度危险时，应处25万美元以下罚金或15年以下监禁或并处。③ 法人犯罪亦负刑责，当处100万美元以下罚金。④ 处罚污染行为之关联性为。故意在依法应当呈报或保存的申请、记录、报告、计划或其他文件中，对材料作虚假的陈述、描述或说明者，或者故意篡改、毁损或丢弃依法应当保存的任何不准确的检测装置或方法者，应处1万美元以下罚金或2年以下监禁或并处；再犯者应处每违法日2万美元以下罚金或4年以下监禁或并处。[5]

美国对故意、过失实施海洋环境污染行为以致危险或实害结果区别对待，对再犯加重处罚，对污染行为之关联行为施以刑罚的规定值得学习。但作为海洋大国、法治大国，美国至今没有独立设立海洋污染罪的事实却也令人唏嘘，这不仅显示了美国对海洋的重视仍有欠缺，同时也造成了美国在海洋环境保护道路中的迟滞。

（三）英国

英国针对环境污染行为的刑事立法起步较早，对损害人类健康的环境污染行为也有相应的制定法加以管制，但英国主要采取的是行政法制动刑事法的方式，所以有关海洋环境保护及相关刑责的规定也多散见于行政法规。在英国，防止海洋污染的法律主要有1963年《水资源法》、1964年《大陆架法》、1971年《油污染防止法》、《商船油污防止法》、《公共一般法和措施》、《核能法》、1972年《有毒废物倾倒法》、1974年《海洋倾废法》、《污染控制法》等。其中《海洋倾倒法》规定未持有倾倒许可证或未按许可证要求向英国及英国以外海域倾倒物质或物品，可被判处① 即刻定罪：400英镑以下罚款，或6个月以下监禁，或并处；②起诉定罪：5年以下监禁，或罚款，或并处。《水资源法》也规定对污染水资源的行为需承担刑事责任。《污染控制法》规定，任何人将有毒有害物质引入水体引起水污染的，将可能面临2年以下监禁或罚金或并处的刑事处罚。

英国虽然在很多行政法规中设计了对海洋环境污染行为的刑事处罚，但同样没有切实考虑和重视海洋自身的特点单独设立海洋污染罪，对于海洋污染行为的规定也比较零散，难以真正起到海洋污染防治的立法初衷。此外，环境行政法制动刑事法的特点赋予了行政机关绝对优势地位，如英国环境保护行政机关虽然享有独立的起诉权，但同时也具有很大的自决权和与其他有关部门的合作权，环境保护行政机关只有在极个别情况下才会将海洋环境污染行为诉诸刑法。这种现状最大的优势在于行政机关往往可以最快掌握海洋污染及行为人的基本情况，处理和应对起来比较便捷，但不得不承认的是，海洋环境污染有时也可能是由于行政机关的不作为或过失行为导致，此时环境保护行政机关难免会疏于处理，这不得不说是海洋环境保护中的一大漏洞。

（四）俄罗斯

俄罗斯可以说是目前世界上对海洋环境污染犯罪刑事立法最为先进的国家，其将生态环境独立于人类生存所依赖的资源这一属性，而将生态环境自身的价值作为刑法所保护的法益，在刑法典中专门设置"生态犯罪"一章。更将海洋与其他水资源分离开来，充分考虑海洋的特殊性，设立独立的海洋污染罪，将造成海洋污染作为刑事处罚的起点，更在这一罪名中涵盖了几乎最全面的可能造成海洋环境污染的行为方式，也设置了较为先进和有效的资格刑，这一先进理念和立法规定值得世界各国学习和借鉴。

污染海洋罪被规定在《俄罗斯联邦刑法典》第26章"生态犯罪"第252条，具体规定为："一、从陆地上的污染源污染海洋环境或者由于违反填埋规定而污染海洋环境，或者从运输工具或者海上构筑物向海洋倾倒、弃置危害人的健康和海洋动物资源或者妨碍合法利用海洋环境的物质和材料而污染海洋环境的，处数额为最低劳动报酬200倍至500倍或者被判刑人1个月至5个月的工资或者其他收入的罚金，或者处5年以下剥夺担任一定职务或者从事某种活动的权利，或者处2年以下的劳动改造，或者处4个月以下的拘役。二、从事本条第一款规定的行为，对人的健康、动物或者植物、鱼类资源、周围环境、修养地带或者受法律保护的其他利益造成损害的，处3年以下的剥夺自由，并处数额为最低劳动报酬50倍至100倍或者被判刑人1个月以下的工资或者其他收入的罚金。三、本条第一款和第二款规定的行为，过失致人死亡的，处2年以上5年以下的剥夺自由。"

（五）德国

在德国，保护"人类环境"和"生态环境"双重法益是环境刑法所采取的立场，既避免了仅强调"人类环境"对生态造成恶性忽视和破坏的结局，也排除了过分强调"生态环境"导致经济不利的弊端。其将环境污染作为一般情节，将造成人体损害作为具体环境犯罪所侵害的间接法益定位为从重处罚的情节。

在德国刑法中，海洋与地表水、地下水同属于《德国刑法典》第324条"水污染罪"

所保护的对象，德国刑法典规定的水污染行为是"未经准许对水造成污染或者其他对水的性质造成不利的改变"。该法条表明德国将"水"直接作为犯罪行为可以侵害的对象加以保护，足见德国已将水资源的独立生态价值和利益作为刑法所保护的法益。而且该罪不以造成人员伤亡或财产损失为构罪要件，甚至不要求发生足以造成人员伤亡或财产损失的危险，而只要造成水污染或其他不利改变即可，充分体现了其法益保护已大大提前，唯一不足之处是没有将海洋同其他水体分离开来进行规定。

水污染罪可以由直接污染行为构成，也可以由间接污染行为构成；可以是作为的形式，也可以是不作为的形式，但负有保护保护水体的主体若仅违背了小心谨慎的义务，尚未导致水污染事故发生的，或尚不能充分证明水污染发生的，通常只需要根据德国水保持法承担违反秩序的责任而不认为是犯罪。值得一提的是，水污染罪所要求的不作为行为仅限于防治污染进一步扩大的义务，若行为人仅仅是在污染造成后没有清除污染则不会因此承担额外的刑事责任。此外，德国的水污染罪只有在未经准许的情况下才能构成，而在有权机关许可的情况下和许可范围内，对水造成污染的行为就不构成犯罪，当然也不需要承担刑事责任。[6]

除了以上国家，新加坡、澳大利亚、爱尔兰等国也有颁布防止海洋污染的法律，并设置了造成海洋污染行为的刑事处罚。但纵观各国关于海洋环境污染犯罪刑事立法，并不尽如人意，多数国家尚未设立海洋污染罪；多数国家对于海洋污染行为与危害结果之间因果关系的认定并未予以足够的说明和解释，以至于很多污染行为逃脱了刑事制裁；尚有少数国家以造成人员伤亡或财产重大损失等实害结果作为海洋污染犯罪的构成要件；关于海洋环境污染犯罪的刑罚设定也没充分考虑污染主体及行为方式的特殊性，刑罚效果有怠于完成保护海洋环境的使命。各国关于海洋环境污染犯罪的刑事立法及司法实践不尽相同，这对于保护海洋环境无疑是极为不利的，因为各国会因构成要件的不同、司法习惯的不同对海洋环境污染案件的处理产生不同意见，更会对案件的司法管辖和司法合作产生阻碍作用。此外，国际海洋污染行为的规定仍有欠缺，海洋作为全人类公共的财富，当然需要各国同心协力共同保护，因此，制定专门防治海洋环境污染的专业性的适用于全球的国际公约，并完善各国国内的海洋环境犯罪刑事立法，是有效保护海洋环境的最佳出路。

三、主要国际海洋环境污染防治公约[①]

各国通过国内行政处罚、民事赔偿甚至刑事制裁的方式控制、打击和预防海洋环境污染行为的努力没有白费，但是立法的不完善、司法的懈怠以及各国司法机构间合作的缺乏仍给了很多利益争夺之人过多的借口。尤其是跨界进行海洋运输、海洋作业的单位和个人，他们在实施污染行为之后多数并没有被处以刑罚，反而因为无视海洋环境污染大肆生产经营的行为使他们获得了巨额利益。这种现状导致国际海洋环境进一步恶化后，各国开始认识到合作的重要性，20世纪中叶以后制定了很多关于环境保护的国际公约和区域性

---

① 公约详细内容参见各公约条文。

公约。下面仅选择其中比较重要的几部公约加以介绍。

（一）1954 年伦敦公约

伦敦公约，全称《国际防止海洋油污染公约》，是当代第一个以环境保护为其目的、动机和内容的国际协定，也是关于海洋环境保护的第一个多边公约。该公约先后经历了两次修正（1962 年和 1969 年），通过 21 款条文对船舶适用范围、含油混合物油分浓度、排放物含油量、排污免责事由、船舶油类记录等诸方面进行了较为全面具体的规定，还明确规定了各缔约国应提供足够的设备接收、处理船舶留待处理的残余物和含油混合物，标志着人类在防止海洋环境污染方面迈出了飞跃性的一步。尽管如此，其不足之处也尤为明显：第一，本公约仅规定了船舶排放油及含油混合物这一种污染源，难以适应污染情况的纷繁复杂；第二，公约虽规定发生油污事故的缔约国政府均可向船籍国提出违章证明，但只有船籍国对造成污染的船舶享有起诉和执行权，难保各船籍国会有庇护之嫌；第三，公约将污染行为界定为"违章"，且没有规定相应的刑事责任，因此多数学者认为本公约尚未上升到刑事处罚层面。

（二）《国际干预公海油污染事故公约》

该公约明确规定采取有力措施保护海洋环境既是沿海国的权利也是其义务，各缔约国"可以在公海上采取必要措施，防止、减轻或消除由于海上事故或同此事故有关的行动所产生的海上油污或油污威胁对它们海岸线或有关利益的严重和紧迫的危险"，同时沿海国在污染或污染威胁危急的情况下还可以采取措施予以排除。但因油污染事故而遭受损害的沿海国和相关国家是否可以将对于造成海上油污损害的一方认定为海洋环境污染犯罪，公约却没有明确规定。

（三）1972 年奥斯陆协议

奥斯陆协议，全称《防止船舶和飞机倾弃废物污染海洋公约》，是防止船舶及航空飞行器丢弃废料及其他物质污染海洋的公约。它对故意在世界海洋抛弃一切众所周知的危险物质作出了详细规定。公约规定"最危险的物质根本不得丢弃……其中有未加工的石油和石油燃料、柴油机的重油、高级放射性废料、水银及其化合物、稳定的塑料，以及为进行生物及化学战而准备好的材料"。该公约也有对造成海洋污染宣布为犯罪行为的条款规定。

（四）1973 年的巴黎协议

巴黎协议，全称《国际防止船舶污染公约》。此时各国已经认识到"船舶故意地、疏忽地或意外地排放油类及其他有害物质是造成海洋污染的重要来源"，所以它们本着"彻底消除故意排放油类及其他有害物质而污染海洋环境的情况，并将这些物质的意外排放减至最低限度"的愿望，签订了该公约。该公约适用于除军用船、军用辅助船以及专门用于政府非商业性服务的船舶之外一切类型的海船，禁止在世界海洋的所有水域丢弃石油、石油混合物或其他有毒液体，因此它在一定程度上已经取代了 1954 年伦敦公约。

（五）《海洋倾倒废弃物国际公约》

该公约是第一个专以控制海洋倾倒为目的的全球性公约，把废弃物分为三类：第一类是严格禁止向海洋倾倒的物质，称为"黑名单"废弃物；第二类是需采取特别有效的防范措施并经特别许可后才能倾倒的物质，称为"灰名单"物质；第三类是其他无毒无害或毒害性很轻的物质，称为"白名单"废弃物，此类物质也需在特定区域内才能倾倒。此公约制定后各沿海国也以此为依据制定了一系列有关法律和制度，将海洋倾倒正式纳入法制管理范围之内。至此，海洋环境保护又向前迈了一大步。

（六）《联合国海洋法公约》

《联合国海洋法公约》一改之前公约仅针对特定污染源的弊端，首次对可能造成海洋环境污染的不同污染物质、污染行为方式进行了较为全面的规定，并增加了个缔约国为保护海洋环境所应作出的努力之规定，在海洋环境保护的历史上具有里程碑式的意义。

《联合国海洋法公约》通过第 12 个部分共 45 条的内容明确规定了各国保护和保全海洋环境的义务。除开发自然资源的主权权利，各国都附有在适当情形下个别或联合采取必要措施，以防止、减少和控制任何来源的海洋环境污染的义务，这种污染来源包括陆上来源、大气来源、倾倒污染、船舶污染、海底勘探开发污染和其他任何可能造成海洋污染的来源。首次以公约的形式要求各国制定全球性和区域性规则、标准和建议的办法、程序以及各国国内法律法规，以防止、减少和控制来自陆地、国家管辖的海底活动、"区域"内活动、倾倒、船只、大气层或通过大气层的污染，同时规定国内法律、规章和措施在防止、减少和控制污染方面的效力应不低于国际规则、标准和建议的办法及程序。为各国协力制定新的国际准则、办法或协定、完善各国内法提供了立法指导和立法要求。

然而，《联合国海洋法公约》作为平衡各国利益和要求的妥协，其弊端也是显而易见的：第一，对于造成海洋环境污染的船只、飞机或其他海上设施，旗籍国、登记国、沿海国或港口国均拥有管辖权，污染发生后一般应由首先提起司法程序的国家行使裁判权，但对于应适用的规则或法律并未规定；第二，提起司法程序的国家对造成海洋污染的外国船只仅可处以罚款，除非该船只在领海内故意和严重地造成污染，这种处罚程度实在过轻，难以对行为人形成威慑；第三，本公约不适用于任何军舰、军用辅助船、为国家所拥有或经营并在当时只供政府非商业性服务之用的其他船只或飞机，人为排除了这些主体造成污染所应承担的责任。

除了以上提到的全球性公约，世界各国还制定了一系列区域性公约、协定以及其他的全球性公约，但至今尚没有一部专门的、完整的、权威的保护海洋环境、打击海洋环境污染犯罪的国际公约。而且现存各公约中的规定相对分散、零碎，对海洋环境污染的界定大多仅限于船只和飞行器，难以应对当前形势下海洋环境污染犯罪的复杂性和严重性。

至今，世界上尚无适用于全球所有国家、所有污染源、所有污染行为的海洋污染犯罪惩罚公约，即使仅约束所有沿海国的海洋污染犯罪惩罚公约也没有。因此，惩罚海洋污染犯罪、治理海洋环境污染，还只能依靠各国的国内法以及仍对几个缔约国有效的协定。而各国的国内法，并没有想象中那么契合海洋保护需求，至今多数国家仍未设立海洋污染罪，使得对海洋污染行为的打击力度略显不足。此外，现存公约和文件多以发动和号召各国参与环境保护的规定为主，即使规定了各缔约国有保护海洋环境的义务，也没有规定不履行该义务应承担什么责任或不利后果，因此对缔约国没有强制力。

尽管目前国际上保护海洋环境、打击预防国际海洋环境污染犯罪的意识越来越强，加强国家间合作遏制海洋环境污染犯罪的呼声也越来越高，但在惩治海洋环境污染犯罪的实际过程中，许多国家由于环境意识淡薄或处于对本国国家或地方经济利益和经济发展的考虑，对许多严重污染海洋环境的行为不闻不问，甚至包庇、纵容，为海洋环境污染犯罪的滋生提供了方便之门。此外，各国司法机构之间缺乏相应的沟通，存在一些分歧，这些问题的存在也严重影响了国际合作的进程。可见，国际社会只意识到了国际海洋环境需要保护，但并没有真正解决这一问题。[7]

四、海洋环境保护的最终路径选择——全球合作

如前所述，《联合国海洋法公约》已经为各国初步制定了共同防治海洋环境污染，协力维护海洋环境的蓝图，尽管其规定仍有待完善，但其指出的思路确是目前有效解决海洋环境污染恶劣局面的最佳路径。因此，进一步通过科学研究和各国协商，制定一部专门针对海洋环境污染的国际公约是必要的。各国完善各自国内海洋环境犯罪刑事立法与司法、设立海洋污染罪也是不容迟缓的。当然，在制定海洋环境污染公约、完善国内环境刑事立法的过程中，有以下几点是值得注意和借鉴的。

第一，法益保护前置——实现"生态本位"的海洋环境刑事立法模式。

所谓法益保护前置，是指改变现今仍有部分国家将"人类健康、生命或公私财产发生重大损失"作为海洋环境污染犯罪成立要件的刑事立法现状，改之以"造成海洋环境污染，或有造成海洋环境污染的危险"作为惩治海洋污染行为的起点。这种海洋环境保护观念的转变并非空想，而是海洋环境污染现状和海洋环境犯罪刑事司法现状所决定和推动的。海洋环境污染行为，作为一种以大面积海洋及其内附资源能源、甚至不特定多数人的健康、生命和公司财产为危害对象的犯罪，其严重性实在难以忽视也难以承受，因此，避免海洋污染灾害的发生才是保障人类健康和财产利益的上上策。而避免海洋污染灾害发生的最佳办法是在海洋污染行为发生后即给予适当程度的刑罚威慑，因此，学习俄罗斯刑法，将具有自身独立价值的海洋环境直接作为刑法所保护的法益，才是符合人类利益保护原则和可持续发展原则的明智之举。

实现法益保护前置的通行办法是在刑法中惩治危险犯，对于海洋环境保护而言，即不再以"造成人体健康、财产损失"为刑事处罚的起点，而是以"造成海洋环境污染或发生足以造成海洋环境污染的危险"为依据。根据《联合国海洋法公约》第1条第4款，海洋环境污染是指"直接或间接把物质或能量引入海洋环境，以致造成或可能造成损害生物资源和海洋生物、危害人类健康、妨碍包括捕鱼和海洋的其他正当用途在内的各种海洋活动、损坏海水质量和减损环境优美等有害影响"。对"足以造成海洋环境污染的危险"的

不同解读，会导致立法和惩治程度的不同，如日本《公害罪法》、《防止海洋污染法》将海洋环境污染行为定位为具体危险犯，认为海洋污染行为需造成海洋环境污染的具体危险方能认定为犯罪；而新加坡认为污染海洋环境是极其恶劣的行为，必须从根本上予以杜绝，因此其《防止海洋污染法令》第4条将船舶污染海洋的犯罪行为规定为行为犯，只要实施了污染行为就处以刑事制裁。笔者认为，将海洋环境污染犯罪设定为具体危险犯罪更可取，因为该行为本质上属于危害公共安全的行为，行为人轻度的排污行为可以通过行政处罚的方式进行治理，而造成海洋环境污染危险的严重后果时再施以刑罚更合理也更有效。

第二，国内法增设海洋污染罪。

虽然国际公约规定了各国均有保护和保全海洋环境的义务，但依照各国现行环境刑事立法仍难以对海洋环境污染犯罪进行强有力的打击和预防。海洋环境毕竟不同于其他环境要素，其范围之广，所含资源能源之多，水体之复杂难控均要求人类对海洋予以特别的重视、保护和治理，加之现行环境刑事立法及行政、民事制裁难以适应保护海洋环境的迫切需求。因此，在各国单独设立海洋污染罪是十分有必要的。

各国独立设立海洋污染罪后，可以保障国内海洋环境污染犯罪的制裁有法可依、有法可循。但对于跨界海洋环境污染犯罪，仍需各国在国内法中承认并遵守国际公约的相关规定，竭力合作。各国间应尽量制定统一的犯罪认定标准，形成共同的环境形势政策，这有助于消除各国因环境犯罪行为判断标准不同、刑法规定不同所带来的障碍，避免在惩罚犯罪上的疏漏，有利于全面、彻底打击海洋环境污染犯罪行为。[①] 具体合作方式可以采取如下几种：① 对于造成海洋环境污染的船舶、企业或个人，应视该污染发生的地点确定管辖国，由污染发生地所在国对该污染行为或污染事故相关责任人享有调查、拘留或司法权、惩罚权；② 对于公海领域发生的海洋污染，若因该污染造成其他国家利益受损，由利益受损国享有管辖权；③ 若没有利益受损国，则可以考虑交由国际海洋法法庭进行惩处。

第三，污染海洋罪主体。

关于何者可以实施污染海洋环境的行为并应处以刑事处罚，各国并没有直接规定，但均承认无论自然人还是法人都可以成为刑事犯罪的主体。笔者认为，没有必要对实施污染海洋环境行为的主体加以限制，因为造成海洋环境污染的行为方式有很多，实施这些行为的人当然也可以多种多样。自然人可以通过向海洋排放大量生活垃圾或农业垃圾造成海洋污染；企业可以在生产经营过程中有意或无意地超量排放污水、废料、有毒化学残渣等污染海洋环境；船舶在海洋中行驶可以排放油污或石油泄漏引起海洋环境的污染；沿海工程、海上作业、海底勘探开发也可能造成海洋污染。凡是造成海洋污染或可能造成海洋污染的人或单位均可以成为该罪的主体，任何国家均不应加以限制，否则海洋环境保护的其他一切努力均将大打折扣甚至付诸东流。

值得肯定的是，世界多数国家均在相关法律法规中规定法人造成海洋环境污染的，除

---

① 1998年《欧洲理事会保护环境的刑事立法公约》。

了要对法人代表或主要负责人追究刑事责任，还要对法人单位处以罚金。但是，关于国家是否能成为海洋环境污染犯罪的主体，各国及公约并没有进行规定，各国学者的争论也并没有形成统一的意见，至今也没有对国家追究刑事责任的先例，据此来看，国家似乎不能担任该罪的主体。但事实上，国家并非没有造成海洋环境污染的可能，虽然目前对国家如何追究刑事责任仍值得商榷，但人为强行将国家排除在犯罪主体之外实在不是高明之举。国家作为国际社会中的单个主体，相当于自然人在国内的地位，那么国家对自己的行为负责也是应当的，至于如何追究国家污染海洋环境的行为，当然不能由其他国家直接进行裁决，可以考虑通过国际海洋法法庭进行审理，对于确有海洋污染行为和危害结果的国家，可以考虑强制该国限期消除污染并强制缴纳保险金用于今后污染海域的维护。

第四，污染海洋罪主观方面。

犯罪毕竟是严重侵犯法益破坏民生安定或国家主权的恶劣行为，相对应的刑罚也是严重剥夺他人资格、财产、自由甚至生命的制裁手段，因此其所要求的各要件当然要比其他违法行为更严格。其中，犯罪主观方面，应当要求行为人至少对造成污染的行为或事实有过失甚至是疏忽，所以，世界各国通行的以"故意和过失"或"故意、轻率、疏忽"作为主观要件是可取的。当然也有部分国家只处罚故意的环境犯罪，如挪威的反污染立法规定，除非有犯罪的故意，否则不得适用刑罚。而大部分国家如日本、瑞典、比利时、瑞士和奥地利等国家有关环境保护的法律，都规定处罚过失的环境犯罪行为，而过失的环境犯罪的处罚要轻于故意的环境犯罪。

为避免难以举证而放纵犯罪，许多国家在环境刑法中确立了严格责任，如英国《水污染防治法》和新加坡《海洋污染防治法》以及法国《农业法》关于水污染罪的规定，认为只要证明行为人实施了法律所禁止的行为造成了海洋污染的事实，不需要证明罪过存在与否或系何种罪过，就可以认定犯罪成立。这种立法模式得到了很多学者的支持，因为在生态恶化积重难返，环境形势不容乐观的当前，严格责任的引入能够敦促人们加强责任心，谨慎从事，防患于未然。但我们应当明确，并非有效的就是合理的。刑罚作为威慑、打击和控制海洋环境污染犯罪的有效方式，依靠的是刑罚的严厉性，其对行为人自由、财产或资格的剥夺应当与行为人的危害行为相称，而该危害行为应当是在其罪过心态（至少有过失）指引下的行为，否则，要行为人对自己没有过错的行为负责实属苛责。刑罚应保持其最基本的谦抑性，若今天因保护海洋的迫切性而为刑罚的施用开启了如此便利的大门，难保日后刑罚不会通过其他更富丽堂皇的理由施于普通民众甚至自己。所以，笔者支持"故意或过失"作为海洋环境污染犯罪主观要求的立法思路。

第五，污染海洋环境犯罪客观方面。

犯罪客观方面包括危害行为、危害结果及危害行为与结果之间引起与被引起的因果关系。危害结果方面，之前已经论述应当以有足以造成海洋污染的具体危险。危害行为即污染海洋环境的行为，包括倾倒、废物排放、石油泄漏等所有可能引起海洋水质发生不利改变的行为，国际公约和国内立法应当尽可能将现存的可能造成海洋污染的污染物种类和行为方式收纳在内，并通过兜底条款的设置给未来有可能出现的新的污染物或污染行为方式留有适用余地；各国环境行政规章中也应当详细规定禁止排放入海、特定许可才能排放入海以及可以排放入海的物质种类、排放含量、排放时间及地点，沿海企业排污装置，及海上作业、海底工程所使用的船只和其他装置所要达到的标准，单位或个人向海洋排放物质所需履行的注意义务、程序等，以给他们提供正确的指引。

海洋环境污染行为与污染结果之间引起与被引起的因果关系具有不同于传统犯罪的技术复杂性及鉴定困难性，严格依照传统犯罪因果关系判定路径实难解决该难题，所以对污染环境犯罪的证明理论、标准、内容及形式进行适度调校，是刑法与刑事司法在生态社会中发展的必然趋势。当然，这种调校并非任意妄为，日本《公害罪法》所确定的疫学因果关系推定理论就是很好的选择。对于利用现代医学、药理学等方法难以确切指明致病机理因而难以确定因果关系的海洋环境污染犯罪案件，采取疫学因果关系理论，基于大量的观察数据及相关动物实验寻找致使病变发生的有高度盖然性的原因污染物，并在嫌疑人自身无法反证该病变非由其行为引起时，确定因果关系存在，是目前解决因果关系难题，有效预防海洋环境污染犯罪最科学最有效的方法。

第六，丰富刑罚制裁手段。

在海洋环境污染罪的刑罚设置上，大多数国家采取了自由刑和罚金刑搭配的方式，但也有国家设置了资格刑，如《俄罗斯联邦刑法典》对海洋污染罪规定了"剥夺其担任一定职务或者从事某种活动的权利"的刑罚措施，得到了很多学者的支持。同时有学者主张借鉴国外立法经验以罚金刑代替自由刑[8]，笔者并不赞同这一观点。罚金刑虽然适用范围广，且施行较为方便，但毕竟其惩罚严厉性有限，并且造成海洋环境污染的行为人多为企业单位，不少还是规模较大的公司，金钱对他们来说远远起不到威慑效果。因此，可以扩大罚金刑的适用范围，但绝不能以此取代其他刑罚类型。倒是资格刑可以在世界范围内加以推广，因为严重污染海洋环境的行为多数是由企业单位在生产经营过程中为了追求经济利益而无视海洋健康所采取的下下策，而"一定期限内禁止单位进行特定经营活动，禁止个人从事特定行业或工作、担任一定职务"的确定法定刑，则剥夺了其非法获利的前提条件，同时也消除了其再次实施海洋环境污染行为的可能，无疑会大大降低海洋环境污染犯罪的几率。除了资格刑，还可以学习美国对于船舶污染的制裁经验，在罚金刑和监禁刑外，加判污染船舶接受监督执行一定期限的环境改善计划。[9]

第七，刑罚之外的配套措施。

刑罚作为最严厉的制裁手段，可以给予海洋环境污染者极大地打击，降低其再次犯罪的可能性。但刑罚并非刑法存在的最终目的，杜绝犯罪、切实有效保护各类法益免受侵害才是刑法的目标，而这一目标的实现当然需要其他配套措施的支持和配合。

尤其对于海洋环境这一重要法益，没有污染才是人类最期望的结果。要达到这一结果，除了要加强对污染行为的刑事打击力度外，在犯罪行为发生以前，就要创造一切条件降低发生污染犯罪的可能性；污染发生后应在最短的时间内消除污染降低损害。可以考虑采取以下方法：第一，借鉴美国、韩国等对海洋采取的综合管理制度以及澳大利亚的海洋保护区制度，对保护区内的海洋环境进行封闭性保护，通过法律或其他有效手段禁止或控制捕捞、污染及其他人类活动；第二，借鉴1976年《地中海反污染保护公约》对缔约国的约束，各国合作定期对海洋环境进行检测、开发研究新的技术应对任何原因引起的紧急污染，并进行交流和分享，尤其对发展中国家要予以援助；第三，可以考虑强制造成海洋环境污染的行为人在承担刑事责任之外缴纳一定数量的保险金，由专门的机构管理、运营并用于今后的海洋环境维护。

结语

海洋自身的特点决定了治理海洋污染绝不能仅靠单独的某个国家或单纯地由某些已经发生严重海洋污染的沿海国进行惩治。其流动性、其能源资源的全球性告诉我们唯有全球合作才是解决海洋环境污染的办法。因此，尽快制定专门适用于打击海洋环境污染犯罪的国际公约，并指导各国完善国内刑事立法，增设海洋污染罪，加强国际合作，这是海洋环境向我们提出的最迫切的要求。

参考文献

[1]　付立忠．环境刑法学［M］．北京：中国方正出版社，2001. 299-300.
[2]　邓勇胜．中外水污染刑事立法比较研究［J］．长春理工大学学报（社会科学版），2012（5）.
[3]　郭世杰．从重大环境污染事故罪到污染环境罪的理念嬗递［J］．中国刑事法杂志，2013（8）.
[4]　曲阳．日本的公害刑法与环境刑法［J］．华东政法学院学报，2005（3）.
[5]　赵国青主编．外国环境法选编［M］．北京：中国政法大学出版社，2000. 117，126，181-182.
[6]　李云燕，沈灏．德国环境犯罪介述［J］．鄱阳湖学刊，2010（4）.
[7]　解彬．完善防止海洋污染国际立法探析［J］．法学研究．2015（06）.
[8]　参见：杨凤宁．罚金刑替代短期自由刑探讨［J］．法治论丛-上海政法学院学报，2007（1）.
[9]　张朝阳．防止船舶油污美国执法案例（上）［J］．船舶与海运通讯，2007（48）.

论文来源：本文原刊于《中国海洋大学学报（社会科学版）》2015年第4期，第65-71页。

项目资助：中国海洋发展研究会海大专项项目（CAMAOUC201401）。

中国海上溢油应急管理立法新论

梅　宏①　林奕宏②

摘要： 2015 年，修订后的《中华人民共和国环境保护法》《国家突发环境事件应急预案》以及新制定的《突发环境事件应急管理办法》《国家海洋局海洋石油勘探开发溢油应急预案》相继颁行，为中国完善海上溢油应急管理的法律规范提供了支持，但仍有不足。近年来在中国海域进行的溢油应急暴露出应急机构、应急预防、应急预警和应急处置等方面的问题，有鉴于此，中国海上溢油应急管理立法的指导思想亟待更新，应当完善海上溢油应急管理组织体系，建立区域联动制度、信息通报制度、溢油模拟评估机制，规制海上溢油应急处置。

关键词： 海上溢油应急管理；应急机构；应急预防；应急预警；应急处置

2015 年，修订后的《中华人民共和国环境保护法》（简称《环境保护法》）、《国家突发环境事件应急预案》，新制定的《突发环境事件应急管理办法》、《国家海洋局海洋石油勘探开发溢油应急预案》相继颁行，为中国完善海上溢油应急管理的法律规范提供了支持。此外，修订后的《中华人民共和国海洋环境保护法》（简称《海洋环境保护法》）以及《中华人民共和国突发事件应对法》（简称《突发事件应对法》）、《防治船舶污染海洋环境管理条例》《国务院关于加强环境保护重点工作的意见》《海洋石油勘探开发环境保护管理条例》《海洋石油勘探开发环境保护管理条例实施办法》《海洋石油勘探开发溢油应急计划编报和审批程序》《中国海上船舶溢油应急计划》也包含若干海上溢油应急管理的法律规定。这些规定涉及海上溢油应急管理的各个层面，有力地推动了中国海上溢油应急管理工作。不过，上述规范性文件中有关海上溢油应急管理的规定不相协调，已遭诟病。

一、中国现行法中有关海上溢油应急管理的规定存在的问题

有关海上溢油应急管理的规定，散见于中国多部法律、法规、规章和规范性文件中。这些规定的制定主体、时间不同，内容上存在相互脱节、冲突等问题。兹此概述。

---

① 梅　宏（1973—），男，法学博士，中国海洋大学法政学院副教授，研究方向：环境法学，国际法学。
② 林奕宏（1989—），男，中国海洋大学法政学院法律硕士研究生。

（一）有关规定相互脱节

法规范相互脱节，是指不同法律文件针对同一事项作出的规定不同，不能相互对应。

中国尚未建立健全的海上溢油事故关于船舶、事故记录的基础型数据库，缺乏海上溢油事故系统性和全面性的记录，[1]难以对重点海域和敏感区域予以确定，并对区域内的风险和危险源进行排查。因此，对溢油的应急预防建立在通过对溢油源的直接监视、监控手段所获信息的基础上。应急预防，是指应对海上溢油事故时，为防止溢油造成的损害扩大而采取的积极治理措施。应急预防，是应急管理的重要构成，其为应急预警提供信息支持。针对海上溢油的流动性、扩散性和跨地域的特征，做好溢油应急预警是海上溢油应急管理的关键一环。应急预警，是指应对海上溢油事故时，对溢油造成的海洋环境质量恶化或者生态系统退化进行预测，并及时提出警告。《突发事件应对法》将监视、监控等信息获取手段的规定安排于"监测与预警"一章，而非"预防"一章，这是不妥的。对突发事件信息的规定虽与突发事件应对措施的规定相衔接，却混淆了应急预防与应急预警。同时，对突发事件的风险评估应归于预警对溢油的预测，然而，《突发事件应对法》却在"预防"一章的第20条中规定了对危险源和危险区域的"风险评估"。修订后的《国家突发环境事件应急预案》直接将"预防"舍去，将信息的报告和通报置于"预警"层面；2015年公布的《国家海洋局海洋石油勘探开发溢油应急预案》则将对溢油的监视和监测的预防手段置于"应急响应"程序内。不难看出，上述法规范的内容相互脱节。

（二）责任条款缺失

2014年修订的《环境保护法》第62条对不公开或者不如实公开环境信息的重点排污单位处以的罚款数额未作规定。《海洋环境保护法》第85条规定对因海洋石油勘探开发活动造成海洋环境污染的责任方处以上限为20万元的行政罚款，这对于资金雄厚的石油企业、事业单位等开发者来说影响甚微。此外，《海洋环境保护法》第74条仅对未履行信息报告义务追究责任，未规定相关主管部门和企业未履行信息披露义务的法律责任。《突发事件应对法》第63条未规定上级行政机关或者监察机关对于因迟报、谎报、瞒报、漏报有关突发事件的信息，或者通报、报送、公布虚假信息，造成后果的地方各级人民政府和县级以上各级人民政府有关部门直接负责的主管人员和其他直接负责人员给予何等处罚。

（三）法规范难以有效实施

《海洋环境保护法》仅规定发生溢油事故后责任方的通报和报告义务，对事故责任方如何实施报告和通报，未作出具有操作性的规定。修订后的《国家突发环境事件应急预案》规定环境保护部负责指导、协调对重大突发环境事件的应对和监督管理环境应急的日常工作。海洋环境监测专业性、技术性较强，依法由国家海洋行政主管部门组织，环境保护部能否有效地对其指导尚不确定。

（四）有关规定滞后于溢油应急管理的发展形势

当前，中国正在进行海上溢油管理技术革新，《突发事件应对法》仅凭应急预案而不借助其他预防措施，难以有效预防溢油事件。修订后的《国家突发环境事件应急预案》亦未对预防做出规定，而是直接规定预警，且未对预警的模拟、评估方法及体系作出细化规定，未重视对尚未发生溢油事件的海域做好预防溢油扩散的工作。

二、中国海上溢油应急管理立法的总体思路

为完善海上溢油应急管理的法律规定、规范海上溢油应急管理工作，海上溢油应急管理立法已成为当务之急。这里谈谈中国海上溢油应急管理立法的总体思路。

（一）转变海上溢油应急管理立法的理念

所谓理念，含理想与信念之义，指的是人们对于某种理想的目标模式及其实现途径和方式的信仰、期待和追求。

人们凡欲主动从事某项重大事业，必先有某种理念形成于脑中。制定法律是件大事，故预先必有某种理念，此即立法理念。

当前海洋资源开发活动呈多元化、规模化、常态化的发展趋势，因海上石油勘探开发活动引起的、能对海洋及其周边环境产生巨大而持久破坏的溢油事件发生几率，即溢油风险，大大增强。然而，中国各有关方面对于石油灾害风险的重视程度不高，溢油风险系数与溢油处理能力的不匹配，[2]是造成重大溢油事故一再发生的原因。

海上溢油应急管理应当被纳入常态化的管理模式——"风险管理"之下。风险管理，是社会组织或者个人用以降低风险的消极结果的决策过程。通过风险识别、风险估测、风险评价，并在此基础上选择与优化组合各种风险管理技术，对风险实施有效控制和妥善处理风险所致损失的后果，从而以最小的成本获得最大的安全保险。有关专家表示，中国正处于工业灾害的多发期和危险期，迫切需要将工业防灾提升到应急管理的重要位置，迫切需要转变思路，变被动应急为主动监管，从"灾害管理"转变为"风险管理"，变"事后被动应对"为"事前主动预防"，才能降低事故发生频率，把损失降到最低。[2]

对溢油灾害进行风险管理，是中国海上溢油应急管理立法应当秉承的理念。例如，海事部门在《中国海上船舶溢油应急计划》这一全国性应急预案的统领下各海区制定符合本地区船舶溢油管理预案，整合并构建船舶溢油预案体系，提高了船舶溢油风险的防范系数；国家海洋局制定全国性海洋勘探开发溢油应急预案，并在全国的溢油应急计划指导下制定各海区、各省市相应的溢油应急管理预案，形成国家和区域的预案体系，则有望实现对溢油应急进行常态化的"风险管理"。

（二）完善海上溢油应急管理组织机构，整合海上溢油应急管理的各方力量

以"一案三制"理论为依据，组织机构是基础，属于宏观层次的战略决策，相当于人机系统中的"硬件"，具有先决性和基础性。[3]海上溢油应急管理立法，首先应当建立、完善应急管理组织机构，避免各部法律对溢油应急管理的组织机构规定产生的混乱，避免在尚无溢油专项应急预案以及海洋行政部门应急预案不完善的情形下，地方政府及各主管

部门难以进行溢油的应急管理。例如，大连新港溢油事件发生后，在溢油处置方面，地方政府溢油应急管理设施和装备短缺、专业应急队伍缺少，当地拥有的溢油处理能力无法满足应对船舶溢油事故尤其是特大事故的需要。[2]同时，海上溢油应急管理立法明确溢油应急管理的组织机构或者体制，有利于组织各方力量参与溢油的应急管理，如《海洋石油勘探应急预案》2.2.2在溢油组织机构的统领下，外交部、公安部等部门能够明确各自的职责，参与溢油应急管理，避免了相互间利益之争、相互推卸责任。

（三）连贯由溢油预防到溢油处置等各个层面的应急管理制度

根据《突发事件应对法》及《国家海洋局海洋石油勘探开发溢油应急预案》等法规范对应对突发事件过程的规定，应急管理组织机构的指导下，预防对溢油源进行持续地、动态地排查和监控，获取相关信息，为预警作出充分准备，在风险转变为溢油事件时及时预警；溢油事件发生后，启动应急预案，调动各方力量参与应急处置。转变相关法规范存在的漏洞，溢油应急管理各层面存在诸多问题的局面的方法正是通过溢油应急管理立法，在对溢油事件的由预防、预警到处置的全过程作出制度规制，使得溢油应急预防到处置层层衔接、环环相扣。同时，制度作为行为的规范和依据，是通过海上溢油应急各层面立法设立溢油应急管理各层面的工作程序，有助于责成主管部门、相关责任方按照程序进行溢油应急管理的各项工作，保障事前和事中严格依法管理溢油污染，避免溢油事故发生后难以进行有效的应对而进行事后的低效、无意义的补救。

三、对中国海上溢油应急管理立法的建议

（一）修改或制定有关海上溢油应急管理法规范的总体构想

1）应急机构方面

整合《海洋环境保护法》第18条对机构职能的规定以及《国家海洋局海洋石油勘探开发溢油应急预案》（简称《海洋石油勘探预案》）2.2与《中国海上船舶溢油应急计划》2.1对相关组织机构的规定；修改《突发事件应对法》组织机构，使其与《国家突发环境事件应急预案》（简称《突发环境预案》）规定的应对突发环境事件的组织体系及一系列机构相对应。

制定海上石油平台和管道管线的海洋石油勘探开发各海区溢油应急预案。

2）应急预防方面

修改《海洋环境保护法》对"通报"的规定既包括"对外通报"，也包括系统"内部通报"；加大《海洋环境保护法》第74条对政府和企业未履行信息报告和信息披露追究责任；增加《突发环境预案》对突发事件预防的规定；明确和处置的规定的界限；明确《突发事件应对法》第三章监视、监控等信息获取手段的规定作为预防手段，仅凭应急预

案难以对溢油事件进行预防；明确《突发事件应对法》第 20 条规定了对危险源和危险区域的"风险评估"作为预警手段；修改《海洋石油勘探开发溢油应急预案》3.3.1、3.3.2，将对溢油的监视和监测的预防手段置于应急响应（处置）程序内；《海洋环境保护法》《国务院关于加强环境保护重点工作的意见》（简称《加强环境保护意见》）等相关法规范规定相关信息主要是由责任单位或者责任人向有关部门报告，修改为主管部门主动监测和监视，获取信息。

3) 应急预警方面

补充《海洋环境保护法》对海上溢油污染的预警工作的规定；明确《突发事件应对法》预警评级和发出警报后的措施；修改《突发环境预案》第 3.2 节对如何预警，包括模拟、评估的方法及体系作出规定。

4) 应急处置方面

修改《海洋环境保护法》第 85 条对海洋石油勘探开发活动造成海洋环境污染的的责任方的行政处罚力度；修改《环境保护法》第 62 条对不公开或者不如实公开环境信息的重点排污单位处罚力度；明确《突发事件应对法》第 63 条由上级行政机关或者监察机关对于因迟报、谎报、瞒报、漏报有关突发事件的信息，或者通报、报送、公布虚假信息，造成后果的地方各级人民政府和县级以上各级人民政府有关部门直接负责的主管人员和其他直接负责人员的处罚力度。

制定海上石油平台和管道管线的海洋石油勘探开发相关企业、地方溢油应急预案。

（二）应急机构方面：完善海上溢油应急管理组织体系，建立区域联动制度

1) 完善海上溢油应急管理组织体系

根据中国相关应对海上溢油突发事件的法规范，借鉴国外溢油应急管理的机制设置，构建中国海上溢油应急管理组织体系，以期解决在海上溢油应急管理过程中的"多龙治海"现象。

第一，在中央层面，中央溢油应急管理机构负责对溢油的整体协调、决策和指挥。首先，借鉴国外溢油指挥协调机构设置，美国由联邦一级的应急计划下规定：国家处理组是第一级应急管理机构，由环保署、海岸警卫队和国防部等 16 个联邦机构组成，负责全国的应急响应行动和紧急预备状态规划，是国家、地区、地方层级应急行动的综合协调机构；[4]挪威定期海上溢油应急联席会议部门包括石油与能源部、商务部和环境部等，机构包括石油安全局规定海上平台的人员健康、环境和安全；挪威海洋指导机构设置海上运输的标准和规定；气候和污染机构负责设置溢油应急管理在市民政府和私人产业的要求等等；定期召开海上溢油应急联席会议制有助于进行部门与机构之间的沟通和协调，及时有效地管理溢油事件。[5]澳大利亚矿产和资源部长理事会由澳大利亚联邦及各州、地区政府负责矿产资源事务的部长组成的部长级的联席会议，发挥中央溢油应急管理机构的协调、

决策和指挥作用。[6]其次，结合《突发环境预案》2.1 对组织机构的规定以及《海洋环境保护法》第 5 条和第 18 条的规定，拟在中央一级建立国务院海上溢油应急管理工作组，由国家海事与海洋部门联合牵头，中央一级的国家海洋部门和海事部门的合作，整合应对船舶和海上石油勘探溢油事件的行政管理力量。一方面，有助于借鉴国家海洋行政部门《海洋石油勘探预案》明确参与溢油应急管理的各部门职责，避免相关部门的推卸和扯皮；另一方面，有助于借鉴国家海事行政部门船舶溢油应急管理预案体系的构建，形成综合性的溢油应急预案体系。在溢油应急工作中，根据相关负责部门在溢油应急预案的整体组织和协调指导下对溢油进行应急管理。再次，根据《突发环境预案》2.1 的规定，国务院海上溢油应急管理工作小组认为必要时组成溢油指挥部，对溢油应急管理工作进行协调和指导。

第二，在地方层面，地方溢油应急管理机构负责对溢油的处置。首先，地方溢油应急管理机构设置。《国家环境保护"十二五"规划》（简称《规划》）以及《加强环境保护意见》均要求加强对突发事件的风险预防，对风险实行分级、动态和全过程管理，将环境风险的预防均放在首要位置。应急预防作为溢油应急管理的首要措施，主要采取监视、监控等措施获取信息，并为应急管理之后的各级包括应急预警、应急处置提供信息、技术支撑。根据国务院新"三定"对国家海洋局主要职责的规定以及《海洋环境保护法》第 5 条的规定，国家海洋行政部门负责对全国海洋环境进行监测、监视，制定海洋观测预报和海洋灾害警报制度，组织编制监视、监测网络和规划，并发布通报。同时，结合国务院新三定对交通运输部的要求①、《防治船舶污染海洋环境管理条例》第 7 条以及《海洋环境保护法》第 14 条的规定，海事部门和海洋部门对共同执法、污染防治进行协调配合，共同对海洋环境进行监视和监控。拟在地方设置溢油应急管理中心，由海洋行政主管部门和海事行政主管部门组成，整合管理溢油污染的行政管理力量，履行对海上溢油的监视、监控职责，进而有效地进行溢油应急管理的各个环节。同时也解决立法思路混乱，各级海事局领导的溢油应急指挥部与各级海上搜救中心合署办公，其主要职责为"充分发挥海上搜救中心的作用"的尴尬局面。其次，地方溢油应急管理机构层级。美国应急计划下设立地区响应组和地方应急指挥中心，地区响应组属于第二级应急管理机构，负责响应行动开始之前的地区性规划和紧急预备行动，协调地区性的响应行动，由参与国家响应组的联邦机构各自具有明确的职责；[4]第三级应急管理机构是地区委员会，根据地方应急计划对溢油进行立即处理。《规划》中强调"加快国家、省、市三级自动监控系统系统"，《防止船舶污染海域管理条例》明确规定将管理船舶溢油权能下放到规定设区的市。在地方层面，分为省级和地市级两级海上溢油应急管理中心。

2）建立海上溢油应急管理区域联动制度

《突发环境事件应急管理办法》提出了环境应急区域联动机制的建立，海上溢油作为

---

① 国务院新"三定"规定："交通运输部与国家海洋局共同建立海上执法、污染防治等方面的协调配合机制并组织实施"。

突发环境事件应急管理的一个环节，也需要建立相应区域联动制度。区域联动是基于区域经济合作而产生的，指的是建立在国家政治统治、行政管理和公共服务基础上的不同的地域单元下基于经济发展而采取的联合行动，其执法模式采取的是"区域化"的市场主导型的横向政府协作和"区域主义"政府主导型的纵向协调。鉴于海上溢油事故具有受风力、潮流等因素影响在海域大规模扩散的特征，其污染具有跨地域性，需要区域之间的合作才能有效管理溢油污染。此处的区域联动是建立在"区域主义"而非"区域化"的理论基础上，地区之间的协同合作不是自发而成，而是由政府政策强制力促成。[7]

根据上文对海上溢油应急管理体制的构建，在中央到地方的纵向行政指令统筹下，省级、地市级的溢油应急管理中心之间针对溢油事故进行横向的协作。同时，海上突发性事件，此类事故的救援不能单纯依靠行业管理部门或专项救援单位，由于事故直接危害到公共安全和环境安全，需要通过充分整合各系统资源、实现全社会资源的优化配置，从而提升全社会总体应急管理的能力和水平。[8]借鉴挪威海上溢油区域应急资源合作制度，此处的合作包括：一方面，公共溢油管理体系下区域应急资源合作，如 NCA（海岸管理局）征用挪威所有的应急资源和装备用于溢油应急与处置，其中也包括 NOFO（挪威石油联盟）协会的应急资源，同时，NOFO 协会与较多的政府、科研院所构建合作关系，包括挪威海岸警卫队、22 个国际污染应急组织、挪威自然科学研究院（NNA）等；[9]另一方面，私有溢油管理体系下的区域应急资源合作，如 Clean Seas Assiociation 与 Fish-fleeting 签订合作协议，[5]为溢油应急管理提供服务。

海上溢油应急管理区域联动制度包括以下三个方面。

第一，事发地政府。根据《生物多样性公约》第 V/6 号决定《生态系统方法》中"原则二"要求"将管理下放到最低的适当层级"指出决策制定行为与管理行为越靠近生态系统，产生的问题、公信力以及对地方知识的运用将越多，而这对管理成功至关重要。[10]事发地政府内部的相关部门的职责规定也涉及对溢油管理的参与，如根据《海洋环境保护法》等法律法规的规定，环保部门负责对信息的管理，并参与海上环境保护联合执法；国务院新"三定"，渔业部门组织国家海洋局等拟订保护海洋渔业水域生态环境的政策制度。而且，事发地政府作为公共管理主体能够发动单位、个人及其他区域溢油应急资源参与对溢油的应急工作，如对溢油的应急准备等，事发地政府是海上溢油区域联动执法的首要力量。

第二，石油公司。石油公司具备管理溢油的优势，海洋石油勘探开发具有极强的专业性，石油公司较之地方政府在应对溢油事件方面具有更为先进科学设备和物资储备等区域溢油应急资源，如中海石油环保服务有限公司及其旗下的基地。借鉴挪威构建石油公司联盟制度，挪威 NOFO 作为石油公司的联盟，属于私营管理主体，不仅整合了包括 BP、Eni 及壳牌等大型石油公司的溢油应急与处置资源，如溢油回收船、牵引船、远海机械式溢油回收系统等，同时也能够与政府、相关机构和其他私人建立伙伴关系。为政府与企业在溢油应急方面的合作搭建了桥梁，吸收社会力量参与溢油应急管理与处置能力的建设，提升国家溢油应急与处置能力。横向联动下的石油公司之间不但能够相互合作，相互监管有助于加强对石油公司制订应急计划等情况的监管。综合以上法律和实践两方面的内容，突出体现石油公司在应对溢油事件中重要地位，石油公司在区域联动执法活动中是必不可少的。

第三，应急支持保障力量。中国海事部门已先后在烟台、秦皇岛、辽宁和厦门完成了4个国家溢油应急设配库，以及烟台和秦皇岛应急技术交流示范中心，同时还建立了成山头设备库、大连设备库和青岛设备库等配置了各类应对溢油事件的系统、先进的溢油管理设备等溢油应急资源支持应对溢油事故。海洋局也拥有众多的海监船、海监飞机等资源。中国在上海、深圳等地目前已成立具有规模的专业溢油应急清污公司，如上海东安海上溢油应急中心等。[11]海上溢油应急管理区域联动制度的建立，将管理溢油事故的应急支持保障力量纳入海上溢油应急管理过程中，改变了中国各地在海上溢油应急方面的科技水平和物资储备分布不均和水平参差不齐的局面。

横向地方溢油应急管理中心之间协作下管理海上溢油事故。将事发地政府、石油公司以及应急支持保障力量引入，进行横向作用，整合了区域溢油管理应急资源、增加了溢油应急管理的力量，提高了溢油应急管理效率。并且通过省级和地市级溢油应急反应中心的纵向指导和协调构成了海上溢油应急管理区域联动体系，实现了区域联动的制度构建。

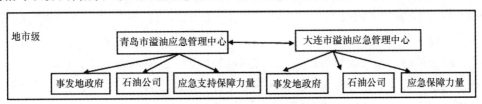

图1　地市级海上溢油区域联动制度模式

如图1所示，省级溢油应急管理中心之间负责指导和协调地市级的政府、应急支持保障部门的区域联动，跨省的溢油事件则由国务院海上溢油应急管理工作组或者溢油应急指挥部负责指导和协调省级政府以及应急支持保障力量的区域联动。

（三）应急预防方面：实现信息共享，建立信息通报制度

在中国尚未建立健全的海上溢油事故关于船舶、事故记录的基础型数据库等科学充分确实的证据情形下，不能对溢油事件发生的类型、原因和地点予以明确的情况下，因此对溢油事故信息的收集（包括信息的报告和通报）和共享在对溢油事故进行应急预防所起的作用至关重要；另外，中国相关法规范也对溢油发生后对信息的收集和共享作出规定，新修订的《环境保护法》第47条、《海洋环境保护法》第17条、《海洋石油勘探开发环境保护管理条例实施办法》第19条以及《突发事件应对法》、《突发环境预案》均对应对突发事件信息的收集作出了规定。然而，从《海洋环境保护法》、《加强环境保护意见》等相关法规范的规定不难看出，相关信息主要是由责任单位或者责任人向有关部门报告，主管部门只是被动的接收；同时，相关的法规范规定笼统、缺失的情况下，海上钻井平台等海洋工程项目作为地方的重大经济项目，基于地方保护主义，石油公司趋利避害，加之自身对信息的获取和判断能力不足，向相关部门拒报、迟报、瞒报甚至虚报，更妄谈向社会

通报了。难以实现对溢油事件的信息收集和共享。因此为了转变这种信息难以收集和共享的被动局面，化被动为主动，在原有法规范规定的基础上，拟建立信息通报制度。

此处的信息通报区别于《海洋环境保护法》的单方面"外部通报"，如"由造成海洋环境污染事故的单位和个人，向可能受到危害者通报"，信息通报制度分为两个层面。

1）建立内部信息通报制度

信息的内部通报需要溢油管理部门主动收集信息，借鉴挪威运输监测制度，运输监测制度是由海岸管理部门的 5 个运输中心进行管理，集合了对海岸和海洋水域的空中和卫星监测，建立跨系统多层次海上溢油应急信息平台，以及澳大利亚 1996 年制定的《水上石油监管条例（海上设施安全管理）》，2001 年制定的《水上石油监管条例（管道安全）》等联邦法律条文以及各州、地区制定的专门针对本州（地区）的安全监管法规构成了在国家海上安全局（一级组织）统领下的海上油气资源安全监管体系。同时，根据《突发环境预案》3.3 "环境保护部通报相关省级环境保护主管部门"、"事发地人民政府通报相邻行政区域同级人民政府或环境保护主管部门"以及新《海洋石油勘探应急预案》3.2.2 "通报海事、渔业及地方海洋行政主管部门等相关职能部门"有关"内部通报"的规定，由事发地溢油应急管理中心及时对溢油进行监视和监控下，一旦发生船舶溢油或者石油勘探开发工程溢油时，及时收集信息，在区域联动制度下，横向的溢油应急管理中心进行信息的相互通报。各溢油应急管理中心机构接到事件信息通报后按照第一部分的海上溢油应急管理组织体系设置并根据《突发环境事件信息报告办法》规定的程序和方法将信息上报上一级的溢油应急管理中心，发生重大或者特别重大的溢油事件，可以上报国务院海上溢油管理工作组，实现系统内部纵向的信息共享。

2）建立外部信息披露制度

《政府信息公开条例》规定："行政机关应当及时、准确地公开政府信息，涉及公民、法人或者其他组织切身利益的，需要社会公众广泛知晓或者参与信息，行政机关应当主动公开。"由溢油事发地的溢油应急管理中心进行相关信息的收集，在组织体系建构的基础上，根据溢油事故的级别由相关的溢油应急管理中心将所获取的信息通过警报器、电视、信息网络、宣传车或组织人员逐户通知等方式及时可能受到溢油事故危害的地方政府、企事业单位和个人。避免了责任方谋求经济利益最大化对信息封锁，以及专业机构监视监控不力，未获取信息或获取信息不足而不予披露，提高了社会获取溢油相关信息的可能性和及时性。

（四）应急预警方面：构建海上溢油模拟评估制度

随着国外对预警原则以及预警技术的发展，中国也提出"建立资源环境承载能力监测预警机制"。在此背景下，《规划》以及《环境保护法》第 47 条等均提出加强环境预警建设，建立预警机制并制定预警方案，《突发事件应对法》、《突发环境预案》也对预警做出规定，国家对环境预警的重视可见一斑，然而对如何预警未作出技术性的规定，难以发挥预警的效果。

根据预警的概念和特征，首先，针对具体的区域生态环境问题，通过研究其过程，给出未来演化的方向、速度及稳定性等；而后，对方向、速度及稳定性等系统变量变化趋势进行估计并对其进行价值的判断与选择。[12]因此，对溢油事件进行应急预警也应当包含两方面的内容，即过程的模拟和结果的评估。美国的自然资源损害评价模式是世界上较为完善的溢油事故损害评估体系①，NOAA 对溢油扩散方向进行模拟，进行预评估。美国各州与地方政府建立应急管理准备能力评估体系，有针对本州具体情况的评估公式，如华盛顿评估公式、佛罗里达评估公式等。[13]结合中国相关法规范如《突发事件应对法》、《突发环境预案》对预警做出的规定，构建溢油模拟评估制度。

1）溢油横向模拟制度

溢油横向模拟建立在横向区域的基础上，指的是在溢油事故发生后，油膜受到风力、表层流、引潮力等作用下在海面上漂移、扩散和风化，势必会污染其他地域的海域，如渤海溢油影响到了河北、辽宁等省份的不同地区。借鉴美国在应对墨西哥湾溢油事故过程中的 NOAA 对溢油未来的扩散方向进行模拟。一旦发生溢油事件，溢油事故发生地的海上溢油应急管理中心在收集到相关信息后，根据海流数值预报模型、波浪数值预报模型、海面风场数值预报模型和溢油漂移扩散数值预报模型下对油膜的扩散进行初步模拟。[14]在初步模拟的基础上，根据区域联动制度和信息通报制度，将相关信息和初步模拟结果立即通报溢油扩散海域溢油应急管理中心对溢油事件进行二次模拟，再将对溢油的模拟结果和相关溢油信息依次通报，并向之前的溢油应急中心反馈，这样依次地进行，构成横向的溢油模拟体系。这种横向的溢油模拟体系能够迅速有效地传递和反馈溢油应急管理中心的继续报告和补充报告。

2）溢油纵向评估制度

溢油纵向评估是建立在横向模拟的基础上，对溢油在不同区域的方向、速度及稳定性等系统变量的演化过程的模拟结果进行评估。学者参照美国州与地方政府应急管理准备能力评估体系、IMO 的《海上溢油风险评价和反应防备评估手册》以及中国有关海上溢油污染的法规范、标准和指南等，建立了海上溢油应急能力的评估指标体系，包括 5 个一级指标和 20 个二级指标。[15]通过各个指标下的预测值对溢油的模拟结果进行价值的判断和选择。通过溢油污染评估指标体系对溢油进行评估，由事发地的溢油应急管理中心按照《突发事件应对法》第 42 条以及《突发环境预案》3.2.1 对预警的级别的规定确定预警级别，对本级溢油应急管理中心难以对溢油进行评估确定的预警级别，及时上报上级溢油应急管理中心或者中央一级的应急管理机构。根据《突发事件应对法》第 43 条的程序规定，由相应的溢油应急管理中心发布应急警报，决定并宣布相关区域进入预警期，并采取《突发

① 美国的自然资源损害评价模式是以《清洁水法》、CERCLA、OPA1990 为制度基础，以内政部和 NOAA 的相关评估规则为代表的自然资源损害评估规则为规则基础，包含了众多评估版本，如 Type A、Type B 等；众多评估方法，如条件价值法、生境等价分析等。

事件应对法》第44条和第45条规定的相应措施，启动应急预案对溢油事件进行处置。

（五）应急处置方面：形成应急预案制度

作为应急管理的事中部分，在经过应急预防、应急预警启动应急预案，标志着应急处置的开始。对溢油事故的应急处置应当明确处置主体，文中的"应急处置"区别于应急处置概念中仅应急管理者对突发事件（包括溢油这种突发环境事件）的处置。首先，包括责任方溢油处置。一方面，相关法规范规定责任方对溢油进行处置。《突发环境预案》4.2.1现场污染处置规定：涉事责任方要立即采取措施，切断和控制污染源，防止污染蔓延扩散。对污染物进行处置；《海洋石油勘探预案》2.2.4（6）规定石油生产集团公司对已发生的溢油事故，负责指挥溢油事故现场的应急相应工作，包括对溢油的处置；《中国海上船舶溢油应急计划》3.5（1）规定确认事故的责任方，责令其采取可能做到的防范措施。《中华人民共和国海洋石油勘探开发环境保护管理条例》第16条及第26条以及《防治船舶污染海洋环境管理条例》第37条和第50条也规定了责任方对发生的溢油立即报告，进行控制、减轻和消除污染的责任。另一方面，溢油责任方多为石油开采和运输相关单位，其对石油的开采必定具备防止和封堵溢油的能力和技术，《海洋石油勘探应急预案》2.2.4（2）规定制定溢油应急预案、建立溢油应急响应机构以及技术保障体系；《中国海上船舶溢油应急计划》1.5规定责任方需依法编制溢油应急预案。另外，新《环境保护法》第47条、《海洋环境保护法》第18条、第54条，《海洋石油勘探开发管理条例》第6条，《防治船舶污染海洋环境管理条例》第10条及第14条，《海洋石油勘探方法》第9条、第18条及第19条；《海上船舶污染事故调查管理规定》第5条及第6条以及《海上石油勘探开发溢油应急响应执行程序》等均规定参与石油勘探的石油公司均需制定溢油应急计划，参与溢油的管理，作为责任方应对溢油的处置做出规定。其次，鉴于溢油应急管理组织体系的理论构建，以及在渤海溢油、大连新港溢油中地方政府存在溢油处置的重大缺陷，概念中的"应急管理者"此处限于地方人民政府。综上，应急处置包含两个层面：责任方的溢油处置与地方政府的溢油处置。为了实现溢油应急的事中管理必须对两方面的溢油处置予以规制。

1）构建责任方应急预案制度

澳大利亚实行安全监管模式对溢油责任方的处置工作进行规制。安全监管模式是由监管机构制定监管目标和原则，被监管者在自定安全规范的基础上接受监管机构的评估、监督；安全监管模式的核心要求是被监管者（责任方）必须说明其已经充分认识，充分评估了可能发生的风险，并会采取一切必要的措施，将风险降到尽可能低的水平；基本原则是谁制造了风险，谁就有能力来控制风险，对设备、技术以及绩效作出规定。[6]《海洋环境保护法》、《突发环境预案》、《突发环境事件应急管理办法》、《海洋石油勘探预案》以及《中国海上船舶溢油应急计划》等虽规定对责任方在应对溢油方面的设备要求、应急能力、应急预案和应急管理作出规定，然而毕竟海上溢油法规范对溢油处置做出框架式的规定，相当于对应急处置设定了目标。然而，仅目标的设定难以使寻求经济利益最大化的溢油责任方充分认识到溢油发生的风险，进而积极地对溢油进行评估和处置。鉴于处置设备和应急预案本身具有专业型和特殊性，只有企业最清楚设备的具体情况和预案的内容，也必须由企业进行运用和制定。如，大连新港溢油、渤海溢油发生后的石油公司应急预案难以对溢油事件适用，不宜对溢油事件的管理。因此必须对溢油责任方的应急处置予以规制。首先，横向上的规制，基于溢油的流动性和扩散性，一旦发生溢油会波及其他海域，势必造成环境污染、资源破坏导致经济受损，对其他地区的石油公司会产生连锁的不良的影响。其他海域出现溢油后，在区域联动制度的横向作用下，石油公司及应急设备库等事业单位、作业者结合本行业的专业性和技术性，对造成溢油的责任方的应急预案、技术设备以及应急能力进行评判，并根据《突发环境预案》等法规范督促责任方对溢油进行处置，修改溢油应急预案甚至为其提供溢油应急预案，实现行业内的监督。其次，纵向上的规制，在溢油应急管理组织体系的构建的基础上，责任方需接受溢油应急管理中心的监督，事发地的责任方当超出自己溢油应急管理能力，应当根据《海洋石油勘探预案》2.2.4（5）的规定将对溢油的处置情况报告给溢油应急管理中心，接受报告的溢油应急管理中心通报同级溢油应急管理中心，根据《突发环境预案》3.3对突发事件报告程序的规定，其他溢油应急管理中心按照报告程序予以上报。必要时，由国务院溢油应急管理工作组组成溢油应急指挥部，各级溢油应急管理中心相互协调、互相配合，指导责任方进行溢油的处置工作。最后，在横向和纵向规制的作用下，能够增加责任方的责任追究事项，加大对责任方的处罚力度，使其根本利益的得失与溢油处置的成效相挂钩，将溢油处置作为自己"分内"的事。

2）构建地方政府应急预案制度

当前，相比较国家海事部门制定《中国海上船舶溢油应急计划》并在此基础上制定各海区船舶溢油应急计划。国家海洋局制定《海洋石油勘探应急预案》、南海分局制定《南海分局海上油气开发溢油事件应急预案》，仅两部应对海洋石油开发预案的情形下，各地区尚未制定相关的《海洋石油勘探应急预案》，难以明确相关管理主体的职权、分工及责任范围，不利于防止溢油事件危害的扩大，难以对突发事件进行高效率的处置。如蓬莱19-3油田溢油事故发生后，山东省政府、烟台市政府均未制定《海洋石油勘探应急预案》，对海上溢油事件的处置缺乏操作性、指南性的方案，未发布任何海上溢油的信息。对应急管理者溢油处置的规制，根据溢油应急管理区域联动制度的建立，一方面，省级政府在国务院海上溢油应急管理工作组指导下参与溢油的处置，因工作组由国家海洋局和国家海事局联合牵头，在对海上石油勘探开发未做出溢油应急预案的情形下，省级政府可以依据国家海洋局制定的《海洋石油勘探应急预案》对石油平台、管道管线的溢油进行管理，并制定相应预案。同时，在纵向行政指令的统筹下，省级人民政府可以依据《海洋石油勘探应急预案》指导地市级政府制定相应预案，通过各级政府海上石油勘探开发溢油事件应急预案的制定，对各级政府的溢油处置进行规制，避免出现渤海溢油事件的地方政府不作为的现象；另一方面，溢油事件瞬息万变，溢油应急预案很难与之相配套甚至造成预案失效。省级政府根据《海洋石油勘探应急预案》进行溢油管理，既不照搬预案，也不存在受该预案的完全制约而故步自封，能够在较短时间内根据本地的特点实现预案创新、决策创新、领导创新，真正顺利地实施海上溢油的应急管理。

参考文献

［1］ 许欢. 海上溢油事故风险评价回顾与展望［J］. 环境保护，2005（8）.

XU Huan. Retrospect and prospect of ocean oil spill risk assessment［J］. Environmental Assessment，2005（8）.（in Chinese）

［2］ 朱童晖. 大连新港海域原油污染处置的反思与启示［J］. 海洋开发与管理，2010（8）.

ZHU Tong-hui. Reflection and revelation of crude oil pollution in the Xingang Area in Dalian［J］. Ocean Development and Management，2010（8）.（in Chinese）

［3］ 陈虹，雷婷，张灿，等. 美国墨西哥湾溢油应急响应机制和技术手段研究及启示［J］. 海洋开发与管理，2011（11）.

CHEN Hong，LEI Ting，ZHANG Can，HAN Jian-bo，YAO Zi-wei，WANG Xiao-meng. Research on the U. S. gulf of Mexico oil spill emergency response mechanism and technology including its enlightenment［J］. Ocean Development and Management，2011（11）.（in Chinese）

［4］ Sydnes Maria，Sydnes Are Kristoffer. Oil spill emergency response in Norway：coordinating interorganizational complexity［J］. Polar Geography. 2011（4）.

［5］ 何晓明. 澳大利亚海上石油天然气开发的安全监管［J］. 国际石油经济，2005（8）.

HE Xiao-ming. Safety regulation on the development of the offshore oil and gas in Australia［J］. International Petroleum Economics，2005（8）.（in Chinese）

［6］ 兰婷婷. 海洋经济发展中区域联动执法机制构建研究［D］. 杭州：浙江财经学院，2013：62.

LAN Ting-ting. Study on the regional linkage law enforcement mechanism construction during the development of marine economy［D］. Hangzhou：Zhejiang University of Finance & Economics，2013：62.（in Chinese）

［7］ 方晨. 海上突发事故应急资源优化配置问题研究［D］. 大连：大连海事大学，2011：38.

FANG Chen. The research on optimization allocation of Marine accident emergency resources［D］. Dalian：Dalian Marine University，2011：38.（in Chinese）

［8］ 邹云飞. 挪威 NOFO 协会溢油应急职责与启示［J］. 中国水运，2013（12）：89-90.

ZOU Yun-fei. Responsibilities and enlightenment of the NOFO association on oil spilling in Norway［J］. China Water Transport，2013（12）：89-90.（in Chinese）

［9］ 梅宏. 海上溢油生态损害索赔实践向立法提出的要求［J］. 江西理工大学学报.2012（4）：67-72.

MEI Hong. Requirements on legislation by practice on marine oil spill ecological damage［J］. Journal of Jiangxi University of Science and Technology，2012（4）：67-72.（in Chinese）

［10］ 姜瑶. 谈海上防污染应急资源的统筹配置［J］. 中国海事，2012（4）：41.

JIANG Yao. Discussion on the general deployment of resources for emergency response to marine pollution at sea［J］. China Maritime Safety，2012（4）：41.（in Chinese）

［11］ 杨建强. 区域生态环境预警的理论与实践［M］. 北京：海洋出版社，200515-16.

YANG Jian-qiang. Theory and practice of the regional ecosystem early warning［M］. Beijing：China Ocean Press，2005：15-16.（in Chinese）

[12] 杨建强. 海洋溢油生态损害快速预评估模式研究 [J]. 海洋通报, 2011 (6): 703.
YANG Jian-qiang. Study on the ecological damage rapid assessment model of the marine oil spill [J]. Marine Science Bulletin, 2011 (6): 703. (in Chinese)

[13] 牟林. 渤海海域溢油应急预测预警系统研究 II——系统可视化及业务化应用 [J]. 海洋通报, 2011 (6): 714.
MU Lin. Numerical model research on emergency warning and predicting of ocean oil spill in Bohai Sea: II. The visualization and the research on application [J]. Marine Science Bulletin, 2011 (6): 714. (in Chinese)

[14] 柴田. 海上溢油应急能力评估研究 [J]. 中国航海, 2011 (4): 99.
CHAI Tian. Assessment of emergency response capability to oil spill at sea [J]. Navigation of China, 2011 (4): 99. (in Chinese)

论文来源：本文原刊于《中国海商法研究》2015年9月第3期, 第37-46页。
项目资助：中国海洋发展研究中心项目 (AOCQN201223)。

中国海洋执法体制重构背景研究

董加伟[①]　王　盛[②]

摘要：随着海洋强国战略的逐步推进，中国海洋执法体制重构已正式提上议事日程。体制重构是一项涉及多要素、多进程的系统工程，既要着眼未来，又要立足现实，还要继承过往。制度环境是制度安排无法回避的载体，海洋执法体制重构应当注重背景因素的研究并尽量与其契合。一国海洋执法体制的建构不是孤立的，也不是任意的，应当在科学判断国际形势、周边局势的前提下，合理确定海洋执法重构的方向与原则，在准确定位国内政治、经济态势的前提下，合理选择海洋执法体制重构的模式与目标，在深刻把握海洋开发与管理行业规律的前提下，合理借鉴海洋管理领域的国际惯例和域外成熟经验。

关键词：海洋执法；体制重构；背景研究

一、引言

海洋是和陆地并列的地球两大地理单元之一，是人类生命保障系统的重要组成部分，更是中国未来可持续发展不可或缺的物质基础和长远支撑。[1]如果说"中华民族生存与发展的所有教训和成就均离不开中国的地理版图"[2]，那么作为中国版图中重要组成部分的海洋在近代史上则常常和中华民族生死存亡的惨痛教训紧密相连。对于正致力于实现民族复兴伟大目标的中国而言，实施海洋强国战略不应仅是痛定思痛之后的一种本能觉悟，也不应仅是适应21世纪海洋开发与管理国际新秩序的一种被动应对，更是或更应该是在对人类社会发展历史和国家更替兴衰规律深刻把握基础之上，在综合考虑时代发展主题、国际总体环境、周边地区形势、自身内在条件之后，对国家和民族未来一段时期发展方向和进退路径的一种自主抉择和必然选择。

海洋强国由理论设想向现实实践的推进，实现从海洋大国[③]向海洋强国的重大转变离不开海洋执法的坚强保障。但长期以来，中国海洋执法呈现出"多头、多级、分权、分散"的状态，执法主体庞杂分散、执法依据政出多门、执法行为"群龙闹海"、执法效率普遍不高的状况饱受诟病，并在多层面、多领域限制了国家海洋事业的全面发展，影响了

① 董加伟（1978—），男，法学博士，山东省海洋与渔业监督监察总队，主要研究方向：行政法学、海洋法、渔业法。

② 王　盛（1974—），男，山东省海洋与渔业厅，经济师，主要研究方向：海洋发展战略。

③ 对于我国是否属于"海洋大国"，有学者持否定意见，如傅崐成教授就明确提出"中国不是'海洋大国'"，参见傅崐成：《中国不是"海洋大国"》，《南风窗》2013年11期，第48-50页。

国家海洋权益的维护和渔民等各类用海主体合法权益的保护。加速重构海洋执法体制，全面提升海洋管控能力，已经成为保障中国海洋经济持续发展，推进海洋强国战略稳步实施的重要环节。任何事物的发展都是内因与外因交互作用的结果，都是在同其他事物的普遍联系中产生、演进，从既存事物中汲取成长的养料进而融入人类文明进程的某个节点最终成为新生事物的创造动因。[3]中国海洋执法体制的重构亦不外如是，既不能脱离时代背景的限制，也不能罔顾发展环境的支撑，唯有在全面分析和准确判断国际形势和国内局势的基础上，才能科学确定重构目标，合理选择重构方式。制度环境是制度安排无法回避的载体，海洋执法体制重构应当注重环境因素即重构背景的研究，科学判断国际形势和周边局势，准确定位国内政治、经济和社会态势，深刻把握海洋开发与管理行业的特定规律，合理借鉴海洋管理领域的国际惯例和域外成熟经验。

二、重构背景之国际形势——"和平与发展"成为"二战"后人类社会深刻反思之后普遍认同的理想愿景和阶段性总体特征

人类社会已经跨入信息时代，资本与信息交织而成的"蛛丝"将每一个国家和地区都联结在一张越来越紧密的网中，在经济联系水乳交融的同时，任何一国的制度安排都不得不考虑不同时期国际环境的特点和影响。纵观人类历史，从出于维持自身生存需要对食物的渴望和争夺开始，到今日国家间为了各种利益所需不时产生摩擦和纠纷为止，冲突与战争始终像梦魇一样伴随着人类的进化成长历史。在英国资本主义工业革命之前，或者说，在资本全球化和随之而来的资本多极化运动席卷全球之前，这种冲突和战争的规模相对较小，涉及的国家和地域局限于一国或临近的几国范围之内，但在资本全球性运动的催化作用之下，国家间利益冲突的矛盾以第二次世界大战为标志达到了激化的巅峰，给人类造成了几乎无法承受的苦难。"二战"结束迄今70年来，如联合国宪章所指出的，在"欲免后世再遭今代人类两度身历惨不堪言之战祸"（to save succeeding generations from the scourge of war，which twice in our lifetime has brought untold sorrow to mankind）① 的良好愿望和各种有利条件结合之下，国际社会保持了总体和平稳定的良好状态，为世界各国和地区的经济和社会发展提供了较为平稳的外部环境。和平与发展的总体状态是否会一直持续下去，成为未来人类社会的长期性特征？不同国家之间的利益冲突是否不会再以战争的残酷方式进行调和，转而采取协商、谈判或诉诸于国际法庭的文明方式予以解决？对于这个问题，笔者认为可以从以下3个方面作出判断。

（1）利益冲突是国家间和平共处必须面对却又无法消除的痼疾。"没有永恒的朋友，只有永恒的利益。"丘吉尔的话②虽然直白和残酷了些，但却是国家间关系的真实写照。

---

① See Charter of the United Nations，http：//www.un.org/en/sections/un-charter/preamble/index.html.2015年12月31日查阅。

② 对于这句话的出处，学界有争议，或曰丘吉尔所言，或曰德国"铁血首相"俾斯麦所言，或曰英国前首相、保守党领袖本杰明·迪斯雷利所言。对此，笔者认为深入考证的意义不大，因为持国家间关系不可调和观点的政治家众多，包括上述三人在内的各国政要在不同时期都发表过类似的见解。

国家利益是国际关系格局的永恒基点，国家间任何紧张、斗争抑或友好、密切的关系状态本质上都是由国家利益决定的。换言之，只要存在利益冲突，国家间关系就会紧张，利益冲突的激烈程度与国家间关系的紧张程度往往成正比变化，而国家间利益冲突又是必然存在的，只是不同时期不同国家间的利益冲突在性质和数量上有所不同。因此，国际形势或者说国家间关系的状态取决于相互之间发生冲突的利益的性质、价值和激化程度，当这种利益对冲突双方或多方而言均重要到无法轻易放弃的程度且冲突不能通过和平方式解决时，武装冲突或者说战争就会不期而至，不请自来，这是认识国际关系总体走向的基点。

（2）国家间利益冲突的解决方式已经发生变化，和平解决国际争端已经成为主流方式，但战争的阴影仍然存在。现代国际法与传统国际法的主要区别之一，就是确立了用和平方法解决国际争端的原则，如传统国际法所承认的国家享有的"诉诸战争权"，在1928年巴黎《非战公约》中即被明确废弃。[4]联合国宪章第一章"宗旨及原则"部分①不仅将和平解决国际终端作为联合国的宗旨，更明确禁止以武力或武力威胁的方式解决国际终端。因此，"二战"结束之后，谈判、协商、调停、和解、仲裁和司法方法成为解决国际争端的主流方式。但同时，我们必须清楚地认识到，人类世界并没有从此进入和平的乐土，1979年前苏联出兵阿富汗、越南入侵柬埔寨，1982年英国出兵马尔维纳斯群岛，1986年、1989年美国空袭利比亚、出兵巴拿马，1999年北约轰炸南斯拉夫，2001年、2003年美国出兵阿富汗、伊拉克，2011年以法国为首的北约军队对利比亚发起的"奥德赛黎明"侵略战争等都在明确无误的告诫我们，人类与和平的约定并不牢固。有学者提出，上述武装冲突之所以看起来并没有"世界大战"那么可怕，主要是因为战争的形式发生了变化，随着现代信息技术的发展，第一、第二次世界大战式的无限战争方式已经并将继续被"综合利用外层空间卫星侦察技术、低层空间预警技术、深层海域潜艇和声呐技术，配合陆海平面精确导弹打击技术"的新型战争形式所取代，并据此认为，不能仅凭战争形式的变化就做出"世界早已进入和平与发展时代"的结论。[5]从推进海洋强国战略实施和保障国家主权长期安全的角度着眼，笔者对此深表赞同。

（3）在经济全球化、政治多极化的宏观背景下，争取未来一段时期内国际形势的总体和平稳定是完全可以实现的。如前所述，世界和平的前提是国家间特别是大国间的利益冲突限定在一定程度内或者能够通过协商、仲裁、司法等和平方式得到妥善解决。"二战"结束后，随着资本全球性流动的加速和信息技术跨越式发展的进步，世界各国之间的经济联系日趋密切，贸易往来日益频繁，经济全球化、一体化的趋势一往无前，规模不断拓展，在经济贸易领域逐步形成了各国彼此交融、互助共长的格局，特别是美国、中国、欧盟等主要国家和地区间经济、贸易、金融关系交织繁杂，呈现出"你中有我、我中有你"的状态。国家间融合交错的利益关系为未来一段时期内国际关系的总体稳定奠定了坚实的经济基础。同时，自1991年12月25日前苏联解体后，世界政治格局线束了两极尖锐对决（即两个超级大国长期冷战对峙，如19世纪英俄对决、20世纪美苏争霸）的状态，进

---

① 联合国宪章第1条第1项规定："……以和平方法且依正义及国际法之原则，调整或解决足以破坏和平之国际争端或情势"；第2条第3、第4项规定："各会员国应以和平方法解决其国际争端，避免危及国际和平、安全及正义。""各会员国在其国际关系上不得使用威胁或武力……侵害任何会员国或国家之领土完整或政治独立。"

入了美国一家独大，欧洲抱团取暖，俄罗斯和中国合作制衡的新的动态平衡进程。在新的多极格局中，各大国的力量趋于相对平衡并相互制约，基本形成一个由美国、欧盟、日本、俄国、中国五大力量支撑的新雏形。[6]主要国家和地区间力量渐趋接近、动态平衡的实力格局为未来一段时期内国际关系的总体稳定奠定了坚实的政治基础。综合上述情况判断，国际形势总体和平稳定的状态在新的超级大国完全崛起之前的一段较长时期内是可以期许的。

三、重构背景之周边局势——"竞争持续、合作扩大"将成为未来一段时期内中国与周边国家间关系的主流基调

与国际形势相比，周边局势对一国内政外交的影响更为直接。冷战结束使亚洲地区的安全态势得到一定程度的缓解，但各国在冷战期间的各种冲突和引发危机的因素却不可能随着冷战一去不复返，只是暂时进入冷却状态，这为亚洲各国间不时发生的小规模冲突和不和谐关系塑造了先天基因。进入新世纪后，亚太地区成为国际社会各种力量相互作用的焦点地区，出于加快发展壮大自身的考虑，各国都反对在全球范围和该地区周边发生战争，紧握本国发展的自主权，[7]为避免受到世界大国的过多影响，增强在国际社会中的话语权，各国也在寻求加强协商和合作的渠道，这成为亚洲地区局势保持总体和相对稳定的重要动因。

（一）中国的自然地理特点

从地理位置上看，中国位于欧亚大陆的东部，太平洋西岸，绝大部分位于北温带，陆域上与蒙古、朝鲜等14个国家接壤，海域上与韩国、日本等8个国家相邻或相望；从地形特点看，中国三面向陆，一面环海，属于陆海兼备的国家，大陆地势西高东低，西部的高原、中部的盆地和高原、东部的平原和丘陵呈现三级阶梯式分布；从地缘政治角度看，中国疆域广阔，南北长约5 500千米，东西宽约5 200千米，在亚洲板块中占据着相对主体地位，即使在全球地缘政治比较中，中国的地理版图也拥有较大优势；[8]从地缘经济角度看，20世纪80年代后亚洲"四小龙"腾飞和中国经济持续快速增长，使中国所处的亚太地区成为当今世界最具经济活力和发展潜力的地区，各国经济上相互依存度逐步提高，相互竞争也日趋激烈，地区战略态势中的地缘经济因素明显上升。[9]

（二）中国周边陆地安全形势分析

广义上的"安全形势"包含传统安全和非传统安全①两类。中国三面向陆，在东北与朝鲜，北面分别与俄罗斯和蒙古，西面分别与哈萨克斯坦、吉尔吉斯斯坦、塔吉克斯坦、

---

① 理查德·乌尔曼在其1983年的论文《重新定义安全》中首次提出了"非传统安全"的概念，认为安全的内涵十分广泛，包括疾病、贫困、自然灾害、环境退化等均可纳入安全范畴之中。See Richard H. Ullman，"Redefining Security"，International Security，Vol. 8，No. 1（summer 1983），pp. 129-153。

阿富汗和巴基斯坦，西南分别与印度、尼泊尔、不丹，南面分别与缅甸、老挝和越南接壤。从传统安全角度分析，目前中国西邻的哈萨克斯坦等中亚五国、西南和南邻的尼泊尔等诸国数量虽多，但无论是国家体量还是国家实力均与中国有较大的差距，虽然在特定条件下会成为其他强权国家制约中国发展的棋子，但总体而言，对中国国土安全造成威胁的分量不足，西南的印度、北面的俄罗斯分别在南亚和北亚居于主体地位，其国家整体实力和军事力量均能对中国本土造成足够威胁，但一者三国发展重心不同，二者中俄、中印之间分别有着巨大的空旷地带，战略减震作用较为充分，① 因此短时期内相互间直接发生冲突的概率并不高；从非传统安全角度分析，与西亚、南亚相比，东北亚地区对中国的非传统安全威胁更大，能源安全、环境安全、文化安全、大规模杀伤性武器扩散等问题广泛存在，而且因东北亚地区多数国家均采用了"外向型"的经济发展模式，自身经济结构存在明显缺陷，严重依赖本国优势资源，忽视国内市场建设且受国内政府政策影响较大，金融体制不健全且监管体制建设滞后，地区经济安全、金融安全存在明显的易受外来影响的脆弱性，[10] 金融风险的阴影始终存在，这将成为东北亚地区各国间加强合作的内因之一。

（三）中国周边海上安全形势分析

中国东、南环海，除作为内海的渤海外，自北向南分布着黄海、东海和南海三片海域。在以蒸汽动力为基础的远程航海技术出现之前，海洋一直是中国东、南部国土安全最牢固的天然屏障，但同时也在一定程度上导致了中国制海权战略的弱化和海军力量建设的滞后，直到近代以来被西方列强坚船利炮的频繁侵犯和日本的残酷侵略所警醒。冷战结束后，美国逐步形成和坚持实施了以中国为假想敌的亚太战略，而日本、菲律宾等东南亚国家及印度都因与中国的领土矛盾或者特定的战略发展意图而在战略上追随美国，[11] 致使中国周边海域安全形势持续动荡。黄海、东海和南海周边形势比较，呈现出黄海表面稳定、东海持续僵持、南海局部冲突的特征。

1）黄海处于暂时稳定状态

黄海与日本海相邻，周边分布有中国、韩国、朝鲜、俄罗斯和日本 5 国，韩日两国在美国的强行撮合下虽暂时属于"盟友"，但因历史原因事实上貌合神离；中俄两国虽有竞争，但无论是从全球还是从东北亚地区着眼，"合则两利，分则两害"，阶段性战略合作的基础比较牢固；朝鲜虽可能因其核问题成为地区和平的不稳定因素，但在一定程度上也发挥着制约日本南下的"副作用"。多种因素交织下黄海周边表面稳定的局势不会轻易改变。

2）东海延续长期性僵持状态

一是僵持的台湾问题，这是几代中国人的一块心病。无论是从祖国统一大业出发，还是从台湾的战略位置考虑，台湾及其东北的钓鱼列岛必须回归中国，这是任何时候都不能

---

① 张文木教授提出，中国的发展重心在西太平洋，俄罗斯的发展重心在欧洲，印度的发展重心在印度洋，因此三国不形成绝对的矢量对冲。张文木：《中国地缘政治论》，海洋出版社，2015 年版，第 6—10 页。

动摇的根本性、核心性原则，但在美国、日本及其军事同盟国的干涉下，台湾这艘"永不沉没的航空母舰"何时、以何种方式回归祖国怀抱目前尚难做出判断，只能留待实践中解决；二是僵持的中日关系问题，这是中国人心中永远的痛。历史渊源与现实冲突混杂，中日两国之间始终心有罅隙，难以握手言欢。日本是"二战"的战败国，但随着战后美苏竞争的激化和"冷战"的开始，占领日本的美国背弃《开罗宣言》和《波茨坦公告》的约定，不仅变相减免了对日本的战争赔偿，加快复苏了日本经济，而且助长了日本军国主义的复活。[12]作为美国"亚洲再平衡"战略和制衡中国崛起最重要的一枚棋子，日本处心积虑数十年以求打破雅尔塔法权体系的束缚，并最终于 2015 年 9 月通过了新的《安保法案》，解禁了集体自卫权，这不仅充分暴露了其欲重夺亚洲霸主地位的野心，而且更重要的是为东亚及至整个国际社会的安全稳定带来了更多难以预料和不可控制的因素，为中日关系的持续僵化和未来东海、南海海域可能发生的地区性冲突添加了催化剂。

3）南海小范围冲突或将成为常态

1951 年，美国单方面邀请了 52 个国家在旧金山举行对日和会，组织签订了《对日和平条约》，公然篡改了《开罗宣言》和《波茨坦公告》的精神，提出"日本放弃对台湾、澎湖列岛、南沙及西沙群岛的一切权利和要求"①，但却只字未提这些领土的归属问题，为 20 世纪 70 年代后南海问题的出现埋下了伏笔。[13]进入 21 世纪后，随着南海油气资源开发的加快和航运通道作用的凸显及中国国力的持续增长，区域外大国出于遏制中国发展、维护本国利益的考虑逐步介入南海问题，并煽动越南、菲律宾等国狭隘的民族主义精神，致使南海围绕岛礁归属的小规模主权冲突不断出现。综合国际形势、各国利益冲突和综合国力等多方面的情况判断，在未来一段时间内这类冲突将持续出现，并存在冲突升级的可能，但一般不会突破各方可控范围。

四、重构背景之行业特征——海洋成为人类社会发展的热点领域和国际法框架下局部海域冲突的频繁发生和解决将成为海洋世纪的最佳诠释

海洋在物理属性上具有明显不同于陆地的诸多特征，其空间立体性、水体流动性和生物洄游性等自然属性、海洋环境对地球环境的重要性、海洋经济行业的复杂性等特点使得海洋管理与海洋执法同样具有鲜明的行业特色和专业特性。[14]海洋执法体制的优化重构必须充分考虑和积极适应海洋这一特定领域的具体特点和发展动态，深刻把握和遵循利用海洋这一特定行业的独特规律。

（一）海洋在沿海国国家战略中的地位显著提升

有用性是物之价值存在的基础，稀缺则是物之价值增长的催化剂。随着世界人口的持

---

① 《对日和平条约（Treaty of Peace with Japan）》第二条乙款。

续增加、陆地资源的持续衰退和环境问题的持续恶化，人类将发展的视野转向陆地之外的领域是一个当然和必然的选择，而海洋作为一个巨大资源宝库的特性在保障其价值提升的同时更为这种战略转向提供了难以抵御的牵引。作为人类的第二生存空间，海洋蕴藏着以渔业资源为主的丰富的生物资源、以石油和天然气为主的丰富的能源资源，同时海洋及其上空维系着90%以上的世界贸易，[15]其"生命线"作用在国家能源安全、国土安全范畴中的意义日益突出。鉴于海洋开发的巨大战略、经济和生态意义，20世纪80年代以来，世界主要海洋国家纷纷调整海洋开发策略，美国于1999年提出了"21世纪海洋开发战略"、2004年批准了"美国海洋行动计划"；欧盟于2005年通过了《综合性海洋政策》及第一阶段行动计划；日本于2004年发布了第一部海洋白皮书、2007年通过了被称为"海洋宪法"的《海洋基本法》；[16]加拿大于2002年制定了《加拿大海洋战略》、2005年颁布了《加拿大海洋行动计划》；韩国2004年出台了海洋战略《海洋韩国21》……海洋正以新兴主战场的姿态昂首进入人类社会发展的历史历程。

（二）局部小规模海域争端、岛礁争执、渔场纠纷的产生甚至激化在特定海域将长期存在

海洋是大自然赋予全人类的共同财富，无论是基于国际法上的海洋法，还是基于国内法上的公产法，海洋都是一种公共用物。[17]但随着海洋多元价值的日益彰显和战略地位的迅速提升，几乎每一个国家特别是沿海国家都在想方设法从海洋这样一座巨大的资源和权利宝库中攫取更多的利益，包括内陆国在内的世界各国对海洋的权利诉求从无到有、从弱到强，从领海宽度的变化到毗连区、专属捕鱼区的产生再到专属经济区和大陆架制度的确立，公海的范围随着沿海国主权权利的扩张和管辖触角的延展一缩再缩。利益冲突是矛盾产生和纠纷升级的最佳"引线"，与人类无止境的欲望相比，海洋这块天然大蛋糕显然仍小得太多。因此，自20世纪80年代末以来，相关国家和地区间海域之争、岛礁之争、渔场之争频繁发生。这些涉及海洋的冲突大抵上可以分为两类：一类是主权之争，部分国家间因在历史上存在错综复杂的主权或国土交集关系，主权界限特别是海洋管辖权界限存在争议，在海洋价值暴增的背景下原本被双方或多方暂时搁置的争议再次迅速发酵；另一类是用海权利之争，因各国开发和利用海洋的历史长短不一、方式各异、力度不同，导致部分国家在海洋这片原本的"无主之地"上因其早先持续的开发活动拥有了在先之历史性权利或曰传统性权利，相关各方围绕这种权利的成立与否产生了冲突。

（三）以《联合国海洋法公约》（下称《公约》）为基本框架的国际海洋管理新秩序已经建立

从博弈的角度分析，包括公约在内的国际法的制定（形成）和实施最终都是国家间综合实力角逐和相互妥协的结果。围绕海洋资源和权益这两个核心问题，联合国于1958年至1982年召开了3次国际海洋法会议，经过150多个国家24年的协商、妥协、斗争，终于在1982年4月通过了一部国际立法史上最广泛、最全面的海洋法典——《联合国海洋

法公约》。[18] 1994 年开始生效①的这部公约在法律层面上对海洋这一人类最大的公产进行了大刀阔斧的"分家析产"，确立或再次确认了了领海、毗连区、专属经济区、大陆架、群岛水域等法律制度，界定了不同海域的范围、性质、法律地位和沿海国的管辖权限，规定了争端解决的方式和程序。虽然《公约》在历史性权利、岛屿和岩礁制度、群岛制度等诸多方面存在一些缺陷，作为超级大国的美国到目前为止也尚未正式加入公约，但随着越来越多国家的加入和国际海洋法实践的发展，《公约》的影响力不断扩大，特别是进入 21 世纪以来，世界各国在解决海域和岛礁争端方面更注重于在《公约》确定的法律框架下举证、论证和求解，《公约》作为当代国际社会关系海洋权益和海洋秩序基本文件的法律地位已经确立，以至有学者将其誉为"海洋宪章"（Constitution for Oceans）[19]。

五、重构背景之国内环境——高度稳定的政治生态、稳中有升的经济常态和偏于守成的海洋战略构成了中国海洋执法体制重构的内在生态

海洋执法体制是一国行政执法体制或行政体制的组成部分，属于一国内政事务的范畴。因此，虽然海洋具有统一性和开放性，海洋开发与管理具有明显的共性规律和成熟的域外经验可资借鉴，但国内政治、经济和社会环境仍是决定一国海洋执法体制建构特征的主要因素，后者的优化重构既要符合前者的整体格局，又要顺应前者的局部变革。

（一）集中统一、高度稳定的政治大环境为海洋执法体制重构提供了可靠保障

中国是一个具有悠久集权历史的国度，命令执行式的自上而下变革模式具有深厚的社会基础。新中国成立后，特别是改革开放以来，中国的民主政治建设取得了长足进步，但中央与地方之间集中统一模式治理的大框架并未改变，而且中国经济社会快速持续发展的实践证明，这种治国理政模式适合于中国的基本国情和发展阶段，并在激烈的国际竞争中充分显示出了巨大的发展优势和独有的竞争优势。[20]集中统一政治模式的最大特点是追求政治环境的高度稳定，从执法体制重构的角度分析，这种高度稳定的政治生态带来了两种倾向性：一是自主性，即重构模式受包括他国模式在内的外在因素的影响相对较小，而是主要取决于国家的总体发展战略和领导决策层的宏观考虑；二是渐进性，即重构进度偏于求稳，而避于激进，往往采取试点先行、分步实施的方式开展，进度偏慢。

（二）整体趋缓、稳中有升的经济新常态为海洋执法体制重构提供了经济支撑

经济基础决定上层建筑，一国经济发展的整体环境和阶段态势直接影响其政治体制特别是行政体制重构的方向、模式和进度。经过改革开放以来近 40 年的持续高速发展，中国的经济和社会发展取得了举世瞩目的巨大成就，综合国力显著提升，2013 年国内生产

---

① 根据《公约》第 308 条第 1 款规定，第 60 份批准书或加入书交存之日后 12 个月生效。1993 年 11 月 16 日圭亚那（第 60 个国家）批准了《公约》，1994 年 11 月 16 日《公约》生效。

总值已从 1978 年的 5 689.8 亿元增加到 568 865 亿元，成为世界上第二大经济体，财政收入 103 740 亿元，占国内生产总值的近 22%，政府具备了较为充分的财力来承受改革伴随的诸多成本。[21]就海洋执法体制改革而言，我国海洋经济的全面发展和海洋产业部门的建立健全同样为海洋执法体制改良提供了经济保障和实践经验两个方面的有力支撑，为改良模式和改革路径的选择提供了更多可能。从另一个角度分析，经济发展有其特定规律，任何一个国家的经济增长都不可能一直保持"超音速"，事实上我国经济也已进入增速下降、稳中有升的新阶段，这是一个必然的结果。中国海洋执法体制重构必须适应经济发展的新常态，照应海洋经济发展态势的变化和海洋产业结构优化的格局①，大力加强顶层设计，既要紧贴实际，适度前瞻，选择最为适合本国国情的改良模式和建构路径，又要合理确定重构目标和实施进度，稳步推进，有序实施。

（三）守攻结合、偏重防御的海洋战略为海洋执法体制重构奠定了总体基调

一国海洋执法体制的建构方向与其海洋战略的选择息息相关，而海洋战略的选择则取决于国家的综合实力和国家战略抉择。从综合国力角度考量，虽然中国经过改革开放以来近 40 年的励精图治已经取得了举世瞩目的发展成就，综合国力极大提升，但其仍将长期处于发展中国家行列的定位未变，争取并保持友好、稳定、宽松的外部发展环境仍然是国家发展之必需，韬光养晦、守成睦邻自然是最佳选择。从国家战略层面分析，保持国内政治稳定和国民经济持续快速发展，为实现中华民族伟大复兴的目标积蓄力量是中国政府的长期和首要战略目标，因此，虽然近年来中国对海洋的重视程度不断提高，海洋强国战略已经出现在了党和国家的最高决策文件中，② 但中国海洋战略特别是海军战略总体上仍然带有鲜明的"沿岸防御"的特征，短时期内尚不足以改变其长期以来对陆权的依赖惯性。同时，因国家利益和力量投送能力仍主要局限于东亚周边区域，在可预见的未来一段时期内，中国的海洋战略必须坚持以地区性守成为指向，而不能以全球性扩张为目标。[22]

结语

历史局限性产生于历史与现实的碰撞交汇，并至少在时间和空间两个维度上对未来发生着作用。无论是人、物，还是社会关系，都不是无源之水，无根之木，都在继承历史、延续现在、走向未来的动态过程中广泛联系，彼此影响，相互促进。世界特别是中国的历

---

① 2015 年全国海洋生产总值达 64 669 亿元，占国内生产总值的 9.6%，并已形成海洋渔业、海洋油气业、海洋矿业、海洋盐业、海洋化工业、海洋生物医药业、海洋电力业、海水利用业、海洋船舶工业、海洋工程建筑业、海洋交通运输业、滨海旅游业等较为健全的海洋产业布局。参见《2015 年中国海洋经济统计公报》，http：//www.cme.gov.cn/hyjj/gb/2015/index.html。

② 党的十八大报告（2012 年）提出："提高海洋资源开发能力，发展海洋经济，保护海洋生态环境，坚决维护国家海洋权益，建设海洋强国"；国务院 2014 年《政府工作报告》提出："坚持陆海统筹，全面实施海洋战略，发展海洋经济，保护海洋环境，坚决维护国家海洋权益，大力建设海洋强国"，2015 年《政府工作报告》提出："……强化海洋综合管理，加强海上力量建设，坚决维护国家海洋权益，妥善处理海上纠纷，积极拓展双边和多边海洋合作，向海洋强国的目标迈进。"

史和现实是中国海洋执法体制重构无法回避的环境因子，包括海洋在内的世界局势的风云变幻和中国对国家未来发展的战略筹划特别是对海洋开发与管理的战略布局更是中国海洋执法体制重构必须接受的方向牵引。从这个意义上讲，重构中国海洋执法体制必须重视和加强对背景因素的研究，科学判断国际形势、周边局势和国内形势，合理确定国家战略特别是海洋战略的方向、原则和阶段性目标，掌握、遵循和利用海洋开发与管理的共性与特定行业规律。当然，在这个基础和前提之下，也应当注意跳出经验主义的樊篱，特别要注意避免邯郸学步，生硬照搬别国现有模式。因为海洋虽然具有统一性和共同性，但不同海域的具体生态环境却差别极大，热带海域的鱼固然美丽，但若强行放养到寒带水域，其结果可想而知。

参考文献

［1］ 周永生．建设海洋强国是中国的必然选择［A］．胡思远．中国大海洋战略论［M］．北京：朝代出版传媒股份有限公司，2014137-139.

［2］ 张文木．中国地缘政治论［M］．北京：海洋出版社，20151.

［3］ 董加伟．公法视野下的传统渔民用海权研究［D］．济南：山东大学出版社，2015168.

［4］ 王献枢．国际法［M］．北京：中国政法大学出版社，2003347-349.

［5］ 张文木．论中国海权［M］．北京：海洋出版社，20149-11，16，41.

［6］ 张温文．从"一超多强"走向"多极化"—试析当前国际政治格局特点［J］．赤子，2015（20）：14-15.

［7］ 【德】乔尔根·舒尔茨、维尔弗雷德．A．赫尔曼、汉斯-弗兰克·塞勒，等．亚洲海洋战略［M］．鞠海龙、吴艳译．北京：人民出版社，201413.

［8］ 张文木．中国地缘政治论［M］．北京：海洋出版社，20154.

［9］ 张炜：国家海上安全［M］．北京：海潮出版社，2008412-413.

［10］ 肖晞等．东北亚非传统安全研究［M］．北京：中国经济出版社，20156-12.

［11］ 鞠海龙．中国海权战略［M］．北京：时事出版社，201085.

［12］ 王哲，申晓若．二战后战争赔偿与日本反省战争的态度［J］．长白学刊，1996（06）60-64.

［13］ See Kimie Hara, Cold War Frontiers in the Asia-Pacific: Divided Territories in the San Francisco System, Routledge, London and New York, 2007, pp. 146-153.

［14］ 崔旺来．政府海洋管理研究［M］．北京：海洋出版社，2009.55-56.

［15］ 马嫒．海洋战略是国家和平与繁荣的重要基石［A］．胡思远．中国大海洋战略［M］．北京：北京时代华文书局，2014.1.

［16］ 赵蕾．中国制定〈海洋基本法〉的必要性和可行性研究［D］．青岛：中国海洋大学，2011：15-18.

［17］ 董加伟．公法视野下的传统渔民用海权研究［D］．济南：山东大学，2015.45.

［18］ 里程．海洋——世界各国竞争的新领域［J］．经济世界，1996（08）：21.

［19］ T. B. Koh, A Constitution for the Oceans, in UN, The Law of the Sea - Official Text of the United Nations Convention onthe Law of the Sea with Annexes and Index, New York, 1983, p. xxiii. 转引自杨泽伟：〈联合国海洋法公约〉的主要缺陷及其完善［J］．法学评论，2012（05）：57.

［20］ 胡鞍钢．从政治制度看中国为什么总会成功［J］．人民论坛，2011（06）：18.

［21］　李庚. 我国农业行政管理体制创新研究［D］. 西安：西北农林科技大学，2014：70.

［22］　Bernard D. Cole，The great wall at sea：China's Navy enters the twenty-first century，Annapolis，Md.：Naval Institute Press，2001. 转引自师小芹：论海权与中美关系［D］. 北京：军事科学出版社，2012. 269-270.

论文来源：本文原刊于《公安海警学院学报》2016 年第 3 期，第 1-8 页。

项目资助：中国海洋发展研究会项目（CAMAJJ201509）。

我国海洋能开发法律制度的现状与完善探析

罗婷婷① 　王　琦② 　蔡大浩 　王　群

摘要：我国海洋能开发空间广阔，但还远不是海洋能研发和利用大国，其中法律和政策的支持不够成为制约我国海洋能发展的主要因素。因此，有必要从海洋能开发利用的必要性和制度需求入手，分析我国现有海洋能法律制度及存在的问题；通过评析国外海洋能立法现状、发展趋势，总结其对我国的借鉴意义，有助于提出构建和完善我国海洋能法律制度的相关建议。

关键词：我国海洋能；法律制度；完善

我国海洋具有丰富的海洋能资源。据初步估算，资源总蕴藏量约为 4.31 亿千瓦，仅潮汐能和海流能，年理论发电量就可达 3 000 亿度[1]。然而，虽然我国海洋能开发空间广阔，且具有一定的技术积累和开发利用经验，但还远远不是研发和利用大国，而制约我国海洋能发展的一个重要的因素就是法律制度的支持不够。目前，我国并没有专门针对海洋能开发利用的法律法规，而是将其作为可再生能源的一个特殊种类，适用涉及可再生能源的法律制度。而我国现有的与海洋能有关的法律制度，无论从法律规范还是管理体制层面而言都存在着诸多的不足之处，难以适应日益发展的开发利用活动对法律制度的现实需求；且与国外许多海洋能开发利用大国相比，存在着明显差距。有鉴于此，十分有必要对我国海洋能立法进行梳理，分析现有制度存在的问题和亟待完善之处；同时通过比较研究国外现有的海洋能立法，总结分析其对我国法律制度完善的借鉴意义，为完善我国海洋能法律制度提出科学合理的建议。

一、我国海洋能开发法律制度现状与问题

目前我国并没有专门针对海洋能开发利用的法律法规，而是将其作为可再生能源的一个特殊种类，适用涉及可再生能源的法律制度。2005 年 2 月，我国颁布了《可再生能源法》，该法第 2 条明确地将"海洋能"纳入可再生能源的范畴，这是我国第一次将"海洋能"写入法律。

2009 年该法进行了修订，但总体而言仍是一个较为原则的政策框架法。为了使《可

①　罗婷婷，女，国家海洋信息中心副研究员，研究方向：海洋法、海洋政策。
②　王　琦，女，国家海洋信息中心副研究员，研究方向：海洋政策。

再生能源法》更具可操作性，国家发改委先后出台了一系列配套的法规和规章，国家海洋局于 2010 年颁布《海洋可再生能源专项资金管理暂行办法》。根据《可再生能源法》第 5 条的规定，我国海洋能开发利用活动在管理体制上采取的是能源统一监管与分部门监管相结合、中央监管与地方监管相结合的方式。统一监管是指国家能源局负责对包括海洋能在内的可再生能源实施统一管理。分部门监管是国务院的有关部门包括科技、国土资源、环境保护、海洋、气象等，依据有关法律对海洋能开发利用中涉及的相关活动进行监督管理。中央监管与地方监管相结合的原则是：中央一级国家机关是国家能源局，地方一级则是县以上地方政府管理能源的部门。国务院和国家能源局对海洋能开发利用活动的监管进行统一的业务指导，省级、市级、县级则依据自身职能进行分级监管。省级主要进行宏观监管，包括确定本省（自治区、直辖市）海洋能开发利用的中长期目标、编制本省（自治区、直辖市）海洋能开发利用规划等；市级既有宏观监管又有微观监管；县级主要进行执行性、直接性的微观监管[2]。

　　我国的海洋能利用法律制度为保障和促进海洋能的开发和利用起到了重要的作用，但与此同时，现有的法律规范和管理体制存在的诸多问题也逐一显现。在法律规范方面，立法的指导思想更多体现的是行政管制的特征。基本立法内容过于原则笼统，可操作性不强。与其他法律未合理对接、某些配套法规和规章存在空白。在管理体制设计方面，首先现有法律制度对于行政权力与责任的规定不够清晰；其次，分散式的管理模式导致政出多门；再次，现有法律制度给予公权力太多的负担和责任，市场参与及社会监管明显不足。

二、国外海洋能立法及对我国的启示

　　要解决我国海洋能开发利用法律制度存在的问题，除了以批判的视野来考察现行的立法之外，考察和研究国外的海洋能立法，并从中汲取经验和教训是十分必要的。

（一）相关国家的立法特征

　　目前，发展新能源已成为发达国家促进经济复苏和创造就业的重要举措。美国、英国、德国、澳大利亚、日本等国家均颁布了与海洋能有关的可再生能源的法律和政策。

　　美国的海洋能立法体系完整、逻辑严密并具有很强的操作性。从立法模式上看，采用的是单一法案与综合性法案、专门法案与配套法案相结合的立法模式[3]。从立法内容上看，其特点是自愿行动、政府推动与强制措施并重。

　　英国没有专门的海洋能法律法规。国会制定的各种能源法为可再生能源（包括海洋能）提供立法空间和基本的制度支持。英国的海洋能立法，主要的特征为：以可再生能源义务制度为核心，以比例配额为手段推进海洋能的发展。综合运用了政府机制和市场机制。

　　德国与海洋能相关的国内法律包括基本法（《能源经济法》）以及一些可再生能源专门立法。

　　此外，作为欧盟的创始国之一，通过直接适用和转化为国内法的方式，欧盟法在德国也具有法律效力。德国的海洋能立法既强调了经济效益——主要通过优先全额收购和比例配额等强制性制度确保海洋能的发展，又重视了社会公平——主要通过电力电价均衡分摊、限额使用和补贴等制度确保市场的公平竞争。成本收益方面，德国充分发挥价格和税收等宏观财政手段的杠杆作用，一方面，在发展初始阶段利用分类电价、税收减免和财政支持等优惠，保证海洋能电力供应商能享受适当利润而积极参与海洋能开发利用；另一方面，在发展到一定水平时，又通过减免、补贴的逐年减少甚至取消，刺激电力供应商不断更新海洋能技术、降低成本，带动海洋能源向更成熟的阶段发展。

澳大利亚是世界上主要的能源生产国和出口国。目前，有8%的电力来自可再生能源，其中就包括海洋能资源。2009年8月20日，澳大利亚议会通过了政府的《可再生能源法案》[4]。除此之外，澳大利亚还有《国家电力法》《能源效率法》《能源市场法》《能源许可（清洁燃料）计划法》等综合性能源法与海洋能开发利用具有密切关联。澳大利亚在海洋能利用方面借鉴的有可再生能源证书制度和可再生能源基金支持制度。

日本与海洋能有关的能源立法比较完善，包括《日本能源基本法》《日本关于促进新能源利用的特别措施法》《日本新能源利用促进措施法实施令》《日本电力设施新能源利用特别措施法》等。日本的国家能源战略及基本政策与其配套的实施细则、省令、政令等政策措施的明确规定，共同构成了海洋能的激励制度。日本主要是通过新能源利用配额制度、财政补贴、税收优惠、低息融资、绿电买入、科技振兴、国民危机意识教育等制度设计，从市场培育、推动产业发展、科技研发支援、国民意愿培养等方面全面推进海洋能的利用[5]。

（二）国外经验对我国的借鉴意义

综上，国外的海洋能立法值得我国借鉴的主要经验有以下几点。

1）法律法规的可操作性强

综观国外的海洋能立法，上述国家所确立的制度主要包括：总量目标制度、配额制度、财政补贴、税收优惠、专项基金支持、低息贷款等。除了配额制度外，我国的海洋能立法基本包含了上述框架性制度。但相比之下，在具体制度的操作性设计上与这些国家相比还存在一定的差距；后者的具体制度与措施，适用对象明确，实施目标量化，数值目标计算方法具体明晰，这不仅有利于各项法律制度的实施，也有利于之后的法律制度实施效果的评估和改进。

2）政府引导下妥善运用经济激励措施

这些国家的海洋能利用法律制度是运用强制、指导、经济激励等多种价值判断与取向各不相同的法律手段，进行系统调整的法律实施模式。在注重政府政策引导的同时，又积极依靠市场运作，综合发挥法律的指引、评价、预测、强制等多种规范作用，对海洋能开发利用活动的全过程进行有效地调控[6]。比较各国的经验，可以发现这些国家的海洋能立法注重国家的财政支持，注意建立和依靠广泛多样的市场机制，强调加强对融资和项目的监督和管理，保障补贴政策的公正、透明。

3）确立可再生能源配额制度

上述 5 个国家的海洋能立法都规定有可再生能源配额制度。如美国和英国是由政府通过法律的形式对可再生能源发电的市场份额作出强制性规定，与配额比例相当的可再生能源电量可在各地区之间进行交易，以解决地区间可再生能源资源开发的差异[7]。可再生能源配额制度在这些国家的实施是基于市场的前提下促进所有可再生能源整体发展的一项法律制度，对目前我国整个电力市场并不适宜，但是单就海洋能开发来说，我国的沿海省份（直辖市）可以考虑通过地方立法作出类似规定，以促进本地区内的海洋能开发。

4）注重制度评价并及时调整

细化的法律制度虽然可以增强实施的可操作性，但却容易因为经济和社会的发展而与现实脱节。为了解决这个问题，需要评估相关法律制度的实施效果和存在的问题，在此基础上就现行制度进行分析评价并及时修正调整。上述国家在法律制度的协调和衔接方面的处理值得效仿。

德国、澳大利亚和日本均在立法颁布后，多次对其进行修订完善。日本为防止部门法之间的冲突或者管辖权交叉，尤其注意相关法律的联动修订，并通过相关制度强调各个部门之间的协调[8]。

三、构建和完善我国海洋能立法的几个重要制度

从立法模式来看，海洋能只是可再生能源的一个特殊种类，在我国，海洋能利用远不如风能和太阳能等可再生能源。目前不可能也没有必要由全国人大常委会制定专门的海洋能法律，而是可以现有的单行能源法律——《中华人民共和国可再生能源法》《中华人民共和国电力法》《中华人民共和国节约能源法》为指导原则，完善专门的海洋能配套规章制度；与此同时，拥有丰富海洋能资源的沿海地区可以依据本地区的实际特点因地制宜地制定地方性法规。

从立法层次上看，我国现行的《中华人民共和国可再生能源法》的实施主要是依靠大量的部门规章甚至是规划类的政策，即有关的"办法""通知""规定"等，其中很多还是"暂行"的，法律效力和权威性明显不足。因此，十分有必要整合某些现有的与海洋能有关的部门规章和政策，将其上升到行政法规的层面。根据我国海洋能开发利用的法律原则，我国海洋能开发利用法律制度所需规范的重要内容，涉及行政法、民法，环境保护法和经济法等方面，同时，还需要引进经济学、管理学和环境学的制度内容，主要包括以下几个方面。

（一）引入海洋综合管理制度

作为海洋管理的高层次状态，海洋综合管理是通过综合管理来保护与合理利用海洋资

源，并实现海洋资源的可持续利用。现已被诸多沿海国推崇和重视[9]。目前，我国海洋能分散式的管理模式导致政出多门，不利于资源的统筹规划和有效利用，十分有必要通过以下措施探索海洋能开发利用综合管理的新路径。

1）完善海洋能综合利用的目标和规划

明确海洋能的这一特殊可再生能源的开发目标和规划，是确立综合管理制度的必然要求。

首先，关于总量目标——建议今后在专门涉及海洋能的行政法规中规定能源生产和消费中的海洋能总量目标，包括强制性的和指导性的。各沿海省份则可以地方立法的形式明确海洋能电力在本身电力供应中的总量目标比例。

其次，关于发展规划——除了全国性的和沿海省（自治区、直辖市）、市（县）的海洋能规划之外，还可以根据不同海洋能种类的分布状况，制定专门的潮汐能、波浪能、潮流能、温差能和盐差能发展规划。

2）建立海洋能综合管理的协调机制

可以考虑在中央层面成立一个由国家海洋局、国际能源局等相关部门代表组成的海洋能开发利用协调机构，该机构虽不具备行政级别，但是却可以承担政策协调、信息交流与共享等职能，以利于政策协调与效率提高。地方层面，鼓励不同地区建立跨行政区域的海洋能综合管理协调机制，沿海各级政府都必须有专门的机构对海洋能开发实施宏观协调管理，逐步形成中央与地方相结合，综合管理与行业管理相结合的管理体制。除了政府机构之外，综合管理的实现还需要借助社会的力量。应鼓励成立由沿海省、市、自治区为单位组成的海洋能源行业协会，并建立规范的海洋能行业协会法律制度。行业协会的法律制度应在海洋能开发利用的政策法规咨询、政府机构联系、教育培训、自律等方面作出详细的规定。

（二）增加若干强制性的海洋能电力制度

目前，我国海洋能立法已确立的强制性的制度主要是与海洋能电力相关，有并网发电审批和全额收购制度、固定电价与费用分摊制度，笔者认为还可以加入配额制度、政府采购制度和消费比例制度等。

实施强制性的海洋能电力配额制度对于促进海洋能产业的商业应用十分必要。在实践中，海洋能的发电成本相较于常规能源发电更高，即便是平价上网，电网企业所得到利润仍然不能与常规能源发电媲美，因此收购海洋能电力的积极性并不高涨。为了解决这个问题，我国可在海洋能丰富的沿海地区率先施行电力配额制度，要求这些地区的电力提供商必须提供一定份额的海洋能电力。为了保证海洋能配额制度的顺利实施，可在实施过程中引入绿色证书系统，或称可交易的海洋能证书。电力运营商必须购买和并网海洋能电力，如果某一电力运营商超额完成了所规定的义务，它可以将超额部分拿到交易市场上出售给其他未完成义务的电力运营商，从而获得资金，而购买了超额部分的电力运营商也可以用购买的超额部分来完成自己的义务。政府的角色定位于监督电力运营商完成义务，并对未完成义务的行为给予处罚，同时还承担统计、调查海洋能配额制度和市场情况的任务，以便制定下一阶段的配额义务[10]。

政府采购制度和消费比例制度则要求政府机关优先采购海洋能电力，并规定其财政中预留一定的比例用于购买海洋能电力。这一制度可在具有丰富海洋能资源和海洋能开发项目的沿海省市实施。由于政府采购"质高价廉"的要求与海洋能电力的高价之间存在一定的矛盾，为了解决这一矛盾，可通过比例制度将财政预算预留一定的比例用于采购海洋能电力。根据《政府采购法》的规定，目前的政府采购必须依据规定的采购限额和采购目录。这就使得许多可再生能源产品游离于采购范围之外。今后我们需要借鉴国外经验，政府采购时不单纯考虑资金和目录，对属于公共利益范围内的海洋能电力实施政府采购[11]。

（三）调整诱导性的财政激励措施

诱导性制度主要是财政鼓励措施。我国有关于海洋能发展专项基金的专门规定，《中华人民共和国可再生能源法》还为包括海洋能在内的可再生能源开发利用项目提供财政贴息贷款、对列入可再生能源产业发展指导目录的项目提供税收优惠等财政鼓励措施作出了规定。但是，这些鼓励措施很多都不具有操作性。

目前，国外对可再生能源的补贴依据产业链的阶段划分主要分为 3 种：① 投资补贴；② 产品补贴；③ 用户补贴。我国主要实行产品补贴，即对海洋能电价进行补贴。这种补贴方式虽然可以促进海洋能生产规模产量的提高，但并不能解决海洋能项目前期投入大、融资困难的问题，也不能有效鼓励消费者使用海洋能电力和设备，引导消费者参与海洋能发展。因此，有必要增加补贴的方式和种类，并对具体的金额和比例等作出详细规定。如给予海洋能项目的投资者一定的补贴，对于大量消费海洋能电力的生产企业进行用户补贴等。

对海洋能项目给予税收优惠是政府财政支持的另一个方式，但我国至今并未出台相关规定。目前的税收制度遵循的是"简税制、宽税基、低税率、严监管"原则，依据"简税制"原则，并不适宜单独设立可再生能源税收优惠制度，因此应以现有的税制为基础予以海洋能产业一定的优惠措施。可以借鉴国外经验，采取降低海洋能企业增值税、减免企业所得税、对海洋能企业的研发和开发行为实施税收减免等措施给予优惠。增值税属于生产环节征收的税种。由于海洋能资源可以抵扣的进项税较少，甚至没有进项税，导致无可抵扣事项，按照 17% 的比例征收增值税是不合理的，因此应该降低海洋能企业的增值税。至于企业所得税，根据《中华人民共和国企业所得税法》，若企业经营的可再生能源有利于减少污染、保护环境，则可以享受为期 5 年的抵免优惠。建议今后对于海洋能企业可以突破 5 年内弥补的限制，使相关企业在 5 年之后的年度内同样获得利润补偿。对于企业购置海洋能研发和开发的相关产品产生的费用，也可以按照一定比例在所纳税额中抵免。

此外，高新技术领域的海洋能开发需要大量的资金投入，仅仅依靠财政投入是不够的，很大程度上还需依赖银行贷款。在贷款优惠方面，《中华人民共和国可再生能源法》的现有规定仅仅是鼓励和倡议性的，建议在今后的立法中规定，政府予以海洋能贷款项目财政贴息，以扩大银行对于海洋能项目的信贷规模、降低利率、延长期限，拓展海洋能项目的融资渠道。

（四）建立海洋能民间投融资体系

作为新兴产业，海洋能发展必须将技术、投资、产业与市场融合起来，才能真正实现从政策引领到相对价格牵引的转变，进而实现产业成长[12]。这就需要健全海洋能开发利用的市场参与及激励机制，寻求多元化投资主体的协调，创建海洋能民间投融资体系。

有学者建议，为了加强民营资本的市场参与度，海洋能立法需要建立和完善以下制度内容：① 修改现行的《中华人民共和国电力法》，确立海洋能领域"发电、输电、配电、售电"分离的法律原则，为民间资本的进入提供根本保障。② 提升规范层次，确立海洋能领域民间资本准入的法律制度。该制度须包含以下内容，规定海洋能开发利用领域的资金、技术、人员等条件时，不存在歧视民间资本的内容。设计海洋能产权交易规则时，应考虑到大多数民营海洋能企业的规模、技术等方面的限制。协调《招标投标法》和《中华人民共和国反垄断法》，明确海洋能项目特许竞标的的条件和程序。③ 建立民营海洋能电力并网法律制度。将全额收购制度和并网制度公平地适用于民营海洋能电力企业。④ 建立海洋能电力大用户直购点法理制度。制定和公开民营海洋能电力大用户直购电的法定准入条件，简化审批程序[13]。

在民间资本与政府财政的协调方式上，可以考虑采取市政、道路等基础建设方面已探索的 BOT 合作方式———私营机构参与国家公共基础设施项目，并与政府机构形成一种"伙伴"关系，在互利互惠的基础上，分配该项目的资源、风险和利益。政府可以与市场主体签订行政合同，在行政合同之下，政府的角色与一般的市场主体类似。

（五）创立信息公开和追踪评价制度

目前，在我国几乎完全由政府唱独角戏的海洋能立法执行机制下，如果社会制衡机制再缺位，法律和政策实施的确定性、有效性有可能降低，影响立法目的和目标的实现。因此应在海洋能管理和评价体系中建立政府管理与公众参与、社会制衡相结合的机制。

在信息公开方面，我国《中华人民共和国可再生能源法》第 9 条只是一种"政策宣示"。此外，对于配套性规则和标准的制定、发展目标的确定、许可证的审批、监测和执法等环节，法律并未明确赋予社会公众知情权和参与权[14]。在今后的立法中需要建立多元化的信息反馈途径，对不同品种的海洋能资源进行研究和调查，应该获得全国范围内相应资源评价数据，建立和完善有关规划编制、项目审批、价格制定等方面的政府信息公开制度，通过立法，将公众参与的机制具体化、制度化，确保社会各方能够及时了解政府决策信息，获得参与决策和获得救济的机会。

在追踪评价方面，我国目前的制度亟待从以下途径进行补充和完善：具有丰富海洋能资源的省份建立海洋能项目的定期追踪和评价制度，对海洋能技术、开发利用现状、海洋能制度的实施情况进行客观评价，定期上报国家能源局。确立省级电网企业海洋能电力信息披露制度，要求其向电力监管机构定期报送海洋能发电量、上网电量、电价附加支出等情况。电网运营商定期向能源主管部门提供企业海洋能电力收购、输配的详细信息，并向消费者公开海洋能电力额度和附加费用等。追踪评估机制可以由能源主管部门负责，完成对本级行政区域内海洋能规划执行情况的评估，并在每年底前向国家能源局和国家海洋局提交相关的进展报告，每若干年提交一份进展报告。

（六）完善海洋能技术研发与推广制度

我国现有的海洋能法律制度中，关于促进海洋能技术研发和推广的内容明显不足。

现有的国际实践中，新能源与可再生能源技术研发和推广的模式主要有政府主导型、企业主导型、高校科研院所主导型和多主体合作共融型4种。其中，多主体合作共融型能最大限度地整合政府、企业和科研机构的资源，实现优势互补和相互促进。但是，这种类型需要有一个共容的平台，因此在立法过程中，应厘清各个主体在海洋能技术研发与推广中的权利、义务和责任。

（1）政府应承担资助研发、指导和督促的义务。通过资金投入和税收、投融资等扶持政策加速海洋能技术的研发、成果推广和技术转移平台。的搭建，并为企业、科研院所和国外相关机构的合作提供平台和信息。

（2）关于海洋能科研机构的法律地位。有学者建议，通过赋予科研机构参与海洋能法律关系的主体地位，确立其在相关行政管理部门的宏观领导下的市场主体资格，规定其机构设置、资金来源、研究内容等。规范其提供有偿服务的法定范围及技术服务合同的相关内容。赋予其专业监督权，督促行政部门和开发企业科学合理地利用海洋能资源[15]。

（3）鼓励企业技术创新。通过支持企业内部建立海洋能工程开发中心，高校和科研院所创办或转制为企业的方式加快海洋能技术的研发和实施。海洋工程开发中心可承担国内外技术市场分析与评价、实用装置的设计与应用示范、专业人才培训与技术服务等职能。

（4）可通过国际合作的方式实现技术引进。今后的法律制度应对国际间海洋能技术转让及相关科技中介服务机构的职能等做出相应规范。

参考文献

［1］　肖钢. 海洋能：日月与大海的结晶［M. 武汉：武汉大学出版社，2013.4.

［2］　李艳芳. 我国可再生能源管理体制研究［C］//肖国兴，叶荣泗. 中国能源法研究报告（2008）. 北京：法律出版社，2009.123.

［3］　罗涛. 美国新能源和可再生能源立法模式［J］. 中外能源，2009（7）.

［4］　王海霞. 澳大利亚议会通过可再生能源法案［N］. 中国能源报，2009（8）.

［5］　沈惠平. 日本环境政策分析［J］. 管理科学，2003（3）.

［6］　张璐. 环境产业的法律调整［M］. 北京：科学出版社，2005.76-80.

［7］　任东明. 可再生能源配额制政策研究［J］. 资源与环境，2002（12）：117.

［8］　于杨曜. 论日本太阳能利用法律制度及其对我的借鉴［C］//肖国兴，叶荣泗. 中国能源法研究报告（2008）. 北京：法律出版社，2009.106-107.

［9］　谭柏平. 海洋资源保护法律制度研究［M］. 北京：法律出版社，2008.5.

［10］　罗松. 促进可再生能源发展机制研究［D］. 重庆：西南政法大学，2010：35

［11］　李梅雪．美国可再生能源财税法律制度对我国的借鉴［J］．前沿，2013（11）：78.

［12］　肖国兴．可再生能源发展的法律路径［J］．中州学刊，2012（5）：83.

［13］　董溯战．中国可再生能源领域的民间资本准入法律问题研究［J］．经济体制改革，2013（3）：131–132.

［14］　郄建荣．可再生能源法实施应存冷思考［N］．法制日报，2006–11–11.

［15］　田其云．海洋能源开发法律制度设计［C］//肖国兴，叶荣泗．中国能源法研究报告（2009）．北京：法律出版社，2010.83.

论文来源：本文原刊于《海洋开发与管理》2015年第7期，第27–32页。

基金项目：中国海洋发展研究中心2013年项目（AOCQN201309）。

水下文化遗产打捞合同争议解决路径研究

——以国际投资条约为视角

马明飞[①]

摘要：近年来，因水下文化遗产打捞合同而引发的争议屡见不鲜。《保护水下文化遗产公约》等国际条约的先天不足导致其对争议的解决力不从心。通过对晚近相关案例的研究，可以从国际投资条约的角度对东道国与外国打捞者的打捞合同进行解读，并运用"投资者——东道国"的仲裁条款和"文化例外"条款解决争端。我国作为水下文化遗产大国，应借鉴这一模式。

关键词：水下文化遗产；国际投资争端；"文化例外"条款

水下文化遗产是文化遗产的重要组成部分，具有不可替代性、不可再生性，以及巨大的历史、文化和考古价值。按照联合国教科文组织 2001 年通过的《保护水下文化遗产公约》（以下简称《水下文化遗产公约》）的规定，水下文化遗产是指"周期性地或连续地、部分或全部位于水下至少 100 年以上的、具有文化、历史或考古价值的所有人类生存的遗迹。"公约列举了水下文化遗产的表现形式，在实践中水下文化遗产主要表现为沉船和沉物。我国在历史上曾为海上贸易大国，据统计，仅在举世闻名的"海上丝绸之路"南海通道上就有 2 000 多艘古代沉船。近年来，因水下文化遗产打捞合同而产生的争议屡见不鲜，例如 La Galga 案[②]、Juno 案[③]、Diana 案[④]和 Odyssey Marine Exploration 案[⑤]等，这些案件的争议主要关于东道国与打捞者在打捞文物的归属、东道国对打捞者的管理等方面。《联合国海洋法公约》（以下简称《海洋法公约》）和《水下文化遗产公约》是被主要援引地保护水下文化遗产的法律文件，但两者在这些争端的先天不足，导致发挥的作用有所局限。除了公法上的规定，我们能否从私法上寻找到新的视角来解决因水下文化遗产打捞合同而引发的争端？本文将在国际投资条约视阈下探讨水下文化遗产打捞合同争议解决的可行性和具体路径。

---

① 马明飞，男，大连海事大学法学院副教授，博士研究生导师，大连海事大学国际海事法律研究中心研究人员，研究方向：海洋法、自然与文化遗产保护法。

② Sea Hunt, Inc. v. Unidentified Vessels.

③ Saint Vincent and the Grenadines v. Guinea-Bissau.

④ Malaysia Historical Salvors Sdn., Bhd. v. Malaysia.

⑤ Odyssey Marine Exploration, Inc. v. The Unidentified.

一、现行水下文化遗产保护法律制度解决争议的局限

随着科学技术的发展，水下文化遗产打捞技术也得到了促进和发展。在水下文化遗产的打捞活动中，国家更愿意雇佣私营打捞者来进行打捞活动，因为这些私营打捞者拥有专业的技术、设备和经验。在双方签订的打捞合同中，国家以给予私营打捞者一定比例的被打捞的水下文化遗产或被打捞的水下文化遗产拍卖金额的一部分作为条件。国家的出发点在于保护水下文化遗产，而私营打捞者的出发点则为了经济利益，两者存在冲突，因而在打捞合同的履行过程中经常产生矛盾。现有水下文化遗产保护法律制度存在的局限，使得两者之者的矛盾和冲突无法得到有效解决。

（一）《联合国海洋法公约》的局限

《联合国海洋法公约》作为海洋法领域的宪章性文件，仅在第 149 条和第 303 条对水下文遗产保护作了简单性规定。上述两条款既没有具体说明"考古性文化和历史性文化"的构成条件，也没有明确沿海国保护水下文化遗产的具体措施，对位于大陆架和专属经济区的水下文化遗产也没有作出规定。同时第 303 条规定，"本条不妨害关于保护考古和历史性文物的其他国际协定和国际法规则"，这为寻找一种新的国际法律制度解决水下文化遗产打捞合同争议留下了空间。①

（二）《水下文化遗产公约》的局限

《水下文化遗产公约》确立了水下文化遗产的"就地保护"原则，其目的在于禁止对水下文化遗产的商业开发。公约确立了由水下文化遗产沉没所在地的沿海国、船旗国和其他相关国家合作开发的法律框架。但公约并没有规定水下文化遗产的所有权和管辖权，同时公约仅规定了有限的水下文化遗产打捞方法，这势必对成员国带来适用的困境和限制。②公约采用了较保守的保护方法，没有给予私营打捞者足够的空间，也导致了公约难以得到全球范围内的广泛接受。③ 因此，截至目前仅有 42 个国家批准了《水下文化遗产公约》。

（三）海商法中打捞规范的局限

打捞法是海商法中的重要部分，主要调整因救助水上遇险的生命或财产而产生的法律关系。打捞法要求给予救助水上遇险的生命或财产的打捞者经济报酬。许多国家的法院已经在判决中将打捞法适用于水下文化遗产救助。④ 这些判决认为被打捞的水下文化遗产属于遇险的水下财产，私人打捞者相当于救助人，因此应给予其一定比例的水下文化遗产或

---

①　See Craig J. S. Forrest, Defining 'Underwater Cultural Heritage', 31 INT'L J. Nautical Archaeology 3, 10 (2002).

②　See Patrick J. O'Keefe, Fourth Meeting of Government Experts to Consider the Draft Convention on the Protection of Underwater Cultural Heritage, 11 INT'L J. Cultural Prop. 168. 171 (2002).

③　Guido Carducci, Current Development, New Developments in the Law of Sea: The UNESCO Convention on the Protection of Underwater Cultural Heritage, 96 AM. J. INT'L L. 419, 420 (2002).

④　Blackwall, 77 U. S. at 14.

拍卖后所得金额的一部分作为报酬。① 虽然打捞法为各国的国内法，但学者认为其中关于水下文化遗产救助部分的规定已经成为了国际习惯法，理由如下：首先 1989 年国际海事组织制定的《国际救助公约》规定了"有关财产为位于海床上的具有史前的、考古的或历史价值的海上文化财产"，尽管该款作为一个保留条款，但体现了水下文化遗产可以作为被救助的立法意图。其次，打捞法中的许多原则和规定已经被视为了一种国际习惯，一些法院在判决中甚至认为打捞法已经成为了海洋法的一部分。② 尽管如此，打捞法在水下文化遗产保护中所起的作用是有限的，一方面打捞法无论从其产生还是发展来看，并不是以"保护"为核心的法律；另一方面根据打捞法，只要是处于危险的水下文化遗产，任何人都可以去打捞，这势必会引起水下文化遗产的过度商业开发。因此打捞法并不是解决水下文化遗产打捞合同争议的理想选择。

（四）打捞物法的局限

打捞物法是一套规范海域中无主物所有权归属的习惯国际法，根据"先占有无主物即拥有所有权"的原则，当一项海上财产没有所有者或所有者无法确定时，财产的发现者可以适用打捞物法来主张其所有权。③ 因此，根据打捞法，如果打捞者打捞的水下文化遗产被证明是无人财产或被放弃财产时，其所有权属于打捞者。但在司法实践中，这一推理却并没有得到有效的适用。在 La Galga 和 Juno 两个案件中④，西班牙认为两艘沉船属于军事遗产，西班牙没有放弃其所有权。最后美国最高法院支持了西班牙的主张。⑤ 2008 年的 Odyssey Marine Exploration 一案则更彰显了这一规则在保护水下文化遗产方面的不利性。 Odyssey 公司发现了一般属于葡萄牙的沉船，并向法院提起诉讼，要求法院以葡萄牙放弃了沉船的所有权为由，将所有权给予 Odyssey 公司。而 Odyssey 公司却没有公布沉船被发现的具体位置。可以推断，如果法院没有将所有权判给 Odyssey 公司，该公司将很有可能拒绝公布沉船被发现的具体位置，这显然不利于水下文化遗产打捞争议的解决。⑥

（五）水下文化遗产的争端解决机制作用有限

无论是上述两公约，还是打捞法或打捞物法所构建的水下文化遗产争端解决机制也存在弊端。一方面，《联合国海洋法公约》和《水下文化遗产公约》调整的是国家与国家的法律关系，私营打捞者无法直接通过这两项公约保护自己的权利，只能通外交保护等间接形式。同时许多国家并非上述两公约的缔约国，因此无法适用公约来解决争端；另一方面，与上述两公约不同的是，打捞法或打捞物法则过于强调保护私人的利益，很有可能导

---

① David Curfman, Be Treasure Here: Rights to Ancient Shipwrecks in International waters, 86 Wash. U. L. R. 181, 188 (2008).

② Paul Fletcher Tomenius, Patrick J. O'Keefe & Michael Williams, Salvor in Possession: Friend or Foe to Marine Archaeology?, 9 INT'L J. Cultural Prop. 263, 298 (2000).

③ Thomas J. Schoenbaum, Admiralty and Maritime Law, 16-7, 4ᵗʰed, 2009.

④ La Galga 和 Juno 是两艘西班牙的沉船。

⑤ See Hunt I, 47 F. Supp. 2d at 692.

⑥ See Odyssey Marine Exploration, Inc. Docket, supra note 114.

致私人对水下文化遗产的无限制开发，而法院在适用打捞法或打捞物法审理水下文化遗产打捞案件时，也很少考虑水下文化遗产的文化价值。[①]

二、从国际投资条约解读水下文化遗产打捞合同争议的可行性

既然现有的国际公约和法律无法有效地保护水下文化遗产，我们能否从一个全新的角度对水下文化遗产的打捞合同进行解读？能否将国家与私营打捞者签订的打捞协定视为国际投资协定的一种？能否将私营打捞者的打捞行为视为一种国际投资行为？2007 年裁决的 Diana 案可以为我们寻找答案提供帮助。

Diana 是一艘持东印度公司运营执照，往返于加尔各答与广州之间的贸易船舶。该船于 1817 年 3 月遇险沉没，当时船上有大量的丝绸和青花瓷。1991 年，马来西亚政府与一家名为马来西亚历史打捞（Malaysian Historical Salvors，以下简称 MHS 公司）的英国公司签订了一项协定。根据协定，MHS 公司获得 Diana 沉船的打捞权，打捞物品中与马来西亚历史和文化有直接关系的部分物品属于马来西亚所有，其余将在阿姆斯特丹的一家拍卖公司进行拍卖，所得金额的 70% 归属 MHS 公司。然而双方在打捞过程中发生了争端，于是 MHS 公司在吉隆坡将马来西亚政府告上了法院，法院驳回了 MHS 公司的起诉。MHS 公司随后在马来西亚尝试的各种救济手段都以失败告终。于是 MHS 公司向国际投资争端解决中心（简称 ICSID）提起了仲裁请求，认为马来西亚政府的行为违反了马来西亚与英国的双边投资协定。MHS 公司主张，其从事的打捞行为属于"投资"的一种形式，马来西亚政府没有履行保护投资的义务并对其实行了征收。而马来西亚政府则主张争端不属于投资争端，双方缔结的协定是一种纯粹的含有人文价值的合同。[②]

2007 年，该案的独任仲裁员支持了马来西亚政府的主张，认为 MHS 公司与马来西亚政府之间的打捞协定不属于国际投资协定，因此 ICSID 对本案没有管辖权。无论最终裁决正确与否，该案都具有特殊意义。这是第一起将水下文化遗产打捞协定视为国际投资协定，并适用"投资者—东道国"的仲裁条款的案件。

该案的判决结果是否正确，我们应当如何审视呢？该案的独任仲裁员 Michael Hwang 在判决中指出"本案的关键在于 MHS 公司与马来西亚的打捞协定是否为国际投资协定，这是决定 ICSID 对本案是否具有管辖权的前提"。[③] 因此，对于什么是国际投资的解释成为了本案的关键。然而 ICSID 公约并没有对什么是国际投资作出界定，大量的双边或区域性的国际投资条约也没有对什么是国际投资作出明确的界定。而和 ICSID 公约同时代的公约只是对国际投资作了开放性的界定，认为"国际投资是促进东道国经济发展的活动"。[④] 有学者指出如果 ICSID 公约对国际投资作出了明确的定义是非常危险的，因为具体的概念

①　See Tullio Scovazzi, The 2001 UNESCO Convention on UPUCH, Policy and Practice 285, 288（2006）.

②　See Jurisdiction Memo, supra note 152 at 22.

③　See Malaysian Historical Salvors SDN, BHD v. Gov't of Malay.（U. K. v. Malay.），No. ARB/05/10, 2007.

④　See Barton Legum, ICSID, OECD AND UNCTAD Symposium: Defining Investment and Investor2, Dec. 12, 2005.

无法穷尽复杂的投资形式，因此对国际投资作出模糊的界定是无奈之举。① 因此，对于国际投资概念的界定只能由实践者或仲裁员来解释。在本案中，仲裁员最后用目的解释的方法对 ICSID 公约中的投资进行了解释，认为"判断一项活动是否为国际投资取决于该活动能否促进东道国的经济发展"。本案中的打捞协定没有给马来西亚带来明显的物质利益，而是文化和历史的利益。②

实践中，被广为接受的投资定义是维也纳大学 Christoph H. Schreuer 教授提出的"五要素说"。他认为，一项典型的投资应具备如下特征，即①持续一定的时间；② 享有预期利润和回报；③ 双方承担一定的风险；④ 实质性的投入；⑤ 此外，考虑到《华盛顿公约》的发展性宗旨，该公约下的投资应对东道国的发展有所贡献。③ 本案中，MHS 公司与马来西亚之间缔结的打捞协定符合前 4 项要素的规定，争论的焦点在于"是否促进东道国经济发展"的判断。正如学者指出，本案仲裁员的最后判决是过于保守的。④ 仲裁员对投资解释时运用了目的解释的传统方法，结合本案的案情及晚近出现的国际投资定义扩大化的趋势，笔者认为本案中的打捞协定可以视为一项国际投资协定。首先，如果按照本案仲裁员的观点，判断一项活动是否为国际投资取决于该活动能否促进东道国的经济发展的话，本案中的水下文化遗产打捞在某些方面促进了马来西亚的经济发展，特别是旅游经济的发展。MHS 公司打捞上来的部分文化遗产被马来西亚文化保护工程保管并展览，吸引了大量的游客，极大地促进了马来西亚的旅游业。⑤ 其次，晚近国际投资的定义出现了扩大化的趋势，⑥ ICSID 在外国投资对东道国回报的措辞方面也产生了变化。Salmi 案⑦要求外国投资能够"有利于东道国经济发展"，而 Joy 案⑧则主张投资能够"为东道国发展起到重要贡献"。可见 ICSID 在认定上并没有统一的标准，很大程度取决于仲裁员的理解，而对东道国文化和历史贡献理应属于 Joy 案主张的投资能够"为东道国发展起到重要贡献"。最后，晚近国际投资的形式也出现了多样化，许多 BITs 对投资先作一个概括性的说明，即"投资系指一切种类的财产"，有的 BITs 甚至规定"投资"一词"应包括各类财产，包括各类权力和利益"。⑨ 尽管这些 BITs 随后会列举一些投资的具体形式，但这种列举是非穷尽式的。众所周知，文化遗产属于文化财产（Cultural property）的一部分，理所应当属于财产的一种表现形式，因此符合 BITs 中对于投资的界定。因此，本案中 MHS 公司与

---

① See Dominique Grisay, International Arbitration: The ICSID Convention: A Convenient Solution for Companies in Conflict with States, Bullet ILN, Mar. 17, 2007.

② See Malaysian Historical Salvors SDN, BHD v. Gov't of Malay. (U. K. v. Malay.), No. ARB/05/10, 2007.

③ See Christoph H. Schreuer, The ICSID Convention: A Commentary, Cambridge: New York: Cambridge University Press, 2001.

④ See Valentina S. Vadi, Cultural Heritage & International Investment Law: A Stormy Relationshiop, 15 INT'L J. Cultural Prop. 1, 1–23 (2008).

⑤ See Syed Abdul Haris Bin Sayed Mustap, Showcasing Maritime Heritage Artifacts for the Benefit of the Tourist Industry in Malaysia, 34 INT'L J. Nautical Archaeology 211, 214 (2005).

⑥ 张庆麟：《论国际投资协定中"投资"的性质与扩大化的意义》，《法学家》2011 年第 6 期。

⑦ See Salmi Costruttori S. p. a. and Italstrade S. p. a. v. Kingdom of Morocco, ICSID Case No. ARB/00/4, 2010.

⑧ See Joy Mirzirzg Machinery Gtd. v. Arab Republic of Egypt, ICSID Case No. ARB/03/11, A-ward of August 6, 2004.

⑨ 如 1963 年德国——斯里兰卡 BIT 第 8 条第 1 款。

马来西亚的打捞协定可以视为一种国际投资协定。

三、国际投资条约解决水下文化遗产打捞合同的困境与排除

既然外国私营打捞者与东道国之间约定的水下文化遗产打捞可以视为一种国际投资，那么"投资者—东道国"的仲裁条款就可以适用于两者之间产生的争端，这在很大程度上将解决《联合国海洋法公约》和《水下文化遗产公约》在解决水下文化遗产争端方面的局限性。然而"投资者—东道国"的仲裁模式，在解决水下文化遗产争端时并非一帆风顺。

（一）"投资者—东道国"仲裁条款适用的困境

由于水下文化遗产保护的特殊性，"投资者—东道国"的仲裁模式会给东道国在保护水下文化遗产方面带来困境。打捞合同体现的是两种不同的利益：一方面是东道国保护水下文化遗产的公共利益；另一方面是私营打捞者的经济利益。私营打捞者往往为了追求利益的最大化，而盲目地对水下文化遗产进行打捞，很有可能对水下文化遗产造成不可估量的破坏。此时，东道国出于保护水下文化遗产的义务，往往终止与私营打捞者的打捞合同，甚至对私营打捞者打捞上来的文化遗产进行没收。而私营打捞者为了打捞水下文化遗产需要投入巨大的人力和物力，这时他们会寻求司法手段来维护自己的利益。而从晚近发生的因文化遗产保护而引起的国际投资争端来看，私人投资者无一例外地提起了仲裁并在仲裁中主张东道国的行为构成了征收。

征收及补偿标准一直以来是国际投资领域的最重要问题之一。在 Diana 案中，MHS 公司认为马来西亚政对其打捞活动的限制实际上构成了间接征收，要求仲裁庭予以确认并赔偿其损失。东道国采取的旨在保护水下文化遗产的行为是否构成征收行为的认定，对于水下文化遗产的保护具有重要意义。因为一旦东道国的行为被确认为征收，东道国将面临对外国投资者的经济赔偿，这不但加重了东道国的经济负担，也与东道国保护水下文化遗产的初衷背道而驰。而实践中仲裁庭在解决这一问题时，态度也表现出了不一致性。在 Compania del Desarrollo de Santa Elena S. A. v. Republic of Costa Rica[1] 一案中，ICSID 认为哥斯达黎加政府保护文化遗产的行为构成了直接征收，要求给予外国投资者及时、充分、有效的补偿。同样，在 Southern Pacific Properties（Middle East）Limited v. Arab Republic of Egypt[2] 一案中，ICSID 认为埃及政府的征收行为尽管是为了履行《世界遗产公约》缔约国的义务，但不影响埃及政府对外国投资者给予公平的补偿。与上述两案件不同是，在 Glamis Gold, Ltd. v. United States of America[3] 和 Parkerings-compagniet AS V. Republic of Lithuania[4] 案中，仲裁庭均认为东道国保护文化遗产的行为不构成征收。

---

①　Compania del Desarrollo de Santa Elena S. A. v. Republic of Costa Rica, No. ARB/96/1/. 2000.

②　Southern Pacific Properties（Middle East）Limited v. Arab Republic of Egypt, No. ARB/84/3, 1992.

③　Glamis Gold, Ltd. v. United States of America, UNCITRAL（NAFTA）, 2009.

④　Parkerings-compagniet AS V. Republic of Lithuania, No. ARB/05/8, 2007.

　　由此可见，在水下文化遗产保护中，"投资者—东道国"仲裁条款虽然可以为弥补《联合国海洋法公约》和《水下文化遗产公约》在水下文化遗产争端解决机制方面的先天不足，有利于保护私营打捞者的利益，但却使东道国处于被动的地位。如果私营打捞者适用"投资者—东道国"仲裁模式，外国投资者很有可能主张东道国保护水下文化遗产的行为构成征收。而从 ICSID 裁结的相关案件来看，ICSID 对此并没有一致的做法，一旦东道国保护水下文化遗产的行为被确定为征收，东道国将面临给予外国投资者经济补偿，这显然与东道国保护水下文化遗产的初衷不符。

（二）"投资者—东道国"仲裁条款适用困境的排除

　　与其他国际投资仲裁案件不同的是，因水下文化遗产保护而产生的国际投资仲裁案件中，涉及到国家为保护水下文化遗产而承担的非投资国际义务，在上述案件中这些国家都无一例外地以保护水下文化遗产的非投资国际义务来对抗保护外国投资的义务。那么，在"投资者—东道国"仲裁条款下，东道国能否用保护水下文化遗产的非投资国际义务对抗国际投资条约义务，从而免除其保护水下文化遗的行为被认定为征收呢？笔者认为可以从以下角度考量。

1）从国际投资条约解释的角度

　　在 MHS 案中，学者认为仲裁员对于 ICSID 公约的解释过于机械和传统，只适用了目的解释，没有对其进行系统解释。① 《维也纳条约法公约》第 31 条第 1 款规定：条约应依其语按上下文并参照条约之目的及宗旨所具有的通常意义，善意解释之。同时第 31 条第 3 款第 3 项又规定，应与上下文一并考虑者尚有：适用于当事国间关系之任何有关国际法规则。根据此规定，仲裁庭在解释国际条约义务时可以适用其他国际法原则。而实践中，也存在这样的做法。在 Grand River Enterprises Six Nations, Ltd. , et al. v. United States of America 一案中②，Grand River 公司认为，美国政府的规定违反了 NAFTA 第 1105 条有关最低待遇标准的规定，构成了征收，因而提起仲裁，要求美国政府赔偿其损失。在此案当中，当事人提出在解释 NAFTA 第 1105 条的规定时应当考虑国际法的各种渊源，包括国际条约、一般规则和国际习惯。最终仲裁庭支持了当事人的主张，引用世界卫生组织《烟草控制框架公约》的规定，认为各缔约方有义务实施烟草控制措施的框架，保护环境和健康。在本案中，仲裁庭援引了其他国际条约来解释国际投资条约。

　　有学者指出投资东道国给予外国投资者的"公平和公正待遇"保护，也可以被解释为同时要求外国投资者承担一定的义务，包括不得从事违背良心道德的行为的义务。③ 这使得从其他国际法的角度来解释国际投资条约具备了可能性。有的学者甚至直接指出仲裁员

　　① See Damon Vis-Dunbar, Underwater Salvaging Firm Fails "Investment" Test in ICSID Case against Malaysia, Investment Treaty News, June 30, 2007.

　　② Grand River Enterprises Six Nations, Ltd. , et al. v. United States of America, NAFTA, 2011.

　　③ See Peter Muchlinski: Caveat Investor? The Relevance of the Conduct of the Investor Under the Fair and Equitable Treatment Standard. International and Comparative Law Quarterly, 2006.

有责任用国际法来解释国际投资协定，应考虑在投资缔约双方之间可适用的任何相关国际法规则，应采用系统的解释方法。根据这一观点，仲裁庭在处理国际投资仲裁案件时，可以适用投资缔约双方可适用的有关水下文化遗产保护的国际条约，并用这些条约来解释缔约双方的投资义务。

2）从逐渐出现的国际投资法规则角度

由于国际投资不采取遵循先例的原则，以及仲裁庭组成的临时性，使得国际投资仲裁中并不存在类似的"判例法"规则。但是，仲裁庭在实践中经常援引之前相似案件的裁决理由，并将其作为裁判本案的权威法律依据。因此，我们可以从仲裁庭已裁决的适用非国际投资义务的案件中寻找对未来类似案件起参考作用的"逐渐显现的规则"。[①]

在 ICSID 审理的 Southern Pacific Properties（Middle East）Limited v. Arab Republic of Egypt 一案中，仲裁庭认为埃及吉萨金字塔是《世界遗产目录》中被保护的文化遗产，根据《世界遗产公约》第 12 条的规定，埃及赋有保护该文化遗产的义务。因此仲裁庭认为埃及保护文化遗产的国际义务应当优先于保护国际投资的义务，其行为不构成征收。ICSID 对该案的裁决可以对未来因水下文化遗产保护而引起的国际投资争端案件起到参考和借鉴作用。

3）从文化权利的角度

人权不仅包括经济权利、社会权利，也包括文化权利。有学者认为，文化权利不仅包括对文化自由的尊重，更包含对文化遗产的保护。文化遗产包含着具体的历史价值和人文价值，是人类精神和文明的体现。在 MHS 案中，尽管仲裁员否认水下文化遗产的经济价值，但承认水下文化遗产具有巨大的历史价值和人文价值。

文化遗产权属于文化权利的一种，而文化权利又是人权的一部分。尊重和保护人权已经成为了一项国际强行法规则。虽然目前对哪些国际法规则属于强行法还没有一致的意见，但根据联合国国际法委员会的列举，人权的尊重已成为国际强行法的一部分。国际强行法是国际法上一系列具有法律拘束力的特殊原则和规范的总称，这类原则和规范由国际社会成员作为整体通过条约或习惯，以明示或默示的方式接受，并承认其具有绝对强制性，且非有同等强行性质之国际法规则不得予以更改；任何条约或行为如与之相抵触，归于无效。实践中，2006 年美洲人权法院裁决的 Sawhoyamaxa indigenous community v. paraguay 一案中，美洲人权法院在裁决中表明"普遍性的或多边的国际条约义务优先于互惠性的投资条约义务"。[②] 因此，保护水下文化遗产作为一项普遍性的国际义务可以被认为是一种国际强行法规则，任何与之相抵触的国际投资活动都是无效的。

4）从公共利益角度

与水下文化遗产保护相关的国际投资涉及重大的公共利益，在国际投资仲裁中，对公

---

① 张光：《论国际投资仲裁中非投资国际义务的适用进路》，《现代法学》2009 年第 4 期。

② Sawhoyamaxa indigenous community v. Paraguay, Inter-American Court of Human Rights, 2006.

共利益的考量是重要内容之一。① 然而实践中，往往造成对公共利益的忽视、漠视甚至损害，国际投资自由化的浪潮更加剧了这种情况。在国际投资仲裁中，仲裁庭的管辖来源于当事方的授权，因此在裁决中无须如国内法院的法官般整合广泛的社会利益，而只是狭隘地考虑对其授权的当事方的利益即可。② 国际投资仲裁员在价值取向上更强调私有财产权神圣不可侵犯，经常忽视公共利益的正当性，仲裁员出于保护私有财产权的思维定势，往往倾向于加重东道国的条约义务。③因此有学者主张仲裁员应像法官一样，充分考虑公共利益。④

同样值得注意的是，2005 年由 ICSID、OECD（经济合作发展组织）、UNCTAD（联合国贸易与发展会议）共同主持召开的"充分利用国际投资协定：我们的共同议程"研讨会上，"投资者与国家争端解决：平衡投资者的权利与公共利益"被列为第一个研讨专题。会中，各组织均强调在解决国际投资争端中应优先考虑东道国的公共利益。⑤

四、国际投资条约解决水下文化遗产打捞合同争议的新路径

无论是对投资条约的扩大解释还是从国际法的角度为东道国寻求保护水下文化遗产打捞合同争议解决的法律根据，都是一种事后救济。随着实践中争端的不断出现，学者们开始思考能否用一种事前预防的方法，将水下文化遗产打捞合同纳入到国际投资条约中。随着晚近国际投资条约的发展，学者们提出可以通过设立"文化例外"（Cultural Exception）条款来解决水下文化遗产打捞合同争议。

例外条款，又称保护条款、免责条款、防卫条款、免除条款等，在 WTO 法律制度中就有环境保护例外条款的规定。所谓"文化例外"，是指由法国提出的一种文化贸易原则，强调文化产品和服务与一般商品不同，因而不适用于自由贸易原则。实践中，在多边投资协定（Multilateral Agreement on Investment，MAI）的谈判过程中，法国和加拿大曾提出设立例外条款来保护国家的文化产品。尽管 MAI 的谈判以失败告终，但此后国家开始通过各种方法来设立"文化例外"条款。⑥ 值得注意的是，在 2006 年文莱、智利、新加坡和新西兰缔结地泛太平洋战略经济伙伴关系协定（Trans-Pacific Strategic Economic Partnership Agreement）中出现了文化例外条款。该协定第 133 款规定"成员国采取得保护具有历史或人文价值的物体时，可以作为保护贸易自由的例外"。该协定承认了成员国保护非物质文化遗产和文化遗产的需要。尽管这一文化例外条款出现在贸易协定领域，但随后在投资

---

① 漆彤：《论国际投资协定中的利益拒绝条款》，《政治与法律》2012 年第 9 期。

② 张庆麟：《国际投资仲裁的第三方参与问题探究》，《暨南学报》2014 年第 12 期。

③ 这些条约义务尤其是指不得非法征收的义务；给予外国投资者公平、公正待遇的义务；给予外国投资者国际法最低标准待遇的义务；给予外国投资者最惠国待遇的义务。

④ See William Park, Private Disputes and Public Good: Explaining Arbitration Law, 20 AM. U. INT'L. Rev. 903, 905 (2004).

⑤ Possible Improvements of the Framework for ICSID Arbitration, 2005.

⑥ See P. Muchlinski, The Rise and Fall of the Multilateral Agreement on Investment: Where Now?, 34 INT'L Lawyer 1033, 1048 (2000).

领域出现了文化例外条款。例如加拿大在其保护外国投资保护协定范本中设立了文化例外条款，认为东道国可以享有保护文化产业的例外。在司法实践中也出现了承认文化例外条款的案例，例如 2007 年的 United Parcel Service of America v. Government of Canada① 一案中，美国认为加拿大的出版协助计划对美国投资者构成了阻碍，因而提起了仲裁，加拿大根据文化产业例外条款主张豁免，最后仲裁庭支持了加拿大的主张。

"文化例外"条款是近年来国际投资谈判中的一个重点，它涉及各国的文化产业和贸易政策。2013 年美国与欧盟进行的首轮《跨大西洋贸易与投资伙伴关系协定》（TTIP）谈判中，就受阻于"文化例外"条款。在谈判过程中欧盟 27 个成员国商务部长达成一致，响应由法国文化部长提出的"文化例外"倡议。② 欧盟将"文化例外"中的"文化"规定为文化产品和文化产业。笔者认为在未来的"文化例外"条款的设计和规定中，应对其作扩大化解释，这种"文化例外"可以适用于水下文化遗产保护领域。首先，无论是文化产品、文化产业还是文化遗产都是文化的一种表现形式，都体现了人类的文化权利；其次，近 10 多年来，欧盟各国正是以"文化例外"为依据制定法律和法规，保护历史古迹或防止文化遗产流出；③ 最后，欧盟各国设立"文化例外"的目的在于保护文化的多样性，而保护水下文化遗产正是保护文化多样性的主要任务。

值得思考的是，贸易自由化与投资自由化是当今世界的主题之一，而"文化例外"条款在某种程度上会限制投资自由化。"文化例外"条款的设立，显然会造成投资自由化与水下文化遗产保护的冲突。因为国家为了保护水下文化遗产，很有可能对外国投资者的活动进行限制。那么，为什么还要主张设立"文化例外"条款呢？首先，是由于外国投资活动对水下文化遗产保护造成的不利影响。从相关案例来看，外国投资为了追求经济利益，其活动已经对文化遗产造成了损害；其次，是人们文化权利意识的增强。近些年来，保护文化遗产、保护文化多样性已越来越被广大民众所主张和倡导，人们文化权利意识的提高是推动"文化例外"条款出现的主观动因；最后，"文化例外"条款可以成为环境保护的一种手段。而 ICSID 已裁决的许多案件都体现了保护东道国环境的意图。

一旦东道国与外国投资者母国之间存在"文化例外"条款，在东道国与外国投资者之者因水下文化遗产打捞合同产生争议时，"文化例外"条款可以为东道国提供免责依据。同时，"文化例外"也有可能成为东道国权力滥用的工具。为了保护外国投资者的利益，使条款发挥应有的功效，应当强调东道国设立"文化例外"条款的动机，即出于保护文化遗产，这一公共利益的需要。

五、对我国的启示

中国拥有 300 万平方千米的辽阔海域，1.8 万余千米的大陆海岸线和丰富的内陆水域，蕴含着种类多样、数量巨大的水下文化遗产。水下文化遗产不仅关系到国家的海洋权益，

---

① United Parcel Service of America v. Government of Canada, 2002.
② 王吉英：《从"文化例外"看法国的文化保护主义政策》，《科教文汇》2013 年 10 月。
③ 何农：《从法国到欧洲的"文化例外"》，《光明日报》2013 年 12 月 5 日。

也关系到民族和国家的历史与文化。随着海上丝绸之路的提出，保护和打捞水下文化遗产已成为构筑海上丝绸之路的重要一环。因此，水下文化遗产的保护和打捞已引起社会各界的广泛重视。近年来，我国已经逐步开始了水下文化遗产的打捞工作，然而我国目前尚不是《水下文化遗产公约》的缔约国，现存的国内法律制度也存在诸多问题和不足。因此，我国需要完善水下文化遗产打捞合同的法律制度，以满足实践的需要。

（一）我国水下文化遗产的打捞形式

目前，世界各国对于水下文化遗产的打捞形式主要包括两种：一种是国家主导模式；另一种是商业打捞模式。国家主导模式主要被西班牙、葡萄牙等海上强国所采用；商业打捞模式主要被马来西亚、越南、印度尼西亚、菲律宾等发展中国家所采用。在商业打捞模式中，东道国受技术和资金所限，与外国私营打捞者缔结打捞合同，由外国私营打捞者进行打捞。我国虽然拥有数量众多的水下文化遗产，但对于水下文化遗产的打捞活动却起步较晚。以"南海一号"沉船为例，我国在 1987 年发现了"南海一号"沉船，2007 年完成了整理打捞，2013 年 11 月才正式启动全面打捞工作。究其原因：一方面是由于我国在水下文化遗产打捞方面缺乏足够的技术和经验；另一方面是需要庞大的资金，据预算，打捞"南海一号"需要约 1 亿元人民币。而越南、马来西亚等南海国家已经通过商业打捞的模式走在了我们的前列，这显然不利于我国南海海洋权益的维护。因此我们应当借鉴南海诸国的做法，采用以国家主导打捞为主，商业打捞为辅的模式，与有技术和资金的外国打捞者缔结打捞协定。

（二）外国私营打捞者行为性质的认定

如上所述，外国私营打捞者与东道国缔结的打捞水下文化遗产的协定可以被视为一种国际投资协定，我国应当采用这一做法，利端有以下几个方面：首先，我国目前还不是《水下文化遗产公约》的缔约国，而《联合国海洋法公约》在水下文化遗产的争端解决机制方面发挥的作用微乎其微。实践中，我国也不倾向在国际海洋法法庭等国际组织进行诉讼或仲裁。因此，需要寻找一种新的争端解决模式保护水下文化遗产，无论对于东道国还是外国打捞者权益的保护都是必要的。而"投资者—东道国"的仲裁模式为其提供了一个选择；其次，将外国打捞者的行为视为投资有利于吸引和鼓励外国打捞者在我国进行水下文化遗产的打捞活动，外国打捞者可以预见自己可能获得的利益，提高其积极性和主动性；最后，有利于我国对外国打捞者的打捞活动进行有效的管制。我国目前有关水下文化遗产保护的法律主要为《水下文物保护管理条例》，而该条例的许多不足早已被诟病。如果将外国打捞者的打捞活动视为国际投资，除了可以适用该条例外，我国还可以适用外资管理法律制度和国际投资协定予以规制。

（三）"文化例外"条款的设定

我国应当在国际投资协定中设立"文化例外"条款，不论该条款对于保护文化产品和文化产业的作用如何，该条款对于保护文化遗产的作用都是不可忽视的。从本文引用的案例可以发现，近年来，因文化遗产保护而产生的国际投资争端屡见不现。而我国既是国际投资的东道国，也是资本输出大国，同时又兼具文化遗产保护大国的特殊身份，外国投资者的投资行为与文化遗产的保护很有可能会产生冲突。因此，我国应当在国际投资协定中设立"文化例外"条款。一旦发生类似争端，我国可以适用"文化例外"条款作为免责的理由，以防被裁定为征收。

论文来源：本文原刊于《政治与法律》2015 年第 4 期，第 140-149 页。

基金项目：中国海洋发展研究中心项目（AOCQN201301）。

第四篇　海洋管理

生态系统管理与海洋综合管理

——理论与实践初探

王　斌① 杨振姣②

摘要： 自 20 世纪 80 年代以来，生态系统管理和海洋综合管理的思想逐步成为海洋管理的主流，并形成了众多的理论探索与实践应用。本文概述了当代西方海洋生态系统管理理论及主要国家的管理实践，总结了当前中国海洋生态文明建设；同时，本文梳理了海洋及海岸带综合管理理论及其演变，以及相关的实践内容，回顾了中国海洋综合管理的发展历程。在此基础上，对生态系统管理和海洋综合管理进行了比较分析，初步提出了基于生态系统的海洋综合管理发展方向。

关键词： 生态系统管理；海洋综合管理；基于生态系统的海洋综合管理

随着人类对开发利用海洋和保护海洋环境日益重视，海洋管理的理论与实践逐步深入。自 20 世纪 80 年代以来，特别是在 1992 年联合国环境与发展大会通过《21 世纪议程》和《生物多样性公约》等重要文件以后，生态系统管理和海洋综合管理的思想日渐成为海洋管理的主流，沿海国家以此开展了众多的理论探索与实践应用。

一、生态系统管理理论与实践

海洋生态系统管理思想最早可以追溯到 20 世纪 80 年代国际上提出的"大海洋生态系"的理论和实践[1]，该方法是将全球海洋按照自然地理单元和生态环境特征划分为若干海洋生态系，分别实施带有区域特点的生态保护策略。到 2002 年，全球已经建立了 64 个大海洋生态系统，开展了监测、研究和管理工作。此后，1992 年里约世界环境与可持续发展大会提出了应用生态系统方法保护生物多样性，得到参会各国和《生物多样性公约》等国际组织的普遍认可。在海洋领域正式确立生态系统管理理念，则是在 2002 年世界可持续发展大会上，在大会通过的《约翰内斯堡行动计划》指出，采用基于生态系统的方法保护和管理海洋，呼吁制定基于生态系统的海岸带综合管理政策与机制。2012 年"里约+20"世界可持续发展大会成果文件《我们希望的未来》，重申了运用生态系统方法管理影

---

① 王斌，男，中国海洋发展研究会副理事长，国家海洋局海洋减灾中心主任，主要研究方向：海洋生态保护、海洋综合管理、海洋减灾防灾。

② 杨振姣，女，中国海洋大学法政学院副教授，主要研究方向：公共政策分析、海洋管理与政策、政府治理与改革。

响海洋的人类活动，对保护和恢复海洋生态系统健康具有重要作用。联合国大会在海洋和海洋法非正式磋商进程，以及千年发展目标和可持续发展目标中，都鼓励各国开展基于生态系统的海洋管理。2015 年第 70 届联合国大会通过的《联合国 2015 年后可持续议程》指出："保护与可持续利用海洋和海洋资源，要求运用生态系统方法，实现海洋健康和富有生产力。"

（一）当代西方海洋生态系统管理理论

海洋生态系统管理一般概念是，为了实现可持续利用生态系统产品和服务，保持生态系统的完整性和良好状态，在最佳的生态系统及其动态科学知识基础上，对影响海洋生态系统健康的关键人类活动实施综合管理，并对生态系统组成部分包括生物和环境进行合理控制。这一概念主要强调两方面：一是生态系统结构和功能的重要性，即健康的生态系统是社会经济持续发展的基础；二是人类是生态系统的重要组成部分，即人类活动应确保维持健康的生态系统结构和功能。

近年来，世界各国在海洋战略规划中都提出运用基于生态系统的方法管理海洋。美国、加拿大、澳大利亚和欧盟等在海洋发展战略中，明确提出应用基于生态系统的方法管理海洋。美国颁布的《美国海洋行动计划》、加拿大颁布的《加拿大海洋战略》、澳大利亚颁布的《澳大利亚海洋政策》，都提出把生态系统方法作为海洋保护和管理的基本方法，实施基于生态系统的海洋管理。2008 年，欧盟制定的《欧盟海洋战略框架指令》指出，采用基于生态系统方法管理人类活动对海洋的利用，确保海洋生态系统及其服务达到良好的环境状况。英国、加拿大、澳大利亚、挪威等国家更是针对特定海域，制定实施了具体的生态管理规划或政策。

通过一定时期的理论探索和实践应用，西方发达国家不断总结凝练出生态系统管理应遵循一些原则[2]：① 生态系统管理目标是社会的抉择，也就是说管理的目标是由人类社会的需求、价值和利益的综合平衡作出的，因此这些目标并不是单纯的由生态系统自身决定，还要考虑人类因素的作用，特别是要平衡好自然生态保护与自然资源开发之间的关系；② 生态系统管理要将人的因素作为管理的重要内容，人类因素已经无时无刻、无所不在地影响着生态系统的状况，因此人类活动和生态系统的关系是生态系统管理的核心；③ 生态系统管理必须依据自然的分界，要以生态系统的自然边界条件作为管理的区域界限，而不是其他的人为行政或部门的界限，而且不同的管理尺度都要考虑生态系统格局和过程的空间特征；④ 管理必须随着生态系统的变化而采取适应性策略，正因为生态系统没有所谓的"终极"或"恒定"的状态而是永远处于变动之中，因此其管理必须也是动态和适应性的，要考虑生态系统长期变化的时间尺度，以灵活的策略应对变化，并防范系统恶化的风险；⑤ 生态系统管理应该是从全球考虑，从局部着手。因为地球系统的所有组分都是相互关联的，因此要从全球尺度出发通过国际社会共同努力以维护人类的福祉，还要分解到最低的合适水平，注重具体地区当地的社会经济条件，从基层出发致力于解决每一处局部问题；⑥ 生态系统管理的关键是维护生态系统的结构和功能，尤其是面对生态系统的退化，要将其生物和环境受到的干扰因素进行控制，以维护生态系统健康；⑦

生态系统管理要以科学工具为指导，要将关于生态系统的科学知识作为管理的基础，同时利用科学工具作为管理、监测和评估的手段，加强科学家与管理者之间的联系；⑧ 生态系统管理必须谨慎行事，因为人类对生态系统的认识还充满着局限性和不确定性，特别是对于未知的可能风险，必须采取预防性原则，明确维持生态系统安全的"最低标准"；此外，还要考虑对特定生态系统实施的管理行为，将会对邻近生态系统产生的影响；⑨ 多学科交叉对于生态系统管理是必须的，由于生态系统的复杂性和综合性，因此实施有效管理必须充分整合运用自然科学和社会科学的知识和手段，建立不同部门与团体之间的广泛协作。

（二）西方主要国家的海洋生态系统管理实践

美国海洋政策委员会在 2004 年发布了《21 世纪海洋蓝图》的海洋管理综合报告，提出了在美国海域实施新的基于生态系统的综合协调管理建议。建议的核心内容就是将美国海域划分为若干生态区，各自制定相应的管理计划。

英国在 2002 年公布了《保卫我们的海洋：海洋环境保护和可持续发展战略》，同时在其环境、食品与农村事务部下设立专门工作组，协调战略实施。该战略认识到原有涉海部门分割管理的弊端，以生态系统管理为基础协调相关部门共同实施海洋环境保护措施。在该战略框架下专门实施了为期 2 年的"爱尔兰海试点项目"，以验证在特定海域实施生态系统管理的潜力，项目完成后形成了一系列建议措施。

加拿大在 1997 年通过的《加拿大海洋法》中体现了生态系统管理的关键元素。2002年加拿大又公布《海洋战略》，并随即提出实施为期 4 年的规划，实施一系列管理措施。为此，加拿大渔业和海洋部还专门设立一个国家层面的协调机构推动生态系统管理的最佳实践，指导各个海洋生态区的项目实施和生态质量目标的实现，此外还建立了一套海洋质量状况报告系统。

澳大利亚在 1998 年发布了《澳大利亚海洋政策》，提出以生态系统为基础制定区域海洋管理规划，其中第一个规划——《东南区域海洋规划》于 2004 年批准实施，该规划包含了一系列目标和措施，规划强调对海洋环境压力进行总体评估，并在规划实施中切实发挥科技基础保障作用。

以挪威制定的巴仑支海生态系统管理规划为例[3]，海洋生态系统管理的实施大体可以分为以下几个环节：一是掌握海域生态环境和资源开发状况，识别关键区域。相关信息数据主要由科研机构、涉海部门和组织提供，涵盖了海洋开发与保护的各个方面。同时，以生态系统、经济状况和管理体制为基础，划定实施生态系统管理的海域范围。二是分析经济社会活动的影响，重点评价相关涉及海产业所产生的环境、资源和社区发展影响。三是综合各类人类活动影响，明确科学信息数据的空白，深入分析海域生态脆弱区和不同利益相关者的冲突。四是参考"生态质量目标"（EcoQOs）指标体系，确立规划总体目标及具体指标，包含了浮游生物、底栖生物、鱼类、海洋哺乳动物、海鸟、外来物种、濒危物种和环境污染等指标，此外还包含若干管理行动指标。同时，该指标体系也是规划实施过程中监测评估规划成效所依据的指标。五是综合相关管理工具确定规划行动，首要的措施是划定具体的生态管理分区，分别采取相应的具体管理行动，包括油气开发污染零排放政策、调整航线使其远离海岸和生态敏感区、实施基于生态系统的渔业管理包括减少误捕和非法捕捞、防止外来物种引入等。针对生态脆弱敏感区，还专门制定了保护措施，除了上述航线调整以外，还有禁止在区域内开采油气、实施休渔期和休渔区制度、建立海洋保护区等。为保障规划的实施，还专门设立了 3 个工作组："监测组"负责监测评估规划实施成效并提供年度报告；"危机组"专门应对各类海洋生态风险和突发事件；"专家论坛"提供专业咨询建议。在规划制定实施过程中，始终贯穿透明开放原则，不仅吸收利益相关者代表参与制定规划，而且规划过程中形成的所有文件都通过互联网公布以供公众参阅评论。规划实施过程中注重国际合作，挪威为此专门与俄罗斯成立联合工作组，推动数据信息共享和管理经验交流。

从世界范围总体来看，沿海各国基于生态系统的海洋管理的实施效果还未实现预期水平。2014 年《生物多样性公约》第 12 届缔约国大会通过的《全球生物多样性展望》（第4 版）指出，多数发展中国家的执行效果不理想，特别是珊瑚礁的保护堪忧。此外，2010年《生物多样性公约》第 10 届大会提出："到 2020 年，全球 17%的陆地或陆地内水、10%的海洋和海岸带得到保护"。但现实情况是，陆地和领海部分的承诺目标预计可以完成，而专属经济区和公海离承诺目标的保护差距则比较大。

（三）当代中国海洋生态文明建设

早在 1996 年，可持续发展就被正式确定为中国的发展战略。此后，中国发布了《中国海洋 21 世纪议程》和《中国海洋事业的发展白皮书》，这是实施海洋可持续发展战略的标志性文件。从此，海洋生态保护和管理工作日益得到重视，各项业务取得长足进展。

近年来，中国政府作出加快推进生态文明建设的战略部署，并将海洋生态文明建设作为其中重要的组成部分。为了建设海洋生态文明，国家海洋局于 2015 年制定实施了《海洋生态文明建设实施方案》。该方案的指导思想是坚持问题导向、需求牵引，坚持海陆统筹、区域联动，以海洋生态环境保护和资源节约利用为主线，以海洋生态文明制度体系和能力建设为重点，以重大项目和工程为抓手，将海洋生态文明建设贯穿于海洋事业发展的全过程和各方面，实行基于生态系统的海洋综合管理，推动海洋生态环境质量逐步改善、海洋资源高效利用、开发保护空间合理布局、开发方式切实转变。

当前和未来一段时期，中国海洋生态文明建设主要从以下 10 个方面推进：① 强化规划引导和约束，严格实施海洋功能区划，科学编制海洋领域各项规划，严格实施海岛保护规划；② 实施污染物入海总量控制，实施自然岸线保有率目标控制，实施海洋生态红线制度；③ 深化海洋资源科学配置和管理，严格管理围填海活动，促进海域海岛资源市场化配置，完善海域海岛有偿使用制度，根基无居民海岛使用管理；④ 严格海洋环境监管与污染防治，推进海洋环境监测评价制度体系建设，推动海洋生态环境监测布局优化和能力提升，强化海洋污染联防联控，健全海洋环境应急响应体系，建立海洋资源环境承载力监测预警机制；⑤ 加强海洋生态保护与修复，强化海洋生物多样性保护，推进海洋生态整治修复，实行海洋生态补偿制度；⑥ 增强海洋监督执法，健全完善法律法规和标准体系，实施海洋督察制度，建立实施区域限批制度，严格海洋资源环境检查执法；⑦ 施行绩效考核和责任追究，健全海洋生态文明建设绩效考核机制，建立海洋生态环境损害责任追究和赔偿制度；⑧ 提升海洋科技创新与支撑能力，培育壮大海洋战略性新兴产业；⑨ 推进海洋生态文明建设领域人才队伍建设，加强监测观测专业人才队伍建设，强化海洋生态文明建设人才培养引进；⑩ 加强海洋生态文明建设的宣传教育与公众参与。

推进海洋生态文明建设重大项目和工程，主要有以下几个方面：① 整治修复类工程，具体包括"蓝色海湾"综合治理工程、"银色海滩"岸滩整治工程、"南红北柳"湿地修复工程、"生态海岛"保护修复工程；② 能力建设类工程，具体包括海洋环境监测基础能力建设工程、海域动态监控体系建设工程、海岛监视监测体系建设工程、海洋环境保护专业船舶队伍建设工程、海洋生态环境在线监测网建设工程、综合保障基地建设工程、国家级海洋保护区规范化能力提升工程；③ 统计调查类项目，具体包括海洋生态专项调查、第三次全国海洋污染基线调查、海域现状调查与评价、海岛统计调查；④ 示范创建类项目，具体包括海洋生态文明建设示范区、海洋经济创新示范区、入海污染物总量控制示范工程、海域综合管理示范工程、海岛生态建设实验基地。

在推进海洋生态文明建设中，综合采用海洋生态系统方法的典型方式，就是开展海洋生态文明示范区建设。示范区以促进海洋资源环境可持续利用和沿海地区科学发展为宗旨，探索经济、社会、文化和生态的全面、协调、可持续发展模式，引导沿海地区发展方式的转变和海洋生态文明建设。海洋生态文明示范区建设包括以下 4 个方面的主要任务：① 优化沿海地区产业结构，转变发展方式；② 加强污染物入海排放管控，改善海洋环境质量；③ 强化海洋生态保护与建设，维护海洋生态安全；④ 培育海洋生态文明意识，树立海洋生态文明理念。根据上述示范区建设内容，海洋生态文明示范区设立了区域经济发展、资源集约利用、生态保护建设、海洋文化培育、保障体系建设 5 个领域共计 23 项具体评估指标，作为衡量示范区建设成效的标准。目前，已有广东珠海横琴新区等先后两批共 21 个国家级海洋生态文明示范区开展了示范建设。

综上，当前中国海洋生态文明建设的主体内容和思路脉络体现出了海洋生态系统管理的理念和方法，并且具有鲜明的中国海洋管理特色，是解决中国海洋生态保护与管理的有效途径。

二、海洋综合管理理论与实践

随着人类开发利用海洋的深入，渔业、航运、能源、矿产、旅游、城镇建设等各类活动在海洋和海岸带区域日渐密集，这些活动占用了原有的自然生态空间，改变了水文动态，排放大量废水、油类、疏浚物、工业废物、塑料垃圾，有时还引发巨大的环境突发事件，使得海洋生态服务功能受到严重影响和破坏。显而易见，对于这些多种形态且彼此关联的海洋及海岸带开发与保护问题，必须采取综合管理的框架和手段。

（一）海洋及海岸带综合管理理论及演变

国际范围内，最早的海洋和海岸带综合管理实践，可以追溯到美国在 1972 年制定实施的《海岸带管理法》，以及随后从 1972 年至 1981 年实施的"海岸带管理计划"，这是全球首个大规模海洋及海岸带综合管理行动。此后，经济合作与发展组织在 1987 年制定"海岸带管理指南"，比较正式地提出了海岸带综合管理问题，当时关注的管理问题主要是减少污染、控制海岸侵蚀、推动沿海旅游业，等等。

1994 年《联合国海洋法公约》的生效，以及 1992 年联合国环境与发展大会的召开，使海洋及海岸带综合管理的理念和实践得到空前重视和应用。在联合国环境与发展大会发布的《21 世纪议程》中，将海洋综合管理的思想作为重要内容，明确提出海洋和海岸带区域的综合管理和可持续发展，包括海洋环境保护、可持续利用和保护海洋生物资源，强调了海洋管理和气候变化问题，以及强化国际、区域间的合作等。此外，同一时期生效的《生物多样性公约》、《气候变化框架公约》及《保护海洋环境免受陆地活动影响的全球行动计划》等国际公约在海洋领域也贯彻了综合管理的理念。相关国际组织如联合国海洋法事务处、国际海洋学院、政府间海洋学委员会等还持续举办了一系列海洋及海岸带综合管理培训。

在国家层面，从 20 世纪 90 年代起，许多国家和地区开始了海洋综合管理的实践，例如澳大利亚、加拿大、韩国等成立了跨部门的国家海洋委员会，制定出台宏观的、综合性海洋管理政策。欧盟从 1994 年起组织起草海洋管理政策，此后出台了《海岸带综合管理示范计划（1996—1999 年）》，并组织各成员国制定出台国家层面的海洋综合管理政策。

以欧盟为例来看海岸带综合管理的演变，《海岸带综合管理示范计划（1996—1999 年）》考虑了以下几个方面的因素[4]：① 欧盟涉海机构如农业、渔业、工业、旅游、交通、能源等不同政策对海洋的影响；② 对欧盟民众来讲确保海洋环境健康；③ 推动海岸带地区经济和社会协调发展；④ 更好地利用海岸带资源；⑤ 与国际社会关注的海洋问题相衔接。该规划在实施过程中，努力解决和克服了以下几个问题：① 不同部门的活动特别是旅游业的无序发展；② 依靠自然的传统产业如渔业的衰退；③ 海岸带侵蚀和海平面上升导致栖息地丧失；④ 交通不便特别是海岛发展受困。该规划还分析了海洋管理层面存在的体制机制问题，主要包括：① 部门利益导致彼此之间的法规和政策缺乏协调；② 在相关规划决策过程中没有考虑可持续发展所要求的长期效应；③ 僵化的行政管理体系；④ 基层管理活动缺少资金支持；⑤ 欠缺海岸带生态系统及过程的知识；⑥ 科技界与决策者之间缺乏充分沟通；⑦ 利益相关者的参与不足。为解决上述问题，欧盟有针对性地制定了从基层—地区—国家—欧盟层面的政策措施，特别是针对体制机制问题，采取了以下措施：① 在成员国和地区层面大力推动海岸带综合管理；② 促使部门特色的法规和政策与海岸带综合管理相衔接；③ 促进利益相关者之间的对话；④ 建立海岸带综合管理最佳实践；⑤ 推动信息与知识交流；⑥ 提高公众参与意识。与此同时，该规划还对各国实施海岸带综合管理提出以下原则：① 对海岸带自然和社会问题树立整体观念；② 对海岸带开发与保护树立长期观念；③ 制定实施适应性管理措施；④ 在管理政策中要体现基层的特殊需求；⑤ 在海岸带综合管理措施中要考虑自然动态演变因素；⑥ 在规划和管理过程中要实施公众参与；⑦ 争取相关管理部门的参与和支持；⑧ 要采取综合管理手段，包括法律、经济、志愿者力量、信息、科技和教育等方面。同时，号召各国实施以下行动：①

确立海岸带综合管理的理念；② 采纳最佳实践形成的好经验；③ 评估和修正海岸带综合管理涉及的机构、法规、机制问题；④ 制定海岸带综合管理国家战略；⑤ 实施区域合作行动；⑥ 定期（5 年）向欧盟报告进展。

随着欧盟《海岸带综合管理示范计划》的不断推进实施，一些新的问题和因素也逐步纳入海岸带综合管理范畴。近年来，欧盟日益注重在海洋管理中考虑以下内容：① 生态系统（管理）方式；② 气候变化特别是海平面上升威胁；③ 生态友好型的海岸带开发与保护手段；④ 可持续的经济发展和就业机会；⑤ 活跃的基层社会文化系统；⑥ 充足的公众亲海空间；⑦ 偏远地区特别是海岛的共同发展；⑧ 海洋与陆地相关部门联动以实现海陆统筹。

从欧盟海岸带综合管理的发展演变来看，其面对的问题和解决的思路与中国情况基本类似，因此其海洋及海岸带综合管理的理念和做法也可以在中国实践中予以借鉴。通过实施海洋及海岸带综合管理，致力解决跨区域、跨部门、跨层级的矛盾，特别是资源开发与生态保护之间存在的矛盾，加强了彼此之间的统筹协调、利益共享、信息沟通、相互支持。除此之外，进一步增强了经济活动与海洋开发、社会发展的联系。

（二）海洋综合管理的实践内容

海洋及海岸带综合管理的概念随着实践几经变迁，逐步形成了较为一致的概念，即：为可持续利用、开发和保护海洋及海岸带区域和资源，而采取的持续动态的决策和管理过程。这一过程的要义在于克服了原有的涉海部门间、区域间、政府层级间以及海陆间相互分割的问题，解决彼此的冲突矛盾，通过综合管理确保上述相关体系间能够和谐协调地应对海洋及海岸带问题。由此可见，实现综合管理的关键，是建立完善涉海政治上的和谐体制机制。海洋及海岸带综合管理的目标是实现海洋及海岸带区域的可持续发展，保护栖息地和生物资源，防治海洋自然灾害，维护生态系统的支持和服务功能，促进海洋和海岸带资源合理利用以获取持久的福祉。

海洋及海岸带综合管理的核心是"综合"的理念[5]，这一理念主要包括以下几个维度：一是涉海部门间的"综合"，促使渔业、油气、航运、旅游、环保、减灾等各个部门间建立协调的合作关系，直至与陆地相关部门如农业、水利、林业等部门建立海陆统筹的联系，克服部门间各自为战、政出多门的弊端；二是政府层级间的"综合"，包括中央、省市和基层政府之间要避免各自不同的利益诉求，要采取联动的管理措施；三是区域空间的"综合"，特别是要考虑到海域与陆域之间的衔接，以及海洋不同地理单位之间的联系，针对其相互影响而制定实施相应的统一管理策略；四是科技界与管理者之间的"综合"，海洋及海岸带综合管理涉及到自然科学、社会科学和工程技术等多种学科，良好的管理实践需要坚实的科学知识和数据信息支持撑，为此必须建立跨学科的科技界和管理者之间密切合作的关系；五是国际社会间"综合"，海洋问题的宽广已超越国家主权管理的边界，大洋捕捞、跨界污染、全球航运、气候变化等问题都需要国际社会采取协调一致的行动，因此，推动国际与区域间合作是实施海洋综合管理的应有之义。

实施海洋及海岸带综合管理包括几个主要环节[6]：① 识别和评估问题，包括海洋及海岸带的资源、环境、经济、社会状况及问题，评估过程要充分吸收各部门和利益相关者参与，了解各自需求，确立整体目标和具体目标；② 制订计划并准备所需资源，计划应当包括基本的数据信息，秉承的原则，在问题分析基础上确定优先次序和空间边界范围，制定相应的政策、法规、管理和技术措施，例如制定空间规划、修订法律、采取环境经济激励措施、实施生态修复工程等，还要明确组织领导机构、涉及部门和利益相关者参与的角色定位，并建立相应协调机制，确定责任分工和任务进度表等；③ 组织实施，要按照计划落实各项管理措施，提升管理效能，强化综合协调，并提供持续有力的资金和人力保障；④ 评估改进，对实施进展和成效应定期监测和评估，以采取适应性管理手段，并在此后的管理行动中持续改进。

海洋及海岸带综合管理在推进实施过程中，应着力解决以下关键问题[7]：① 制定和修订相关法规，填补制度空白或修正制度冲突；② 建立完善协调体制机制，尤其是依法设立有权威性的高层次协调指导机构（如国家海洋委员会或中央政府领导牵头的领导小组）及附属的决策技术支持机构（如专家委员会）；③ 在此基础上，指定某一综合部门作为协调指导机构的办事机构（如办公室或秘书处），负责具体协调综合管理行为，监测评估管理成效；④ 要综合运用各种政策手段，空间规划、生态红线、保护区选划、资源权属审批、排污许可、生态修复等，并在制定出台这些管理政策时充分评估其合法性、技术合理性和公众接受度；⑤ 解决开发与保护之间的矛盾冲突，要及时掌握矛盾冲突产生的根源和造成的后果，以公正透明的姿态解决矛盾冲突，建立和完善相应的补救、补偿和赔偿机制；⑥ 注重公众参与，开门制定政策，搭建参与平台，充分公开信息，广开媒体言路，提高公众意识。

（三）中国海洋综合管理的发展历程

新中国成立以后，中国逐步对海洋实施管理，其大致历程可以分为 3 个阶段：第一阶段从 1949 年新中国成立后到 1964 年国家海洋局成立，这一阶段的海洋管理是以海防建设为中心，兼顾渔业、交通等开发建设为主的海洋行业管理，所遵循的是海洋资源特征和开发规律。第二阶段为 1964 年国家海洋局成立以后直到 20 世纪 90 年代初期，海洋管理仍以军事斗争准备和行业管理为主，但是管理所依据的基础工作如海洋调查、海洋科研、海洋观测预报等活动逐渐纳入议事日程，特别是从 70 年代后期开展的渤海环境污染调查及 80 年代初开展的全国海岸带和海涂资源综合调查，将海洋资源与环境问题开始作为海洋管理的重要议题，并于 80 年代初制定实施了《中华人民共和国海洋环境保护法》，该法同时也是中国最早的环境保护法律之一，已经逐步考虑海洋开发与环境保护协调的问题。第三阶段从 90 年代初至今，海洋管理进入到综合管理阶段，并且逐渐深入到海洋开发与保护的各个领域。

从 20 世纪 90 年代初以来，海洋综合管理的发展历程大致可以分为 3 个时期：第一个时期从 90 年代初到 20 世纪末，可以视为海洋综合管理的初创时期。第二个时期从 21 世纪初直到中国共产党十八大召开，可以视为海洋综合管理的全面发展时期。第三个时期从中国共产党十八大召开后开始，随着国内外海洋形势的变化，特别是中国共产党第十八届三中全会提出的国家治理体系和治理能力现代化，同时伴随着生态文明建设、海洋强国建设等战略的实施，海洋综合管理进入到基于生态系统的海洋综合管理新时期。

在海洋综合管理的初创时期，恰值《联合国海洋法公约》生效和联合国环境与发展大会召开，而中国改革开放也正在走向深入，沿海地区开发方兴未艾，海洋管理开始成为中央和地方政府关注的问题。国家海洋局彼时已经从军队管理的体制脱离，而沿海地方海洋管理机构也逐步开始建立，此时，需要以新的理念和方式实施海洋管理，海洋综合管理的思想应运而生。海洋综合管理的框架，集中体现在鹿守本所著的《海洋管理通论》中[8]，该著作以海洋新价值观为开篇，介绍了当代海洋工作的特点，在阐述海洋管理的概念、对象、任务和基本原则基础上，结合中国海洋管理的时代特征，论述了海洋权益管理、海洋资源管理、海洋环境管理、海洋自然保护区管理，特别是海洋法与海洋立法、海洋执法管理部分，阐明了海洋综合管理与海洋立法的关系，此外，还对中国的海洋管理体制进行了探讨，突出了具有中国特色的海洋管理模式。这部著作既是对海洋管理的理论研究，也是对当时实践的系统总结，因此从中可以基本把握海洋综合管理初创时期的总体特点。海洋综合管理的一些最初实践，已经开始建立实施，如海洋功能区划制度、海洋保护区制度、陆源污染物管理、海洋倾废管理等，还制定发布了带有时代特征的纲领性文件《中国海洋21世纪议程》。20世纪90年代中期，国家海洋局的行政主管部门性质逐步确立，海洋综合管理成为其主要职能[9]。

进入21世纪，海洋综合管理得到全面发展，海洋综合管理的目标、方向、原则和对策进一步得到明确和强化。海洋综合管理成为海洋行政主管部门的核心任务[10]，出台一系列战略规划和政策法规，不断建立完善体制机制。海洋综合管理基本涵盖了海洋综合管理的各个领域，包括了海洋政策、海洋经济、海洋权益、海洋资源、海洋环境保护、海洋科技、海洋执法等，特别是《海域使用管理法》的出台，建立了以海洋空间资源为基础的管理体系，成为全面推进中国海洋管理工作的动员令。同时，中国海监总队的执法管理日臻完善，实现了对中国管辖海域全面的巡航执法。此后，海洋综合管理从中央到地方得到长足进展，大力拓展海洋开发空间成为沿海各级政府的普遍共识。此后，伴随着沿海地区海洋开发热潮，海洋综合管理成为保障沿海地方经济社会发展的重要手段，沿海地区所有省份都制定出台了海洋开发的政策规划，并经中央批准上升为国家战略。同时，《海岛保护法》的出台和海洋减灾防灾体制的完善等，进一步丰富了海洋综合管理的内容。随着中国海洋实力的进一步提升，海洋综合管理的内涵与外延不断拓展，强调海洋意识和海洋文化的软实力作用，注重维护国家海洋权益和环境利益，大张旗鼓地开展了钓鱼岛等海上维权和渤海蓬莱19-3油田溢油事故处置工作，"蛟龙"号载人深潜等成功将海洋管理的空间延展到极地和大洋。当然，这一时期海洋综合管理的体制尚未得到根本改变，"五龙闹海"的局面仍旧存在，海洋综合管理的理论和实践尚需深入和完善。

中国共产党第十八次全国代表大会提出了建设海洋强国的宏伟战略，此后又提出了建设21世纪海上丝绸之路的战略构想，海洋综合管理也相应地迎来了面向未来的新机遇。2013年中国全国人大十二届一次会议通过的国务院机构改革和职能转变方案提出，设立高层次议事协调机构国家海洋委员会，并对以前分散的海洋执法机构进行了整合，使中国的海洋管理体制进一步向综合集中转变。在这一新的历史起点，国家海洋局从国际海洋事务和国内海洋事业发展的全局出发，确立了海洋综合管理的新方向和新任务。

在新的历史时期，海洋在国际政治经济格局和中国战略全局中的作用将更加凸显。既有深度参与全球海洋事务和赢得海洋领域国际竞争的机遇，也面临着解决周边海洋权益争端和维护海上战略通道的挑战；既有在通过 21 世纪海上丝绸之路加快"走出去"步伐、发展开放型经济的巨大空间，也存在海洋经济运行稳中有忧，亟须调整结构、优化布局的压力。因此，中国海洋管理的指导思想、管理方法和管理手段都面临着重大转变：主要是海洋经济管理面临着由统计向监测评估和政策调控转变；近海空间利用由强调生产要素向注重消费要素和生态功能转变；海洋环境保护向污染控制和生态安全转变；海洋科技成果向资本化、产业化和市场化应用转变；海洋公共服务向满足国计民生需求转变；国际海洋事务向深度参与国际规则制定和秩序维护转变；海洋权益和安全维护向统筹兼顾、多措并举转变。基于这种形势，海洋综合管理的发展趋势是按照"五位一体"总体布局和"四个全面"战略布局，在服从服务国民经济和社会发展大局中准确定位、主动作为。牢固树立创新、协调、绿色、开放、共享 5 大发展理念，推动海洋事业发展形成新动力、新格局、新途径、新空间和新成效。夯实经济富海、依法治海、生态管海、维权护海和能力强海五大体系，实施"蓝色海湾、南红北柳、生态岛礁、智慧海洋、雪龙探极、蛟龙探海"6 项重点工程。

三、生态系统管理和海洋综合管理的比较分析与基于生态系统的海洋综合管理

生态系统管理的核心目标是维护生态系统的结构和功能，海洋综合管理的核心目标是确保人类可持续发展。生态系统管理不能完全取代海洋及海岸带综合管理，因为两者的侧重点不同，前者是后者的基础和方法，后者是前者的结果和保障。

（一）生态系统管理和海洋综合管理的比较分析

生态系统管理的侧重点是：① 目标是生态系统的功能和过程，特别是生态系统的能量、物质的流动，以及抵御干扰的能力和此后的恢复能力，防止减少物种减少和栖息地破坏。② 立足于利益相关者，特别是直接依靠生态系统功能而获益的基层社区的利益相关者，因此社区的管理能力和管理权利得到重视。③ 针对不同特点的生态系统因地制宜采取不同的管理方式，并与当地社区的社会、经济和文化状况相协调，在管理中要根据监测评估结果进行调整，实施适应性管理。④ 加强机构间的合作，特别是涉及生态系统的各自然资源管理部门之间的合作。

海洋综合管理的侧重点是：① 目标是实现海洋资源环境和社会经济的可持续发展；② 进一步引申了1994 年人类环境与发展大会所确立的"代际间平等"、"预防为主"、"污染者付费"，强调"整体性"和"跨学科"，特别是科学与政策间的衔接；③ 强化了部门间的协调和谐，推动解决海洋生态保护与经济开发之间的矛盾；④ 统筹空间边界，管理

界线向陆地一侧延伸至影响到海域资源环境的城乡和流域边界，向海一侧主要是国家管辖海域的边界，涉及全球海洋问题则包括了宽广的公海海域，由此可见，其范围综合了海域和陆域相互影响的区域；⑤ 强调要克服涉海部门间和政府层级间的分割问题，要建立跨部门和跨层级有效协调的体制和机制，当然这种协调功能并不是取代而是补充了各个部门或各级政府的职责；⑥ 应用科技支撑，考虑到海洋及海岸带区域的复杂性和不确定性，管理必须建立在科学基础之上，例如风险评估、价值评估、脆弱性评估、自然资产评估、成本/效益分析、监测技术等应普遍应用于综合管理之中。此外，综合管理还强调了"自上而下"和"自下而上"管理路径的同等重要性，要建立公正透明的部门和公众参与机制。

上述两种方式也各自存在一定的局限性。例如相对于海洋综合管理方法擅长的海岸带管理，典型的大海洋生态系统管理则基本没有将与其连接的海岸带生态系统纳入进来，因为它是以近海和远洋的渔业资源为基础的。反之，对于海洋生态系统管理最为核心的生态系统服务功能，海洋综合管理方法的关注程度尚显不足。因此，在海洋生态保护和管理实践中，应该综合两种方法的各自优势，取长补短，协同实施。

（二）基于生态系统的海洋综合管理初探

今后，海洋管理的主要任务就是完善基于生态系统的海洋综合管理体系，统筹海洋开发与保护。这是现代海洋管理理论、制度、实践发展的必然趋势，其核心目标是实现"人海和谐"，根本要求是遵循海洋生态系统内在规律，保持生态系统动态平衡和服务功能，基本方法是综合运用法制、行政、监测评价等多种手段，将"生态+"思想贯穿于海洋管理各方面，实现海洋资源环境的永续利用。

一是构建基于生态系统的海洋综合管理规划体系，要以《全国海洋主体功能区规划》为基本依据，把生态指标作为必备要素，全面纳入海洋事业发展综合规划与海洋经济、海域使用、海岛保护、海洋科技等各专项规划。

二是构建基于生态系统的海洋综合管理制度体系，建立健全海洋生态红线、围填海管控、重点海域污染物总量控制、海洋工程项目区域限批、海洋生态补偿和生态损害赔偿、海洋资源环境承载力监测预警、海域海岛有偿使用与市场化配置等制度规范，切实把保护海洋生态环境的理念全面体现于海洋法制之中。

三是要构建基于生态系统的海洋综合管理监督评价体系，研究制定海洋生态文明综合评价指标，开展自然岸线保有率、无居民海岛价值评估、海域资源资产分类评价，建立实施海洋督察制度，探索建立海洋自然资源资产负债表，将其作为沿海各级政府绩效考核内容的优先项目，并与审计、责任追究、奖惩激励等机制挂钩联动。

四是构建基于生态系统的海洋综合管理试点示范体系，坚持试点示范先行，积极推进海洋生态文明建设示范区、海洋综合管理示范区、海岛生态实验基地建设。

五是构建基于生态系统的海洋经济发展模式，加快推动海洋产业生产方式绿色化，重点发展绿色、循环、低碳的海洋生态产业，推动实施蓝色碳汇行动。

六是要推动基于生态系统的海洋科技创新，既要力争在深水、绿色、安全的海洋高技术领域取得突破，又要发挥海洋高新技术在生态管海中的支撑作用。

　　总之，中国海洋综合管理的发展趋势，就是将推进国家治理体系和治理能力现代化这一全面深化改革的总目标，贯穿于经济富海、依法治海、生态管海、维权护海和能力强海的海洋工作 5 大体系，构建基于生态系统的现代化海洋治理体系，推动中国海洋综合管理迈向一个新时代。

参考文献

［1］　陈宝红，杨圣云，周秋麟．以生态系统管理为工具开展海岸带综合管理．台湾海峡，2005，1：122-130.

［2］　［英］E. 马尔特比著．生态系统管理——科学与社会问题．康乐，韩兴国译．北京：科学出版社，2003. 21-37.

［3］　Olsen E, Gjoseter H, Rottingen I, Dommasnes A, Fossum P, & Sandberg P, "The Norwegian ecosystem-based management plan for the Barents Sea", ICES Journal of Marine Science, No. 64, 2007, pp. 599-602.

［4］　Stefano Belfiore, "Integrated Coastal Zone Management in the European Union: Prospects for a Common Strategy", in: Biliana Cicin Sain, Igor Pavlin, Stefano Belfiore, ed., Sustainable Coastal Management: A Transatlantic and Euro-Mediterranean Perspective, Springer Netherlands, 2002, pp. 3-8.

［5］　赵利明，伍业锋，施平．从综合角度看我国海岸带综合管理存在的问题．海洋开发与管理，2005，4：17-22.

［6］　Bilinana Cicin-Sain & Robert W. Knecht, Integrated Coastal and Ocean Management: Concepts and Practices, Island Press, 2000, pp. 469-470.

［7］　PEMSEA, Sustainable Development Strategy for the Seas of East Asia. 2003. pp. 1-111.

［8］　鹿守本．海洋管理通论．北京：海洋出版社，1997. 1-385.

［9］　张登义．管好用好海洋．北京：海洋出版社，2007. 1-443.

［10］　管华诗，王曙光．海洋管理概论．青岛：中国海洋大学出版社，2003. 1-251.

　　论文来源：本文为文集特邀撰稿。

　　项目资助：中国海洋发展研究会重点项目（CAMAZD201502）。

基于海洋生态文明建设的海洋综合管理探讨

高　艳①

摘要：海洋生态文明作为生态文明的重要组成部分，是我国海洋事业发展乃至经济社会可持续发展的重要依托。随着我国海洋生态文明建设的推进，对海洋管理提出了更高的要求，强调在海洋管理活动中，要充分考虑自然界诸多因素之间的关联性，维持海洋生态系统的所有组成部分彼此的制约关系和生物与生态环境之间的平衡关系。本文立足于生态系统管理的理论，从海洋管理的实际出发，本着科学的态度，探寻基于海洋生态文明建设的海洋综合管理方案。

关键词：生态文明；海洋；综合管理

2015 年 4 月，中央正式发布了《中共中央、国务院关于加快推进生态文明建设的意见》，建设生态文明已成为我国今后一段时期社会经济发展战略的重要核心内容。海洋是自然生态系统中最大的生态系，海洋生态文明是生态文明的一个重要组成部分，在生态文明建设中具有十分重要的地位。随着我国海洋生态文明建设的推进，要求必须科学合理的开发利用海洋，实现海洋经济的可持续发展。通过树立尊重海洋、了解海洋、保护海洋的海洋生态文明理念，把海洋生态文明建设融合贯穿到经济、政治、文化、社会建设的各方面和全过程，提高海洋资源开发、环境保护、综合管理的管控能力，推动我国海洋强国战略的顺利实施。因此，围绕海洋生态文明建设这一主旨，不断推动我国海洋综合管理的水平，已成为今后一段时期我国海洋管理工作的重要核心内容。

一、海洋生态文明建设对海洋管理的要求

海洋生态文明建设作为推进生态文明建设的核心内容之一，在《中共中央、国务院关于加快推进生态文明建设的意见》中，提出了"加强海洋资源科学开发和生态环境保护"的总体目标，并明确了"近岸海域水环境质量得到改善，自然岸线保有率不低于 35%"的具体目标。2015 年国家海洋局印发了《国家海洋局海洋生态文明建设实施方案》(2015—2020 年)，提出了着眼于建立基于生态系统的海洋综合管理体系，坚持"问题导向、需求牵引"、"海陆统筹、区域联动"的原则，以海洋生态环境保护和资源节约利用

---

①　高　艳，女，中国海洋发展研究会秘书长、中国海洋发展研究中心常务副主任，中国海洋大学教授，博士，研究方向：海洋管理。

为主线，以制度体系和能力建设为重点，以重大项目和工程为抓手，推动海洋生态文明制度体系基本完善，海洋管理保障能力显著提升，生态环境保护和资源节约利用取得重大进展，推动海洋生态文明建设水平在"十三五"期间有较大水平的提高。在这一背景下，对海洋管理工作提出了更高的要求，需要树立新的海洋管理理念并建立与之相配套的海洋管理体制机制，以满足推进生态文明建设对海洋管理的要求。

根据《中共中央、国务院关于加快推进生态文明建设的意见》、《国家海洋局海洋生态文明建设实施方案》，实施生态文明建设下的海洋管理要突出以下几个特点。

一是战略性和全局性。建设生态文明背景下的海洋管理应着眼于整个海洋生态环境的改善、修复和可持续开发利用，最终目标的实现必然是一个长期的过程，也会涉及社会生活的各个领域。因此，建设生态文明背景下的海洋管理必须是一个战略管理，从全社会的海洋公共利益整体出发，制定具有长远性的战略目标，避免短期利益对海洋管理的影响，以战略高度从多个维度制定相互配合的管理制度。从战略管理角度开展生态文明视域下的海洋管理，也必然要求海洋管理应具有全局性，要考虑到所有的利益相关者的利益需求，从海洋生态、资源、经济等各个方面，全面考虑海洋管理过程中的所有问题，以实现海洋管理的战略目标。

二是科学性和可持续性。建设生态文明背景下的海洋管理应认识到海洋管理系统是一个结构、功能和运行机制客观存在的完整系统。系统内各个组成部分的相互作用和功能是符合一定客观科学规律的，这就需要在海洋管理的过程中，各项制度的制定和措施的实施必须符合海洋管理系统相应的科学规律。而在尊重系统科学性的基础上，海洋管理实施的核心目标是实现海洋的可持续发展，因此，可持续性是生态文明建设背景下海洋管理的基本前提，也是贯穿始终的目标。在建设生态文明的过程中，通过实施海洋管理，既要通过开发利用海洋满足人类生存和发展的物质需求，也要使社会、资源和环境和谐发展，在实现当前经济发展目标的同时，也要保证人类赖以生存的海洋生态环境可持续利用，实现海洋的可持续发展。

三是系统性和发展性。生态文明建设背景下的海洋管理具有自身独有的客观规律，应作为一个完整的系统进行统一管理，系统内的不同区域、不同内容既相互联系、相互作用，又相互依赖和相互制约。所以，海洋管理必须摆脱传统海洋管理中人为的行政区划制约，充分考虑系统构成的复杂性，并针对管理过程中所涉及的多种要素进行合理的协调，解决好各要素之间的冲突和矛盾，系统的搜集、整理、分析海洋管理中的各类信息，采取法律、经济、行政等多种手段，以实现最为合理的解决海洋管理中的各类问题。但海洋管理系统又是一个与人类社会和其他生态系统紧密联系的系统，生态文明建设背景下的海洋管理，要形成完整有效的机制，就必须充分考虑海洋管理系统之外的各类行为、因素或环境的影响，同时也要随着人类社会对于海洋管理系统的认识、对海洋开发利用水平的提升、管理手段的丰富而不断调整变化，并不断应对由于系统内某些因素发生变化而引起的系统的变化。因此，海洋管理具有一定的发展性。

二、基于海洋生态系统的海洋综合管理的实施

海洋生态文明建设对海洋管理的要求决定了传统的海洋管理是无法适应生态文明建设需要的，必须从海洋生态文明建设的核心内容——海洋生态系统本身入手，引入海洋生态系统的相关理念创新海洋管理的思路、方式和手段。

（一）用生态系统管理的理念指导海洋管理工作

提出生态管理这个概念，与其说是一种管理方法的改进，不如说是一种管理理念的变革。因为单纯强调管理的方法与技术并不能从根本上解决目前管理面临的问题，只有通过管理观念的更新才能逐渐改变人们的思维方式和行为方式，进而改变整个管理制度。生态管理作为一种新的管理方式的出现，并不局限于某一具体的领域当中，而是作为管理的一种新思路、新模式被用于各个领域的管理过程中。随着海洋事业的发展，对海洋管理提出了更高的要求，特别强调在海洋管理活动中，要充分考虑自然界诸多因素之间的关联性，维持海洋生态系统的所有组成部分彼此的制约关系和生物与生态环境之间的平衡关系，将海洋开发利用的规模和强度控制在正常生态维持的允许范围之内。维持海洋生态的整体性表现在：一是保护海洋生物的多样性；二是维护海洋生态结构的完整性；三是保持健康的海洋环境。同时，还强调人与海洋生态环境的相互作用，人的因素与海洋自然因素相互关联、相互依赖，共同形成一个开放的有机整体。在人与海洋构成的整体中，人的存在方式影响到了海洋功能的发挥程度，反之，海洋自然功能的发挥将影响到人的生存。只有保持人与海洋自然体的和谐，人和海洋才能变得富有生命力和价值。与生态管理的基本原则一致，海洋管理应把重点放在防患于未然上，强调预防为主、防治结合的综合管理思想，通过一切措施办法，预防海洋环境的污染和其他损害事件的发生，防止海洋环境质量的下降和海洋生态系统的破坏。即使有些环境冲击是不可避免的，也要尽可能地控制在保持海洋生态系统平衡的范围内。所以说，要保持良好的海洋生态平衡，就要统筹各要素之间的关系，对海洋实施综合管理。

从 20 世纪 90 年代末开始，基于生态系统的管理理念迅速地被世界各海洋大国应用于海洋管理领域。相关国际组织、各海洋大国和海洋学术界都一致认为，协调海洋资源开发与保护、解决海洋生态危机必须改进现有海洋管理模式，应用基于生态系统的方法管理海洋。在海洋管理领域，习惯把生态系统途径称为基于生态系统的管理，它有以下 3 个方面的特征：一是在管理活动中综合考虑生态、经济、社会和体制等各方面因素的综合管理；二是管理对象是对海洋生态系统造成影响的人类活动，而不是海洋生态系统本身；三是管理目标是维持海洋生态系统健康和可持续利用。但目前，我国的海洋管理还停留在地方行政管理和行业管理层次上。尽管海洋资源可持续利用已经被列为海洋管理的基本原则和目标，但是在实际的管理工作中，还是以获取资源最大化为目的，可持续利用还只是一个兼顾发展的目标或者停留在规划文本上的蓝图。强调在海洋管理中引入生态管理的理念，主要是借鉴生态管理的思路和模式，完善目前海洋管理工作。我们要从生态系统管理的视角

出发，考虑海洋管理的实际情况，本着科学的态度，探寻可行的海洋管理方案。比如，鉴于海洋资源利用的空间立体化程度高，海洋环境资源的多功能性等特点，我们在开发利用时，要统筹兼顾，合理规划，综合利用。但需要注意的是，依据生态管理的观点，统筹兼顾并不是面面俱到。要使同一海区的所有价值、每一个功能都充分发挥出来是不现实的，要想使生态系统中某一个成分优化而不改变其他的属性也是很困难的。所谓综合管理实际就是通过综合考察各方面影响因素，对某些管理决策中将要出现的选择进行了解、评估和鉴定的过程。综合管理不是"什么都要管"，而是"有所选择"，当然，这个"选择"是经过权衡、综合各种情况做出的。对海洋实行综合管理就要侧重从全局、整体和宏观角度出发，将海洋管理的各类对象和不同组分作为统一的整体，注重管理的综合效果和全局效应。生态系统管理也是将整个生态系统的结构和功能作为管理的主要对象，二者都突出了管理对象的整体性。总之，立足于生态系统管理的理论和实践，使海洋综合管理找到了一个更为宽广的研究视角和更大的发展空间。在这种新的管理理念的引导下，海洋综合管理将在实践中不断发展和完善。

（二）基于海洋生态系统的海洋综合管理原则

基于海洋生态系统的海洋综合管理是综合性的对海洋资源、环境等进行管理的方法，在对维持海洋生态系统组成、结构和功能必要的生态相互作用和生态过程最佳认识的基础上，规范人类开发利用海洋行为和保护海洋环境行为的的活动。海洋综合管理的原则是海洋管理活动所遵循的行为准则和标准，是保证海洋管理职能和目标得以实现，推动海洋开发、利用和保护事业协调、可持续发展的重要因素和有力保证。海洋综合管理主要遵循以下原则。

一是综合利用原则。海洋是自然界中统一性最强的自然体。海洋资源与环境之间，相互联系，相互制约，在大的海洋自然系统中，又形成了不同层次、不同内容的一系列子系统，其中任何一个因素、一种资源、一个子系统的变化，都会影响整体的变化。另外，海洋的不同子系统，又受其特定的地理位置、自然资源与环境条件和邻近地区的社会经济与发展走向等因素的影响，从而形成各个海域不同的海洋经济的结构和特色，有的可能是以港口为主体的临港工业区，有的可能是以旅游为主体的休闲度假区，有的可能是以海底石油天然气为主体的经济开发区等等。所以，海洋综合利用是海洋资源与空间的整体性决定的。为保证海洋综合价值的发挥，必须对海域各种开发进行统筹兼顾、综合平衡，通过区域、时序上的安排，以及消除不利影响的措施，使各种资源的有关价值都能得到或保证利用的机会和条件。

二是生态学原则。海洋生态系统是全球生态系的一个主要的子系统。与陆地生态系比较，海洋生态系统的生物要素复杂得多、分布要广阔得多、立体得多。人类对海洋资源的开发和对海洋空间、环境的利用，必然是对海洋自然生态系统的一种干扰，甚至对海洋自然资源和环境的保护活动也不能排除这种干扰。近几十年来，由于人为的原因，或过度使用，或污染环境等，海洋动物的种类和数量都大大地减少了。海洋管理的生态学原则，就是要在海洋管理活动中，充分注意自然界诸多因子之间的关联性，关注海洋生态系统的所有组成部分彼此的制约关系和生物与生态环境之间的平衡关系，将海洋开发利用的规模和强度控制在正常生态系统维持的允许范围之内。

三是功能原则。人类开发利用海域，应建立在海域固有的自然属性的基础上，也就是建立在各个海域的客观功能基础之上。海洋的不同区域，都具有其特定的区位、自然资源、自然环境条件，它们决定了这些区域海洋的自然属性。它们在区位和自然环境上的差异性，制约了人类对海洋不同区域开发内容的适宜性选择问题。人类通过大量的海洋开发实践活动，逐步积累和建立了各类海洋资源与空间利用的社会标准和自然选择标准，除社会因素外，对特定的各种海洋开发项目，最基本的要求是海洋具备开发所需要的资源对象和有利于实施的自然环境条件。违背海洋功能，单凭人们的主观意愿或社会的需要，强行开发，其后果必然造成劳民伤财。因此，人类的开发活动只有与具体区域的功能取得一致或协调，才能取得良好的综合效益，达到开发的预期目的。

四是协同原则。在社会系统内，协同代表了个体的活动对一个整体的支持。在海洋开发中，每个企事业单位或每一海洋产业都是为达到自己的目标进行活动的，它们之间会出现相互制约、相互影响的问题，比如开发利用海洋渔业资源可能会挤占了海洋运输的航道。当然，各部门都不能把局部利益凌驾于整体利益之上，应该相互支持，实现整体系统的运转，并使整体的行为得到改善和整体利益得到实现。这就要求人们在开发海洋资源时，能自觉地调整自身的需求和价值观，不断改造自身，规范自身的行为，同时运用人类的智慧和能动性，使自然摆脱艰辛而缓慢的自发进化过程，如海洋生物工程在海水养殖中的应用，使某些海水养殖品种按照人类的需要生长发育，这就实现了人与自然的协同进化。

五是可持续利用原则。海洋资源对人类的未来而言，不论可再生资源还是不可再生的资源，也不论储量大还是储量小，最终都会变得稀缺。实现海洋资源可持续利用的最根本目的是其对于人类效用的持续实现，由于不同的地区处在不同的经济发展阶段，即使在同代人中人们对海洋资源效用的看法也是不一致的，尤其是现在难以准确明晰判断下一代人对于海洋资源效用的看法，因此，当前在海洋资源可持续利用认识中，更重要的是树立一种崭新的资源观念和可持续发展观念。这是追求，更是一种理想，仅靠一代人或几代人是难以实现的，必须世代追求下去。

六是统一管理与分级管理相结合原则。海洋事业是个综合的事业，既有众多的行业开发管理部门，也有许多海洋环境保护和专门海洋行政管理机构；既有国家的海洋全局管理，也有沿海省、自治区和直辖市对毗邻海域的局部区域管理。所以，海洋管理既不可能是完全集中的、单一的管理，也不可能是不分级别层次的管理，而是既有统一的综合管理，又有分部门的行业管理和按行政系统的分级的海洋管理，只有三者的科学合理分工、职责明确、运行机制合理、有机协调配合，才是可行的海洋管理体制，这就是"统一管理与分部门分级管理相结合的体制"。贯彻并践行这一原则，是达到合理开发利用和保护海洋的极为重要的途径。

三、基于海洋文明建设的海洋综合管理发展策略

要全面实现基于海洋生态系统的海洋综合管理，应从理念入手，完善制度建设，建立良好运行体系。为此，提出几点思考和建议。

（一）确立以海洋生态文明为核心的海洋综合管理理念

为满足海洋生态文明建设的需要，传统的海洋管理在向以海洋生态文明为核心的海洋综合管理转变过程中，首先要在全社会确立以海洋生态文明为核心的海洋综合管理理念，在海洋开发利用活动中形成以海洋生态文明为核心的普遍共识，即建立起以海洋生态系统为基础的海洋综合管理，在海洋的开发利用保护中要以维持海洋生态系统的健康稳定为核心，以解决好开发中的环境与资源问题为前提，协调好开发与保护之间的关系，实现海洋经济和沿海地区的可持续发展。

第一，政府部门作为海洋综合管理的主要实施者，应首先在各涉海相关部门确立以海洋生态文明为核心的海洋综合管理理念，强化各方面对海洋生态文明和海洋生态系统的认识，形成对海洋生态文明建设必要性、重要性的共识。确立以海洋生态文明建设为核心的政绩观，加强对海洋生态文明在海洋综合管理实施中的认识理解，从而保证以海洋生态文明为核心的海洋综合管理活动能够在各部门间顺利进行，在海洋开发利用活动的各个领域得到有效实施。

第二，社会公众是海洋生态文明建设的重要主体，在很大程度上决定了政府部门、企业在海洋开发管理活动中的行为选择。因此，在必须正确引导社会公众的海洋价值观。通过广泛开展海洋环境保护宣传和海洋生态文明价值观教育，对人与海洋和谐共存观念、可持续发展理念等的广泛宣传，形成良好的海洋生态文化，力争把社会公众对海洋生态系统的保护意识转化成为自觉、有序的行动，打造全民关心、参与、支持海洋生态文明建设的良好氛围。

（二）完善基于海洋生态文明建设的海洋综合管理制度体系

基于海洋生态文明建设的海洋综合管理创新必须以完善的制度体系作为基本保障，推进海洋生态文明建设需要有与之相适应的海洋生态文明制度建设，通过海洋生态文明制度的建设，最终是要建立系统完整的、具有约束力的、符合海洋生态文明要求的目标体系、考核办法、奖惩机制等，完善和发展我国的海洋管理制度，推进我国以海洋生态文明建设为核心的海洋综合管理有效开展和全面实施。

第一，建立海洋生态文明的源头保护制度。要建立系统完整的海洋生态文明制度体系，必须首先建立最严格的源头保护制度，围绕海洋生态系统自身的主要组成部分，从源头上制定保护、保障海洋生态系统的制度体系。主要包括：持续落实并不断完善海域确权登记制度，推进海岛确权登记制度、海域立体确权使用制度等，继续实施和完善海洋功能区划制度体系，做好全面实施海洋生态保护红线制度的各项工作。

第二，建立海洋生态文明的损害赔偿制度。加快健全和实行海洋资源有偿使用制度，通过建立能够切实反映市场供求关系、资源稀缺程度和海洋生态环境损害成本的价格机制，并充分考虑和科学核算利用海洋资源时的生态成本、代际补偿等因素，最终实现海洋资源利用效率的最大化，保证海洋资源开发利用的可持续性；健全和完善海洋生态补偿制度，制定科学合理的海洋生态补偿标准，形成完善的补偿程序以及监督管理机制，并借助环境税收制度和生态补偿保证金制度等手段最终形成完善且具有长效性的海洋生态环境补偿机制，建立针对海洋生态系统重点领域的专门性生态补偿制度。

第三，建立海洋生态文明的责任追究制度。主要包括：实行严格的赔偿制度，通过发展海洋生态环境损害评估的第三方机构，及时准确地评估海洋生态环境损害状况，依法依规明确生态环境损害责任人及其赔偿责任等；落实领导干部的海洋生态责任追究制度，在加强领导干部正确政绩观教育的基础上，确立海洋生态文明建设在干部考核选拔中的重要地位，明确将海洋生态文明建设工作作为领导干部考核审计的重点，并对领导干部建立海洋生态环境损害责任的终身追究制。

第四，建立海洋生态文明的生态修复制度。主要包括：加快制定海洋领域生态修复法规、生态修复条例等，形成完整的海洋生态修复法律体系；加强对海洋开发项目的监管和审批，关键是形成统一高效的海洋开发决策管理体制，并加强对海洋开发项目的监管，通过对开发单位实施海洋生态修复保证金制度，为海洋生态系统的修复工作提供较为可靠的保障机制。

（三）建立基于海洋生态文明建设的海洋综合管理体系

目前，海洋的可持续开发利用已经被列为我国海洋管理工作的基本原则和目标，随着海洋生态文明建设的不断深入，基于海洋生态系统的海洋综合管理应该是海洋生态文明建设中，海洋综合管理的重要发展方向和主要管理模式。从目前我国海洋管理的实际工作情况来看，以海洋生态文明建设为核心的海洋管理理念已经在国家层面得到了确立，但在地方层面，通过海洋开发以获得经济效益最大化的理念仍占有较大比重，可持续利用的目标并未得到有效实现。应建立与我国海洋事业发展相适应、符合海洋生态文明建设理念的跨部门、跨行政区的海洋管理合作协调机制，实现对我国近岸海洋生态系统重点海域的海洋经济开发、海域环境保护的海陆统筹管理。

第一，围绕管理工作需要，深入开展海洋生态系统的相关研究工作。在我国近海生态系统综合调查和评价工作的基础上，结合基于海洋生态系统的海洋综合管理相关技术需要，围绕全球变化和人类活动影响下近海生态系统关键过程及其耦合作用，以及近海生态系统的动态变化过程、机制、资源效应等开展基础研究，深化对海洋主要生命现象与生态过程的认知，进而对我国近海海洋生物区系和生物多样性的变异、海洋生态系统演化以及海洋环境演变等进行深入研究，同时围绕沿海经济与社会的持续发展需求，开展近海、河口物质与能量输送研究，开展海洋油气开发的环境保障调查和研究，为维护海洋资源的可持续利用、保障海洋生态安全、维持近海生态系统的服务功能和价值、开展基于海洋生态系统的海洋综合管理提供基础性、前瞻性的理论储备。在理论研究的基础上，积极探索基础研究在海洋管理技术创新领域的实践应用，发展近海环境与生态的数值模拟与同化系统，开展大规模海洋空间工程的环境评价；结合经济学、法学、管理学等相关学科，开展海洋生态补偿机制的价值核算、制度建设等方面的探索和应用；开展海洋资源环境承载能力研究、基于海洋生态系统的海洋管理单元区划研究，发展近海环境综合管理与决策支持系统，最终为基于海洋生态系统的海洋综合管理提供重要的技术支撑和条件保障。

第二，加强海洋生态系统的监测体系建设，提高海洋管理水平。在开展基础研究的同时，还应进一步加强海洋生态系统的监测能力提升，通过大力发展并利用遥感遥测等海洋监测技术，逐步实现重点海域的各类海洋环境要素的全方面实时观测，努力提高近海环境要素和生态灾害的预测预报准确度和精度，并为有效遏制海洋污染扩展趋势，科学规划和管理海岸带资源，提供准确及时的依据。通过大幅度提升海洋综合观测能力尤其是实时监测能力，在强化、深化近海研究，提升观测数据分析能力的基础上，基本查清中国蓝色国土的家底，初步开展中国近海生态系统的数字化建设，为基于海洋生态系统的海洋综合管理实施提供更为丰富的技术手段。

第三，建立涉海管理部门间的高效合作机制。从世界发展趋势看，海洋管理正在向综合、统一和协调的方向发展，形成各涉海管理部门之间的高效合作是我国实施基于海洋生态系统的海洋综合管理的基本保障。目前我国海洋管理工作已经初步建立起了高层次的协调机制，但在地方层面和部分领域仍存在一些问题。因此，有必要尽快完善现有的海洋行政管理体制，进一步从海洋生态系统角度强化对海洋的统一管理，建立健全部门间、区域间海洋管理的合作协调机制，统一协调与管理海洋事务。

第四，增强社会公众在海洋管理中的参与程度。应明确社会公众是实施基于海洋生态系统的海洋综合管理、推动海洋可持续发展的基础力量。在通过多种公众教育方式，有效提高社会公众海洋生态意识和海洋管理参与意识的基础上，应积极拓展社会公众参与到海洋管理的渠道，发挥社会公众在利用和保护海洋方面的监督作用，以及在与切身利益相关的政策制定过程中的意见表达和维护政策有效执行，使社会公众的意愿在海洋管理中得到很好的体现，降低单纯依靠政府开展海洋管理的巨大社会成本，充分发挥社会公众在海洋管理中的重要作用。应积极借鉴国内外在推动社会公众参与社会管理时的做法和经验，探索在我国社会公众参与海洋管理的有效方式。最终依靠社会公众在海洋管理中的积极参与，形成良好的海洋开发保护社会氛围，提高基于海洋生态系统的海洋综合管理实施效果和运行效率。

参考文献

［1］　高艳．海洋综合管理的经济学基础研究［M］．北京：海洋出版社，2008.

［2］　王淼，毕建国，段志霞．基于生态系统的海洋管理模式初探［J］．海洋环境科学，2008，27（4）：378-382.

［3］　秦艳英，薛雄志．基于生态系统管理理念在地方海岸带综合管理中的融合与体现［J］．海洋开发与管理，2009，26（4）：21-26.

［4］　姜帅．制度体系建设是生态文明建设的根本保障［J］．人民论坛，2014，11（10）：55-57.

［5］ 黄蓉生．我国生态文明制度体系论析［J］．改革，2015，（1）：41-47.

［6］ 高艳．海洋生态文明视域下的综合管理研究［M］．青岛：中国海洋大学出版社，2016

论文来源：本文为文集特邀撰稿。

综合生态系统管理原则在我国海洋
环境立法后评估中的应用

周　珂① 史一舒②

摘要： 综合生态系统管理（IEM）是以生态系统的健康、可持续发展为目标，综合运用各种手段和方法，尊重生态系统的内在价值和整体意义，以维护生态系统内部结构和功能的适应性的管理理念和管理模式。本文通过对综合生态系统管理 12 项原则的分析，对我国现行重要海洋立法与 IEM 相关法律条文的进行列举和能力状况初评，剖析我国现行海洋环境立法存在的问题，并提出完善我国海洋环境立法的路径，包括转变海洋环境立法理念、完善我国海洋环境法律体系、改革海洋环境管理体制、完善海洋环境立法内容设置等，以期为我国海洋环境立法未来发展提供引玉之言。

关键词： 综合生态系统管理原则；海洋环境；立法

一、综合生态系统管理的内涵及原则

20 世纪 60 年代，随着全球环境污染与资源破坏态势的日益加剧，利用具有生态整体属性的系统的、综合的视角来应对环境问题的"生态系统管理"这一概念应运而生。直至 20 世纪 90 年代，更为完善的综合生态系统管理（Integrated Ecosystem Management，IEM）的理论和实践均得到长足发展，从传统的林业资源管理应用至森林、海洋、湿地、水资源管理等领域[1]。目前，对于综合生态系统管理并没有统一的概念和固定的实践模式。美国林务局、土地管理局对生态系统管理的定义是，"对整个生态系统进行管理的战略或方案，其中包括所有相关联的生命体，这与仅仅管理单个物种的战略或方案完全不同。"美国内政部对生态系统管理的定义是："生态管理是一个将整个环境考虑在内的过程。它要求娴熟地运用生态学、社会学和管理学的原理来管理生态系统，使之能够提供、恢复或保持生态系统的完整性及长期的理想状态。利用、产品、价值和服务……生态系统管理认为人类及他们的社会和经济需求是生态系统密不可分的一部分。"同时，不同学者对综合生态系统管理分别从"可持续发展"、"生态系统内部结构和功能的适应性""人类环境管理发展历史"等不同视角进行了深入剖析，尽管在概念表述方面存在差异，但其实质却基本相同，即是指管理自然资源和自然环境的一种综合管理战略和方法，它要求综合地对待生态

① 周　珂，男，中国海洋发展研究会理事，中国人民大学环境与资源保护法学教授。
② 史一舒，中国人民大学环境与资源保护法学博士研究。

系统的各组成成分，综合考虑社会、经济、自然（包括环境、资源和生物等）的需要和价值，综合采用多学科的知识和方法，综合运用行政的、市场的和社会的调整机制，来解决资源利用、生态维护和生态系统退化的问题，以达到创造和实现经济的、社会的和环境的多元惠益，最终实现人与自然的和谐共处[2]。

综合生态系统管理方法包含 12 项基本原则和 5 点操作指南以及一系列操作指导方针，它是有关土地、水和生物资源综合管理的策略，其目的是采用一种公平的方法促进对它们的保护和可持续利用。12 项基本原则和 5 点操作指南最早是于 1995 年在马拉维召开的生物多样性公约大会的一个专家组会议上提出的。2000 年 5 月，于肯尼亚内罗毕召开的《生物多样性公约》第五次缔约方大会通过了综合生态管理方法，将其作为该公约内的一个重要实施框架。之后这 12 项基本原则及其操作指导方针于 2003 年 10 月 10—14 日在蒙特利尔召开的生物多样性公约大会（具体为科技咨询辅助机构的第九次会议）上获得通过。有关综合生态管理在生物多样性方面的作用的讨论结果是，其他的一些国际公约例如联合国防止土地退化公约也可以通过运用这些原则获益。

图 1 概括了综合生态管理方法的内容，图中显示出人类与生态系统的关系环环相扣，能够以可持续和有效的方法进行管理。在为了可持续发展的目标进行合作的社会中可以产生巨大的惠益，使得生态系统的功能联系极大化，而管理和运作中的浪费极小化。在每一层次上的良好治理对于实现生态系统的可持续利用和保护都是非常关键的。必须整合生态系统方法和农业、渔业、森林以及其他对生态系统产生影响的生产系统。生态系统方法所要求的自然资源管理需要在一定层次上实现跨部门的交流与合作（政府部门、管理机构）。虽然图 1 是对综合生态管理方法的总览，但综合生态管理方法的组成部分并不仅限于此。综合生态管理方法的实施需遵循综合生态系统管理的基本原则，并根据具体情况和条件作出适当调整。

表 1 是对综合生态系统管理原则及其原理内容的列举。总体来看，体现了生态环境管理中对综合调整机制的诉求和对环境保护第三方公众参与的重视。首先，综合调整机制是指综合采纳行政、市场、社会 3 种调整方式，使这 3 种调整方式积极作用并形成能量交互流动的运作模式。环境资源法在综合调整的基础上，还包括其他法律部门的相关调整机制和其特有的生态化调整机制。比如原则 10 和原则 12 都强调了综合性措施对环境法运作完善的关键作用。而生态化调整机制更是以环境正义为根本理念的当代生态学、环境学等自然技术科学和生态哲学、环境资源法学等社会科学的融会贯通。其次，环境保护第三方是环境资源保护和管理的重要力量。例如原则 2 中强调对决策过程中存在的力量不平等作出补偿，以确保通常被边缘化的群体在参与中不会受到排挤或压制，并维护其处理利益相关者冲突的能力[3]。当代社会科学和法学学者普遍认为，环境保护第三方是强化权力制约和民主监督的"独立之眼"，是缓解利益矛盾冲突、确保民主和法治价值的"安全阀"。

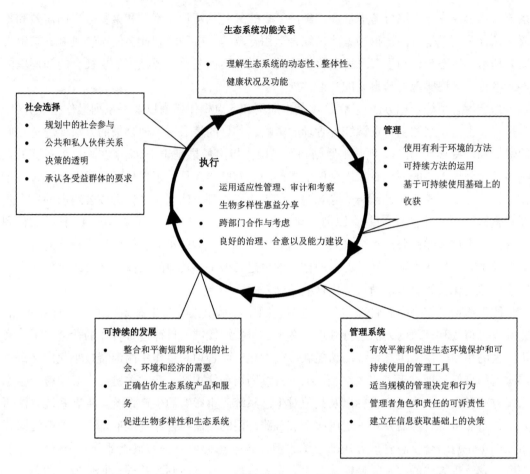

图 1　综合生态管理方法概览

表 1　综合生态管理 12 项基本原则及原理

序号	原则	原理
1	土地、水及其他生命资源管理的目标是通过社会选择确立的	不同社会部门对生态系统的看法都是处于其自身经济，文化和社会的需要。生态系统的管理应在公平合理的基础上进行，为生态系统的内在价值及其提供给人类的有形或无形的惠益服务
2	管理必须非中心化，达到适当的层级	管理必须涉及所有的各方受益群体，并平衡当地利益与更广泛的公共利益。管理行为越靠近生态系统，产生的责任问题、所有权问题、可诉责性以及对地方知识的运用越多
3	生态系统管理者必须考虑他们的活动给其他的生态系统带来的影响（事实上的或潜在的影响）	对生态系统的管理干预通常对其它的生态系统具有未知的或不可预测的影响；所以需要对可能产生的影响进行细致的考察和分析

续表1

序号	原则	原理
4	为了了解管理活动具有的潜在收益，通常需要从经济学的角度来理解和管理生态系统。任何类似的生态系统管理项目必须： （1）降低给生物多样性造成不良影响的市场扭曲作用； （2）通过合并动机加强生物多样性的保护和可持续利用； （3）将特定的生态系统的成本和惠益在可行范围内内部化	对于生物多样性而言，最大的威胁是被土地利用系统所取代。而这种结构经常是由市场扭曲所导致的。市场扭曲不仅低估了自然系统和人口因素的作用，还通过不正当的刺激和补贴使得土地转化为多样性程度较低的系统。通常从生态系统保护中获益的人并不直接支付保护的成本，同样的，那些对环境造成污染和破坏的人也同样地逃脱责任。动机的合并促使保护资源的人从中获益同时也促使造成破坏的人为此付出相应的代价
5	为了保持生态系统服务的提供，保护生态系统结构和功能应作为生态系统方法的一个优先目标	生态系统的功能和弹性依赖于物种之间的动态关系，依赖于物种与其非生物环境之间的动态关系，也依赖于环境中的物理和化学交流，对于生物多样性的长期保持来说，这些交流和过程的保护以及适当的恢复比起种群的简单保护有着更为重要的意义
6	必须在生态系统功能极限内进行生态系统管理。	考虑管理目标实现的可能性和难易程度，对自然生产力、生态系统结构、功能和多样性产生限制的环境条件应当给予重视。生态系统功能的限制可能会由于暂时的、不可预测的或人工保持的条件而受到不同程度的影响，因此进行管理的过程中应当保持适当的谨慎
7	必须在恰当的时空范围内采用生态系统方法	必须在与目标相适应的时空范围采取生态环境管理措施。具体操作中生态环境管理的边界将由资源利用者、生态环境管理者、科学家、土著及本地居民共同界定。必要时需推动不同区域间的关联性。生态系统方法是建立在以基因、物种和生态系统之间的交流和整合为特征的生态多样性等级基础之上的
8	认识到生态系统过程在时间范围上的可变性和结果滞后性，生态系统管理目标的设定必须是长期性的	这与人类趋向于短期和即时的惠益而忽视长远利益的本性之间存在固有的冲突
9	对生态系统进行管理时必须意识到生态环境的变化是不可避免的	生态系统的变化包括物种组成和种群丰度的变化。对生态系统的管理应当适应这些变化。除了变化的动态性，生态系统还被来自人类的、生物的和环境领域的多种不确定的潜在"奇袭"所困扰。传统的干扰格局对生态系统结构和功能也许是重要的，也许应予以保持或恢复。生态系统方法则要求管理必须是适应性的，以便预测和应对这样的变化。如果眼下的一项决策排除了后期进行选择的可能性，则这项决策的制定应该采取谨慎的态度，但同时也要考虑如何减轻行为的环境影响来应对长期的环境问题，如气候变化

续表 1

序号	原则	原理
10	生态系统方法须在生物多样性的整合、保护和利用之间寻求适当平衡	生物多样性不仅就其内在价值而言具有重要的意义，在为人类赖以生存的生态系统和其他服务方面更是发挥了关键作用。过去曾倾向保护生物多样性的某些组成部分，而不保护其他部分，现在必须采取更加灵活的做法，保护和利用都应依情况而定，应制定从受到严格保护的生态系统直至人造生态系统的一系列渐进的保护措施
11	生态系统方法须顾及一切形式的相关信息，包括科学的、土著居民和当地居民的知识、创新和传统方法	各种来源的信息对于制定有效的生态系统管理策略都是十分关键的。对生态系统的功能及人类使用造成影响的认识须更进一步。来自任何相关地区的一切有关信息须与所有各方受益群体及参与者分享，同时应特别关注一切根据生物多样性公约第8条第7款所作的决定。必须阐明决策建议所依据的前提假设，并应以现有的知识和各方受益群体的立场审核之
12	生态系统方法必须涉及所有社会相关部门和学科	如有必要，应将有关地方的、国家的、地区的，甚至别国的专业人士和各方受益群体纳入到管理过程中

二、基于综合生态系统管理原则的海洋环境立法的不足

虽然我国是海洋大国，但我国的海洋环境与资源保护状况却极为堪忧。根据国家海洋局发布的《中国海洋发展报告（2015 年）》显示，虽然中国全海域海洋环境质量状态总体维持在较好水平，但部分海湾污染仍然严重，并且我国海洋灾害正处于多发、高发期，海洋安全问题长期性、复杂性、多变性特征非常明显，这与党的十八大提出的建设海洋强国战略部署和"一带一路"战略构想要求相差甚远。由于我国海洋立法的基础比较薄弱，欠缺系统的生态文明观的指引与整体的海洋强国战略，并且我国的海洋法体系并不完善，我国目前的海洋环境立法并不能游刃有余地应对严峻的海洋环境形势的需要。我国的海洋环境立法主要采用的是分散立法的模式，条块分割是重要特点。主要表现是将海洋环境保护法与海洋资源法作为两大领域分别进行规范，前者侧重于海洋环境污染的防治与海洋资源的保护，后者则侧重于如何合理地对海洋资源进行开发利用。在我国的海洋环境保护法体系中，我国已形成了以《海洋环境保护法》为核心，以《防治船舶污染海洋环境管理条例》、《防治海洋工程建设项目污染损害海洋环境管理条例》、《防治海岸工程建设项目

表 2　海洋法领域法内主要法律文件条款按照 10 个基本要素归类

法律文件 IEM 法律要素	法律			行政法规		
	《海洋环境保护法》	《海域使用管理法》	《防治船舶污染海洋管理条例》	《海洋倾废管理条例》	《防治海岸工程建设项目污染损害海洋环境管理条例》
1. 立法目的、依据	第一条　为了保护和改善海洋环境，保护海洋资源，防治污染损害，维护海洋生态平衡，保障人体健康，促进经济和社会的可持续发展，制定本法。	第一条　为了加强海域使用管理，维护国家海域所有权和海域使用权人的合法权益，促进海域的合理开发和可持续利用，制定本法。	第一条　为了防治船舶及其有关作业活动污染海洋环境，根据《中华人民共和国海洋环境保护法》，制定本条例。	第一条　为实施《中华人民共和国海洋环境保护法》，严格控制向海洋倾倒废弃物，防止对海洋环境的污染损害，保持生态平衡，保护海洋资源，促进海洋事业的发展，特制定本条例。	第一条　为加强海岸工程建设项目的环境保护管理，严格控制新的污染，保护和改善海洋环境，根据《中华人民共和国海洋环境保护法》，制定本条例。
2. 适用范围、对象	第二条　本法适用于中华人民共和国内水、领海、毗连区、专属经济区、大陆架以及中华人民共和国管辖的其他海域。 在中华人民共和国管辖海域内从事航行、勘探、开发、生产、旅游、科学研究及其他活动，或者在沿海陆域内从事影响海洋环境活动的任何单位和个人，都必须遵守本法。 在中华人民共和国管辖海域以外，造成中华人民共和国管辖海域污染的，也适用本法。	第二条　本法所称海域，是指中华人民共和国内水、领海的水面、水体、海床和底土。 本法所称内水，是指中华人民共和国领海基线向陆地一侧至海岸线的海域。 在中华人民共和国内海、领海持续使用特定海域三个月以上的排他性用海活动，适用本法。	第二条　防治船舶及其有关作业活动污染中华人民共和国管辖海域，适用本条例。	第三条　本条例适用于： 一、向中华人民共和国的内海、领海、大陆架和其他管辖海域倾倒废弃物和其他物质的； 二、为倾倒的目的，在中华人民共和国内装载废弃物和其他物质的； 三、为倾倒的目的，经中华人民共和国内海、领海及其他管辖海域运送废弃物和其他物质的； 四、在中华人民共和国管辖海域处置废弃物和其他物质。 海洋石油勘探开发过程中产生的废弃物，按照《中华人民共和国海洋环境保护法》的规定处理。	第三条　本条例适用于在中华人民共和国境内兴建海岸工程建设项目的一切单位和个人。

续表 2

法律文件 IEM法律要素	法律			行政法规	
	《海洋环境保护法》	《海域使用管理法》	《防治船舶污染海洋管理条例》	《海洋倾废管理条例》	《防治海岸工程建设项目污染损害海洋环境管理条例》
3. 社会主体关于海洋资源可持续开发、利用和管理的权利和义务	第四条 一切单位和个人都有保护海洋环境的义务，并有权对污染损害海洋环境的单位和个人，以及对海洋环境监督管理人员的违法失职行为进行监督和检举。 第十二条 直接向海洋排放污染物的单位和个人，必须按照国家规定缴纳排污费。依照法律规定缴纳环境保护税的，不再缴纳排污费。	第三条 海域属于国家所有，国务院代表国家行使海域所有权。任何单位或者个人不得侵占、买卖或者以其他形式非法转让海域。单位和个人使用海域，必须依法取得海域使用权。 第十九条 海域使用申请经依法批准后，国务院批准用海的，由国务院海洋行政主管部门登记造册，向海域使用申请人颁发海域使用权证书；地方人民政府批准用海的，由地方人民政府登记造册，向海域使用申请人颁发海域使用权证书。海域使用权自颁发海域使用权证书之日起，取得海域使用权。	第九条 任何单位和个人发现船舶及其有关作业活动造成海洋环境污染的，应当立即就近向海事管理机构报告。 第十一条 中国籍船舶的所有人、经营人或者管理人应当按照国务院交通运输主管部门的规定，建立健全安全营运和防治船舶污染管理体系。 第十四条 船舶所有人、经营者管理人或者作业活动的单位应当制定防治船舶污染海洋环境的应急预案，并报海事管理机构批准。 第十九条 船舶污染物接收单位应当按照国家有关污染物处理的规定处理船舶污染物，并将处理情况报海事管理机构备案。	第六条 需要向海洋倾倒废弃物的单位，应事先向主管部门提出申请，按规定的格式填报倾倒废弃物申请书，并附报废弃物特性和成分检验单。 主管部门在接到申请书之日起两个月内予以审批，对同意倾倒者应发给废弃物倾倒许可证。 任何单位和船舶、航空器、平台及其他海运运载工具，未经海洋主管部门批准，不得向海洋倾倒废弃物。	第二十三条 集体所有制单位或者个人在全民所有的水域、海涂、建设构筑海基本建设项目的养殖工程的，应当在县级以上地方人民政府规划的区域内进行。 集体所有制单位或者个人零星经营性采挖砂石，应当在县级以上地方人民政府指定的区域内采挖。

续表 2

法律文件		法律		行政法规		
IEM 法律要素		《海洋环境保护法》	《海域使用管理法》	《防治船舶污染海洋管理条例》	《海洋倾废管理条例》	《防治海岸工程建设项目污染损害海洋环境管理条例》
4. 跨区域、跨部门共同的海洋权益和质量的保护		第九条　跨区域的海洋环境保护工作，由有关沿海地方人民政府协商解决，或者由上级人民政府协调解决。跨部门的重大海洋环境保护工作，由国务院环境保护行政主管部门协调；协调未能解决的，由国务院作出决定。第十九条　依照本法规定行使海洋环境监督管理权的部门可以在海上实行联合执法，在巡航监视中发现海上污染事故或者违反本法规定的行为时，应当予以制止并进行调查取证，必要时有权采取有效措施，防止污染事态的扩大，并报告有关主管部门处理。第三十条　人海排污口位置的选择，应当根据海洋功能区划、海水动力条件和有关规定，经科学论证后，报设区的市级以上人民政府环境保护行政主管部门审查批准。环境保护行政主管部门在批准设置人海排污口之前，必须征求海洋、海事、渔业主管部门和军队环境保护部门的意见。	第十条　国务院海洋行政主管部门会同沿海省、自治区、直辖市人民政府，编制全国海洋功能区划。沿海县级以上地方人民政府海洋行政主管部门会同本级人民政府有关部门，依据上一级海洋功能区划，编制地方海洋功能区划。第十二条　海洋功能区划实行分级审批。全国海洋功能区划，报国务院批准。沿海省、自治区、直辖市海洋功能区划，经该省、自治区、直辖市人民政府审核同意后，报国务院批准。沿海市、县人民政府海洋功能区划，经该市、县级以上人民政府审核同意，报所在的省、自治区、直辖市人民政府海洋行政主管部门备案。	第三十八条　发生特别重大船舶污染事故，国务院或者国务院授权国务院交通运输主管部门成立应急指挥机构。发生重大船舶污染事故，有关省、自治区、直辖市人民政府应当会同海事管理机构成立应急指挥机构。发生较大船舶污染事故，有关设区的市级人民政府应当会同海事管理机构成立事故应急指挥机构。有关部门、单位应当在事故应急指挥机构一组织和指挥下，按照应急预案的分工，开展相应的应急处置工作。第四十三条　船舶污染事故的调查处理依照下列规定进行：（一）特别重大船舶污染事故由国务院或者国务院授权国务院交通运输主管部门组织事故调查处理；（二）重大船舶污染事故由国家海事管理机构组织事故调查处理；（三）较大船舶污染事故和一般船舶污染事故由事故发生地的海事管理机构组织事故调查处理。船舶污染事故给渔业造成损害的，应当吸收渔业主管部门参与调查处理；给军事港口水域造成损害的，应当吸收军队有关主管部门参与调查处理。	第五条　海洋倾倒区由主管部门商同有关部门，按科学、合理、安全和经济的原则划出，报国务院批准确定。	

续表2

法律文件　IEM 法律要素	法律		行政法规		
	《海洋环境保护法》	《海域使用管理法》	《防治船舶污染海洋管理条例》	《海洋倾废管理条例》	《防治海岸工程建设项目污染损害海洋环境管理条例》
5. 国家、政府和行政机关的职能	第三条　国家在重点海洋生态功能区、生态环境敏感区和脆弱区等海域实施生态环境保护红线，实行严格保护。　国家建立并实施重点海域排污总量控制制度，确定主要污染物排海总量控制指标，并对主要污染源分配排放控制数量。具体办法由国务院制定。　第五条　国务院环境保护行政主管部门作为对全国环境保护工作统一监督管理的部门，对全国海洋环境保护工作实施指导、协调和监督，并负责全国防治陆源污染物和海岸工程建设项目对海洋环境损害的环境保护工作。　国家海洋行政主管部门负责海洋环境的监督管理，组织海洋环境的调查、监测、监视、评价和科学研究，负责全国防治海洋工程建设项目和海洋倾倒废弃物对海洋污染损害的环境保护工作。　国家海事行政主管部门负责所辖港区水域内非军事船舶和港区水域外非渔业、非军事船舶污染海洋环境的监督管理，并负责污染事故的调查处理；对在其管辖水域外非渔业、非军事船舶污染事故和渔业水域内非军事船舶造成的渔业污染事故参与调查处理。　国家渔业行政主管部门负责渔港水域内非军事船舶和渔港水域外渔业船舶污染海洋环境的监督管理，负责保护渔业水域生态环境工作，并调查处理前款规定的渔业污染事故以外的渔业污染事故。　军队环境保护部门负责军事船舶污染海洋环境的监督管理及污染事故的调查处理。　沿海县级以上地方人民政府行使海洋环境监督管理权的部门的职责，由省、自治区、直辖市人民政府根据本法及国务院有关规定确定。　第十条　国家根据海洋环境质量状况和国家经济、技术条件，制定国家海洋环境质量标准。　沿海省、自治区、直辖市人民政府对国家海洋环境质量标准中未作规定的项目，可以制定地方海洋环境质量标准。	第四条　国家实行海洋功能区划制度。海域使用必须符合海洋功能区划。　国家严格管理填海、围海等改变海域自然属性的用海活动。　第六条　国家建立海域使用权登记制度，依法登记的海域使用权受法律保护。　国家建立海域使用权统计制度，定期发布海域使用权统计资料。　第七条　国务院海洋行政主管部门负责全国海域使用的监督管理。沿海县级以上地方人民政府海洋行政主管部门根据授权，负责本行政区毗邻海域使用的监督管理。　第三十条　县级以上人民政府海洋行政主管部门应当加强对海域使用情况的监督检查。	第五条　国务院交通运输主管部门应当根据防治船舶及其有关作业活动污染海洋环境的需要，组织编制防治船舶及其有关作业活动污染海洋环境的能力建设规划，报国务院批准后公布实施。　沿海设区的市级以上地方人民政府应当按照国务院批准的防治船舶及其有关作业活动污染海洋环境的能力建设规划，组织编制相应的防治船舶及其有关作业活动污染海洋环境的设施建设规划。　第六条　国务院交通运输主管部门应当建立健全防治船舶及其有关作业活动污染海洋环境的监测、监视机制，加强对船舶及其有关作业活动污染海洋环境的监测、监视。　第七条　海事管理机构应当按照防治船舶及其有关作业活动污染海洋环境的需要，会同海洋主管部门建立船舶污染海洋环境应急设备库，配备专用防治设施、设备和器材。　第八条　沿海县级以上地方人民政府应当将防治船舶及其有关作业活动污染海洋环境应急能力建设纳入应急预案，建立专业应急队伍和专业志愿者队伍。　第二十条　海事管理机构应当对申报而未申报，或者申报的内容不符合实际情况的，可以按照国务院交通运输主管部门的规定采取扣留等方式查验。　海事管理机构应当查验危险性货物。货物所有人或者代理人应当到现场，并对有重大嫌疑的，可以经开箱查验。　第二十一条　海事管理机构认为交付船舶运输的污染危害性货物申报不符合安全和防治污染要求的，应当予以制止。　第二十二条　依法取得船舶污染物、船舶洗舱、油污水接收作业资质的单位，应当向海事管理机构进行监督检查。	第六条　需要向海洋倾倒废弃物的单位，应当向海洋主管部门提出申请，按照规定的格式填报倾倒废弃物的申请书，并附报废弃物特性和成分检验单。　主管部门在接到申请书之日起两个月内予以审批。对同意倾倒者发给废弃物倾倒许可证。　任何单位和船舶、航空器、平台及其他载运工具，未依法经主管部门批准，不得向海洋倾倒废弃物。	第五条　国务院环境保护主管部门，主管全国海岸工程建设项目污染损害海洋环境保护工作。　沿海县级以上地方人民政府环境保护主管部门，主管本行政区域内的海岸工程建设项目污染损害海洋环境保护工作。　第十三条　县级以上人民政府环境保护主管部门，按照项目对海岸工程建设项目进行现场检查，被检查者应当如实反映情况，提供必要的资料，检查者有责任为被检查者保守技术秘密和业务秘密。法律法规另有规定的除外。

续表 2

法律文件 ＼ IEM 法律要素	法律		行政法规		
	《海洋环境保护法》	《海域使用管理法》	《防治船舶污染海洋管理条例》	《海洋倾废管理条例》	《防治海岸工程建设项目污染损害海洋环境管理条例》
6. 利益关联机构（或组织）的设置和作用	第十三条 海岸工程建设项目单位，根据自然条件和社会条件，合理选址，进行科学调查，编制环境影响报告书（表）。在建设项目开工前，将环境影响报告书（表）报环境保护行政主管部门审查批准。环境保护行政主管部门在批准环境影响报告书（表）之前，必须征求海洋、海事、渔业行政主管部门的意见。	第二十二条 本法施行前，已经由农村集体经济组织或者村民委员会经营、管理的养殖用海，符合海洋功能区划的，经当地县级人民政府核准，可以将海域使用权确定给该集体经济组织或者村民委员会，由农村集体经济组织的成员承包，用于养殖生产。		第九条 外国籍船舶、平台在中华人民共和国管辖海域，由于物质的勘探海域的勘探开发或者与勘探开发有关的海上加工所产生的废弃物和其他物质需要向海洋倾倒的，应按规定程序报经主管部门批准。	第七条 海岸工程建设项目的建设单位，应当依法编制环境影响报告书（表），报环境保护主管部门审批。环境保护主管部门在批准海岸工程建设项目的环境影响报告书（表）之前，应当征求海洋、海事、渔业主管部门和军队环境保护部门的意见。禁止在天然港湾有航运价值的区域、滩涂，重要苗种基地和养殖场所及水面、滩涂中的鱼、虾、蟹、贝、藻类的自然产卵场、繁殖场、索饵场及重要的洄游通道围海造地。
7. 调查、监测、统计和评价	第十四条 国家海洋行政主管部门按照国家环境监测、监视规范和标准，管理全国海洋环境的调查、监测、监视，制定具体的实施办法，会同有关部门组织全国海洋环境监测网络，定期评价海洋环境质量，发布海洋巡航监视通报。第十五条 国务院有关部门提供有关的海洋环境监测资料。环境保护行政主管部门应当向国务院环境保护行政主管部门提供编制全国环境质量公报所必需的海洋环境监测资料。第十六条 国家海洋行政主管部门按照国家制定的海洋环境监督管理制度，负责管理海洋环境监督管理信息系统，为海洋环境保护综合管理提供服务。	第五条 国家建立海域使用管理信息系统，对海域使用状况实施监视、监测。第三十七条 县级以上人民政府海洋行政主管部门应当加强对海域使用的监督检查。县级以上人民政府财政部门应当加强对海域使用金缴纳情况的监督检查。	第七条 海事管理机构应当根据防治船舶及其有关作业活动污染海洋环境的需要，会同海洋主管部门建立健全船舶及其有关作业活动污染海洋环境的监测、监视制度，加强对船舶及其有关作业活动污染海洋环境的监测、监视。	第十三条 主管部门应对海洋倾倒活动进行监视和监督，必要时可派员随船，倾倒单位应为随船公务人员提供方便。第十六条 主管部门应定期进行监测，加强对倾倒区的管理，避免对渔业造成有害影响。当发现倾倒区不宜继续倾倒时，主管部门可决定予以封闭。	第十三条 县级以上人民政府对海洋行政主管部门权限，可以会同有关部门对海岸工程建设项目进行现场检查，被检查者有责任为被检查者提供资料。检查者有责任为被检查者保守技术秘密和业务秘密。法律法规另有规定的除外。
8. 公众参与	无	无	无	无	无

续表 2

法律文件 IEM要素 法律要素	法律		行政法规		
	《海洋环境保护法》	《海域使用管理法》	《防治船舶污染海洋管理条例》	《海洋倾废管理条例》	《防治海岸工程建设项目污染损害海洋环境管理条例》
9. 海洋资源可持续利用和生态综合管理	第二十条　国务院和沿海地方各级人民政府应当采取有效措施，保护红树林、珊瑚礁、滨海湿地、海岛、海湾、入海河口、重要渔业水域等具有典型性、代表性的海洋生态系统，珍稀、濒危海洋生物的天然集中分布区，具有重要经济价值的海洋生物生存区域及有重大科学文化价值的海洋自然遗迹和自然景观。 对具有重要经济、社会价值的已遭到破坏的海洋生态，应当进行整治和恢复。 第二十一条　国务院有关部门和沿海省级人民政府应当根据保护海洋生态的需要，选划、建立海洋自然保护区。 第二十三条　凡具有特殊地理条件、生态系统、生物与生态资源及海洋开发利用特殊需要的区域，可以建立海洋特别保护区，采取有效的保护措施和科学的开发方式进行特殊管理。 第二十四条　国家建立健全海洋生态保护补偿制度。 开发利用海洋资源，应当根据海洋功能区划合理布局，严格遵守生态保护红线，不得造成海洋生态环境破坏。 第二十五条　引进海洋动植物物种，应当进行科学论证，避免对海洋生态系统造成危害。 第二十六条　开发海岛及周围海域的资源，应当采取严格的生态保护措施，不得造成海岛地形、岸滩、植被以及海岛周围海域生态环境的破坏。 第二十八条　国家鼓励发展生态渔业建设，推广多种生态渔业生产方式，改善海洋生态状况。	第三十三条　国家实行海域有偿使用制度。 单位和个人使用海域，应当按照国务院的规定缴纳海域使用金。海域使用金按照国务院的规定上缴财政。 对渔民使用海域从事养殖活动收取海域使用金的具体步骤和办法，由国务院另行规定。			第十条　在海洋特别保护区、海上自然保护区、海滨风景游览区、盐场保护区、海水浴场、重要渔业水域和其他需要特殊保护的区域内不得建设污染环境、破坏景观的海岸工程建设项目；在其他区域外建设海岸工程建设项目的，不得损害上述区域的环境质量。法律法规另有规定的除外。

续表 2

法律文件 IEM法律要素	法律			行政法规	
	《海洋环境保护法》	《海域使用管理法》	《防治船舶污染海洋管理条例》	《海洋倾废管理条例》	《防治海岸工程建设项目污染损害海洋环境管理条例》
10. 法律责任	第九章	第七章	第八章	第十七条　对违反本条例，造成海洋环境污染损害的，主管部门可责令其限期治理，支付清除污染费，向受害方赔偿由此所造成的损失，并视情节轻重和污染损害的程度，处以警告或人民币10万元以下的罚款。	
其他——生态补偿	第二十四条　国家建立健全海洋生态保护补偿制度。开发利用海洋资源，应当根据海洋功能区划合理布局，严格遵守生态保护红线，不得造成海洋生态环境破坏。	无	无	无	

表 3　主要海洋法对照 10 个要素能力初评

法律\法规\规章 IEM要素	要素的呈现性					要素内容的表达性					要素内容的实施性					项目综合评分 （每项满分 4.5 分）
	A	B	C	D	E	A	B	C	D	E	A	B	C	D	E	
1. 立法目的、依据 1、5、8、9、10	✓					✓					✓					3
2. 适用范围、对象 1、2、5、8、9、10	✓								✓			✓				2
3. 社会主体关于海洋资源可持续开发、利用和管理的权利和义务 1、2、3、4、5、8、9、11、12	✓					✓					✓					4.5
4. 跨区域、跨部门共同的海洋权益和质量的保护 1、2、3、4、5、12				✓					✓					✓		1.5

续表 3

IEM要素 / 法律、法规、规章	要素的呈现性					要素内容的表达性					要素内容的实施性					项目综合评分（每项满分 4.5 分）
	A	B	C	D	E	A	B	C	D	E	A	B	C	D	E	
5. 国家、政府和行政机关的职能 1、2.3、4、5、8、9、10、11、12（全部12项）	✓					✓								✓		3.5
6. 利益关联机构（或组织）的设置和作用（全部12项）		✓							✓				✓			2.3
7. 调查、监测、统计和评价（全部12项）				✓					✓					✓		1.5
8. 公众参与（全部12项）					✓					✓					✓	0
9. 海洋资源可持续利用和生态综合管理 1、2、3、4、5、6、7、9、10、11、12				✓		✓							✓			2.1
10. 法律责任（全部12项）	✓					✓					✓					4.5
简要说明与评价	对 10 项要素的内容规定虽得虽有缺失但仍较全。在 0~15 的分值段中，得分 10 分，评价为中					该法对 10 项要素的内容表达性欠佳，有些条例虽然对要素内容有所表达，但是所反映的内容与 IEM 原则和要素指标尚有差距。在 0~15 的分值段中，得分 8.8 分。评价为中					该法对 10 个要素内容的实施效果非常一般。在 0~30 的分值段中，得分 6.1 分，评价为中					A=1.5 B=1 C=0.8 D=0.5 E=0 总得分 24.9 分（满分 45 分）

污染损害海洋环境管理条例》等一系列的海洋环境污染防治立法所组成的相对完善的法律体系；在海洋资源法体系中，包括《海域使用法》、《渔业法》、《水生野生动物保护实施条例》等。虽然我国海洋环境法律体系已基本具有一国海洋法的体系和模式，但其实施效能对于维护海洋环境正义、构筑海洋强国的目标仍相去甚远。

表2、表3是对我国现行重要海洋立法与 IEM 相关法律条文的列举和能力初评状况。由表可以得知，虽然我国海洋生态保护方面的立法数量繁多，但在诸多领域仍不能满足要求，尤其在"要素内容表达性"与"要素内容实施性"方面，海洋立法内容即使与 IEM 原则差距较小，也无法达到符合生态环境变化规律的、具有长期作用的实施效果。在我国的海洋法体系中仍没有统领我国海洋事业发展的法律；《海洋环境保护法》及其引领之下的防治污染条例对海洋生态资源保护、海洋生态修复和补偿、海洋综合管理等方面的内容规定不足；而在海洋资源利用方面，我国已具有海域使用管理、渔业等传统海洋产业的立法，但对于生物技术、制药等新兴海洋产业与海洋生态建设的立法却严重缺失[4]。

首先，在立法理念与目的方面，现行海洋环境立法严重忽视了海洋资源的生态价值，而过于关注其经济效益和社会效益，并无法达到"生态、经济与社会效益统一，生态效益优先"的目标。比如在各法律文件的第 1 条中规定的"促进经济和社会的可持续发展""促进海域的合理开发和可持续利用""促进海洋事业的发展"等内容均未考虑到该法对生态系统的实质作用与影响。即使在《海洋环境保护法》中规定的"海洋生态保护"中，仍仅强调"对具有重要经济、社会价值的已遭到破坏的海洋生态，应当进行整治和恢复"。

其次，在立法技术方面，现行海洋环境立法并没有考虑到海洋生态系统的综合性和整体性特征，而是对各海洋环境要素与生态资源进行分类考虑，对海洋生态系统结构和功能之间内在联系与系统作用缺乏重视。这既不符合综合生态系统管理的原则要求，亦使得海洋环境立法中的统筹判断缺失。比如在"跨区域、跨部门共同的海洋权益和质量的保护"的法律规定中，区域之间、部门之间对海洋管理的权益有限，合作空间较窄，原则性、倡导性条款较多，真正能实现通力合作的实施性条款较少，缺乏综合协调和联合执法的机制和手段。此外，这是我国海洋管理体制存在结构性缺陷的最深层次反映。我国的海洋管理是陆地各种资源开发与管理部门职能向海洋的延伸，而行政管理部门基本上是根据自然资源种类和行业部门来设置的，这种部门林立、条块分割的管理体制将统一的海洋生态系统人为地分解为各自独立的部分进行管理，使得不同海洋自然资源或生态要素及其功能被分而治之，不能根据海洋生态系统的整体性进行综合管理[5]。

再次，在立法内容方面，公众参与、生态补偿等重要内容缺失。目前，公众参与几乎已遍布环境资源与保护的各个领域，包括《环境保护法》、《水污染防治法》、《大气污染防治法》等均具有公众参与的具体条款，公众参与已作为基本原则得到法学界的重视。公众参与进入海洋环境不仅是对海洋利益相关居民个人、社区与社会团体的切身权益的维护，更是通过公众平等参与的理性协商、对话过程而形成科学、公正的决策的维护海洋民主政治的重要过程，是环境正义与公平的重要组成部分[6]。此外，从管理手段来说，我国现行海洋环境立法仍以行政性的管理和控制为主，忽略了经济手段如市场机制和其他社会机制的综合运用。我国重要的海洋法律文件对于如何进行海洋生态补偿和进行海洋环境生态修复仍缺乏可实施性强的条款，这将导致对海洋生态环境破坏后最重要的救济措施无法顺利进行。比如在 2002 年"塔斯曼海"案中，由于索赔主体、索赔程序和金额的不确定，经过漫长的审理后最终仅赔偿 300 万元用于海洋环境容量的修复。

三、综合生态系统管理原则下完善我国海洋环境立法的路径选择

首先，转变海洋环境立法理念。根据综合生态系统管理原则的要求，应从以下两个方面转变海洋环境立法理念：① 应由"人类中心主义"向"生态中心主义"转变，尊重海洋环境与海洋资源的内在价值和演化规律，在海洋环境与资源保护的基础上对其进行适当范围内的开发与攫取，从保护整个生态系统的角度出发规范人类活动；② 应由对海洋环境的"条块化管理"理念向"整体性、系统性、综合性"治理理念转变。海洋环境与海洋资源是不可分割的，对各海洋环境要素与生态资源及其内在生态系统结构与功能的联系亦应是统筹规划、整体布局的，应树立大海洋环境下整体性综合治理理念，使各分管部门相互关联、地位平等，综合协调，协商管理。

其次，完善我国海洋环境法律体系。我国的海洋环境法律体系基础较为薄弱，可从以下两个方面加以完善：① 制定海洋基本法。我国现行的《海洋环境保护法》重点关注的是对海洋环境本身的保护和海洋污染的防治，而对海洋资源的保护和海洋资源的合理开发利用涉及较少，将其视为海洋基本法是不适当的。因此，有必要以《宪法》和《联合国海洋法公约》为依据和重要依托，在现行的《海洋环境保护法》基础上制定海洋基本法，其中应规范海洋的权属、领海基本范围，有关海洋开发、利用、保护、管理的一系列基本问题和基本准则，起到统领我国所有海洋法律、法规和规章的作用[7]。② 应逐步完善海洋单行法和法规规章。随着"一带一路"战略的提出，为我国海洋强国战略的发展模式提供了物质基础和海洋安全合作的平台，我国海洋单行法和法规规章的出台应紧跟其步伐，如在单行法方面，应制定与海洋活动有关的新兴海洋产业方面的法律；在规章方面，可借鉴国外经验，出台内容翔实的"海洋自然保护区管理条例"、"海岸工程管理条例"等，以适应多变的海洋环境和难以预测的海洋突发事件的需要。

再次，改革海洋环境管理体制。根据我国海洋环境立法中的具体规定，海洋事务涉及到的管理部门包括国家海洋局、农业、渔业、水利、交通等 20 多个，各部门职能不明确且存在大量重叠交叉，在行政监管与执法过程中矛盾冲突十分严重。因此，应设立国务院综合管理协调机构，比如在《国务院机构改革和职能转变方案》中规定的"国家海洋委员会"，明确其主要职能为协调各涉海部门之间的职能分工，建立各区域之间长期、有效的协作机制，合理分配各部门、各区域之间的涉海利益。此外，在地区层面，可设立在各地区、各行业之上的综合管理协调机构，履行有关区域的决策、管理、监督和协作职能。美国、加拿大、澳大利亚等国家均建立了既分工又协作的海洋综合管理机制。2009 年，厦门漳州两地海洋与渔业部门建立厦门湾海洋综合管理战略协作关系，并实现了管理信息互通、管理资源共享，从而降低了海洋管理成本，提升了管理效率。

最后，完善海洋环境立法内容设置，增加"公众参与"、细化"生态补偿"等内容。

海洋管理问题的日趋繁杂性导致涉海问题的利益群体范围逐渐扩大，公众参与海洋环境管理既是提高海洋政策、规划、项目决策科学性、有效性、民主性的重要保证，也是综合生态系统管理原则的核心要求。现如今许多国家和地区都将公众参与海洋环境管理纳入其法律政策与渔业管理、海洋规划及设立海洋保护区等实践过程中。如联合国教科文组织发起的海洋空间规划（MSP）提到，"海洋环境的管理是一个关于社会选择的问题，它涉及对立体的海洋空间进行分配而达到既定的经济、环境和社会目的，而人是这个决策过程的核心。所以相关利益者的参与是成功的海洋空间规划的必备因素和组成部分。"欧盟在2002年《共同渔业政策》中着眼于将相关利益者尤其是"渔民"纳入到决策过程中，并建立为公众参与提供便利条件的"地区性咨询议会"。我国应在今后综合性海洋环境立法中突出强调国家与民间之间或民间组织之间的互动与合作，将公众参与条款明确纳入法律条文中，维护海洋渔业的生存和发展并与渔民个人切身利益相关的"失海"等问题[8]。除此之外，应完善"海洋生态补偿"法律制度，明确海洋生态补偿的特殊独立地位，并确定其补偿主体、补偿范围、补偿对象及具体实施标准，通过综合运用政府调控、市场社会调节等经济手段，实现海洋生态的修复与保护，平衡海洋生态保护与其利益相关者之间的关系。在今后的立法工作中，可通过地方性海洋生态补偿的有益立法及司法实践，细化综合性海洋环境立法中对海洋生态补偿的有关规定，增强其实际操作性与可行性。

参考文献

[1]　高晓露. 中国海洋环境立法的完善——以综合生态系统管理为视角. 中国海商法研究，2013，4：16-21.

[2]　蔡守秋. 论综合生态系统管理. 甘肃政法学院学报，2006，3：19-26.

[3]　蔡守秋. 论综合生态系统管理原则对环境资源法学理论的影响. 中国地质大学学报（社会科学版），2007，5：83-88.

[4]　马英杰. 我国海洋生态文明建设的立法保障. 东岳论丛，2015，4：176-179.

[5]　我国海洋环境管理存在结构性缺陷. 中国海洋报，2011-6-3.

[6]　周珂. 环境行政决策程序建构中的公众参与. 上海大学学报（社会科学版），2016，2：14-26.

[7]　杨治坤. 生态文明建设与我国海洋法体系的完善. 河南教育学院学报（哲学社会科学版），2013，4：95-99.

[8]　郭雨晨. 公众参与海洋事务的理论与现状研究. 海洋开发与管理，2014，1：30-36.

论文来源：本文为中国海洋发展研究会2017年学术年会暨第四届中国海洋发展论坛投稿。

我国海洋生态安全多元主体参与治理模式研究

杨振姣① 董海楠② 姜自福

摘要： 基于目前我国海洋生态环境严峻形势加之在海洋生态环境治理政策及机制的选择与实施等方面存在的问题，海洋生态安全治理模式的研究显得尤为重要，而多元主体参与共治模式无疑是对我国目前实行的海洋生态安全治理模式的突破。本文在论述海洋生态安全的基础上，构建其治理模式以及运行机制。

关键词： 海洋生态安全；治理现状；必要性；可行性；模式构建

一、海洋生态安全概述

（一）生态安全的本质内涵

1972 年联合国第一次环境与发展大会的召开，通过了《只有一个地球》和《人类环境宣言》，开启了人类关注与保护生存环境的全球行动，此次大会率先把环境问题列入世界政治议程。学者莱斯特．R. 布朗最早将环境变化含义明确引入安全概念。并于 1977 年提出对国家安全加以重新界定，在 1981 年的一本著作《建立一个持续发展的社会》中指出："目前对安全的威胁来自国与国之间关系的较少，而来自人与自然之间关系的可能较多"。世界环境与发展委员会在 1987 年的报告《我们共同的未来》中，安全问题就进入了可持续发展的讨论视野，该报告的第 11 章"和平、安全、发展和环境"专门阐述了安全与环境的相互关系。该报告指出："和平和安全问题的某些方面与持续发展的概念是直接相关的。实际上，它们是持续发展的核心"；"安全的定义必须扩展，超出对国家主权的政治和军事威胁，还应包括环境恶化和发展条件遭到破坏。"纵观国内外学者基于内涵和外延两个层面对生态安全的认识，生态安全应该是指维持人类生存和经济社会可持续发展的自然生态系统处于安全状态，免于危险和威胁，自然生态系统能持续地向人类提供的优质的生态服务。生态安全是国家安全和社会稳定的重要组成部分。[1]

（二）海洋生态安全的内容

通过对生态安全涵义的分析，可见生态安全比环境安全的范围更广。陆地资源的日趋

---

① 杨振姣，女，博士，中国海洋大学法政学院副教授，研究方向：公共政策、海洋管理。
② 董海楠，女，中国海洋大学法政学院行政管理专业硕士研究生。

衰竭，促使人类将注意力转移到海洋中，海洋资源的开发和利用给人类的发展带来了希望。可以说海洋生态系统的生态价值和服务功能成为人类赖以生存和发展的基础。但是日趋增多的海洋生态环境问题的出现也让人们开始从海洋生态系统的角度关注生态安全，以及生态安全中人的活动与价值。据此，可以将海洋生态安全定义为海洋生态系统处于不受或少受破坏与威胁的状态，自身结构和生态服务功能保持稳定性和持续性，为人类生存发展提供服务功能。海洋生态安全的安全本体是海洋生态系统；安全的最终归宿是人的生存安全；海洋生态安全的本质是实现"人与海洋和谐发展"，即人类在开发利用海洋同时保持海洋生态系统的稳定和良性循环。

　　研究海洋生态安全不能孤立地研究生态系统本身，而应该将海洋生态系统与人类活动的相互关系作为一个重要内容。根据对事物安全内在表征和外在表征的分析，海洋生态安全应该包含两个方面的内容：一方面是指海洋生态系统自身的平衡和稳定。海洋生态系统作为地球上最大的具有稳定性和独特结构的生态系统，吸纳了绝大多数的人类活动产生的垃圾，但是海洋生态系统也有自己的生态阈值，而一旦超过了这个阈值，海洋生态系统将不能维持自身的平衡和稳定。而在当前，海洋环境污染和海洋生态破坏已经将海洋生态系统置于极度的不安全之中。另一方面是指海洋生态系统可以发挥生态服务功能，满足人类生存和发展的需要。海洋是人类自古以来的一个重要活动领域，并诞生了海洋文明；海洋同时也被认为是生命支持系统之一，不仅是地球生命的发源地，而且还为人类提供了生存所需的丰富资源。总之，海洋生态系统提供给人类的生态服务功能是巨大的，"按照市场价值折算，其年度服务总价值约为 21 万亿美元。"[2] 海洋生态系统与人类的生存息息相关。

二、海洋生态安全治理现状

　　随着工业化和市场化进程的加速发展，客观上也消耗了更多的资源，产生了更多的生活垃圾和污染物的排放，我国不可持续性生产和消费活动以及粗放的生产经营方式，使得海洋环境面临着前所未有的压力。海洋生态安全治理现状集中表现为对治理的客体处理不当、治理的主体认识不清。

　　客体层面即海洋现状，表现为海洋营养化、荒漠化严重；海洋生物多样性减少；工业生产排放污染加剧；赤潮、风暴潮等海洋灾害频发；海洋资源开发与利用的不可持续性、粗放性；海洋生态平衡受到威胁；海洋生态系统日趋恶化。主体层面即海洋治理的主体呈现出混乱的局面，目前我国海上执法部门多达 10 余个，海监、海事、海警、海关和渔政 5 部门在职能权力方面存在很大的交叉，造成各部门之间的利益博弈。同样的现象也出现在府际间，有利互不相让，无利互相推诿，权力运行上的弊端和寻租时有发生，这从侧面反映出我国的海洋治理存在严重的分散性，使得本已严峻的海洋生态环境不能得到及时有效的治理。

三、多元主体参与海洋生态安全治理的必要性和可行性

　　海洋生态系统结构和功能的稳定是海洋事业发展的重要前提和基础，一切与海洋相关

的社会文化和产业经济活动都依赖于海洋生态安全去实现价值和效用。因此海洋生态安全的治理与维护是一项非常重要的工程，需要多元主体的共同参与。多元主体参与的治理模式是通过政府、企业、公众、社会组织（非政府组织、知识组织）、大众媒体甚至国际力量组成的多元主体互动网络体系来共同管理公共事务，以提高效率和效益。它是一种公共事务管理的新形态。

（一）必要性分析

一方面是海洋所具有的特性，即海洋整体性决定了多元主体参与治理的必要性和整合性。众所周知，我国现行的海洋生态安全治理对海洋进行了行政分割，除了各省市对自己行政范围内的海域各自为政外，海洋环境治理还涉及到海监、海事、海警、海关和渔政等多个部门，这些部门之间在职能管理上存在交叉，易发矛盾，不仅忽视了环境的整体性功能，也违背了海洋环境治理的科学规律。因此这种治理模式既对海洋环境的相关信息掌握得不够，造成了信息流通的不畅和治理资源的浪费，又不可避免地走向"公地悲剧"。扩大主体多元性，发挥市场和社会的力量，势必能够缓解各自为政治理模式对于海洋环境信息掌握得不充分、信息渠道闭塞、治理资源浪费等问题，极大地提高海洋生态安全治理的实际效果。

另一方面是单一主体治理模式的弊端也强化了多元主体参与的现实需要。目前海洋生态安全治理呈现出主体繁多，类别单一的局面，即担任管理者角色的政府主体，重要的治理政策和机制由其制定，地方政府负责具体的执行功能，丧失了海洋环境治理的针对性、实效性，往往出现为了经济发展牺牲资源环境的行为。而被管理者则是企业和公众，权力的缺乏使得企业和公众在海洋环境治理中发挥积极力量的空间狭小，不能起到有益的监督协调补充作用。因此，多元主体的有效参与能够打破单一主体的海洋治理弊端，也是符合现实环境的实际需要。

（二）可行性分析

1）以海洋环境管理的部门联动机制为基础

目前我国在海洋环境管理工作中已经形成了一定的跨部门联动机制。海洋环境突发事件应急联动机制是指，在海洋环境领域发生的海上石油勘探开发溢油、海上船舶和港口污染、浒苔和赤潮等突发事件中，国务院有关部门、地方政府及其相关部门、社会组织等多方应对主体，在统一领导下，反应迅速、互联互通、信息共享、协同应对的危机应对模式。[3] 这种模式在本质上看同样属于政府内部的网络治理模式，只不过主体性质的一元性限制了治理的效率。海洋生态安全的治理多元主体参与模式的基本特点就是主体多元、合作协商，从而突破了联动机制的限制，将社会多元主体纳入到联动的体系中，从而最大限度地整合社会资源。

2）海洋生态安全多元主体参与治理的社会基础

消除海洋生态系统所受的威胁，维护海洋生态安全，仅靠政府部门的一己之力是不够的，更需要全体社会成员和各方力量的共同参与，整合资源，形成合力。气候变化，环境危机日益影响着生态系统的平衡、人类的安全和社会的发展，环境权作为人类生存与发展的一项基本权利，正是在这种背景下产生的。社会公众对环境权的要求为其通过各种活动和组织方式，参与环保活动，获取环境利益的行动提供了驱动力。而且随着生态产业经济的不断发展，一些生态经济主体对良好环境的要求也与日俱增。这些都为多元主体的积极参与提供了前提保障。

维护海洋生态安全更需要全社会各种力量的整合，形成一股合力来消除海洋生态系统受到的威胁。从近年来的海洋生态安全治理现状来看，社会多元主体的参与正成为应对海洋生态安全问题的主要方式，特别是 2008 年的青岛浒苔事件充分体现了这一点。但是同时也表现出以政府为主的"分散式、部门化"的特点，许多的社会力量分散，彼此缺乏联系及沟通，搞"单干"。[4] 所以还应该对社会多元主体进行丰富并对其参与机制加以完善和引导，使其成为维护海洋生态安全的重要力量。

3）多元主体参与的信息技术保障

传统媒体如电视、广播以及报纸等媒介的信息流动都是单向的，不能满足网络治理主体双向互动的要求。以互联网为基础的新兴媒体带来了机遇，满足了治理网络对信息的要求，为各主体之间的信息交流互动提供了一个技术平台。随着网民数量的不断增多，网络成为当前社会生活不可缺少的元素之一，也成为社会公民参政议政的重要渠道。以互联网为基础的新媒体一方面可以发挥环境信息公开作用，政府及企业可以及时向社会发布海洋生态安全相关信息，为社会公众参与奠定基础；另一方面可以发挥舆论监督作用，政府部门论坛、微博已经成为政府和社会互动的有效途径，这种互动将直接推动海洋生态安全治理网络的有序运行。

四、海洋生态安全多元主体参与治理模式的建构

（一）海洋生态安全治理多元主体参与模式的框架结构分析

1）基本框架

海洋生态安全治理的主体大致包括政府、企业、公众、大众传媒、社会组织（非政府组织、知识组织）以及一定程度上的国际援助力量的介入。这些主体之间的相互关系构成了海洋生态安全治理的基本框架。海洋生态安全治理多元主体的参与，就是要由政府和非政府组织，包括民间组织、政社或政企之间的中介组织、志愿者团体、企业组织及公众个人，包括法律支撑体系和特定制度安排，采用合作的网络化组织体系，针对风险和危机，共同配合和协作实施预防、响应、恢复等应急管理过程。其核心就是在突发环境事件应对过程中引入多元主体，形成一个权力分割、责任分摊、风险共担并广泛介入到整个危机周期的网络协作系统。[5]

网络化治理的基本理论指出，"在一个急剧变革的时代，最好的解决之道不是重新设计组织章程，而是融化组织之间的僵化界限"，即进行关系重构和结构优化。[6] 多元主体参与模式的结构正是按照这种理论描述，将政府、企业、公众、社会组织、大众媒体等多元主体、组织、阶层所拥有的独特资源和界限，通过协商对话、互换资源、优势互补等方式形成价值认同，互利共赢的集体行动。如图 1 所示，图中涉及的主体包括政府、企业、社会组织（非政府组织、知识组织）、公众和大众媒体。实线代表引导和规范功能，虚线代表参与协助、监督功能，双箭头代表互相协作。从图中我们可以看出，政府位于中心位置，对其他主体起到调节、引导和规范的作用。企业，公众、社会组织、媒体等则对政府进行监督，在人力物力等方面参与辅助政府，并且在政府协调下进行双向协作。多元主体参与模式的特点包括：① 行动参与主体多元化；② 充当管理者角色的政府在多元主体中处于核心主导地位；③ 主体各自拥有自身的资源优势并且平等地拥有治理的参与权；④ 明确的角色定位和详细的功能定位。

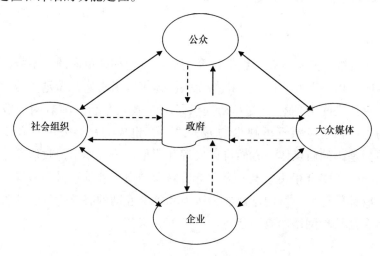

图 1　多元主体参与模式基本框架

2）多元主体职能职责划分

海洋生态安全治理不仅依靠多元主体的互动参与，更需要明确界定出各主体的职责和相互关系。具体来说，多元主体参与模式下各参与方的职责划分主要包括：

（1）政府

在海洋生态安全治理中，政府不再是唯一的管理者，而是将权力与责任适度地移交给其他主体，与其他多元主体进行协作共治。可以说政府在海洋生态安全治理中是主导力量，担负管理、引导协调、服务、扶持等职责。

一方面，政府要加大对海洋生态安全建设人力物力的投入力度，制定完善的法律法规，健全相关配套设施，切实维护好事关海洋事业的社会利益和秩序。这是因为人们联合成国家并承认政府的合法性的主要目的就是在危机时政府能保护他们的财产。[7]

另一方面，政府要赋予企业、公众、社会组织、大众媒体等主体参与海洋生态治理的权力，并制定制度予以保障，更要注重对各主体之间的利益诉求、博弈等问题进行协调，同时做好规范引导工作。面对社会公众和组织，要及时回复他们所反映的问题和建议，自觉接受媒体的监督和质疑。对于企业尤其是涉海企业，要予以扶持，督促其安全生产，合理排污。对生态安全治理工作中的违法行为坚决惩处，不断从实际中汲取经验教训来完善现有决策，以便对海洋生态环境作出及时有效的反应。

（2）企业

企业经营的环境风险来自于两个方面：一方面是内部风险，这种风险源自企业内部，产生于企业的生产过程之中；另一方面是外部风险，即地点、生态环境、物理环境的人口学特征。[8]很多海洋生态安全问题往往都源于企业组织自身的非理性行为，发生的地点往往就是在企业作业地点的一定范围内，同时也是直接的利益相关者。[9]也就是说，海洋生态安全问题与企业生产经营活动密切相关，企业既是环境问题的责任者，又是受害者。企业的环境意识和社会责任在海洋生态安全中起着至关重要的作用。

企业要强化环保意识，清洁生产，降低对海洋生态环境的污染。在生产经营活动中，积极接受政府的指导和规范。企业还要履行社会责任。在海洋生态安全治理中，协助政府及其他治理主体，并在资金、技术等方面予以援助。

（3）公众

公众与海洋生态环境有着切实的价值关系，环境的恶化最终直接或间接地影响损害公众的利益。作为环境价值主体的公众对环境事件有着"切肤之痛"。[10]而随着我国公众社会的不断发展，公众参与公共事务管理的意识和积极性不断提高。

公众在政府的引导和法律法规等行为准则的保障约束下，通过多种渠道和途径参与海洋生态安全的治理、对政府行为进行监督。具体到海洋生态安全治理上的职责包括：利用传统方式，包括个人参与、集体推动、游说等方式了解海洋环境信息，表达利益诉求；借助新兴媒介，例如网络论坛、博客、微博等与政府进行沟通与互动，发表观点看法。在评估、直接处置以及舆论监督等方面发挥作用。

（4）社会组织（非政府组织、知识组织）

海洋生态安全治理需要全社会力量的整合，形成一股合力来消除海洋生态系统受到的威胁。非政府组织和知识组织在其中扮演着不同的角色。

① 非政府组织。在一些政府部门难以发挥效用的地方，具有公益性特点的非政府组织可以起到补充作用，提供技术、设备、资金等方面的支持。即可以作为中介组织，又可以联系政府和公众，实现二者的沟通，并对政府的管理行为进行监督。他们"既是疏导社会不良情绪的减压阀，又是突发事件到来的预警器。"[11]因此，在海洋生态安全治理方面，非政府组织所发挥的作用不容小觑。

非政府组织在海洋生态安全治理中的功能和权责范围主要有：在独立自愿的原则下，提高自身的筹资能力，扩大资金来源渠道，构建高水平的专业化组织管理结构。建立海洋突发事件应急反应机制。在海洋生态安全治理的具体实施方面：前期，要协助政府进行有关海洋环境安全的宣传教育，实现海洋生态安全问题的预警及监控；中期，应对威胁时，要整合所需的资源、信息并且动员社会力量参与海洋生态安全治理；后期，进行评估及监督等。

② 知识组织。海洋生态安全的治理和修复离不开科学技术的支撑，以高校，科研机构为主的专业知识组织及训练有素的人才力量是不可忽视的。他们凭借在科技研发上的优势，能够在海洋环境治理系统中发挥重要作用。他们与政府、企业建立了良好的合作关系，在需要技术协助时能够给予专业的咨询和援助。

（5）大众媒体

媒体作为信息公开的渠道和政社沟通的中介，是海洋生态安全治理中必不可少的主体，其凭借自身的优势，传输信息和导向舆论，建言献策、督促政府采取正确的决策，为有效处置突发公共事件提供监督的保证，为公众、非政府组织提供表达意见、参政议政的平台。

具体职责有：一是发挥信息传递功能。在政府制度化、规范化的要求下，宣传教育和传播普及危机知识；危机状态下进行信息的及时、公正的发布，社会救治的聚合、引导；对社会公众正当需求的关注与上行传递等。[12] 二是发挥预警作用。保持对海洋生态危机征兆的敏感度，经证实后及时把民众传递来的危机征兆反馈给政府，发挥媒体的危机预警作用。三是监督各主体的治理行为是否透明化、公开化和信息的真实性、可靠性。

（6）海洋生态安全治理的国际合作

环境安全已经突破了国界的限制而成为全人类的共同利益，即环境安全是"人类利益"或"地球利益"。[13] 防止海洋污染、保护海洋生态环境应是国际性的。[14] 国际力量在海洋生态安全治理中扮演着"援助者"的角色，他们可通过与政府间的官方渠道或与非政府组织的非官方渠道进行海洋生态安全相关的技术交流。结合我国海洋生态环境的具体情况，海洋生态安全治理的国际合作就是灵活引进国外先进的海洋治理理念、技术、设备、经验等。

（二）多元主体参与模式的动态运行机制

1）法规制度保障机制

（1）健全的法律保障

海洋生态安全治理主体的多元性及其各主体之间关系的不确定性，极易引发机会主义倾向。因此有必要建立规范化、制度化的法规制度体系对各主体在海洋生态安全治理中的行为进行指导和约束。

首先，海洋生态安全治理法制化。我国目前已经出台一些与海洋环保相关的法律法规，在海洋生态安全治理工作中发挥了一定作用，但是目前还未形成一套比较规范的海洋生态安全治理法律法规体系，缺乏整体性的法律框架不能发挥统揽全局的作用，这就使得各地方政府沟通协调不够，各自为政，影响了危机的有效应对。因此应该根据形势的变化和实际的需要建立完善一套系统的治理法律法规体系，弥补海洋生态安全治理上立法的空缺。

其次，多元参与治理主体的权力及职责制度化。参与管理的各主体的权力、职责、行为规则、领导关系、协调与监督关系等，参与的渠道、程序、方式、惩罚制度、以及如何实现各主体间的监督和制约等用法律形式作出详细的规定，使各主体的危机应对有法可依，使其行为制度化、规范法、法制化。从而使政府、企业、公众和非政府组织、新闻媒体等参与主体依法行事、各司其职，相处关系和谐。

再次，法律法规内容具体化。我国现行的海洋环保相关法律法规内容空乏而抽象，多是原则上的规定，缺乏具体的实施细则，可操作性不强。这就要求有更明确的细则来细化法律，并建立较为完善的配套措施来保障法律的实施，从而减少法律的抽象性。通过法律对海洋危机发生时各管理部门或机构各自的职责范围、运行程序、救援物资援助等方面的明确规定，使各主体各司其职，井然有序地处理好海洋生态安全问题。

（2）完备的制度保障

① 环境信息通报与公开制度

我国现有的关于环境信息通报和公开制度已经相对完善，包括《环境保护行政主管部门突发环境事件信息报送办法》、《环境保护法》、《环境污染与破坏事故新闻发布管理办法》等，不仅规定了相关信息的处理，还指出环保部门、各单位及个人等多元主体在应对海洋生态安全治理问题中要互相协调配合。例如，政府要在政策、制度的制定及具体行动中起到核心主导作用，引导协调其他主体的参与行为，而单位及个人等主体也要积极配合政府的指导，协助政府将海洋生态的损害降到最低，保障海洋生态系统的平衡。

② 环境责任制度

我国目前关于环境责任认定的法律法规还未能形成系统完整的制度体系，例如，倡导建立企业环境监督机制的《国务院关于落实科学发展观加强环境保护的决定》、规定社会各主体在生态安全治理中刑事、民事责任的《突发事件应对法》等。环境责任的认定在法律法规中呈现出零碎化、片面化，使得环境责任在实际管理运行过程中的界定成为难题。而解决该问题的关键在于在现有制度的基础上完善环境责任制度体系，确保环境责任实施到位。

③ 环境侵权赔偿诉讼

《海洋环境保护法》规定："对破坏海洋生态、海洋水产资源、海洋保护区，给国家造成重大损失的，由依照本法规定行使海洋环境监督管理权的部门代表国家对责任者提出损害赔偿要求。"[16]这一规定确立了政府管理部门对海洋生态损害责任人的索赔权。不合理的海洋资源开发，超标的污染物排放，严重破坏了海洋生态环境，造成日益繁多的海洋生态安全问题，给海洋生态系统的稳定性带来威胁，从而侵犯到海洋相关利益主体利用海洋，开发资源的权利。因此通过法律手段向污染损害海洋责任人，提出相应的损害赔偿要求是必要的，一方面可以在一定程度上遏制损害责任人污染的可能，另一方面也维护了相关利益者的权益。

2）合作与协调机制

海洋生态安全治理多元主体合作与协调机制的构建，需要遵循平等合作的原则。区域公共问题的合作由多元利益主体构成，当合作的整体收益大于各合作参与个体单独行动收益之和时，合作才能得以顺利实现。各参与主体间存在既竞争又合作的利益博弈关系，但是，合作占据主导地位。[17]各主体在海洋生态治理过程中是平等协作的关系，在共同治理中，凭借各自的优势从而实现各自的诉求。只有通过各主体之间的合作与互动，海洋生态安全的目标才能实现。以往合作失败的原因就在于沟通不顺畅，因此建立完善的协商对话机制，才是海洋生态安全治理的制度化保障。

海洋生态安全的维护是各国所面临的一个共同课题，海洋生态环境的损害不受国家间界限的限制。"……，人类既不能产生新的力量，而只能是结合并运用已有的力量；所以人类便没有别的办法自存，除非是集合起来形成一种力量的总和才能够克服这种阻力，由一个唯一的动力把它们发动起来，并使它们共同协作。"[18]所以，在应对海洋生态安全问题时，加强海洋生态安全的合作是必要的。首先，要勇于参与各种国际海洋公约的制定，根据各种海洋公约来制定国内法，以求与国际同步；其次，要勇于参与到国际海洋事务的治理中去，以增加我国在国际海洋事务中的话语权，提升我国在国际中的影响力；再次，加强国际合作与交流，引进技术，增强我国的海洋环保力量。

3）信息共享机制

在多元主体合作治理的海洋生态安全中，信息流动的准确通畅是极其重要的，也是多元主体合作治理的关键。信息不对称的存在可能会造成信息占有优势的一方产生"败德行为"和信息占有劣势一方的"逆向选择"。[19]

在海洋生态安全的信息共享和信息通畅方面，我国目前做得还不够好，各部门信息共享意识淡薄极为明显。为了更好地收集海洋生态信息，及时发现危机征兆，以及给决策者提供数据支持，我国需要打造一个高效通畅的信息共享平台，建立统一的决策指挥网络，确保信息通畅，使各主体能够获得第一手的准确信息，只有这样，才能促进决策的科学性，遏制危机发生时的谣言。同时，信息的公开能够消除公众的恐慌心理，提高政府的公信，信息的公开也是对公民权利的一种保障。

4）资源保障机制

在海洋生态安全治理的过程中，建立系统的主体合作和资源整合的保障机制是十分必要的。来自于社会方方面面的信息使得由海洋生态安全问题而导致的危机变得更加扑朔迷离。而这种信息又随着危机的发展在不断的变化，各种主体的自主行动使得信息的不确定性增加。因此，要对危机作出及时的监控预警，对其发展趋势作出准确的判断和预测，并确保各主体在危机的应对上采取协调一致的应对策略。建设海洋环境应急平台要从实际出发，利用现有的网络，整合各种资源，实现信息共享。

海洋生态安全治理是一项庞大的工程，建立相应的物资储备体系的难度可想而知。这就需要一个具备"监测监控、预警预测、信息报告、辅助决策、调度指挥和总结评估等功能"的应急平台。[20]从以往的经验来看，眼下的工作重点就是建立相应的海洋危机联动机制及相应的物资储备。从国家层面上来看，应建立相应的战略物资储备库，从国家财政中拨出专项经费，各地方根据本地的实际情况，多储备本地多发事件所需的物资，各地方之间要加强协作。同时，还要注意总结国外的经验和教训，及时引进国外先进的设备和技术，并定期更新和维护。

5）监督维护机制

多元治理主体的自立性和机会主义倾向，决定我们在海洋生态安全治理中要建立监督机制，保证权力的正当行使。具体来说，包括以下几个方面。

一是政府内部监督。政府是国家公权力的执行者，其在海洋生态安全中的应对行为是否恰当地发挥其应有的作用，对于海洋生态安全问题极为重要。同时，为了防止政府在海洋生态安全问题处理过程中出现权力滥用的情况，必须对拥有一定自由裁量权的各层级政府部门进行有效的监督。

二是法律监督。通过将我国海洋生态安全治理纳入到完备的法律法规中，在海洋生态安全危机治理中，负有管理职责的机构和个人出现滥用职权的行为时，执法机关就可以援引法律条文对其进行严厉制裁。

三是社会公众监督。在海洋生态环境治理过程中，如果出现滥用权力，以权谋私，将专用款项和社会捐助资金挪作他用的时候，公众都可以通过各种媒体形式进行披露曝光。同时，也可以向政府和纪律检查部门进行检举揭发，以此来促使监督客体纠正错误，改进工作，使那些违法行为受到应有的法律追究。

四是媒体舆论监督。媒体要充分发挥其社会监督作用，跟踪调查专用款项和各种社会捐助资金的适用情况，以此来提高救援款项的利用效率，以媒体的形式来影响国家机关及其工作人员的行为，起到其他监督形式无法替代的作用。

6）绩效考核机制

海洋生态安全治理的绩效评估是指，对参与治理海洋危机的多元主体在应对能力、管理水平、业绩等方面是否发挥应有的作用和功能的考核和评价体系。建立奖惩制度和问责机制，调动各主体的参与意识，促使各主体及时总结经验教训，改进危机管理的手段和方案，协调各主体之间的关系，提高管理效能。绩效评估的主体和客体是多元的，都是由政府、企业、公众、大众媒体、社会组织所组成的多元评估主体，能够保障绩效评估结果的公正客观。多元评估的客体主要是在危机中的自救互助能力，政策制定的水平等。

参考文献

[1] 杨京平. 生态安全的系统分析 [M]. 北京：化学工业出版社，2002. 26-29.

[2] 刘洪滨，刘康. 海洋保护区——概念与应用 [M]. 北京：海洋出版社，2007. 40-59.

[3] 吕建华. 完善我国海洋环境突发事件应急联动机制的对策建议 [J]. 行政与法，2010，(9)：33-34.

[4] 杨振姣. 关于我国海洋环境应急管理中的社会参与机制的思考——以青岛海域浒苔事件为例 [J]. 海洋开发与管理，2010，27 (5)：26-30.

[5] 刘霞，向良云. 公共危机治理 [M]. 上海：上海交通大学出版社，2010. 14.

[6] 张紧跟. 组织间网络：公共行政学的新视野 [J]. 武汉大学学报（社会科学版），2003，(4)：

56-58.

[7]   ［英］洛克．政府论（下）［M］．叶启芳，瞿菊农译．北京：商务印书馆，1964.77.

[8]   Gyula vastag et. Evaluation of corporate environment management approaches A framework and application. Int. J. Production Economics. 1996, 43：193-221.

[9]   刘霞，向良云．公共危机治理［M］．上海：上海交通大学出版社，2010.83.

[10]   张辉．加拿大环境评价及其对中国环境影响评价的启示［J］．环境科学，1996（增刊）：24-31.

[11]   郭济．政府应急管理实务［M］．北京：气象出版社，1997.231-235.

[12]   刘霞，向良云．公共危机治理［M］．上海：上海交通大学出版社，2010.82.

[13]   ［日］松下和夫．论"人的安全"与"环境合作"［J］．浙江大学学报（人文社会科学版），2008，（1）：29-34.

[14]   黎松强，吴馥萍．海洋资源与海洋生态保护［J］．广东化工，2005，（03）：60-62.

[15]   Park，seung Ho. Managing an Interorganizational network：A frame network control, Organization Studies, Berlin，1996，vol（17）.

[16]   刘家沂．完善污损海洋生态索赔诉讼有关制度的探讨［J］．太平洋学报，2006，（12）：91-96.

[17]   罗晓媚．网络治理视角下我国区域公共问题合作治理模式研究［D］．西北大学硕士论文，2010.

[18]   ［法］卢梭著．社会契约论［M］．何兆武译．北京：商务印书馆，2003.46.

[19]   罗晓媚．网络治理视角下我国区域公共问题合作治理模式研究［D］．西北大学硕士论文，2010.

[20]   刘霞，向良云．公共危机治理［M］．上海：上海交通大学出版社，2010.122.

论文来源：本文原刊于《海洋环境科学》2014年2月01期，第130-137页。

项目资助：中国海洋发展研究中心海大专项（AOCOUC201105）。

地方政府生态环境治理注意力研究

——基于 30 个省市政府工作报告（2006—2015 年）文本分析

王印红[①]　李萌竹

摘要： 注意力代表着政府决策者对特定事务的关注，注意力的变化是政府决策选择变化的直接原因。环境治理注意力是环境治理进入议程设置，进而出台政策、实施治理的前提。政府工作报告是政府进行资源配置与精力投入的指挥棒，也是"政府将重视什么、哪些领域得到更多投入资源"的通知书和承诺书。它是政府注意力分配或者变化的重要载体。本文收集了 30 个省市地方政府自 2006 年到 2015 年共 300 份工作报告，通过文本分析方法，试图发现地方政府生态环境治理注意力的变化规律。分析结果呈现：① 从时间轴上看，地方政府对于生态环境的注意力强度逐渐增加；② 从地域轴上看，东、中、西部政府生态环境注意力差距并不明显，相比而言，中部处于一个稍低的位次；③ 从生态环境的范畴看，具体领域得到进一步扩展，中央与地方对环境具体事务保持了较高的一致性，注意力的变化与决策环境和中央宏观政策有重要相关关系。尽管在某些时间点，某些地域存在离散点，但总体而言，在中央政府强调经济发展需要与当地环境资源承载能力相协调的大背景下，地方政府将注意力大幅转向民生事务和生态环境。鉴于地方领导人任期以及注意力本身的"易变性"，要保持地方政府环境治理注意力的强度和持续性，① 增加制度供给，使环境治理成为法治常态；② 将环境治理在公共事务治理的排序中前置，将环境治理放在突出位置；③ 提升环境事件的信息强度，向地方政府传导积极的环境治理压力。

关键词： 地方政府；生态环境治理；注意力；政府工作报告

一、问题的提出

中华民族无疑正处于全面复兴的过程中，经过 30 多年的快速经济发展，已经成为世界第二大经济体。在经济领域，中国走出了令世界各国侧目的独特发展道路，被称之为"中国模式"。但是，"中国模式"饱受国内外质疑，认为中国的高速发展是以高资源和高环境为代价的粗放型发展模式。这样的观点尽管有些偏颇，但在一定程度上切中了中国发展的痛处。最近十几年来，中国环境问题有越发严重化的趋势，环境污染已经造成了上千万的"环境难民"。[1]当前环境问题的显著特征是：环境问题涉及范围广，环境污染程度

---

① 王印红，男，博士，中国海洋大学副教授，主要研究方向为海洋行政管理、研究方法。

严重，无论政府领导人还是普通民众关注程度高。环境问题的日益严峻化引发了环境规制政策领域发生了重大变化。① 国家层面高度重视。党的十八大以后，国家领导人多次多个场合就"绿色发展理念"、"生态文明建设"阐明观点。如"良好生态环境是最公平的公共产品，是最普惠的民生福祉"，"宁要绿水青山，不要金山银山"，"在生态环境保护问题上，就是要不能越雷池一步，否则就应该受到惩罚"等等。据不完全统计，习近平关于生态文明建设、维护生态安全的讲话和批示超过 60 次。[2]可以说最高领导人将相当比例的注意力转向了生态环境建设。② 绩效考核推动。地方政府是治理环境的重要主体，在 GDP 政绩观、财政分权、"晋升锦标赛"多种因素作用下，地方政府很难将注意力转向环境治理。目前，中央政府已经把地方政府环境治理绩效纳入官员考核体系，环境监察机构法律地位逐步加强，地方环保迎来中央督察，党政"一把手"面临"约谈"窘境，"党政同责"、"一岗双责"等生态文明绩效评价考核和责任追究制被提上日程。[3]在民众口碑和上级政府的双重压力下，地方政府开始主动谋求破解环境困局。③ 治理资金大量涌入。在生态文明国家战略的吸引下，财政资金、社会资金、绿色金融支持等资金涌入环境产业。[4]④有效的制度推进。2014 年针对当年 12 月全国大面积的雾霾围城，制定了《大气污染防治行动计划》，为应对水污染恶化问题，出台了《水污染防治行动计划》，为推动土地生态修复，颁布了《土壤污染防治行动计划》。2015 年被称为"史上最严环保法"的新《环境保护法》实施，同年 9 月《生态文明体制改革总体方案》颁布实施。大量配套制度安排的出台，是环境治理的重要保证。在多项举措密集出台之后，环境拐点显现。

显然，中国经济发展并没有沿承着传统经济发展所依赖的"高消耗"路径一路狂奔。特别是党的十八大以来，从国家领导人高度重视到普通公众普遍呼吁，从宏观环境政策到微观治理技术，可以说环境治理问题上升到前所未有的高度。那么如何看待中国政府在生态环境治理上从"忽视"到"重视"的这种转变呢？本文通过引入"注意力"（attention）的概念，尝试运用注意力与政府决策相关理论来对近年来政府对环境问题的态度变化的原因进行解释。注意力代表着政府决策者对特定事务的关注，按照经济学的基础理论，注意力也是稀缺性资源，政府决策者不可能同时用同样的强度关注所有公共事务。[5]政府决策者对生态环境问题的注意力强度增加，意味着对其他公共事务注意力下降，生态环境治理有相对机会成本。

政府工作报告是决策者在某个特定时期注意力分配状况的直观呈现。基于此，本文收集了东中西部共 30 个省市 300 份政府政府工作报告（2006—2015 年）①，通过报告的文本内容，来分析 10 年来地方政府生态环境治理的注意力分配及其变化情况。具体而言，本文拟回答如下 3 个问题：① 在政府工作报告涉及与生态环境相关的注意力 10 年间经过了一个怎样的变化？② 东中西部地方政府生态环境治理的注意力有没有显著的差距？③ 生态环境各个具体领域上所得到的注意力有什么样的变化？通过本文的研究，有理由认为注意力的测量与分析可以给我们一个观察生态环境治理政策变迁的新视角。

---

① 由于 2006 年三亚市政府工作报告缺失，实际收集到的政府工作报告数为 299 份。

二、理论基础、研究方法与假设

"注意力"最初是一个心理学概念。20 世纪初就有一些心理学家开始关注注意力问题，并将其视为"进入意识的一个过程"[6]进入管理理论丛林时期，著名的诺贝尔经济学奖获得者西蒙（1947）在《行政行为》一书中提出了"注意力"的概念，他认为注意力是"管理者选择性地关注某些信息而忽略其他部分的过程"[7]，并在随后的论述中，将注意力与决策联系在一起。他认为，由于决策者很难具有需要决策所需要的全部信息、决策者的能力受到各种条件的限制等，事实上并不存在所谓的"理性决策"模式。西蒙对于决策的贡献在于他强调决策在管理中的重要性，用"满意"原则来代替"最优"原则，即解决问题的方式由寻找最优方案而转向为提供一些标准，进而寻找满足这些标准的方案。西蒙还进一步指出，"信息并不是真正稀缺的因素，真正稀缺的是注意力"。[8]由于决策者受时间、精力、成本的约束，无法同时处理多个事务，因此，需要判断哪些信息、哪些事务是重要的或是紧急的。这个判断的过程就是注意力分配或者转移的过程，基于此，西蒙认为，"选择的巨大差别可能由于注意力的变动所导致"。[9]

基于西蒙对于注意力研究的基础，美国学者布莱恩·琼斯将注意力引入政府决策领域，进而提出"由注意力驱动的政策选择模型"。[10]琼斯指出，所有的决策都涉及到选择性，因为政策分析过程需要分解出重要的和不重要的信息，如何选择决策环境中对决策有关的或者应该被关注的，对于决策的制定非常重要。"注意力……是一种选择机制，通过它，特征的突出性被带入决策制定的结构"。[11]正是由于注意力的这种选择性作用，琼斯得出结论认为"当政策制定者们的注意力不断变换的时候，政府的政策也紧跟着发生变化"。[12]

西蒙与琼斯的研究起源于对于"偏好"的思考。传统经济学基于序数效用理论使用无差异曲线和边际替代率研究了消费者均衡条件，"偏好"是其中的一个基础性概念。所谓偏好，通俗地说，是指对于某一事物或决策结果的倾向性。序数效用论者指出，消费者对于各种不同的商品组合的偏好（即爱好）程度是有差别的，这种偏好程度的差别，决定了不同商品组合的效用的大小顺序。[13]经济学理论基于偏好的三个基本假定（完备性、可传递性、非饱和性）完美地阐释了消费者行为。[14]但是，基于稳定性假设的偏好理论很难就"人们在不同时间的对于同一问题或者同一事物态度的变化这样的普遍行为"给出完美解释。第一种解释是人们的偏好发生了变化；第二种解释是人们没有按照偏好进行选择（非理性行为）。琼斯的思考给出了第三种解释，那就是，人们的偏好依旧是稳定的，选择之所以变化是因为注意力发生了改变。[15]

政府政策之所以被制定并颁布实施，与政策环境密切相关。从一定程度上说，一个社会的政治、经济、文化、习俗和资源等因素决定了政府政策的科学性和合理性。但琼斯认为，政策的环境变量仅仅是政策制定的外生变量，政策之所以被纳入政策制定议程，关键的是政策制定者的主观意识。用琼斯的话说，那就是"环境与偏好结合产生了决策，注意力是偏好与环境的媒介，即，决策者不一定会被环境所影响，除非他们注意到它"。[16]

琼斯的注意力理论开辟了政策决策的第三条路径，即政策制定的客观环境一直在变化，人们的偏好在某一时间段稳定，政府政策出台的原因意味着决策者要在某一时间段优先处理某一事务，不是偏好发生改变决定的，而是客观环境的变化以及政策制定者将注意力聚焦在这些事务之上所决定。当我们用注意力与政府政策之间的关系去考察我国生态治理问题时，事实上暗含了这样的一个假设：决策者不是在某一时间偏好经济增长，或某个时间偏好环境质量；中国环境状况一直在变化，或好或坏；政府由忽视环境问题到重视环境问题的转变原因是政府决策者将注意力聚焦在了生态环境治理上。

政府工作报告是两会期间发布的具有施政纲领性质的政策性文本，其内容主要包括对过去一年的政府工作情况的回顾与总结，以及对当年政府各项工作的归纳与计划，是各级政府进行资源配置与精力投入的指挥棒，在很大程度上是在向民众宣告或承诺"政府将重视什么、将向哪些领域投入资源"。它是政府注意力分配或者变化的重要载体。

政府工作报告涉及到政治、经济、文化等多个公共事务领域，包括生态环境治理在内。但正如注意力理论所指出的，政府在某一阶段的注意力是稀缺的，一些公共事务在某些年度并没有涉及，即注意力的指向性问题。一些公共事务政府决策者对其关注程度高还是关注程度低，直接表现为政府工作报告中涉及到的文字表述比重和关键字词频，即注意力的强度问题。通过对每年政府工作报告的分析，能够发现政府在生态环境治理上的注意力强度规律，进而说明政府政策制定与实施的力度、频度。具体来说，本文选择对2006—2015年10年间，我国东中西部①30个主要城市的《政府工作报告》作为考察对象。考虑到样本的代表性以及环境治理与经济发展的关系，分别在东部地区、中部地区以及西部地区的各级城市中各选取10个城市作为主要考察对象（见表1）。

表1 东部地区、西部地区及中部地区主要考察对象

东部地区	中部地区	西部地区
北京	大同	宝鸡
上海	太原	重庆
天津	南昌	西安
青岛	宜春	西宁
秦皇岛	长沙	贵阳
徐州	武汉	桂林
南京	许昌	兰州

① 根据国家统计局发布的数据，目前，我国东部地区包括的11个省级行政区没变，包括北京、天津、河北、辽宁、上海、江苏、浙江、福建、山东、广东和海南等11个省（市）；中部地区有8个省级行政区，分别是山西、吉林、黑龙江、安徽、江西、河南、湖北、湖南；西部地区包括的省级行政区共12个，分别是四川、重庆、贵州、云南、西藏、陕西、甘肃、青海、宁夏、新疆、广西、内蒙古。

东部地区	中部地区	西部地区
三亚	合肥	成都
沈阳	哈尔滨	乌鲁木齐
广州	长春	呼和浩特

本文对政府工作报告的挖掘所使用的方法是文本分析，它是一种定性与定量相结合的分析方法，最初主要应用于情报学和信息学，[17]现逐渐发展成为社会科学研究的重要方法。鉴于政府工作报告中关键字使用的频次反映了决策者对某一公共事务的重视程度与认知变化，[18]事实上文本分析成为当前测量决策者注意力最常用的方法。

三、地方政府工作报告中生态环境治理注意力分配

在对地方政府生态环境治理注意力进行测量与分析之前，首先需要对"生态环境治理"的内涵与外延作出界定。"环境"是一个非常泛化的概念，一般而言环境是指相对于某一事物来说的，围绕着某一事物（通常称其为主体）并对该事物会产生某些影响的所有外界事物（通常称其为客体），即环境是指相对并相关于某项中心事物的周围事物。[19]如果人类是主体的话，那么环境是指人类生存的自然环境和人文环境。自然环境按要素又可分为大气环境、水环境、土壤环境、地质环境和生态环境等，主要就是指地球的 5 大圈——大气圈、水圈、土圈、岩石圈和生物圈。人文环境是人类创造的物质的、非物质的成果的总和，其中包含文物古迹、绿地园林、建筑部落、器具设施等物质成果和社会风俗、语言文字、文化艺术、法律规则等非物质成果。显然以上方方面面的内容并不是本文研究的重点，为了聚焦本文研究重点，故在环境之前强调与生态有关的环境问题。本文选择了10 个关键词：生态、生态环境、生态文明、污染、节能、可持续发展、新能源、绿化、环境保护（环保）、环境治理、排放来描述地方政府对于生态环境的注意力。之所以选择这 10 个关键词，是因为经过对政府工作报告的检索，与生态环境相关的这 10 个词语排在了最前列。

根据前面假设的注意力的稀缺性，当政府将注意力更多地集中在生态环境之上时，经济发展的注意力强度将会减弱。为了形成对比效应，本文亦选取了 10 个与经济发展相关的关键词：经济，国民经济，经济发展，经济增长，生产总值，收入，投资，金融，贸易，进出口。在确定了内容分析的对象之后，笔者对全国 30 个省市的《政府工作报告》中涉及经济和环境的部分进行了关键词提取，然后分别计算出东部、西部、中部地区2006—2015 年共计 300 份《政府工作报告》中经济和环境类词语出现的频次，并通过折线图的形式将历年数值予以呈现（见图 1、图 2、图 3）。

通过对图 1、图 2、图 3 的观察，明显可以发现，地方政府生态环境治理注意力呈现以下几个特征。

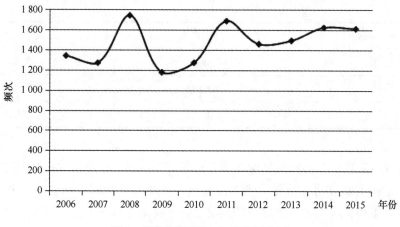

图 1　环境类词频 10 年数据折线图

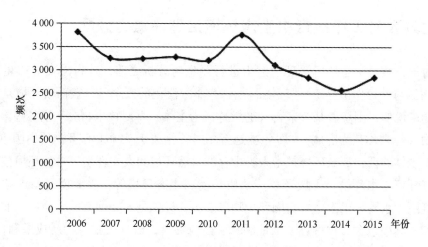

图 2　经济类词频 10 年数据折线图

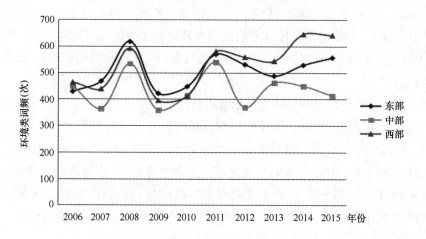

图 3　东中西部环境类词频 10 年数据折线对比

（1）地方政府 10 年来对于生态环境治理的注意力持续上升，但是增幅并不理想。相对于经济问题，政府工作报告中所呈现的表述仍然明显较低。具体而言，在 2006—2015 年的 300 份地方政府工作报告中，有关生态环境类词频从 1 339 次上升到到 1 610 次，10 年间上升了 20.2%；经济类词汇总量由 3 808 次下降到 2015 年的 2 832 次，降低 25.6%。从这些简单的数据变化之中很容易得出结论：此消彼长之后，经济问题仍然在政府有限的稀缺性的注意力中占据重要位置，对生态环境治理的注意力，地方政府仍然有可以提升的空间。但地方政府对于经济发展以及生态环境二者注意力的相对变化说明生态环境问题在政府工作中处于越来越更重要的位置，生态文明和环境保护越来越能够影响地方政府的公共决策和政府官员的政治行为。

（2）尽管总体来看，地方政府对于生态环境治理注意力强度处于稳定上升的趋势之中，但是如果聚焦于某些时间段的话，仍然可以发现某段时间环境治理注意力强度"波动"幅度较大，表现了地方政府生态环境治理注意力的"易变性"。比如在 2008 年明显处于高位，2009—2010 年处于低位，2011 年又出现明显的上扬。为什么这些年份地方政府对于生态环境治理的注意力发生了较大的波动呢？对于注意力变化原因的探讨较为复杂。注意力理论认为，影响政府决策者注意力分配或者转移的原因不胜枚举，如特殊事件的刺激、中央政府统一安排或行动、媒体持续的重视与报道、决策者面对问题时的严重化或者趋轻化。但是一般而言，注意力分配或者变化取决于决策环境中以上"刺激物"的强度或者新颖性，"刺激物"越新颖越能够吸引更多的关注。因此，我们可以尝试对于以上几个年份生态环境治理注意力的波动性作些推测或解释。2008 年之所以对于生态治理注意力有明显的提升，原因之一就是 2008 年中国政府在北京第一次举办全球性的体育盛会——北京夏季奥运会。中国是一个发展中国家，第一大要务就是发展问题，2008 年以前对于环境质量特别是空气质量并没有提到一个应有的高度。为办好北京奥运会，兑现申办奥运时提出的"2008 年奥运会期间，北京将会有良好的空气质量"的承诺，环保部（当时的环保总局）在北京、天津、河北、陕西、内蒙古、山东 6 个省市区实施生态环境综合治理。[20] 主要措施包括：6 省市区区域联动，制定严格的生态环境标准和系统的保障制度；广泛采用环保技术和手段，大规模多方位地推进环境治理、城乡绿化美化和环保产业发展；增强全社会的环保意识，鼓励公众自觉选择绿色消费，积极参与各项改善生态环境的活动等。2008 年北京奥运会是一个强有力的"刺激物"，在中央政府严防严控下，生态环境治理的注意力被调动增强。调动增强仅仅是注意力的波动，如果想让此注意力持续保持在一个高强度水平的话，则需要一定的稳定性因素。事实上，随着 2008 年奥运会结束，原本修订"大气污染防治法"的计划也没有落实，2009—2010 年地方政府对于环境治理的注意力又回归到这 10 年的平均水平。加之 2009 年初，美国先期引发的世界性经济危机传导到中国，2008 年经济增速出现迅速滑落①，从中央政府到地方政府迅速调整注意力转向为如何避免中国经济"硬着陆"上。在这样的背景下，地方政府生态环境治理的注意力由高强度

---

① 中国经济自 2002 年进入新一轮经济周期的扩张阶段，在加速工业化的带动下，连续 5 年保持了 10%以上的高速增长。2007 年，这次增长型经济周期到达波峰，全年国内生产总值 257 306 亿元，比 2006 增长 13.0%。2008 年，中国经济增速大幅滑落由 13%滑落至 9%。

波动降低为一般水平也就不难理解了。2011 年地方政府对于生态环境治理的注意力又有一次发生了稍强的波动，原因则是作为"十二五"规划的开局之年，中央政府倡导建立的资源节约型和环境友好型社会在各个地方政府工作报告中得到充分体现。

（3）图表没有证实经济发展水平较高的地区对于生态环境有较高的关注度，也没有证实经济水平相对落后的地区对生态环境有较低的关注度。对于多数经济学者而言，生态环境治理也具有机会成本。一般而言，经济发展水平较低的地区环境治理的相对机会成本较高，相反，经济发展水平越高的地区具有越高的环境保护意识以及更严厉的环境保护措施，因为其环境治理的机会成本较低。但从东西部 20 个城市的政府工作报告中，并没有印证这一点。关于经济发展与环境之间的关系，Crossman 和 Kruege 对 66 个国家的空气污染和水污染变化做了研究，他们发现多数污染物的数量与人均收入呈现倒"U"形关系，被学界描述为环境库茨涅茨曲线。[21]根据他们后续的研究结论，人均收入在 4 000～6 000 美元时，污染程度会减轻。学界对于环境库茨涅茨曲线有比较一致的认同，但对于环境拐点发生的位置却众说纷纭。10 年的长度对于研究环境库茨涅茨曲线来说并不长，但是这 10 年正是跨越中等收入陷阱的 10 年，正是学者认为环境拐点出现的 10 年。本文对于环境治理注意力的研究并没有进一步支持"拐点说"。首先，随着经济发展水平的提高，地方政府对于环境治理的注意力也在提升，不存在注意力的"U"形曲线。其次，我国西部地区的经济发展水平相比于东部仍然有较大的差距，东部一旦跨越"环境拐点"，那就意味着污染相对比较严重的企业产业向西部转移的趋势会愈加明显，从而加重西部环境污染，导致西部环境质量下降。以上的疑问，在本文对于地方政府生态环境治理注意力的研究中并没有得到证实。反而是在最近的 5 年时间里，西部地方政府对于生态环境的注意力强度相比东部、中部地区更高。

四、环境治理各具体领域的注意力分配及变化

上文将"生态环境"作为一个整体进行分析与简单测量具有一定的局限性，毕竟"生态环境"是一个囊括性很强的范畴，不同时期不同地方政府关注的具体领域不尽相同，即即使当我们在某一阶段观察到政府对于生态环境有持续的高强度关注时，但很可能某些地方政府关注的焦点问题仅仅是某一绕城而过河流的水质问题。为了防止以偏概全以及更为细致地考察地方政府在近 10 年中针对哪些具体的生态环境问题的注意力情况，本文抽取了政府工作报告中涉及到生态环境治理的关键词，① 以这些关键词为研究对象，分别考察地方政府的年度工作报告，做成数据库，通过对数据库的简单挖掘，可以发现各地方政府所关注的生态环境治理的具体领域并不相同。由于数据量较大，本文未予图表呈现，就其中发现 10 年间地方政府生态环境治理注意力的规律性作出如下说明。

（1）生态环境治理的具体事务领域得到进一步扩展。我国政府在"十一五"规划纲

---

① 除以上 10 个与生态环境有关的关键词之外，还抽取了完善、再生、加大、落实、提高、治理、推进、节能、控制、降低 10 个动词用于考察注意力强度。

要中提出建设"资源节约型、环境友好型"社会，2006 年是"十一五"规划的开局之年，生态环境治理问题在各地政府报告中多有体现，但其似乎对于什么是"资源节约型、环境友好型"社会并不十分清楚。资源节约在各地政府报告中体现的是：节水、节电、节能；环境友好的表述方式为控制污染物排放、工业废水、农村面源污染。2006 年排在前 5 名的关键词为"垃圾、能耗、节能减排、生态、环境整治"，这 5 词频数之和占总频数的 55% 以上。地方政府经过 10 年持续不断地对生态环境治理注意力的强化，"资源节约型、环境友好型"已经成为囊括内容丰富、可以落实为治理行动的措施。2015 年地方政府工作报告中，前 5 名的关键词已经发生了明显变化，且占比减少，仅为总频数的 37%。地方政府关注的环境领域更加丰富、具体。其中循环经济、环保政策体系、风沙源治理、脱硫、重点流域污染防治、农村饮用水源保护标准与考核体系、发展核电、水电等清洁能源、跨区域补偿机制成为频次增加的重点词语。如果说 10 年前"资源节约型"和"环境友好型"还是理念的话，10 年间在地方政府工作报告中，反映的则是具体某一环境领域的行动、措施和工程；如果说生态环境治理早期重点关注几个单一领域的话，那么在近 10 年的进程中，地方政府的关注范围更加宽泛，并且逐渐将重心转移到标准建设、考核体系建设和法律保障建设。

（2）生态环境治理的地位得到确立，地方政府唯 GDP 政绩观明显转变。300 份政府工作报告中，没有一份不涉及到节能和环境问题，也就是说在所有的政府工作报告中，对生态环境问题都给予了一定的注意力，这些注意力有的在报告中单独成为政府力主抓好的工作之一，也有的是与其他内容一起，成为"民生事务"或者"产业结构调整"工作任务的一部分。但不管怎么样，生态环境治理已经成为地方政府需要处理的众多公共事务中的一项重要内容，政府决策者已经在生态环境治理中投入了或多或少的注意力。随着各级政府陆续建立并启动了生态环境质量考核奖惩和生态补偿机制，以及越来越完善的生态环境标准及法律的实施，GDP 已经不再是考核政府官员政绩的超乎常规的重要指标，地方政府官员的政绩观正在逐渐发生转变。甚至一些地方政府称"生态环境保护"为"基本国策"，更多的地方政府则针对本省市环境事务的具体情况，开展符合当地实际的环境治理行动，如当地江河领域污染防治、提高污水处理能力、机动车污染防治、建设全国循环经济示范城市、生态示范区，等等。

（3）地方政府与中央政府生态环境治理的注意力保持了较高的一致性。这也不难理解，因为中国是一个中央权力高度集中的社会主义国家，中央政府行政的基本方式，就是中央出台政策，各级政府层层落实。中央政府工作报告是中央政府发布的当年具有施政纲领性质的政府文件，是地方政府注意力的指挥棒。比如：2014 年中央政府提到向"污染宣战"，天津、南京、秦皇岛等市 2015 年政府工作报告中，便落实"环境整治攻坚年"、"坚决打好大气污染防治攻坚战。"此种注意力的跟随并不少见，也并不奇怪。另外一种现象倒是更值得关注。由于地方"两会"先行召开，故同一年度政府工作报告，地方政府先行发布，中央政府工作报告在全国"两会"期间发布。在同一年度的中央政府工作报告与地方政府工作报告共同聚焦在生态环境治理的某一具体领域，很显然不是注意力跟随问题，而是中央政府工作报告"参考"了地方政府工作报告的内容，地方政府和中央政府被同一环境问题所吸引，引发"共振"。如2006年中央政府与多个政府均提出建设资源节约型、环境友好型城市或社会；2008年北京市与中央共同关注了"津京风沙源"治理问题；2013年中央政府与青岛政府、天津市政府共同关注了"海洋生态保护"问题等。聚焦同一环境问题，中央是否参考了地方政府工作报告的内容，难以考证。但不管怎样，围绕某一具体环境问题，媒体报道、公众呼吁、专家论证，是一个负责任的政府无法视而不见的。

结语

　　基于注意力与政府决策相关理论的基础，本文选择了30个地方政府10年来政府工作报告为考察对象，对地方政府生态环境治理的注意力分配与变化进行了测量与分析。尽管测量仅以词频和文字比例为依据，略显粗略，但是对于注意力的研究提供给我们一个解读政策文本的新思路，同时也给我们提供了一个考察政策变迁以及地方政府绩效转变的新视角。本文通过文本分析所揭示的地方政府"生态环境治理注意力随焦点事件具有某种程度的波动但持续稳定提升"这一现象，事实上正是近10年来，国内民众对于环境恶化问题的焦虑、对环境治理问题广泛呼吁，我国各级政府积极回应、将计划和行动反映在政府工作报告中的直接体现。同时，也体现了中国政府各级领导人对于中低速经济增长的一致看法，在经济发展上倡导"生态文明"、"绿色发展"、"可持续发展"这一重大战略或者政策转变，即从"粗放型、高消耗"的快速经济增长向"集约型、生态型"的低速经济增长转变。

　　当然，地方政府的注意力强度在生态环境上持续增加，并不必然导致相关政策制定或者治理行动，但至少稳定的注意力是生态环境治理的必要条件。那么接下来的问题是，如何让政府决策者对该公共事务保持稳定而持续增长的注意力？首先，强化制度供给。尽管注意力理论的先期研究者假定人们的偏好具有一定的稳定性，但事实上，政府领导人周期性更替已是常态，地方政府主要决策者更替更为频繁，相比于个人偏好的稳定性，"易变性"是地方政府注意力的典型特征。稳定的注意力必须来自于制度供给，比如党的十八大期间审议并通过的《中国共产党章程（修正案）》，将生态文明建设写进党章，并指出中国共产党将"坚持走生产发展、生活富裕、生态良好的文明发展道路。"一些人大政协委员在全国两会期间提议，把建设生态文明和保障公民环境权益写入宪法。除此之外，需要加强地方法律法规和部门规章建设，完善环境某具体领域的单独立法等。其次，注意力除了因受到特殊事件的"刺激"变强外，信息的"强度"也是影响其变强的关键因素。信息的"强度"来自于媒体的渐次放大效应，也可能来自特殊群体通过特定渠道不断地将相关信息传递给政府决策者。特殊事件具有不可控性，但在环境问题比较敏感的背景下，绝不会很少。因此在环境事件发生后，公众"围观"，专家"上书"，媒体聚焦，不断给予政府决策者以"刺激"，使其保持对生态环境的较强注意力。再次，环境治理成效在更大程度上取决于生态环境事务在政府处理的所有事务中"偏好顺序"的上升。中国有高度重视"顺序"的历史文化传统，排序在前面的，代表着较高的重要性、较高的优先等级。生态环境事务在众多公共事务中的排序在一定程度上决定了生态环境治理的最终成效。基于以上判断，可以考虑将生态环境治理事务在中央政府工作报告以及各地政府工作报告中尽量"前置"，在一些政府信息公开场合将环境事务以及在政府组成机构排名稍微靠后的环保部门"前置"，"把生态文明建设放在突出位置"。[22]

诚然，本文仅仅在外显层面（地方政府工作报告），基于决策者的注意力与政府政策的关系探讨了地方政府 10 年来生态环境治理注意力的分配及其变化，并未测量注意力与环境治理成效之间的关系。但不管怎样，把生态文明建设放在突出位置是环境问题解决的第一步，接下来再将注意力内化为保护自然的生态文明理念，进一步把行动"融入经济建设、政治建设、文化建设、社会建设的各个方面和全过程"。[23]有理由相信，美丽乡村、美丽中国梦一定能实现。

参考文献

［1，4］ 王彩霞. 环境规制拐点与政府环境治理思维调整［J］. 宏观经济研究，2016（2）：75-76.

［2］ 陈二厚，董峻，等. 十八大以来习近平 60 多次谈生态文明［EB/OL］.（2015-03-10）［2016-09-08］. http：//news. china. com. cn/2015lianghui/2015-03/10/content_ 35006072_ 5. htm. ［CHEN Erhou, DONG Jun, et al. XI Jinping spoke about ecological civilization over 60 times since the 18th National Congress of the Communist Party of China［EB/OL］.（2015-03-10）［2016-09-08］. http：//news. china. com. cn/2015lianghui/2015-03/10/content_ 35006072_ 5. htm.］

［3］ 张纪. 经济发展方式转型与政绩观转变［J］. 中州学刊，2014（7）：25.

［5］ 张海柱. 中国政府管理海洋事务的注意力及其变化——基于国务院《政府工作报告》（1954-2015）的分析［J］. 太平洋学报，2015（11）：2.

［6］ 布赖恩·琼斯. 再思民主政治中的决策制定：注意力、选择和公共政策［M］. 李丹阳，译. 北京：北京大学出版社，2010：58.

［7］ 刘景江，王文星. 管理者注意力研究：一个最新综述［J］. 浙江大学学报（人文社会科学版），2014（2）：80.

［8］ Herbert S. "Designing Organizations for an Information－－Rich World", in Greenberger, ed. , Computers, Communication, and the Public Interest［M］, The Johns Hopkins Press, 1971：41.

［9］ Herbert S, Reason in Human Affairs［M］, Stanford University Press, 1983：18.

［10-12］ 王家峰. 认真对待民主治理中的注意力——评《再思民主政治中的决策制定：注意力、选择和公共政策》［J］. 公共行政评论，2013（5）：144.

［13-14］ 高鸿业. 西方经济学（微观部分）第 4 版［M］. 北京：中国人民大学出版社，2007：81，82.

［15-16］ 布赖恩·琼斯. 再思民主政治中的决策制定：注意力、选择和公共政策［M］. 李丹阳，译. 北京：北京大学出版社，2010：10.

［17］ Carley K M. Extracting team mental models through textual analysis［J］. Journal of Organizational.

［18］ 王莉方，周华丽. 我国创业教育政策的价值结构叹息——基于政策文本分析的视角［J］. 四川理工学院学报（社会科学版），2014（29）：95.

［19］ 马中. 环境与资源经济学概论［M］. 北京：高等教育出版社，1999：2.

［20］ 任希岩. 北京奥运会空气质量保障措施效果评估研究——以 PM 为例［D］. 北京：中国科学院

大学，2010：15-20.

［21］　　符淼. 我国环境库兹涅茨曲线：形态、拐点和影响因素 ［J］. 数量经济技术经济研究，2008（11）：41.

［22-23］　　胡锦涛. 十八大政府工作报告 ［R］. 2012：1-20.

论文来源：文章原刊于《中国人口、资源与环境》2017 年第 2 期，第 28-35 页。

项目资助：中国海洋发展研究会项目 （CAMAJJ201610）。

海洋功能区划保留区管控要求
解析及政策建议

徐　伟① 孟　雪②

摘要：本文将基于保留区选划的原因和分类，结合新一轮全国和省级海洋功能区划编制，汇总和比较全国、省级保留区管控规定，分析目前各省保留区个数、面积、岸线长度、离岸距离等设置情况。据此，依据保留区内涵将保留区划分为5类，即功能待定区、发展预留区、整治修复预留区、保护缓冲区以及特殊功能预留区，分别提出5类保留区的使用管理要求和环境保护要求。最后，文章从保留区用海现状处理方式、开发利用条件、用海活动管理等方面提出政策建议。总体来说，保留区不允许随意利用但并不完全禁止利用，在不改变海域自然属性的前提下，当用海活动符合保留区用途及环境保护要求，不影响周边海域功能正常发挥的情况下允许进行开发利用。

关键词：保留区；管控要求；环境保护；政策建议

我国新一轮海洋功能区划依据空间分异理论和区位理论将我国全部管辖海域划定为8类海洋功能区[1]，其中区划将目前技术经济等条件尚不成熟或主导功能待定的海域设置为保留区。保留区用于保留海域后备空间资源，实现海洋的可持续发展，为周边港口航运、工业与城镇等区域提供空间缓冲，进一步保护海洋环境。总体来说，保留区对海洋资源、生态、环境、人类生活、未来发展等方面具有重要意义。因此，国家十分重视保留区的管理问题，同时提出了到2020年全国近岸海域保留区面积比例不低于10%的目标。但目前保留区的使用存在一些错误行为，如随意修改保留区，用海活动占用保留区等。导致上述问题的主要原因：一是在编制区划过程中，省级区划中保留区的管理要求与全国区划中保留区的管理要求不完全一致，如保留区的现状用海处理方式在全国海洋功能区划保留区管控要求中未明确规定，而各省区划中有各自的处理方式；二是在实施过程中，由于各省对保留区的理解不一致，导致各省在保留区用海审批、区划符合性分析方面存在分歧，如有的省份禁止新增用海活动，而有的省份可开展不改变海域属性的用海活动等。

当前保留区的管理得到世界各国的重视，如 Ben Halpern 提出不可获取资源的区域为海洋保留区，即禁止杀害、伤害或干扰区域内的任何动植物[2]；美国和澳大利亚建立大规模海洋保留区，分为全部保护、部分保护、允许捕鱼及其他人类活动三类进行管理[2]；新

① 徐　伟，男，国家海洋技术中心，研究员，主要从事海域管理研究。
② 孟　雪，女，国家海洋技术中心，主要从事海域管理研究。

西兰海洋保留区主要采用了大范围禁止人类活动的管理方式来保护海洋生态系统[3]。国内岳奇、徐伟等提出了保留区的选划方法[4]，罗美雪在探讨福建省区划时将保留区分为预留区和主要功能待定区两类[5]，郁丹英等进行了淮河流域保留区达标分析[6]等。但目前国内学者针对保留区的研究主要集中于区域选划问题，缺少针对保留区后期实施的研究。因此，本文旨在论述保留区的相对统一的管控要求，为保留区使用、调整、管理提供科学依据，保障保留区能够为子孙后代留下一片优良海域。

一、新一轮海洋功能区划保留区设置情况及分类

（一）新一轮海洋功能区划保留区设置情况

至 2012 年 11 月，沿海 11 个省海洋功能区划已全部获批[7]。新一轮区划中全国共设置保留区 184 个，占全国总区划个数的 9.5%。各省数据如表 1 所示。

表 1　全国各省保留区统计

省（市、自治区）	保留区数量（个）	面积（平方千米）	岸线长度（千米）	平均离岸距离（千米）
辽宁	32	11471.4	359.90	6.84
河北	2	190.25	1.59	1.66
天津	2	108.96	8.93	6.05
山东	24	4821.77	213.70	8.87
江苏	4	3138.20	0.00	31.67
上海	16	1261.7	102.50	7.94
浙江	24	4482.07	289.00	3.66
福建	21	3778.75	415.19	0.44
广东	22	6741.02	493.39	0.14
广西	16	819.98	261.84	2.11
海南	21	5967.20	149.75	0.76
总计	184	42781.3	2295.79	－

注：平均离岸距离采用保留区边缘线到海岸线的最短距离进行计算。

其中辽宁省保留区最多，占有面积最大。河北省与天津市拥有保留区个数最少，天津市保留区面积最小。江苏省平均离岸距离最远，广东省平均离岸距离最近。目前全国保留区内用海活动较少，仅有少部分保留区进行小范围的围海养殖或开放式养殖，剩余大部分保留区均未进行海域使用。各省保留区具体数量及面积比例如图 1 所示，各省保留区分布如图 2 所示（图中红色部分为保留区）。

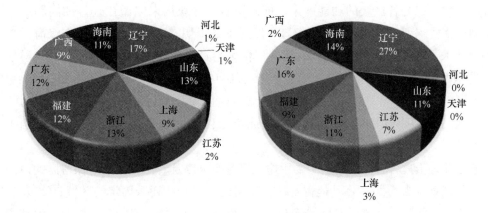

图1　各省（市、自治区）保留区数量及面积对比

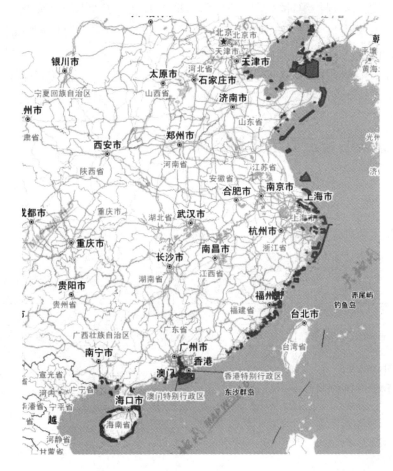

图2　各省（市、自治区）保留区分布

（二）保留区的概念内涵及类型

海洋功能区划内涵包含两层含义：一是区划，将海域划分为具有不同自然属性的不可

再分的区块；二是各区块的功能确定，即解决各个区块用来"做什么"的问题[8]。新一轮区划丰富了保留区的内涵，为后续海洋发展提供了切实的空间保障。《省级海洋功能区划编制技术要求》（2010年发布）[9]明确保留区指目前功能尚未明确，有待通过科学论证确定具体用途的海域。《全国海洋功能区划（2011—2020年）》（2012年发布）[10]明确选划保留区的3类条件：① 由于经济社会因素暂时尚未开发利用或不宜明确基本功能的海域；② 限于科技手段等因素目前难以利用或不能利用的海域；③ 从长远角度应当予以保留的海域[11]。

　　通过梳理上述各省保留区的主要用途、管控要求以及新一轮区划中保留区的内涵，本文将保留区划分为5类：① 功能待定区，指目前主导功能还未确定的区域；② 发展预留区，指主导功能已经确定，但目前还不具备开发条件的区域，或资源已探明，但按国家计划目前不准备开发，作为储备资源的区域；③ 整治修复预留区，用于整治修复生态系统、景观等受损区域；④ 保护缓冲区，用于为周边港口航运、工业与城镇等区域提供空间缓冲；⑤ 特殊功能预留区，指用于河口防洪、军事、海洋工程等特殊功能的区域。目前，在全国184个保留区中功能待定区最多，主要集中在山东、上海、浙江、福建、海南；发展预留区主要集中在福建，为旅游、机场建设预留；保护缓冲区主要集中在辽宁；整治修复区主要集中在辽宁、广西；特殊功能预留区主要集中在广东，为河口防洪纳潮预留。

二、省级保留区管控要求比较分析

（一）省级保留区使用管理要求

　　保留区使用管理重点为海域属性、现状用海以及开发利用，各省虽有涉及但其具体内容有所差异，如表2所示。

表2　各省保留区使用管理要求

省（市、自治区）	保留区使用管控要求		
	是否允许改变海域属性	现状用海处理方式	是否可以开发利用
辽宁	严格限制改变；确需改变应修改规划	1. 稳定渔业养殖用海；2. 区划实施前已改变海域自然属性的用海区域，开发利用需论证	可以，需经过严格论证
河北	严格限制改变；确需改变应修改规划，报国务院审批	未涉及	可以，特殊区域（如毗邻军事区）需征求相关部门意见
天津	严格限制改变；确需改变应修改规划，报国务院审批	未涉及	可以，需经过严格论证

续表

省（市、自治区）	保留区使用管控要求		
	是否允许改变海域属性	现状用海处理方式	是否可以开发利用
山东	严格限制改变；确需改变应修改规划，报国务院审批	未涉及	可以，经科学论证，优先安排海洋保护等用海项目以及公益、实验性用海活动
江苏	严格限制改变；确需改变应修改规划	切实保持海域使用现状	可以，以发挥海域最大效益为目标，经充分论证
上海	严格限制改变；确需改变须经严格规划和论证，报政府审批	保留原有用海活动，限制新增用海功能	可以，确保不对毗邻海域功能和开发利用活动产生明显不利影响
浙江	严格限制改变；确需改变应修改规划，报国务院审批	保留原有用海活动	可以，可兼容渔业用海、旅游娱乐用海
福建	划分为4个等级：禁止改变；严格限制改变；严格限制大规模改变；允许适度改变	1. 维持使用现状；2. 对于在划定保留区前已经实施围垦活动的海域，经严格的科学论证后，在确保不扩大海洋环境影响的前提下，安排适宜的海洋开发活动	可以，应确保公共交通和国防军事安全，并经科学论证，主要安排交通、海洋保护等用海项目以及公益性用海
广东	严格限制显著改变；确需改变的应通过科学规划和严格论证	保留渔业、旅游用海	可以，开发利用活动不得影响毗邻海域功能
广西	划分为两个等级：禁止改变海域自然属性；严格限制改变	保留现有的海洋开发利用活动	可以，科学论证安排不改变海域自然属性的用海活动，优先发展公益性、实验性用海活动
海南	严格限制明显改变	维持现有用海现状	可以，经论证允许适度开展透水构筑物、风电场、波浪能设施建设等不明显改变海域自然属性的用海

通过表2对比发现，各省根据本省发展以及区域特点对海域自然属性改变程度要求不一，主要分为：禁止改变、严格限制改变、严格限制显著改变、允许适度改变。改变海域属性时，天津、河北、浙江、山东要求修改省级区划，按程序报国务院审批；上海要求论证后报政府审批；辽宁、福建、广东、广西、海南、江苏仅要求进行科学论证，规定中未涉及报批程序。在现状处理方面，广东要求更为严格，仅保留渔业、旅游用海，其余地区除河北、天津、山东未涉及相关要求外均维持现状。在开发利用方面，各地区均允许不改变海域自然属性的用海，其中山东、福建、广西提出保留区建设主要支持海洋可再生能源、科学研究、公益性等实验性用海活动，海南允许适度开展不明显改变海域自然属性的用海。

（二）省级保留区环境保护要求

除国家要求保留区执行不劣于现状海水水质标准外，各省根据保留区所处地理位置、物种资源等特征设置具体环境保护要求如表 3 所示。

表 3　各省保留区环境保护要求

省（市、自治区）	海域环境质量	生态系统及物种保护	污染治理修复	环境监测
辽宁	不低于现状水平	重点保护湿地、海湾、岛礁、海岛等生态系统和珍稀濒危物种；保护水产种质资源	治理养殖、工业、河口等污染，避免影响周边旅游区与保护区等环境质量	重点加强核电用海周边海域海水环境质量跟踪监测
河北	不低于现状水平	保护浅海海洋生态系统	未涉及	加强保留区管理和环境质量监控
天津	不低于现状水平	未涉及	未涉及	未涉及
山东	维持现状水平	生态保护重点目标是海洋自然生态系统	修复受损的海洋生态系统	加强海域论证与海洋环境影响评价控制，确保不影响毗邻海域功能区的环境质量
江苏	未涉及	认真落实环境保护措施，开发建设与环境保护协调同时进行；生态保护重点目标是邻近的海洋保护区	施工建设须加强污染防治工作，杜绝污染损害事故的发生，避免对海域生态环境产生不利影响	未涉及
上海	不低于现状水平	生态保护重点目标是邻近的饮用水水源保护区及水域生态系统	注重开发建设与环境保护相协调，避免污染损害事故发生，避免对海域生态环境产生不利影响	未涉及
浙江	维持现状水平	未涉及	未涉及	未涉及
福建	划分为两个等级：1. 维持现状水平；2. 水质质量执行不低于二类海水水质标准，沉积物质量和海洋生物质量执行一类标准	重点保护湿地、岛礁、周边物种繁育生态系统；重点保护渔业水域环境	未涉及	定期监测区域环境质量

省（市、自治区）	海域环境质量	生态系统及物种保护	污染治理修复	环境监测
广东	维持现状水平	保护区域内生态环境及珍贵物种、水产资源	加强排污口污染整治和达标排海；加强生态环境整治修复	加强海洋环境监测，特别是加强对赤潮等海洋灾害和海洋生态环境污染事故的应急监测
广西	划分为两个等级：1. 维持现状水平；2. 海水水质执行不劣于二类标准，海洋沉积物质量和海洋生物质量执行二类标准	保障地形地貌稳定	未涉及	加强监测、监视和检查工作
海南	划分为两个等级：1. 维持现状水平；2. 经论证改变功能类型后，根据开发类型确定其水质标准	保护海岸形态和地形地貌；保护海域自然生态环境；保护水产种质资源和渔业资源	整治养殖废水排放	未涉及

通过表 3 对比发现，各省环境保护要求主要涉及 4 个方面：海域环境质量、生态系统及物种保护、污染治理修复、环境监测。海洋环境质量要求分为 3 类：一是维持不劣于现状的水平；二是设立了更加明确的海域环境质量标准，如福建、广西部分保留区；三是根据开发类型确定水质标准，如海南部分保留区。除天津、浙江外其余各省均强调生态系统及物种保护管理，其中山东、上海、江苏、福建等省市更是提出了生态保护的重点目标。总体来说，辽宁、山东、广东 3 个省份保留区环境保护要求最为全面。

三、各类保留区管控要求

（一）各类保留区使用管理要求

保留区的类型可以反映出保留区的主要用途和意义，并对其管理要求有重要影响。同时根据不同类型对保留区进行管理更有助于各省统一管控要求，避免出现随意占用、开发、管理混乱的局面。结合上述省级保留区使用管理要求的全面分析以及各类保留区的特性，可以总结出目前各类保留区的管理要求，如表 4 所示。

表4 各类保留区使用管理要求

类型	保留区使用管控要求
功能待定区	不影响周边其他功能区正常发挥前提下维持用海现状，可兼容不改变或适度改变海域自然属性用海，如渔业用海，旅游娱乐用海等；限制新增用海功能，优先发展公益性、实验性用海活动；今后根据经济社会发展需要，经科学论证明确其具体使用功能后可调整功能
发展预留区	主导功能已经确定，可待具备开发条件后再进行利用；储备资源区域应严格按国家计划进行开发利用，重点保护区域资源，严禁改变海域自然属性
整治修复预留区	按要求整治修复海岸、海湾、岛礁、滩涂湿地等各类生态系统以及珊瑚礁等受损海岸景观资源，整治沿岸养殖废水排放等；兼容渔业、旅游业等不改变海域自然属性的用海活动
保护缓冲区	严格限制填海造地用海、海砂开采用海或沿岸突堤等不合理工程建设；保障海洋保护区管理配套设施建设用海；保障沿岸港口航道用海需求；整理海域空间，保障海上交通安全和防洪纳潮通道，保证航道、锚地的使用功能；优先保障新能源建设用海
特殊功能预留区	用于保障河口防洪纳潮时，沿岸建筑物采用透水式，维持河口海域潮汐通道水动力环境，加强水道环境治理和达标排放；优先保障海底工程用海、沿岸路桥用海、排污用海、国防安全、海水综合利用等特殊用海；加强对特殊用途区域及设施的保护，保障特殊用途安全与使用效能

（二）各类保留区环境保护要求

通过对省级保留区环境保护要求的全面分析，提出了各类保留区的环境保护要求，如表5所示。

表5 各类保留区环境保护要求

类型	保留区环境保护要求
功能待定区	保护海洋生态环境，定期监测区域环境质量，区域水质、沉积物、生物质量标准不低于现状水平
发展预留区	保护海洋资源，区域水质、沉积物、生物质量标准不低于现状水平
整治修复预留区	加强区域环境质量监测及污染监测，保护周边景观资源和沙滩资源；保护自然岸线形态、长度和地形地貌，保护珍稀物种；环境质量标准不劣于周边功能区
保护缓冲区	按照规定对海洋生态环境进行监测与评估；保持自然岸线形态与岩礁资源，海洋环境质量维持现状；若核电厂排水工程区，按照相关法律法规排放低放、温排水，减小废水、废液对周边海洋生态环境的影响
特殊功能预留区	海水水质、海洋沉积物质量、海洋生物质量等标准不低于现状水平；保护河口生态系统，维护生态系统平衡和生物多样性

四、保留区管理政策建议

目前各省对保留区的管控要求不一致，容易出现省级管理过严或过松的情况。因此，为了保障海洋可持续发展切实留有后备空间资源，各省应有相对统一的保留区管理政策来指导保留区的保护和开发。结合全国、各省和各类保留区管控要求得出政策建议如下。

（1）现状用海在不影响周围海域正常发挥的前提下予以保留。

全国区划中没有明确规定现状用海的处理方式，但结合各省的管控要求以及区域的实际应用得出：现状用海在不影响周围海域正常发挥的前提下应予以保留，并支持其续期。其原因在于区划编制时对区划期限内（10年）的发展定位预测未必做得到完全科学。随着科学技术水平的提高，人们对于海洋主导功能的认识趋于清晰化，此时保留区的开发利用能够做到更科学、高效。而在此之前，维持原先用海现状更能发挥海域最大效益，避免海域资源的浪费。

（2）适当控制保留区的兼容开发活动，严格限制改变海域属性。

在筛选保留区的用海活动时，关键原则有：严格控制明显改变海域自然属性的建设用海，不影响毗邻功能区正常发挥，海水水质标准不劣于现状水平，新建用海项目需符合各省功能区划保留区管理要求。在管控过程中应加强功能区运行监测、监控和评估，根据功能区生态环境状况和用海项目规模强度，及时做出继续保留或开发的决定。

（3）新增用海活动应充分考虑保留区选划原因及保留区类型。

保留区选划原因多样，例如部分省份在选划保留区时考虑了争议集中的海域，将难以调解的多用途海域划为保留区，根据涉海规划的用海需求，这些区域往往作为特殊功能预留区或保护缓冲区，但具体的开发时序、范围、位置等关键信息仍不完全确定。因此，新增用海活动必须充分考虑保留区类型、选划原因以及具体保护目标，经严格科学论证并征求相关部门意见，安排适宜的开发活动。

（4）整治修复预留区应设立明确的修复目标，切实保障海域环境的提高。

整治修复区域在实施过程中部分省会出现修复不到位的情况，今后应确定综合整治与修复目标，明确实施整治与修复海域的范围、面积、预期成效以及具体修复措施[12]，定期进行区域环境质量监测及污染监测。

（5）在实施环节设置考核指标，确保实现保留后备海域资源。

保留区若不强化监管，极有可能沦为随意利用的海域。为保证保留区真正可以保留下来，省、市县级区划有必要在区划目标和管理要求中，细化区划期限内保留区具体措施，并设置相应的实施考核指标。

（6）保留区的主导功能明确时，可按照规定调整保留区功能。

随着科学进步，保留区的主导功能可能趋于清晰化，此时可按照规定调整保留区功能，同时应保证调整后保留区的面积不突破省级区划确定的控制性指标。而功能待定区和发展预留区应严格限制调整保留区，否则可能会对保留区造成不可逆转的影响，无法实现保留海域后备空间资源的作用。

五、结论

（1）全国保留区依据内涵划分为 5 类：功能待定区、发展预留区、整治修复预留区、保护缓冲区、特殊功能预留区。每种类型用途不同，其管理要求也有所区别。

（2）各省保留区使用管理要求在是否允许改变海域属性、现状用海处理方式、是否可以开发利用 3 个方面存在差异，而各省保留区的环境保护要求差异较小。

（3）根据全国、各省和各类保留区管控要求提出了保留区在使用、管理、调整 3 个方面的政策建议，对未来保留区的项目审批、使用具有较强的指导意义。

参考文献

[1]　张广海，李雪．青岛市海洋功能区划研究 [J]．国土与自然资源研究，2006 (4)：5-7.

[2]　Ben Halpern. The impact of marine reserves: do reserves work and does reserve size matter? [J]. Ecological Applications, 2003, 13 (1): 117-137.

[3]　黄蕾．新西兰海洋保护区政策评述 [J]．环境保护，2006 (7)：76-78.

[4]　岳奇，徐伟，刘淑芬，等．海洋功能区划保留区选划技术研究 [J]．海洋技术，2012, 31 (3)：93-96.

[5]　罗美雪．福建省海洋功能区划编制的若干技术方法探讨 [J]．台湾海峡，2010, 29 (2)：290-294.

[6]　郁丹英，赖晓珍，贾利．淮河流域重要河流湖泊水功能区达标分析 [J]．治淮，2013 (1)：110-111.

[7]　海君．我国沿海 11 个海洋功能区划全部获批 [J]．港口经济，2013 (1)：62.

[8]　王佩儿．资源定位的海洋功能区划和沿海城市概念规划 [J]．浙江万里学院学报，2008, 21 (2)：91-94.

[9]　海域管理培训材料编委会．海域管理法律法规文件汇编 [M]．北京：海洋出版社，2014. 139-162.

[10]　海域管理培训材料编委会．海域管理法律法规文件汇编 [M]．北京：海洋出版社，2014. 47-75.

[11]　马龙，路晓磊，张丽婷，等．基于海洋功能区划的山东半岛蓝色经济区海洋生态补偿机制探讨 [J]．海洋开发与管理，2014 (9)：77-82.

[12]　王江涛，刘百桥．海洋功能区划控制体系研究 [J]．海洋通报，2011, 30 (4)：371-376.

论文来源：本文原刊于《海洋环境科学》2017 年第 1 期，第 136-142 页。

项目资助：中国海洋发展研究会重点项目（CAMAZD201504）。

南海区域搜救合作机制的构建

曲　波[①]

摘要： 南海区域安全的实现及区域合作机制的优势决定了有必要建立南海区域搜救合作机制。虽然国际上的一些公约对合作搜救作了规定，但或因南海周边一些国家没有加入这些公约，或因公约的规定并非强制性的，使南海区域搜救合作机制构建的法律基础存在缺陷。目前南海周边国家在搜救方面已开展了一些合作，但尚不全面，存在临时性及不一致性，为此，有必要通过签订区域搜救合作协议等方式，在搜救责任区的划定、信息交换等诸多方面加强合作。

关键词： 南海；搜救；区域合作机制

海上搜救是海上搜寻和救助的简称。1979 年制定的《国际海上搜寻与救助公约》（简称《国际海上搜救公约》）在 1998 年的修正案中规定：搜寻是指通常由救助协调中心或救助分中心协调的、利用现有的人员和设施以确定遇险人员位置的行动；救助是指拯救遇险人员、为其提供初步的医疗或其他所需要的服务，并将其转移至安全地点的行动。为了迅速有效及时地救助人命，开展合作搜救是切实可行的办法，这一点对在南海进行的搜救同样适用。尤其是 2014 年 3 月马航 MH370 事件的发生，无疑让人们认识到在南海建立区域搜救合作机制的必要性。笔者在分析构建南海区域搜救合作机制必要性的基础上，探讨构建南海区域搜救合作机制的法律依据，阐述目前南海周边国家区域搜救合作的现状，并提出具体的完善建议。

一、建立南海区域搜救合作机制的必要性

海上搜救实质在救助人命，人命的无国界性，使各国都应对之进行搜救，综合各种因素，在南海建立区域合作搜救是最好的方式。

（一）区域安全方面的考虑

南海海域宽阔，海域东西距离约 1 380 千米，南北距离约 2 380 千米，总面积约 350 万平方千米。南海地形复杂，有岛、礁、沙、滩、其中"危险地带"在南沙群岛的中部，

---

① 曲　波，女，中国海洋发展研究会理事，法学博士，大连海事大学法学院教授，博士生导师，大连海事大学国际海事法律研究中心成员，主要从事海洋法方面研究。

有无数不规则的暗礁、沙滩和阶地。[1]南海也是台风和季风区的集聚地，而这种自然地理状况的南海海域恰好是航线繁忙之地，且渔船众多，[2]发生海上意外事故的可能性极大，而且该海域也可能是航空器坠毁的海域，合作搜救是最理想的方式。从理论上将，国家合作的基础是有共同利益的存在，虽南海周边国家在海洋领土及海域划界方面存在争端，但通过合作，确保区域航行安全，是促进周边国家经济发展的重要因素。事实上，很多海洋区域国家已通过建立海上搜救合作机制来促进区域安全，如北极理事会成员国间 2011 年签订了《北极空中和海上搜救合作协议》；黑海沿岸国 1998 年在安克拉签署了《海上搜救合作协议》。南海这一半闭海的周边国家也应建立合作机制，这也符合《联合国海洋法公约》的规定。①

（二）区域合作优势方面的原因

1）临时合作的无机制性

从合作时间看，搜救合作包括长期搜救合作和临时搜救合作。2014 年马航 MH370 的搜救有多国参加，但实质是一次临时合作。无机制下的临时合作，无论从信息通报、搜救协调等方面都暴露了很多不足，如果有搜救合作协议，无疑可以提高境外搜救的效率，对于解决一些敏感问题也很关键。[3]

2）区域合作的有效性

同其他类型的合作一样，搜救合作可分为三种层级：一是全球性的搜救合作。这种搜救合作一般是以国际海事组织及民用航空组织为平台建立的。从理论上讲，多边的合作机制是一种有效的合作机制，可以切实实现海上搜救的成功，虽然《国际海上搜救公约》及《国际民用航空公约》规定了国家间的合作，但很多地方使用的用语却是在一国认为"可行"、"适当"情况下，或者"应"建立、"可"建立合作机制，② 其中原因之一就是在这种多边公约中，涉及的国家并非都有一致的利益，如果将这种机制的建立变成一种强制性的义务，恐怕很多国家都不会签署和参加公约，那么文字上再完美无瑕的公约，如果没有适用的可能，那也是一纸空文，是"存在着的无"。国家利益的多样性、各国需求的差异性，加上国家管辖权的限制，决定了建立全球性机制的困难性，即便有这样的机制，也难

---

① 《联合国海洋法公约》第 123 条规定"闭海或半闭海沿岸国在行使和履行本公约所规定的权利和义务时，应互相合作。"

② 对这些公约的分析具体参见第二部分。

以切实有效地发挥作用，打击海盗的合作机制及人权保护机制就是很好的说明。① 二是区域性合作机制。国际法中，全球性合作机制远无区域性的机制有效。区域性合作机制建立的前提是区域内存在共同利益。比如，北极理事会成员国缔结《北极空中和海上搜救合作协议》的一个原因就是"意识到残酷北极条件对搜救带来的挑战以及对处于危难中的人员提供援助的重要性"、"承认合作搜救的重要性"；黑海沿岸国签署的《海上搜救合作协议》也是承认"黑海沿岸国家间迫切需要建立双边/多边协议或安排来完成高效的搜救行动"，为此，这些协议对具体的合作方式等问题进行了规定。三是双边合作机制。双边合作机制大多通过缔结双边条约的方式实现，可以较好地实现缔约双方的利益，是目前一些国家采用较多的方式。如中国与周边一些国家缔结了双边搜救协定，包括 2008 年《中韩海上搜救合作协定》、1987 年《中美海上搜救协定》、1971 年《中朝海上搜救协定》。双边合作机制的不足是涉及主体的范围小，如果采用这种模式，中国就要分别与周边国家签订搜救协议，这不仅较为繁琐，而且在南海划界存在争端的情况下，双边合作协议势必会带来一些较为复杂的问题。对比分析各种机制，在南海海域搜救采用区域合作机制是最好的模式。

二、南海区域搜救合作机制建立的法律依据

（一）国际条约

1）《联合国海洋法公约》

作为海洋宪章的《联合国海洋法公约》第 98 条第 2 款规定："每个沿海国须促进有关海上和上空安全的足敷应用和有效的搜寻和救助服务的建立、经营和维持、并须在情况需要时为此目的通过相互的区域性安排与邻国合作"。该条是在"公海"部分规定的，这样看，这一规定只应在公海中适用，但是《联合国海洋法公约》在"专属经济区"部分的第 58 条第 2 款规定："第 88 条至第 115 条以及其他国际法有关规则，只要与本部分不相抵触，均适用于专属经济区"，由此产生的问题是：是否在专属经济区也应履行"区域性安排与邻国合作"搜救的义务？这一问题的核心在于履行该义务是否与《联合国海洋法公约》中的"专属经济区"部分相违背。按照《联合国海洋法公约》的规定，沿海国在专

---

① 《联合国海洋法公约》在第 100 条明确规定了各国合作制止海盗行为的义务，同时从第 101 条至第 107 条对海盗行为的界定及海盗船舶的扣押等问题进行了规定，但是由于公约对海盗的界定存在不足，且近年来海盗高发海域多是一国管辖海域范围，所以真正对海盗进行有效惩治的机制并不是依据《联合国海洋法公约》确立的机制，如马六甲海峡海盗的打击主要依靠的是沿岸三国的合作及《亚洲合作打击海盗区域合作协定》建立的合作机制，而索马里海盗的打击主要是在安理会决议下，各国海军在特定的海域就特定的船舶进行的护航，且西印度洋、亚丁湾及红海沿岸国家签署了《关于打击西印度洋和亚丁湾海盗和武装抢劫行为的守则》（简称《吉布提行为守则》也起到了很大的作用，所以，在打击海盗和武装抢劫船只方面，区域性的成效大于全球性的机制。就人权保护机制而言，同样如此，虽然联合国下设了保护人权的报告制度、来文及和解制度及个人申诉制度，但这些制度本身存在很多不足，所以真正意义的人权保护机制是通过区域性的机制发挥作用的，如欧洲人权保护机制相对完善，在保护人权方面发挥了很大作用。

属经济区享有的权利是：勘探和开发、养护和管理海床上覆水域和海床及其底土的自然资源为目的的主权权利以及在该区域从事经济性开发和勘探的主权权利；对人工岛屿、设施和结构的建造和使用、海洋科学研究及海洋环境保护和保全的管辖权。其他国家在沿海国的专属经济区享有航行自由、飞越自由、铺设海底电缆和管道的自由，以及与这些自由有关的海洋其他国际合法用途。从条约解释的角度进行分析，遵循善意解释规则，一国在他国专属经济区单纯进行搜救，符合国际合法用途，单纯的搜救不会与沿海国在专属经济区的权利相违背。但是是否须与邻国合作，其决定权在沿海国。因为《联合国海洋法公约》虽然在第98条第2款用了须（shall）这一强制性用语，但这一强制性义务的履行是在"情况需要时"，是否情况需要，是多种因素的考虑，沿海国自身的意愿及能力是重要因素之一。因此，即便第98条的规定适用于一国的专属经济区，其对沿海国也非必须适用。所以，虽然目前南海周边国家都批准了《联合国海洋法公约》，但是各国也无必须建立区域搜救合作机制的义务。

2)《国际海上搜救公约》及其修正案

《国际海上搜救公约》是世界上首个专门为搜救目的制定的国际公约。《国际海上搜救公约》由公约正文、附则组成，同时有8个大会决议。[①] 该公约的立法目的就是"希望增进全世界搜救组织间和参加海上搜救活动者之间的合作"。公约于1985年生效后，经修正案修正，目前适用的是2004年修正并于2006年生效的修正案。按照公约及修正案的规定，缔约国间的具体合作包括：

第一，组织和协调方面的合作。

一是合作确定援救的基本要素。各当事国须单独地或，如果适当，与其他国家合作，确定搜救服务的基本要素，这些基本要素包括：法律框架、指定负责当局、组织现有资源、通信设施、协调和操作职能和改进服务的方法。

二是合作建立搜救区。各当事国须单独地或与其他国家合作，在每一海区建立足够的搜救区域。此种区域应是邻接的，并尽可能不重叠。搜救区域的划分不涉及并不得损害国家之间边界的划分。国际海事组织第25届海上安全委员会将世界海洋划分为13个搜救区，每个搜救区有一个或几个国家充当信息搜集国，在每个搜救区内的缔约方国家都有责任搜救遇险船舶和人员。中国处在西北太平洋搜救协调区，负责的海域是渤海、黄海东经124度以西、东海东经126度以西和南海东经120度以西、北纬12度以北的海域。

三是合作建立搜救中心。各当事国须单独地或与其他国家合作建立其搜救服务的救助协调中心和其认为适当的救助分中心。

---

① 公约的正文条款共8条，分别是：公约的一般义务、其他条约及解释、修正案、签署、批准、接受和加入、生效、退出、保存和登记、文字。公约附则为6章，经1998年修正后改为5章，这5章依次是：名词与定义、组织与协调（替代原第2章"组织"）、国家间合作（替代原第3章"合作"）、工作程序（是原第4章"准备范围"和第5章"操作程序"的合并）、船舶报告系统（原第6章的更新）。2004年的修正案对1998年修正案的第2章至第4章的个别条款进行了增减。8个大会决议分别是：对提供和协调搜救服务的安排、关于参加船舶报告系统的费用、船舶报告系统需要一个国际统一的格式和程序、搜救手册、海上搜救频率、全球海上遇险和安全系统的发展、搜救服务和海上气象服务的协调、促进技术合作。

第二，国家间具体行动方面的合作。

一是协调搜救行动。各当事国须对其搜救组织作出协调，凡必要时均应与邻国的搜救组织协调搜救行动。

二是进入领海方面的合作。

《国际海上搜救公约》虽规定各缔约国应向海上遇险人员施救，针对海岸值守及搜救服务作出适当及有效的安排，但公约第 2 条明确规定：不得损害根据联合国大会（XXV）第 2750 号决议召开的联合国海洋法会议对海洋法的编纂和发展，也不应损害任何国家目前和今后就海洋法以及沿海国和船旗国的管辖权的性质和范围所提出的要求和法律上的意见。联合国大会的第 2750 号决议涉及的问题就是要召开 1973 年的海洋法会议，该会议的最后成果就是 1982 年的《联合国海洋法公约》。既然《国际海上搜救公约》提及不应损害各国依据《联合国海洋法公约》而享有的权利，而《联合国海洋法公约》规定了一国对领海的主权，所以一国即使为了救助海上人命也无法突破一国的领土主权。

领海作为一国管辖的范围，商船享有无害通过权，但是沿海国可基于国家安全，在其领海的特定区域内暂时停止外国船舶的无害通过；对于军舰在领海的通过，各国做法不同，很多国家反对军舰在领海享有无害通过，[4]这种情况下，则涉及一国如何进入另一国领海进行搜救。按照《国际海上搜救公约》1998 年修正案的规定，当事国应批准其他当事国的救助单位，仅为搜寻发生海难地点和救助该海难中遇险人员的目的，立即进入或越过其领海；而希望其救助单位进入或越过另一当事国领海，须向该另一当事国的救助协调中心或该当事国指定的其它当局发出请求，并详细说明所计划的任务及其必要性。各当事国应与邻国缔结协议，对搜救单位彼此进入或越过其领海的条件作出规定。这些协议还应规定以可能的最少手续来加速此种单位的进入。

三是协调合作解除救助船长的责任。当事国应协调合作以确保那些向海上遇险者提供援助而让他们上船的船长解除责任，尽可能不致使其偏离预定航程更远。

第三，接收遇险报警的合作。

各当事国须单独地或与其他国家合作确保它们每天 24 小时均能迅速和可靠地接收在其搜救区域内用于此目的的设备发来的遇险报警。

第四，建立船舶报告系统的合作。

在认为必要时，当事国可单独地或与其他国家合作建立船舶报告系统，以便利搜救行动。

需要注意的是，虽然《国际海上搜救公约》是关于海上搜救的专门公约，其中的规定对提高搜救效率和服务能力有重要的作用，但南海周边国家中的文莱、马来西亚、菲律宾都没有加入该公约。所以，虽然基于国际人道主义，未批准公约的国家也有救助的义务，但公约的具体规定并不对其有约束力。另外，研读公约，不难发现，在合作搜救方面，公约的一些规定并不全是义务性的，有的地方使用的用语是"须"、有的地方使用的用语是"应"，而这两个用语是有差别的，"须"字表明为海上人命安全起见，要求所有当事国一致应用的规定；使用"应"字时，表明为海上人命安全起见，建议所有当事国一致应用的规定。有的地方是赋予当事国"视情况而定"、"如果适当"、"认为有必要"时才开展合作。可见，即便是缔约国，也不一定有义务进行合作。

3）《国际海上人命安全公约》及其修正案

《国际海上人命安全公约》于 1980 年生效，公约由 13 个条款和一个附则组成，各缔约国承担义务颁布一切必要的法律、法规、命令和规则，并采取一切必要的其他措施，使该公约充分和完全有效，以便从人命安全的观点出发，保证船舶适合其预定的用途。规定后经过多次修正，目前最新的是 2013 年修正案，该修正案于 2015 年 1 月 1 日生效。《国际海上人命安全公约》要求每一缔约国确保对其所负责的搜救责任区作出遇险通信和协调的必要安排及每一缔约国向国际海事组织提供该国搜救设施、计划以及随后任何变化的信息。目前，南海周边国家中的菲律宾没有加入该公约。

4）《国际民用航空公约》

1944 年签订于芝加哥并于 1947 年生效的《国际民用航空公约》"是国际航空公法的基础和宪章性文件"，"它制定的法律原则和规则已具有普遍国际法效力"。[5]《国际民用航空公约》制定的目的之一就是要避免各国之间和人民之间的摩擦并促进其合作。《国际民用航空公约》明确了以下方面的合作：第一，协同措施方面的合作。缔约各国搜寻失踪的航空器时，应在按照本公约随时建议的各种协同措施方面进行合作。第二，统一规章、标准等方面的合作。缔约各国承允在关于航空器、人员、航路及各种辅助服务的规章、标准、程序及工作组织方面进行合作，凡采用统一办法而能便利、改进空中航行的事项，尽力求得可行的最高程度的一致。第三，国际措施方面的合作。缔约各国承允在它认为可行的情况下，在国际措施方面进行合作，以便航空地图和图表能按照本公约随时建议或制定的标准出版。此外公约的附件 12 是关于"搜寻与援救"的国际标准和建议措施，在搜救服务等诸多领域规定了国家间的合作，具有很强的指导意义。南海周边国家均批准了该公约。

综上可见，上述涉及到搜救的公约虽都涉及到缔约国的合作，但是，一些公约，南海周边国家并没有都参加；而且有的公约规定的建立搜救合作机制的任务并非是强制性的或者在适用范围上存在限制，因此，单纯以这些公约为依据建立南海搜救区域合作机制是存在一定的障碍的。

（二）《南海各方行为宣言》

《南海各方行为宣言》（以下简称《宣言》）是 2002 年中国、越南、菲律宾、马来西亚、印度尼西亚及文莱在内的国家签署的。正如《宣言》序言所说，《宣言》的缔结是"为增进本地区的和平、稳定、经济发展与繁荣"，"促进南海地区和平、友好与和谐的环境"，"希望为和平与永久解决有关国家间的分歧和争议创造有利条件"。《宣言》指出在全面和永久解决争议之前，有关各方可探讨或开展合作，搜寻和救助就是其中可包括的领域之一。虽然对于《宣言》的效力，学者们观点不一致，有学者认为《宣言》"不属于国际法律文件，而只是南中国海有关国家间的政治承诺书"，[6] 也有学者认为《宣言》是

"兼具政治与法律性质的文件"，"具有约束力"。[7]但无论宣言是何效力，由于《宣言》使用的用语是"可开展合作"，所以即便《宣言》具有法律约束力，但在搜救等合作领域也并非义务性的规定，最终导致《宣言》也无法成为构建南海区域搜救合作机制的法律依据。

（三）软法

对于何为软法，虽然缺少权威性的界定，但较为一致的看法是，"软法通常是指那些不具有法律约束力但又能产生一定法律效果的国际文件。例如国际组织、多边外交会议通过的各种决议、宣言、声明、指南、标准或行为守则在内的一些能产生重要法律效果的非条约协议"[8]搜救领域中的软法主要是指 1998 年国际海事组织和国际民航组织推出的《国际航空和海上搜寻救助手册》。该手册的目的是帮助当事国满足本国搜救的需要，履行所承担的《国际民用航空公约》、《国际海上搜救公约》和《国际海上人命安全公约》规定的义务，对建立和改进搜救体系、提供高效搜救服务及开展搜救合作提供指导。该手册共分 3 卷，分别是组织管理、任务协调和移动设施。该手册的海上部分取代了 1971 年《商船搜救手册》和 1978 年《国际海事组织搜救书册》。① 通过后，海上安全委员会又对其进行了对此修正，目前实施的是 2004 年修正并于 2005 年生效的修正案。由于软法之所以"软"就是因为它不具有法律约束力，所以《国际航空和海上搜寻救助手册》也不能成为建立南海区域搜救合作机制的法律基础。

三、南海区域搜救合作的现状及构建建议

（一）合作的现状

就南海周边国家目前已开展的海上搜救看，主要体现在以下方面。

第一，就救助问题展开协商和会谈。近年来中国与南海周边国家进行了搜救合作的多次交流与会谈，如中国—东盟海事磋商机制对海上应急反应、搜救等问题进行了商谈，在中国—东盟落实《宣言》的高官会议及联合工作组会议上也多次强调搜救领域的合作；2012 年中国与东盟领导人签署的《落实中国—东盟面向和平与繁荣的战略伙伴关系联合宣言的行动计划》（2012—2015 年），强调在海上搜救、海上遇险人员的人道待遇等领域加强对话与合作。

第二，双边的搜救演习。中国与周边一些国家展开过双边搜救演习。如 2004 年 10 月，中国海事局与菲律宾海岸警卫队在马尼拉首次举行了中菲联合搜救沙盘演习；[9]2012 年中越成功举行了海上搜救应急通信联合演习。[10]

第三，地方搜救合作机制的建立。如 2003 年中国广西防城港与越南广宁省就海上搜

---

① 《商船搜救手册》旨在指导船舶在海上发生紧急危难时如何获得外来的援助，或是当其他遇难者需要协助时，船舶应该如何提供援助。《国际海事组织搜救手册》协助各国政府执行海上搜救国际公约及公海搜救义务，提供一般的海上搜救策略准则，鼓励各沿海国以类似的方法发展搜救机构，并相互提供协助。

救问题签署了《中国防城港至越南下龙湾高速客轮线搜寻救助合作协议》，协议就搜救机构、联络窗口、通信方式、搜救区域和责任、救助的善后工作以及双方合作关系的维持等问题进行了明确。[11]

第四，合作进行对失联客机的搜救。2014年马航MH370客机失联后，中国、马来西亚、越南、印度尼西亚等国第一时间在南海相关海域进行了搜救。[12]

从已有的合作看，尚存在以下不足。

第一，不全面性。如只有个别国家间有搜救合作演习，合作范围也仅仅限于个别国家间的个别地区。

第二，临时性。既有的合作只是临时的，并没形成制度化。一旦在一国海域失事的船舶或航空器进入他国管辖海域，如果国家间没有很好的沟通协调机制，基于管辖权的原因，一方不可能到对方管辖海域进行救助，如果缺少沟通，有管辖权的国家可能也无法及时得知有需要被救助的对象，也难以第一时间进行救助。在2014年对MH370的搜救中，马来西亚搜救中的弱点毫无疑问地被暴露，排除利益考量等因素，其搜救能力及协调能力都存在缺陷，在这种情况下，没有有效的合作机制，临时合作难以达到高效。

第三，不一致性。虽然前文所述的诸多公约对海上搜救进行了规定，但由于南海周边国家批准的公约并不一致，所以导致在具体搜救中的权利义务会有差异，"从而影响到海上搜救区域合作的加深。"[13]

（二）构建建议

1）合作的主体及方式

合作的主体应包括南海周边的所有国家。如前所述，由于目前的国际公约等未规定建立区域合作机制是一种义务，所以，南海周边国家要实现区域安全，从合作的方式看，最好是签订区域搜救合作协议，如暂时无法实现，可先签订双边的合作协议。签订合作协议时，需要考虑的是中国台湾在其中的作用。从国际法上讲，台湾并不具有签订这种协议的能力，但在南海搜救时，台湾也是不可缺少的力量，因此，可通过两岸签署协议的方式间接实现这种搜救合作。

2）合作的内容

南海区域搜救合作机制至少应包括以下内容。

第一，建立一个专门性的协调机构或者使现有机构担负搜救协调方面的职能。从长远考虑及节约成本看，在亚洲建立一个统一的安全合作机制是最理想的选择，但各国利益考虑的不同性，这一计划实现的可能性要比较艰难，相对来说，有以下选择可以考虑：一是新建立一个机构，负责沟通协调、制定联合行动计划等；二是考虑能否把这一职能赋予现有的机构。如《亚洲合作打击海盗的区域合作协议》中的信息共享中心，因为该信息共享中心处于国际组织的地位，即便马来西亚和印度尼西亚没有加入该协议，也可以以部分成员的身份加入该组织，或者也可考虑国际海事局在吉隆坡建立的海盗报告中心，虽然在马航 MH370 搜救过程中，马来西亚的表现有诸多不足，但不妨碍在此处建立机构。此外，如果这些都不能实现，至少这些国家间的负责海上搜救的机构之间要建立协调机制，各负责搜救的机构须将其获知的信息立即通知其他缔约方的搜救机构，各搜救机构定期召开代表会议，加强沟通。

第二，确立搜救责任区方面的合作。由于南海周边国家在海域划界方面存在争端，中国除与越南在北部湾达成了划界协议外，与其他国家尚未签订划界协议，而搜救的一个核心问题是确立搜救责任区，这也是搜救合作机制构建的症结所在。南海周边国家只有在本着相互信任，利于地区安全及人命第一性的原则，才能达成此方面的合作。在管辖权明确的海域，应坚持属地优先，可遵循《国际海上搜救公约》的规定。在有争议的海域，应遵循"海上搜救区域的划分不涉及也不影响划界"的原则，在人道主义要求下，遵循人命救助的首位性，合作搜救。如果缔约国得知其管辖海域或者负责的搜救区域有需要被救助的对象，在自己不能搜救时，在需要其他缔约国援助时，各国应尽全力采取有效和务实的措施，落实请求。同时应制定应急搜救合作预案。这种预案要注重信息通报和共享，应明确一旦进行救助时，何种情况下搜救船舶可进入他国管辖海域进行搜救及如何开展在争端海域的搜救。

第三，信息交换。缔约国间须交换可以有助于提高搜救的信息，这些信息包括但不限于以下信息：搜救设施的信息；可提供的港口、燃料及补给能力的详单；补给、供给及医疗设施方面的知识；搜救人员培训方面的信息等。

第四，能力建设方面提供协作。如搜救学习教育和培训①、经验共享、搜救信息的交流、搜救业务的研讨、搜救人员间交流访问、信息制度构建、搜救程序及技巧；加强搜救管理人员间的工作关系；在减少搜救时间、提高搜救效率及减少搜救人员的危险等方面提高区域内各国的搜救能力，尤其是可充分利用互联网这一平台使国家间相互了解彼此的资源，相互学习。

第五，搜救演习。平时有效的搜救演习是确保搜救成功的必要条件。2014 年对 MH370 客机在南海的搜救体现出许多海上联合搜救的不足，如沟通协调不畅、搜救低效等，如果南海周边国家平时有有效的搜救演习，搜救中的很多问题就能避免。然而遗憾的是，南海周边海域的国家并未开展这种多国间的联合搜救演习。[14] 而波罗的海沿岸各国大约从 2000 年始，每年都会进行海上联合搜救演习，从而很大程度上提升了搜救能力。[15] 同在亚洲地区，东北亚地区的海上搜救合作就较为成功。中国分别与韩国、朝鲜、日本签订了海上搜救协议，且从 1996 年起，中国、日本、韩国及俄罗斯就建立了搜救操作级别联席会议制度，[16] 对提高搜救能力有重要作用。平时搜救演习特别应注意以下方面：一是应注意通信演习。海上搜救中，信息的沟通非常重要，信息沟通不畅，将直接导致搜救的失败，因此在日常的演习中，首先应加强通信演习，以确保实际发生紧急情况时的通信能力；二是协调演习，"包括对各种不同的事态进行模拟反应，涉及各层次的搜寻救助服务，

---

① 这些培训包括以下内容：学习使用搜寻救助程序、技术和设备；协助或观察实际行动；在模拟行动中培训人员进行协调各种程序和技术的演习。参见《国际航空和海上搜寻救助手册》（第一卷），人民交通出版社 2003 年版，第 31 页。

但不包括调动设施；"[17]三是海上搜救演习应面向实战，也就是不按照事先的演练方案行动，根据临时提供的搜寻目标的形状、在规定的时间到达指定位置展开搜救行动，避免"演习像演戏"。[18]因为海上风向不稳定、搜救目标处于不断漂移状态，所以海上搜救不仅发现目标难且准确施救也难，尤其是空难的海上搜救面临空难坠海位置精确定位较难等特点，这种实战演习就更为有意义，同时通过这种实战演习才能真正检验各类海上应急反应预案的有效性和可操作性。

第六，在搜救基金方面加强合作。海上搜救耗费巨大的资金，由于海上搜救具有公益性，是非盈利的行为，因此作为一种政府行为，其资金保障也应由各国财政支持。① 但是各国的经济发展水平不一，导致其资金保障不一定到位，这必然导致搜救能力的低下，因此，建立区域合作搜救机制的一个方面就是要建立搜救基金。各国缴纳基金的比例按照一国海域面积、经济发展状况为参照，此外，也可吸收社会捐助等。[19]中国一直积极致力于南海搜救，2011 年，在印度尼西亚巴厘岛的第 14 次中国与东盟领导人会议上，时任总理温家宝宣布中国将设立 30 亿元人民币的中国—东盟海上合作基金，逐步形成中国—东盟多层次、全方位的海上合作格局，[20]"东盟和中国将在包括航行安全、生物多样性和海上搜救等海洋问题上进行合作。"[21]

第七，建立南海海上救助基地。时间就是生命，事故发生后，搜救力量能否第一时间赶赴搜救海域是搜救能否成功的重要因素，南海远离大陆，海域辽阔、海域状况复杂，如果能够在南海特定地点设置救助基地对搜救成功有重要作用。如果设立救助基地，选址是至关重要的问题。最好选择原本就具有这种功能的岛礁作为基地。美济礁是一种选择。美济礁是由中国民用海事机构管理，而非军方控制，[22]在 1995 年的"美济礁事件"中，中国外交部就指出："中国地方渔政部门在美济礁修建渔船避风设施，目的是为了保障在南沙海域作业的渔民生产和安全。"[23]

第八，搜救系统效益最大化方面的合作。由于有效的搜救不仅包括对遇险人员作出响应，还应使搜救系统实现效果最大化，包括安全检查方面的合作及联合进行公众教育等。

第九，搜救行动的评估。在每一次大规模的搜救行动（包括搜救演习）之后，缔约国的搜救机构可以展开对此次行动的评估，为下一次的行动积累经验，实现经验教训共享的目的。

第十，协商解决争议。对于在搜救过程中产生的争议，缔约国应通过协商来解决争议。

此外，搜救合作还应鼓励合作国参加与搜救相关的组织及系统，包括国际海事组织、国际民用航空组织、国际移动卫星组织、船舶自动互救系统，并使用和遵守相关的搜救公约、手册等都能很大程度上促进合作的有效。

---

① 我国的《搜救应急预案》规定："应急资金保障由各级财政部门纳入财政预算，由政府来承担应急保障资金"，且"海上搜救中心、省级海上搜救机构及其分支机构按规定使用、管理搜救经费，并定期向政府汇报经费使用情况，并接受政府的监督。各级政府财政支持的费用只有弥补搜救成本之功效，不能成为搜救力量盈利的手段"。

结语

南海搜救合作机制的构建的难点主要有两方面：一方面与南海海域存在争议有关；另一方面与中国与东盟之间的关系有关。合作本身不仅是技术问题，政治因素也起到了决定性作用。因此，搜救合作的实现需要南海周边国家的共同努力，其中要充分发挥现有平台的作用。如东盟地区论坛、西太平洋海军论坛、中国—东盟海事磋商机制、中国—东盟海洋合作论坛，等等。只有"朝着发展促安全、合作谋安全、互信固安全的目标不断迈进"，[24] 才能真正实现亚洲的和平发展。另外，要在合作搜救中发挥中国的作用。目前我国海上搜救在搜救工作程序、组织协调、救助力量、搜救信息系统及立法等方面还存在一些不足，为此，应在上述方面进行完善，① 最终发挥中国在南海搜救中的影响力，为实现地区安全贡献力量。

参考文献

［1］ 参见李金明. 南海波涛——东南亚国家与南海问题［M］. 江西：江西高校出版社，2005：1-3.

［2］ 参见王跃西. 菲律宾关注中国南海新规 菲外长称正在核实［EB/OL］（2014-01-09）［2012-08-10］. http://military. china. com/important/11132797/20140109/18273724. html.

［3］ 刘萧. MH370海上搜救启示［J］. 中国船检，2014（4）：68.

［4］ 参见赵建文. 论《联合国海洋法公约》缔约国关于军舰通过领海问题的解释性声明［J］. 中国海洋法学评论，2005（2）：5-8.

［5］ 赵维田. 国际航空法［M］. 北京：社会科学文献出版社，2000：47.

［6］ 周江. 略论《南海各方行为宣言》的困境与应对［J］. 南洋问题研究，2007（4）：29.

［7］ 宋燕辉. 由《南海各方行为宣言》论"菲律宾诉中国案"仲裁法庭之管辖权问题［J］. 国际法研究，2014（2）：5.

［8］ 万霞. 试析软法在国际法中的勃兴［J］. 外交评论，2011（5）：132.

［9］ 中华人民共和国外交部. 菲律宾概况及与中国双边关系［EB/OL］.（2010-10-26）［2014-08-03］. http://www. chinanews. com/gn/2010/10-26/2614372. shtml.

［10］ 甘兆斌，郑海滨. 中越搜救机构举行海上搜救应急通信联合演习［EB/OL］.（2012-09-04）［2014-08-03］. http://www. moc. gov. cn/zhuzhan/jiaotongxinwen/xinwenredian/201209xinwen/201209/t20120904_ 1295082. html.

［11］ 蔡立，魏敏. 跨国海上搜救展示"中国力量"［EB/OL］.（2005-12-07）［2014-08-03］. http://www. zgsyb. com/GB/Article/ShowArticle. asp？ArticleID=27471.

［12］ 孟丽静. 11国联合搜寻MH370［N］. 中国青年报，2014-3-12（7）.

［13］ 史春林，李秀英. 中国参与南海搜救区域合作问题研究［J］. 新东方，2013（1）：28.

［14］ 刘国强. 马航失联事件：劳而无功的泰国湾搜救［EB/OL］.（2014-03-24）［2014-8-30］. ht-

---

① 一些文章提到了我国搜救能力的不足及完善建议，具体参见刘刚："提升我国海上搜救能力建议"，《水运管理》，2012年第4期，第7-10页；何志成："完善南海海上搜救体制机制能力建设"，《中国交通报》，2014年6月13日，第1版；郭雄创："我国海上搜救工作面临的相关问题及对策"，《珠江水运》2010年第5期，第78-79；郁志荣："从马航失联客机搜救看我国海上搜救"，《中国海洋报》，2014年4月10日，第3版。

tp：//www. lifeweek. com. cn/2014/0324/44265_ 2. shtml.

[15] 刘国强. 马航失联事件：劳而无功的泰国湾搜救［EB/OL］. （2014-03-24）［2014-8-30］. ht-tp：//www. lifeweek. com. cn/2014/0324/44265_ 2. shtml.

[16] 吕放. 中、俄、韩、日四国海上搜救操作级别会议在中国烟台结束［EB/OL］. （2008-10-12）［2014-8-3］. http：//www. sd. xinhuanet. com/news/2008-10/12/content_ 14611876. htm.

[17] 国际航空和海上搜寻救助手册（第一卷）. 北京：人民交通出版社，2003. 35.

[18] 蔡壮标. 海上搜救演习应面向实战［J］. 珠江水运，2012（17）：18.

[19] 吴斌，邹彦亮. 应建国际海上搜救合作机制［EB/OL］. （2014-03-19）［2014-8-3］. http：//www. chinanews. com/sh/2014/03-19/5968431. shtml.

[20] 中方将设30亿元中国—东盟海上合作基金［EB/OL］. （2011-11-18）［2014-8-3］. http：//chinanews. com/gn/2011/11-18/3470532. shtml.

[21] 韩硕，暨佩娟. 越宣布中国承诺投30亿元与东盟建海上合作基金［EB/OL］. （2012-10-08）［2014-8-3］. http：//mil. huanqiu. com/world/2012-10/3169465. html.

[22] 史春林，李秀英. 中国参与南海搜救区域合作问题研究［J］. 新东方，2013（1）：29.

[23] 外交部发言1995年2月9日答记者问［J］. 中华人民共和国国务院公报，1995（3）：75.

[24] 刘建超. 建设和平、稳定与合作的亚洲［J］. 国际问题研究，2014（3）：8.

论文来源：本文原刊于《中国海商法研究》2015年第3期，第60-68页。

项目资助：中国海洋发展研究会重点项目（CAMAZD201405）。

论跨区域海洋环境治理的协作与合作

戴 瑛[①]

摘要： 海洋环境治理形态中，府际治理实质上应当是一种合作治理。广义的合作可以用来指称人类群体活动从低级到高级的 3 种形态，即"互助"、"协作"和"合作"；狭义的合作则是合作的高级形态。跨区域海洋环境治理引入合作的高级形态，通过树立府际环境合作理念，设计府际环境合作制度。

关键词： 跨区域；海洋；治理

一、跨区域海洋环境治理的内涵剖析

所谓跨区域海洋治理，是重点养殖海域、涉海工程建设、船舶作业活动、各类陆源排海等一系列海洋环境污染的政府间综合整治系统，是府际关系和现代海洋环境治理两个理念融合发展的产物。因此，我们可以从这两个概念剖析跨区域海洋环境治理的内涵。

府际关系概念的提出最早缘起于美国联邦制下的府际运作实践。府际管理是改善政府间关系的一种新型思维框架，代表着以合作为基础的互惠的政府关系模型。府际管理突破建立等级制官职和分类权力层次的层级限制，将整个行政组织体系视为网络状组织。各级政府都处于信息枢纽中，能便捷地获取平行或垂直的信息；不同政府间的资源实现共享，实现资源配置优化；可以采取灵活的组织形式，对重大或者突发事故协调控制，实行危机联动管理。府际管理突出了以目标结果导向的冲突解决、管理机制和手段，例如区域经济中的地方政府间发生竞争冲突时，府际管理除了通过行政区划调整等传统方式与策略外，更强调功能整合，通过地方政府间行政协议、行政契约的方式发展合作关系，达到地方政府间的整合效益；同时，府际管理还强调区域治理，通过跨行政区域界线的区域治理和资源整合提升整体区域的竞争力。

"治理是指各种公共的、机构和个人管理其共同事务的诸多方法的总和，是使相互冲突的不同利益得以调和，并采取联合行动的持续过程"[1] "治理"的主要内涵在于强调：一是治理主体的多元化，即治理的主体既可以是公共机构，也可以是私人机构，还可以是公共机构与私人机构的合作；二是治理方式的合作化，即治理主要是通过合作、协商、伙伴关系、确立认同和共同的目标等方式实施对公共事务的管理，其实质是建立在市场原

① 戴 瑛，女，大连海洋大学法学院副院长、副教授，国家海洋信息中心、中国海洋大学联合培养博士后，主要从事海洋法、渔业法、海上执法研究。

则、公共利益和认同之上的合作。

府际管理的兴起将打破传统政府管理的区域和层级观念，有助于建立强调权力或资源相互依赖、开放和区域合作的新地方管理模式。府际管理的兴起，对我国海洋环境治理模式的改革也有着积极的借鉴意义。一是府际管理有利于海洋环境治理观念的更新。人们越来越意识到，流动性海洋的治理不仅仅依赖单一政府，需要将视野从单一政府扩展到横向和纵向的政府间关系、政府与企业、社会团体与市民之间的关系，海洋环境的府际治理意味着治理思维的变革。二是府际管理有利于建立海洋公共物品与服务供给的多中心、多层次制度。一些跨地区、大范围的公共物品与服务，例如大江大河的治理、跨区域的巡逻，需要政府间协调和管理；在提供公共物品与服务时，应该鼓励政府、企业、个人等各类主体之间的竞争，提高供给效率。三是府际管理有利于处理好海洋环境治理方面政府间存在竞争与合作中出现的问题。在政府间竞争中，往往存在地方封锁与保护、合作与协调不够、产业结构雷同等现象。府际管理倡导的政府间信息共享、资源优化配置、共同规划、联合经营等方式，将为这些问题的解决提供新思路。[2] 从某种意义上说，海洋环境治理中的府际关系就是以海洋环境合作治理为具体形式的政府间环境合作关系；府际海洋环境治理中的治理即是各级各类政府及其部门之间强调非政府主体参与其中的府际环境合作治理。

二、跨区域海洋环境治理中的协作及其局限

跨区域海洋环境治理在形态上应当是一种合作治理，但是，从人类社会历史发展的角度看，广义的"合作"具有不同的发展阶段及其本质涵义。我国学者张康之教授认为，广义的合作概念可以用来指称人类群体活动的 3 种形态，即"互助"、"协作"和"合作"。互助是合作的低级形态，人类群体的互助行为更多的是基于感性而不是理性设计的。协作是较为高级的合作形态，是可以加以设计和计算的，包含着明显的工具理性内容。而狭义的合作则是合作的高级形态，它包含着工具理性的内容而又实现了对工具理性的超越，可以看作是人类较为高级的实践理性的现实表现。而协作与狭义合作的区别体现在：

第一，协作的目的是明确的而且单一性的，强调一次性结果的明确性和充分的合目的性。而合作是过程导向的社会性行动，是有着明确方向的连续性过程，它必然会达成某种一连串的结果，却与协作的具体性结果导向有着根本性的不同。第二，协作无论在表现形式上能拥有多大的自由和自主性，其实，在根本性质上是被动的和"他治的"。而合作是真正"自治"的，合作关系中包含着自主性的内涵，合作行为是自主性的体现，整个合作过程都无非是自主性的实现。第三，协作的共同目的是在协作之外的，是外在于协作和经由协作所要达到的目的。而合作就是目的，合作本身就是一种社会生活，是人之为人的标志。第四，协作结成的工具共同体既是竞争—协作的，人们之间的协作关系恰恰是竞争关系的矫正因素，协作目标也是为了获得更大范围内的竞争力；又是分工—协作的，强调专业化和专门化的官僚制组织就是最典型的协作组织。而合作制组织将在一切方面都会用合作超越与替代竞争，用实质上的合作互动超越与替代形式上的分工—协作。

基于上述见解，跨区域海洋环境治理中的协作也就是"协作"内涵在跨区域海洋环境关系中的具体实现，是在海洋生态环境领域中建立的主要体现工具理性的合作形态。而超越工具理性实现实质上的合作才是跨区域海洋环境治理应用之义。

三、跨区域海洋环境治理中的合作及其条件

显然，只有跨区域海洋环境合作治理，才能真正地根除海洋环境协作治理的各种历史局限性，也才能真正地适应当代海洋生态环境及其治理的特殊要求。其主要原因在于：一是当代海洋生态环境及其治理的复杂性需要政府间的环境合作治理。现代海洋生态环境作为一个系统，向我们呈现出的复杂性使我们感到海洋生态环境问题的难以预测性和难以预防性。事实上，海洋生态环境治理所面对的是具有许多不确定性的复杂系统。而且现代海洋生态环境治理也涉及不同范围、不同层面和不同主体的利益问题、技术问题等。在这些众多且高度复杂性问题的条件下，我们也应当恰当地模糊政府及其部门之间存在着的分工、分治界限，应当以具有高度灵活性和自主性的合作治理，来更好地应对海洋生态环境系统及其治理的各种复杂性；应当以超越工具理性的真正跨区域海洋环境合作治理，来更加有效地降低由于海洋生态环境问题的难以预测和预防所引发的各种风险和代价。二是海洋生态环境的整体性和公共性需要跨区域环境合作治理。由生命系统和环境系统所构成的海洋生态环境系统是一个有机的整体，系统的整体性直接决定和表明现代海洋生态环境利益的公共性。所以，如果基于这种最具代表性的公共利益来考量，我们就迫切需要防止由于政府间环境管理体制的分工和分治而导致海洋生态系统的整体性被割裂的活动；也需要停止政府之间出于各种经济的或环境的私益纷争和博弈而招致海洋生态环境系统被破坏的活动，只有通过广泛的基于公共利益和具有合作意愿的政府间海洋环境合作治理才有可能最大限度地谋求人类与自然和谐的海洋生态环境共同利益。

在合作治理的过程中，"合作精神是合作文化的前提，合作的制度和体制是合作持续展开的客观保障，社会的开放性是合作的社会基础，而信息技术的发展则为合作提供了技术支持。"[3] 同样，府际环境合作治理也必须创造和具备诸如此类的历史条件。而其中最主要的条件应当在于：一是树立府际环境合作理念。这种环境合作理念既包括追求人与自然和谐为价值取向的生态环境理念，也包含基于自我与共同体同在的总体性体验以及人的道德自主性的合作理念。树立府际环境合作理念的目标就在于使政府及政府人员成为"生态人"和"道德人"，其核心在于能够激发政府人员的原始道德冲动。因为这里的环境合作在主观上主要基于一种真诚的信任而不是某种强制力量或互惠诱导的作用，所以，树立环境合作理念不是通过传统的知识教育或知识灌输就可以完全做到，而是主要在于通过体现包括生态环境伦理精神和道德原则、规范在内的伦理化或道德化制度的引导和保障才能见效，当然也在于通过一定的环境合作的舆论导向和典型的环境合作的行为示范和感化去得以实现。二是设计府际环境合作制度。这种环境合作制度的常规性内容应是一种道德规范，且是引导性规范而不是强制性规范，人们的行为受到引导性规范调节就会增强环境合作治理中的自愿行为。这种环境合作制度是从属于环境合作的需要，它不会僵化为对环境

合作过程中的创造性构成带来束缚。这种环境合作制度的道德基础最能确保人们建立真正的、直接的信任关系以及充分的信任，从而增强环境治理合作的可能性，以有利于提升环境治理行为的效率和效能。当然，这种环境治理合作制度也是时时建立在政府及政府人员的环境治理合作理念、精神和意愿之上的，是处处根植于政府及政府人员的环境治理合作行为之中的。

参考文献

［1］　The Commission on Global Governance. Our Global Neighborhood［M］. Oxford and York：Oxford University Press，1995.

［2］　http：//baike. soso. com/v10859991. htm 摘自《中共天津市委党校学报》2005，3：89-93.

［3］　张康之. 论社会治理中的协作与合作［J］. 社会科学研究，2008，（1）.

论文来源：本文原刊于《经济研究导刊》2014 年第 7 期，109-110 页。

项目资助：中国海洋发展研究中心项目（AOCQN2012004）。

基于海洋生态系统的海洋综合
管理实施博弈分析

李　彬[①]

摘要： 本文在对基于海洋生态系统的海洋综合管理内涵进行分析的基础上，针对我国海洋管理实施的具体情况，建立了以地方政府和相关企业为主体的基于海洋生态系统的海洋综合管理实施多元动态博弈分析模型，分析了我国基于海洋生态系统的海洋综合管理中博弈主体关系的演进过程。研究发现：地方政府的政绩压力、对海洋生态系统的生态价值准确评估、社会公众的海洋生态意识水平、现有的海洋管理体制机制是制约基于海洋生态系统的海洋综合管理实施的主要因素，建立完善的激励机制、协调机制、监督机制与公众参与机制是实施的关键。

关键词： 海洋综合管理；海洋生态系统；多元动态博弈分析

党的十八大报告提出了经济建设、政治建设、文化建设、社会建设、生态文明建设"五位一体"总布局。在十八届三中全会上，中央又进一步提出了要建立一套系统完整的生态文明制度体系，并在 2015 年 4 月正式发布了《中共中央、国务院关于加快推进生态文明建设的意见》，从而完成了对我国生态文明建设的全面战略部署。生态文明建设已上升为我国社会经济发展的国家基本战略之一，围绕海洋生态文明建设这一主旨，实施基于海洋生态系统的海洋综合管理，就成为今后一段时期我国海洋管理工作的重要核心内容。

一、问题的提出

基于海洋生态系统的海洋综合管理，是指在明确且可持续发展目标驱动下，由政策、协议和实践活动保证实施，并在对维持海洋生态系统组成、结构和功能必要的生态相互作用和生态过程最佳认识的基础上，规范人类开发利用海洋行为和保护海洋环境行为的活动。[1]根据其内涵，海洋的价值不仅包含人们普遍了解并认同的有形的商品价值，即海洋经济价值，还包含无形的服务价值，也就是海洋生态价值和海洋社会价值，三者密切联系互相影响。[2]传统海洋管理和基于海洋生态系统的海洋综合管理的本质区别就在于：传统的海洋管理仅仅注重于海洋资源直接开发价值的海洋管理活动，而基于海洋生态系统的海洋综合管理是从海洋生态系统价值整体出发，在统筹考虑海洋生态系统价值各个方面，保

---

① 李　彬，男，青岛国家海洋科学研究中心，助理研究员，博士，研究方向：海洋管理。

证海洋生态系统价值最合理有效利用的前提下，管理各项开发利用海洋的行为。

根据经济学的基本原理，对于价值的选择往往决定了市场主体的具体行为。在海洋开发管理实践中，也正是由于海洋开发活动的主体对于海洋生态系统服务价值中不同方面的重视、利用程度有所不同和侧重，从而造成了海洋开发活动行为的巨大差异。由此可见，海洋开发活动中各类主体基于内外条件约束下的"权益应变"以及对利益的动态调整决定了其自身的行为，也影响着海洋管理制度的制定与实施，而这个过程也就是主体对利益冲突进行博弈的妥协和均衡过程。

有鉴于此，在本研究中引人博弈论的相关理论，根据我国"地方政府"在海洋管理中的核心地位与利益诉求，分析其在基于海洋生态系统的海洋综合管理中实施管理的内在动力，并以地方海洋开发活动中各类主体博弈行为为纽带，将地方政府之间、政府与海洋管理中的主要管理对象企业之间连接起来，构建基于海洋生态系统的海洋综合管理多元动态博弈模型，从而概括、抽象出我国基于海洋生态系统的海洋综合管理中博弈主体关系演进轨迹、逻辑内涵与实质，为推动基于海洋生态系统的海洋综合管理实施提供理论依据。

二、基于海洋生态系统的海洋综合管理中的多元动态博弈

（一）模型的基本假设

1）博弈主体

根据基于海洋生态系统的海洋综合管理内涵，在海洋管理活动中的主体主要包括：中央政府、地方政府、企业、民间团体、当地民众等，在《中共中央国务院关于加快推进生态文明建设的意见》、《国家海洋局海洋生态文明建设实施方案》（2015—2020 年）、海洋功能区划制度、海洋生态红线制度等一系列制度规划正式出台的背景下，我国已经从中央政府层面明确了全面推进基于生态系统的海洋综合管理，而且中央政府能够从推动地区海洋开发、海洋经济发展和推进海洋生态文明建设的全局进行统筹谋划。因此，考虑到我国海洋管理实施的具体情况，在当前国家明确提出将加快推进生态文明建设作为重要国家战略的背景下，对于基于海洋生态系统的海洋综合管理实施具有直接影响力的主要是地方政府和相关企业，最终为了便于模型的构建，模型的主要博弈主体包括：各沿海地区地方政府和从事海洋开发的企业。同时假定地方政府、企业都是具有有限理性，地方政府在实施海洋管理的过程中主要是从本部门的收益与成本衡量出发进行相关决策，企业则从自身发展出发进行权衡利弊作出策略选择，在博弈过程中，双方行为均遵循经济学的各项一般原理。

2）地方政府

在我国，地方政府是海洋管理的重要主体，它既是作为中央政府的代理人，是国家宏观战略在地方的具体实施者，又是各沿海地区海洋发展诉求的代表，地方政府在海洋开发

管理活动中所具有的特殊地位与利益诉求，使其成为连接海洋管理从宏观层面和微观层面的纽带。

地方政府在基于海洋生态系统的海洋综合管理实施过程中，由于从中央政府层面，我国已经明确提出了加快生态文明建设的国家战略，基于海洋生态系统的海洋综合管理作为海洋领域生态文明建设的必然选择，地方政府必须要推进基于海洋生态系统的海洋综合管理在本地区的实施，但地方政府也会从自身利益出发，在推进实施的真实意愿上有所选择，其博弈战略选择主要分为积极和消极两种。在博弈中，地方政府追求自己的效益最大化，其效用可以表示为 $U(X_1) = U(a, b, c, d)$，其中 a 为海洋开发推动地区社会经济发展情况，即获得的海洋开发价值；b 为地区海洋生态系统有效保护所带来的收益，即获得的海洋生态价值；c 为中央政府对地方政府在海洋生态方面的满意度；d 为当地居民对政府在海洋生态方面的满意度。

3）企业

从事海洋开发活动的企业，主要是以开发利用海洋获得经济利益为目的，是地区开展海洋开发活动的主体，因此也是基于海洋生态系统的海洋综合管理中最主要的管理对象，其开发利用海洋的行为是相关管理制度、管理措施、管理行为发挥作用的最直接体现。

在基于海洋生态系统的海洋综合管理实施过程中，企业也以追求自身利益最大化为目标，其博弈战略选择主要是：① 根据基于海洋生态系统的海洋综合管理要求，转变传统的海洋开发方式，减少海洋开发活动对于海洋生态系统的影响；② 仍然采取传统的海洋开发方式。企业在基于海洋生态系统的海洋综合管理中，效用函数可以表示为：$U(X_2) = U(e, f, g)$，其中，e 为企业转变海洋开发方式，对其经济收益的影响；f 为地方政府对企业转变海洋开发方式的约束程度；g 为当地社会对于保护海洋生态的认识程度。

（二）地方政府与企业的动态博弈

在地方政府与企业的动态博弈中，假定企业对政府拥有的信息不完全，不确定地方政府对于实施基于海洋生态系统的海洋综合管理的成本收益，不能确定其对实施基于海洋生态系统的海洋综合管理的态度以及是否是持续的。根据以上假设，建立博弈树[3]，如图 1 所示。

图中 G 为地方政府，E 为涉海企业，N 为由自然选择地方政府的相关制度、政策等对企业是否有效。围绕基于海洋生态系统的海洋综合管理实施，地方政府与企业的不完全信息动态博弈大致经历如下步骤：首先，地方政府根据自身成本收益情况判断在实施基于海洋生态系统的海洋综合管理上采取何种态度；其次，在政府决策后，企业根据自身成本收益选择是否转变传统的海洋开发方式，以适应基于海洋生态系统的海洋综合管理需要；再次，由自然选择地方政府在基于海洋生态系统的海洋综合管理中所制定的制度、政策等是否有效；最后，企业进一步判断在地方政府所提供的政策环境下，企业的自身效益情况，修正过去的选择。

由图 1 可以看出，地方政府与企业的博弈路径主要有 6 条。其中，能够实现企业转变

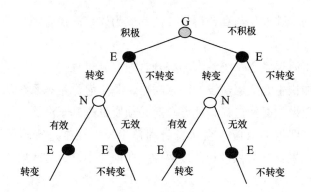

图 1 政府与企业关于基于海洋生态系统的海洋综合
管理实施的不完全信息动态博弈树

开发利用海洋方式，符合基于海洋生态系统的海洋综合管理要求的博弈路径有 2 条。即：地方政府对实施基于海洋生态系统的海洋综合管理态度积极，企业也选择转变开发海洋的生产方式，之后由自然选择判断地方政府所采取的各项措施政策有效，开发海洋的方式向符合基于海洋生态系统海洋综合管理的要求转变；另一种是地方政府对于实施基于海洋生态系统海洋综合管理的态度不积极，但在现有政策环境下，企业选择了转变开发海洋的生产方式，之后由自然选择判断当前的各项措施政策对于促进企业转变发展方式是有效的，企业的开发海洋方式得到了转变。

通过上述动态博弈过程可以发现，在微观层面，保证基于海洋生态系统的海洋综合管理顺利实施，其关键就在于企业根据基于海洋生态系统的海洋综合管理要求，转变开发利用海洋方式所获得的收益要大于原有开发方式下所获得的收益。根据 $U(X_2)=U(e, f, g)$，企业一方面需要减少转变海洋开发方式对经济收益的影响，另一方面需要从政策制度、社会舆论等方面增加对转变海洋开发方式的约束，即增加企业维持传统开发方式的成本；地方政府在 2 条实现发展方式转变的博弈路径中，分别表现为积极和不积极两种态度，但在不积极的态度下，必须依靠原有的政策制度环境下对企业转变海洋开发方式已存在较强的约束，或者是社会公众和企业能够自觉提升海洋生态文明的意识，在现实中，显然存在较大的难度，因此地方政府对于实施基于海洋生态系统的海洋综合管理所持的积极态度对于发展方式转变具有十分关键的作用。

（三）地方政府间的动态博弈

由于海水的流动性和海洋生态系统的整体性，实施基于海洋生态系统的海洋综合管理就必须对可能分处于不同行政区域的海域进行有效的统一协调管理，因此地方政府间对于邻近海域的管理战略选择就成为基于海洋生态系统的海洋综合管理宏观层面实施的关键。

我们可以假定地方政府 A、B 所管辖的海域分别为某一海洋生态系统内的两个子系统，彼此间相互影响，A、B 政府彼此间拥有不完全信息，从基期开始，A、B 随机地选择一个策略，之后每期双方各自根据收益调整上一轮决策，在对于海洋管理的策略选择上可以简化为协调（即协调各个子系统之间的相互作用关系）和不协调（即不协调各个子系统之间的相互作用关系），显然协调策略更有利于控制和优化整个海洋生态系统朝着良性方向发展，符合基于海洋生态系统的海洋综合管理要求，而不协调策略则会导致整个系统的某些控制变量趋向无序化发展。由此我们可以构建地方政府 A 与 B 之间关于海洋管理的动态演化博弈模型。

表 1　地方政府间的演化博弈收益矩阵

地方政府 A	地方政府 B	
	协调	不协调
协调	u, v	0, 1
不协调	1, 0	1, 1

为便于研究，假设以双方均采取不协调策略的各自收益为基准 1，当双方都采取协调策略时，u 表示协调各子系统相互间作用关系时 A 的收益，v 表示协调各子系统相互间作用关系时 B 的收益，一方采取协调策略另一方采取不协调策略时，采取协调策略的一方收益为 0，采取不协调策略一方的收益为 1。

设 p 为地方政府 A 采取协调策略的意愿，即地方政府 A 采取协调策略的概率，q 为地方政府 B 采取协调策略的意愿，即地方政府 B 采取协调策略的概率。则状态 $s = \{(s_1^1, s_2^1), (s_1^2, s_2^2)\} = \{(p, 1-p), (q, 1-q)\}$ 可用 $[0, 1] \times [0, 1]$ 区域上的点 (p, q) 来描述，(p, q) 则反映系统的演化动态，$r1 = (1, 0)$ 表示地方政府以概率 1 选择协调策略，$r2 = (0, 1)$ 表示地方政府以概率 1 选择不协调策略。由此可得到：

地方政府 A 采取协调策略的收益（适应度）：$f^1(r^1, s) = uq + 0(1-q) = uq$；采取不协调策略的收益：$f^1(r^2, s) = 1q + 1(1-q) = 1$；则总体的平均收益为：$f^1(p, s) = pf^1(r^1, s) + (1-p)f^1(r^2, s)$

同样地方政府 B 采取协调策略的收益：$f^2(r^1, s) = vp + 0(1-p) = vp$；采取不协调策略的收益：$f^2(r^2, s) = 1p + 1(1-p) = 1$；则总体的平均收益为：$f^2(q, s) = qf^2(r^1, s) + (1-q)f^2(r^2, s)$。

根据 Freideman（1991）的研究结论，假定一个战略的增长率等于它的相对适应性，只要一个战略的适应度比群体的平均适应度高，该战略就会发展[4]。因此以地方政府 A 为例，采取协调策略就必须满足：

$f^1(r^1, s) - f^1(p, s) = (uq-1)(1-p) > 1$，即 $u > 1$，同理可知地方政府 B 采取协调策略必须满足 $v > 1$。同时地方政府 A、B 采取协调策略意愿的增长率分别为：

$$\dot{p}/p = f^1(r^1, s) - f^1(p, s)，即 \dot{p} = p(p-1)(1-uq)$$

$$\dot{q}/q = f^2(r^1, s) - f^2(q, s)，即 \dot{q} = q(q-1)(1-vp)$$

上述两式组成的微分方程系统描述的动态策略选择，可由该系统得到的雅克比矩阵的局部稳定分析，对其均衡点的稳定性进行分析，上述系统的雅克比矩阵为：

$$J = \begin{bmatrix} (2p-1)(1-uq) & up(1-p) \\ vq(1-q) & (2q-1)(1-vp) \end{bmatrix}$$

由雅克比矩阵的局部稳定法求解出雅克比矩阵的行列式和迹，得到该系统的 5 个局部均衡点。使用局部稳定分析法对均衡点进行分析，结果如表 2 所示，系统的 5 个局部均衡点仅有 2 个是 ESS（演化稳定策略），分别对应于地方政府相互作用过程中自发形成的 2 个模式：共同协调系统内各子系统间的相互关系，彼此间互不协调的无序模式。

表 2　地方政府间的演化博弈局部稳定分析结果

均衡点	J 的行列式（符号）	J 的迹（符号）	结果
$p=0$, $q=0$	$(u_2-u_1)(v_2-v_1)$ (+)	-2 (−)	ESS
$p=0$, $q=1$	$(u_4-u_3)(v_2-v_1)$ (+)	u (+)	稳定
$p=1$, $q=0$	$(v_4-v_3)(u_2-u_1)$ (+)	v (+)	稳定
$p=1$, $q=1$	$(u_4-u_3)(v_4-v_3)$ (+)	$2-u-v$ (−)	ESS
$p=1/v$, $q=1/u$	$-(1-1/v)(1-1/u)$ (1)	0	鞍点

系统的相图如下：

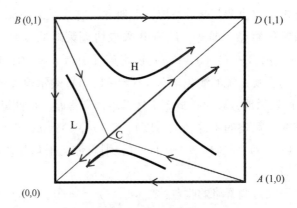

图 2　地方政府间的演化博弈动态过程

系统相图描述了地方政府之间的相互博弈的动态过程，由不稳定平衡点 A（1，0），B（0，1）和鞍点 C（1/v，1/u）可以看成系统收敛于不同的临界线，初始状态位于折线左下方 L 内时，系统将收敛到均选择不协调策略的（0，0）点，初始状态位于折线右上方 H 内时，系统将收敛到均采用协调策略的 D（1，1）。在相图中，双方均采取协调策略的收益越大，即 u，v 越大，则 c 点越接近于（0，0）点，从而使得系统收敛于相互协调策略 D 点的概率就会大于收敛于不协调策略的概率。

从上述动态博弈过程可以发现，地方政府间在关于海洋生态系统协调管理策略选择的自发演化依赖于采取协调和不协调策略的相对收益，提高相对收益，对于地方政府之间在海洋生态管理中的相互协调具有重要作用。

（四）多元动态博弈分析结论

根据对地方政府与企业之间、地方政府之间关于基于海洋生态系统的海洋综合管理实施所进行的动态博弈分析结果，可以得到以下结论。

（1）在地方政府层面，提高地方政府选择实施与不实施基于海洋生态系统的海洋综合管理之间的相对收益，是保证我国基于海洋生态系统的海洋综合管理从战略理念到具体实践的关键。

通过提升相对收益既可以增强地方政府推进基于海洋生态系统的海洋综合管理实施的积极性，从而促使微观层面海洋开发企业转变海洋开发利用方式，又可以有效保证地方政府间在宏观层面对整个海洋生态系统实施统一协调的科学管理。根据地方政府在建设海洋生态文明背景下的部门收益 $U(X_1)$，主要取决于通过海洋开发推动地区社会经济发展情况、地区海洋生态系统有效保护所带来的收益、中央政府对地方政府在海洋生态方面的满意度、当地居民对政府在海洋生态方面的满意度，一方面，可以通过科技创新、集约用海等方式，提升开发利用海洋的效率和水平，通过转变地方政府行政理念，增强对海洋生态价值的认识，从而增加地方政府实施基于海洋生态系统的海洋综合管理所带来的部门收益；另一方面，通过制度安排、考核方式转变等，提升中央政府对地方政府实施基于海洋生态系统海洋综合管理的约束，并通过对社会公众在海洋环境意识、海洋生态价值认同、海洋习俗惯例等方面的提升，增强社会公众对地方政府实施基于海洋生态系统海洋综合管理的要求，从而增加地方政府不实施基于海洋生态系统海洋综合管理的成本，减少不实施所带来的部门收益。

（2）在企业层面，提高企业基于海洋生态系统的海洋综合管理要求，转变开发利用海洋方式与原有开发方式之间所获得的相对收益，是保证我国基于海洋生态系统的海洋综合管理具体落实的关键。

根据企业在建设海洋生态文明背景下的收益 $U(X_2)$，主要取决于企业转变海洋开发方式对经济收益的影响、地方政府对企业转变海洋开发方式的约束程度、当地社会对于保护海洋生态的认识程度，一方面可以通过政策扶持、鼓励技术创新等措施，减少企业转变海洋开发方式对经济收益的影响，提高企业转变开发方式的收益；另一方面则需要从制定规范性制度、引导社会舆论、提高公众环境意识，以及严格落实环保法规、强化监督措施等多个方面，增加企业维持传统开发方式的成本，从而降低企业维持传统开发海洋方式的收益，促进企业向符合基于海洋生态系统海洋综合管理要求的海洋开发方式转变。

三、基于海洋生态系统的海洋综合管理实施中面临的主要困境

通过对基于海洋生态系统的海洋综合管理实施中的地方政府与企业、地方政府之间的动态博弈分析，可以发现推进基于海洋生态系统的海洋综合管理实施中，影响各行为主体策略选择的关键，从而进一步明确制约基于海洋生态系统海洋综合管理实施的主要因素。

（一）　地方政府的政绩压力

在我国，区域经济发展水平是中央政府考核地方政府政绩的重要指标，改革开放以来，东部沿海地区一直是引领我国经济发展的核心地区，区域经济始终处于快速发展阶段，而随着陆地资源环境压力的增大、海洋经济的快速崛起，以及产业结构调整和经济发展方式转型的需要，沿海地区开始普遍将地方经济发展方向转向海洋。在全球经济一体化的带动下，产业发展趋海迁移的趋势更为明显，一大批石化、钢铁、造船等临海临港产业不断在沿海地区布局。与此同时，一批沿海地区区域发展战略规划近年来相继得到国务院的批准实施，包括辽宁沿海经济带、河北曹妃甸、天津滨海新区、黄河三角洲、山东半岛蓝色经济区、江苏沿海地区、上海"两个中心"、福建海峡西岸、珠江三角洲、广西北部湾、海南国际旅游岛等。在这些沿海地区区域发展战略中，都把开发海洋资源发展海洋经济作为了重要的内容，在地区经济发展的政绩压力下，各沿海地区海洋开发的强度也在持续增加。

伴随着经济的快速发展，是我国日益加快的城市化进程，2008年我国城市化水平已经达到了45.68%，比1979年提高了26.72%，我国已经入了城市化快速发展时期。沿海地区由于经济发展水平较高，大量的资金、人口等生产要素均在沿海地区集聚，一直是我国城市化发展的重点地区，城市化水平和城市化发展速度均高于全国总体水平。随着我国新型城镇化战略的实施，新一轮的城镇化建设也将开始启动，沿海地区的城市化发展也将进一步加速，而在沿海地区，由于土地资源较为有限，城市人口密度较大，在严格的耕地保护制度和城市规模扩张的驱动下，沿海地区的地方政府普遍将城市发展方向推向了海洋，通过开发利用海洋空间来解决土地空间不足对城镇化发展的制约，但由于海洋开发利用技术的制约，现有对海洋空间的开发利用方式仍十分的粗放和落后。

地方政府在地区经济发展和地区城市化发展等多重政绩压力的驱动下，如果无法从海洋生态系统的生态价值中得到明显受益以及缺乏中央政府和社会民众对其在海洋生态系统保护修复方面的约束，则通过高强度的开发利用海洋满足其部门完成政绩的需要，就必然会成为各地方政府采取的普遍方式。以围填海为例，根据全国沿海各省、直辖市、自治区未来10年的《土地利用总体规划》、《城乡建设发展规划》等相关规划统计表明，全国沿海地区未来10年规划围填海总面积将达到52万公顷以上。通过实施大规模的围填海造地用于工业和城市建设等，一方面可以满足经济发展和城市建设用地的需要，带动区域投资，推动地区经济发展，拓展城市发展空间，加快城镇化进程，实现地区的社会经济发展，完成中央政府对地方政府的政绩考核；另一方面，地方政府还可以依靠成本较低的围填海造地带来较高收益的土地财政，解决地方政府部门的财政问题，获得大量的直接部门收益。

（二）　海洋生态系统的生态价值评估

根据多元动态博弈分析的结论，从海洋生态系统中获得的生态价值是影响行为主体在海洋管理活动中决策的重要因素，因此，科学地对海洋生态系统生态价值进行评估，准确核算海洋开发中的生态成本，就成为了开展基于海洋生态系统海洋综合管理的重要基础。

但是在现实的海洋管理实践中，受海洋科技水平的制约，目前人类对于海洋生态系统的认识还十分有限。在海洋生态系统中，各种生物在复杂多变的海洋环境中相互影响、彼此作用，共同形成了海洋生态系统，同时多样化的人类活动相互影响，也共同作用于海洋生态系统，使得海洋生态系统进一步演化发展，形成了错综复杂的海洋生态系统演化过程。然而，以目前人类的海洋科技水平，对海洋生态系统的形成、演化机理认识还不全面，对海洋物种的数量、分布、习性还不明确，各海洋物种间的复杂关系有待研究，海洋环境的形成、变化规律也没有完全掌握，人类活动、海洋物种和海洋环境之间相互依存、相互制约的关系尚不明确。

而基于海洋生态系统的海洋综合管理其核心理念就是改变传统的部门管理模式，以海洋生态系统本身为管理重点，以维持海洋生态系统平衡为管理活动的核心，针对影响海洋生态系统的各类人类行为，通过统筹协调各行为主体的活动，开展相应的海洋管理活动。由此可见，海洋生态系统管理的实施前提是对海洋生态系统进行客观、科学、全面的评价，掌握各物种之间的相互关系以及物种和海洋环境之间的相互作用。当这些条件无法实现时，必然会造成基于海洋生态系统的海洋综合管理在计划制定、措施实施、效果评估等方面与实际产生偏差，最终影响到管理的实际效果。

因此，在现有的海洋科技水平下，还无法实现对海洋生态系统的生态价值进行十分准确的计算，从而造成了基于海洋生态系统的海洋综合管理尚缺乏扎实的科学基础，影响了基于海洋生态系统的海洋综合管理的有效实施。

（三）社会公众的海洋生态意识

多元动态博弈分析的结果显示，无论是地方政府还是企业，在基于海洋生态系统的海洋综合管理中，其行为选择都会受到社会公众对于海洋生态系统态度的影响。因此，如果社会公众海洋生态意识的淡薄，就会对基于海洋生态系统的海洋综合管理实施带来不利的影响。

目前，在我国虽然围绕海洋生态系统的公众教育已经有效开展，保护海洋生态系统的相关理念、观点也被社会公众所普遍接受，民众具备了一定的海洋环境保护意识，但是我国当前正经历着经济快速发展社会快速转型的时期，在巨大的经济利益面前，海洋生态系统保护的重要性和必要性并没有真正地被广大社会民众所认识，维护海洋生态系统的平衡与稳定仍然没有成为全社会的普遍共识。从目前我国社会公众的海洋生态意识培养来看，一方面，大多数的海洋生态系统保护的宣传与教育处于相对滞后的状态，宣传教育的手段、形式、内容均较为陈旧，存在着吸引力较低、与时代脱节的情况，宣传教育的工作力度和深度也存在一定的不足，从而造成了社会公众对于海洋生态系统的认识存在误区和不足，海洋生态系统的保护意识还比较淡漠；另一方面，在海洋生态系统的管理过程中，社会公众的参与程度较低，海洋生态系统的管理实践缺乏社会公众的积极支持和配合，社区、民间团体等没有在海洋生态系统的管理过程中发挥应有的作用，在许多海洋生态系统的管理活动中，存在较为明显的社会公众主体地位缺失的现象。

因此，在目前我国海洋生态系统的公众教育水平和管理参与水平还较为薄弱的背景下，我国社会公众的海洋生态意识已成为基于海洋生态系统的海洋综合管理实施所面临的重要困境之一。

（四）现有的海洋管理体制机制

基于海洋生态系统的海洋综合管理是以实现海洋生态系统的健康与稳定为目标，这就要求在海洋综合管理的实施过程中，消除现有的海洋管理体制机之中由于属地管理、部门管理等所带来的限制和不足。

海洋生态系统是以海洋的自然区域来界定的，经常涉及不同的行政区划，海洋生态管理的实施也是从海洋生态系统整体出发，往往会涉及到所有海洋利益相关者和相关管理部门。在现有的海洋管理体制机制下，不同地区之间、不同部门之间的海洋管理合作水平显然无法满足基于海洋生态系统的海洋综合管理的要求，因此，如何改革与创新现有的海洋管理体制机制就成为了推动基于海洋生态系统的海洋综合管理顺利运行的关键。

除此之外，实践表明基于海洋生态系统的海洋综合管理实施过程中需要大量的经费支持，在基于海洋生态系统的海洋综合管理形成初期需要长时间的调查研究和谈判协商，通常会产生高昂的成本费用，这对于基于海洋生态系统的海洋综合管理实施的资金来源保障也提出了更高的要求。又因为海洋生态系统管理涉及众多的利益相关者，许多海洋生态系统服务具有公共物品性质，如海洋生态系统的环境净化功能、海洋生物圈为人们提供的休闲场所和其他娱乐资源，等等，所以"搭便车"现象在所难免。因此也需要通过制度政策等方面的机制创新与设计促使海洋生态系统服务外部性的内部化，解决投资者的合理回报，激励各利益相关体从事海洋生态投资。[5]

由此可见，现有的海洋管理体制机制也是制约基于海洋生态系统的海洋综合管理实施的重要因素，需要从深化体制创新与制度建设入手，通过不断地改革加以解决。

四、基于海洋生态系统的海洋综合管理主要运行机制

在基于海洋生态系统的海洋综合管理中，综合是实现的要义：激励是基础，协调是纽带，监督是保障，公众参与是补充。[6]根据以上基于海洋生态系统的海洋综合管理的博弈分析和机制体系，要实现良好的基于海洋生态系统的海洋综合管理效果，其运行机制应该包括以下几个部分。

（一）激励机制

在管理规划的指导下，制定明确的管理责任目标，通过利益分配手段对参与者的关系进行调整，主要包括了物质与精神等方面的激励措施，从而最大限度地提升参与者实施基于海洋生态系统的海洋综合管理的主动性和积极性，增强实施动力。通过流域上下游生态补偿机制、河长制等都手段，鼓励上游地区积极参与到海洋管理的行动之中；借助财政补贴、引导等措施，鼓励企业、个人参与区域海洋环境保护；推动资源有偿使用制度的实

行,将海洋资源与环境的核算纳入新的国民经济核算体系中,并以此为基础对税收、财政、金融、产业政策等进行调整。

(二) 协调机制

基于海洋生态系统的海洋综合管理涉及中央政府与地方政府、不同行政区域的地方政府、不同的政府涉海管理部门以及企业、个人、非政府组织等众多利益相关者,因此必然面临着非常复杂的利益需求,也存在着诸多利益冲突。为此,必须通过良好的协调机制来协调各方的利益,引导各方的行为。没有协调管理就不可能有海洋资源的可持续开发利用,可以说,协调机制在区域海洋管理中起着核心和纽带作用。

(三) 监督机制

除了协调机制外,在面对不同利益相关者的不同利益和目标需求时,还必须有强有力的监督机制加以规范和约束:一是行政监督,政府部门依法对贯彻执行基于海洋生态系统的海洋综合管理的政策和法规情况进行监督,以行政方式直接对管理对象施加影响;二是立法监督,基于海洋生态系统的海洋综合管理作为一种政府主导的行为,要制定相应的法律规范,并由政府组织强制实施;三是社会监督,通过社会力量进行监督,借助公众、社会团体、舆论等对具体实施情况开展监督工作。

(四) 公众参与机制

随着社会的不断发展,公众对社会事物管理的认识也在不断深化,尤其是对社会事务管理主体的认识也得到了进一步加深,公众作为主体参与社会事务管理的重要性已成为普遍的共识,因此公众参与社会事务管理的程度正在不断提高。海洋管理是社会事务管理的重要内容,因此基于海洋生态系统的海洋综合管理运行机制必须包括一个有效的公众参与机制。公众参与将有利于增强从事海洋开发利用活动的各个主体对区域海洋整体价值认识的全面性,提高对海洋生态价值的认同,也为各个主体间提供一个有益的协商和协调机制,有利于政府部门海洋管理创新的推进与开展,提高海洋管理的整体效率,促进基于海洋生态系统的海洋综合管理有效实施。

参考文献

[1] 王淼,毕建国,段志霞. 基于生态系统的海洋管理模式初探 [J]. 海洋环境科学, 2008, 27 (4): 378-382.

[2] 秦艳英,薛雄志. 基于生态系统管理理念在地方海岸带综合管理中的融合与体现 [J]. 海洋开发与管理, 2009, 26 (4): 21-26.

[3] 姚国庆. 博弈论 [M]. 北京: 高等教育出版社, 2007. 107-108.

[4] Freideman. Evolutionary games in economics [J]. Econometric, 1991, p59.

[5] 王晓静. 海洋生态系统管理: 概念、政策与面临的问题 [J]. 海洋开发与管理, 2014, (7).

[6] 王琪,王刚,等. 变革中的海洋管理 [M]. 北京: 社会科学文献出版社, 2013. 103-105.

中国海洋发展研究文集（2017）

［7］　姜帅. 制度体系建设是生态文明建设的根本保障［J］. 人民论坛. 2014, 11（10）：55-57.

［8］　黄蓉生. 我国生态文明制度体系论析［J］. 改革. 2015,（1）：41-47.

［9］　刘霜, 张继民, 唐伟. 浅议我国填海工程海域使用管理中亟须引入生态补偿机制［J］. 海洋开发与管理, 2008,（11）：34-37.

［10］　姜欢欢, 温国义, 周艳荣, 等. 我国海洋生态修复现状、存在的问题及展望［J］. 海洋开发与管理, 2013,（1）：35-38.

［11］　叶属峰, 温泉, 周秋麟. 海洋生态系统管理——以生态系统为基础的海洋管理新模式探讨［J］. 海洋开发与管理, 2006,（1）：77-80.

论文来源：本文为中国海洋发展研究会 2017 年学术年会暨第四届中国海洋发展论坛投稿。

海洋强国建设背景下的边远海岛管理研究[①]

吴姗姗[②]　　张凤成[③]　李晓冬

摘要： 边远海岛在海洋强国建设中具有重要的战略地位。随着我国对海岛开发、建设、保护与管理的重视，边远海岛管理取得了一定成效，但也存在管理体系不完善、基础设施建设任务依然艰巨、传统产业需要振兴、鼓励百姓定居的政策缺失等突出问题。借鉴日本和越南边远海岛管理经验，需要通过制定边远海岛管理制度和规划、实施鼓励边远海岛定居和基础设施建设的有关政策、加强边远海岛渔业和旅游业等传统产业发展、树立全民海洋海岛意识等措施加强边远海岛管理，推进海洋强国建设。

关键词： 海洋强国；边远海岛；管理

我国是海洋大国，海岛众多，面积大于 500 平方米的海岛有 6 500 多个。在这些海岛中，有相当一部分海岛距离大陆较远，基础设施薄弱，从地理位置和社会经济角度来说属于"边远海岛"。这些边远海岛作为我国国土的重要组成部分，是海洋生态系统的重要组成部分，是维持生态平衡的重要平台。同时，有些边远海岛具有丰富的海洋资源，是近海海洋经济拓展的重要依托；有些边远海岛是我国的领海基点海岛和军事基地，对于维护国家海洋权益和国防安全具有十分重要的作用。近年来，国家日益重视边远海岛开发建设和管理，《中华人民共和国国民经济和社会发展十二五规划》明确提出"扶持边远海岛发展"，经国务院批准发布实施的《全国海岛保护规划》将"偏远海岛开发利用工程"作为十项重点工程之一。在全球日益重视海洋开发和管理的背景下，加强边远海岛管理，对于我国维护国家海洋权益和国防安全、促进社会经济发展、维持生态平衡、建设海洋强国等具有十分重要的现实意义。

一、边远海岛在建设海洋强国中战略地位

党的十八大报告提出，提高海洋资源开发能力，发展海洋经济，保护海洋生态环境，坚决维护国家海洋权益，建设海洋强国。"海洋强国"是指管控海洋、开发利用海洋、保护海洋方面具有强大综合实力的国家。边远海岛管理在建设海洋强国中具有重要的战略地位。

① 基金项目：CAMAQN201412 中国海洋发展研究会重点项目资助。
② 吴姗姗，女，国家海洋技术中心副研究员，主要从事海岛保护与开发利用、海洋经济研究。
③ 张凤成，男，国家海洋技术中心助理工程师，主要从事海岛保护与管理、海洋经济研究。

（一）边远海岛是管控海洋的重要基地

根据《联合国海洋法公约》规定，海岛是划分沿海国家内水、领海和 200 海里专属经济区等管辖海域的重要基点。一个岛屿或者岩礁可以拥有 1 550 平方千米的领海海域，而一个能够维持人类居住或其本身的经济生活的岛屿则可以拥有 43 万 km 平方千米的管辖海域和更加广阔的大陆架，并且对这一广大区域的生物资源和海底矿产资源拥有主权权利。我国 1996 年公布的大陆和西沙群岛的 77 个领海基点中，大部分是在边远海岛上，2012 年公布的 17 个钓鱼岛及其附属岛屿的领海基点中，都是在边远海岛上。这些海岛的存在对于维护我国领海主权完整和海洋权益密切相关。同时，边远海岛不仅是国家的海防前哨，在战争中可以起到重要的屏障和海上军事活动的载体作用，由海岛组成的岛弧或岛链，还构成了我国海上的第一道国防屏障[1]，具有十分重要的国防地位。

（二）边远海岛是开发利用海洋的重要依托

有些边远海岛及周边海域具有丰富的渔业、旅游、深水岸线、矿产、海洋能等优势资源和潜在资源，具有重要的开发价值，是发展海洋经济的重要领域。同时有些边远海岛是我国海洋开发的海中基地，是我国国民经济走向世界的"桥头堡"和海外经济通向内陆的"岛桥"。随着沿海地区海洋经济的快速发展、资源和空间的日益紧张，以及我国对外开放政策的进一步深化，依赖海洋、海岛及其资源的趋势仍将继续增强[2]，海岛将逐渐成为近岸海洋经济拓展的重要依托，逐渐成为"第二海洋经济带"。边远海岛作为海岛的重要组成部分，必将成为发展海洋经济的重要领域和支点。

（三）边远海岛是保护海洋的重要平台

根据《中华人民共和国海岛保护法》，海岛及其周边海域生态系统，是指由维持海岛存在的岛体、海岸线、沙滩、植被、淡水和周边海域等生物群落和非生物环境组成的有机复合体，空间上由岛陆、岛滩、岛基和周边海域组成。我国边远海岛广布温带、亚热带和热带海域，各空间组成部分的生物群落和非生物环境共同形成了各具特色、相对独立的海岛生态系统，有些海岛还具有红树林、珊瑚礁等特殊生态系统。由于边远海岛四周被海水包围，远离大陆，生物来源受限，每个海岛都是一个独立的生态环境地域单元。又由于海岛土壤贫瘠，岛陆生物不易发育，生物多样性指数较小，生态系统十分脆弱，且稳定性差，易受损害，一旦破坏很难恢复。边远海岛是海洋生态系统的重要组成部分，维护边远海岛的生态环境是维护海洋生态平衡、保护海洋生态环境的必然要求。

二、日本和越南边远海岛管理的主要措施

世界主要沿海国家和地区非常重视边远海岛管理，纷纷通过立法、规划、管理等手段，加强开发利用、保护和建设。本文以日本和越南为例，分析和说明其边远海岛管理的主要措施，以期为我国边远海岛管理提供借鉴。

（一）加强综合立法和规划

日本除本州、北海道、四国、九州和冲绳为本岛外，其余 6 800 多个海岛均为离岛。为消除由于产业基础及生活环境导致的离岛与本岛的地区差异，改善海岛社会环境，振兴海岛经济，防止无人离岛增加和有人离岛人口锐减，促进离岛定居人数增加，日本早在 1953 年就颁布了《离岛振兴法》，同时出台了《离岛振兴法实施令》、《离岛振兴对策实施区域的基本方针》等多项配套制度[3]，并根据不同发展阶段离岛面临的不同问题，及时修订振兴法律[4]。针对特殊区域的振兴需求，还出台专门的振兴法，如《冲绳振兴特别措施法》、《奄美群岛振兴开发特别措施法》、《小笠原诸岛振兴开发特别措施法》等法律。

越南政府于 2010 年批准了《至 2020 年越南岛屿经济发展总体规划》，目的是发展海洋及岛屿经济，将岛屿建设成为保卫本国海疆及海岛地区的主权和主权权益的稳固防守线。

（二）鼓励向海岛移民

通过移民增加海岛定居人口是体现国家对海岛进行有效管理的重要手段。日本在 2005 年 5 月首次将 26 名日本人的籍贯设为竹岛，2012 年 2 月，日本岛根县又办理了 69 名日本公民籍贯迁往竹岛的手续[5]。越南政府颁布多项政策措施，鼓励向海岛移民。如 2008 年出台了关于实施居民安置计划的决定，对迁移到海岛的家庭户进行直接资助，其中对于距离大陆 50 海里以内的海岛，资助 8 000 万越盾/户；对于距离大陆 50 海里以远的海岛，资助 13 200 万越盾/户[6]。

（三）加强海岛基础设施建设

日本离岛地区基础设施条件较差，不适宜生产和生活。日本离岛振兴计划的一个重要方面就是加强道路、港口、机场、通信、电力等基础设施建设，国家根据建设内容和规模给予一定比例的资金支持。

越南为了稳定岛民生活，在海岛上投资进行民用设施的建设，大力兴建房屋、诊所、码头、学校等设施[7]。《至 2020 年越南岛屿经济发展总体规划》，对交通设施、电力供应、给排水、通信设施进行了规划。强调在小型岛屿推广建设"年轻岛屿"，增加岛上特别是地理位置重要的无人岛定居和从事生产的人口；吸引医生、教师、干部上岛工作，把基础设施建设作为人们在海岛长期居住的重要措施[8]。

（四）鼓励渔业生产和旅游业发展

随着离岛人口的减少，日本农林水产业、旅游业等传统产业发展呈现逐渐下滑的趋势，产业基础受到严重影响。据统计，农林水产业产值从 1990 年达到高峰 4057 亿日元，随后逐渐减少，2008 年产值仅为 1 883 亿日元[3]。为了振兴传统产业，日本政府采取了多项措施。如 1993 年实施的《振兴离岛对策实施区域的基本方针》，要求加强农林水产业的生产基础设施，补救农业生产条件的不利因素，防止弃耕地的出现，促进技术开发和普及；大力推进防止鸟兽被害、森林保护、渔业再生、藻场及滩涂的保护工作[9]，等等。根据《至 2020 年越南岛屿经济发展总体规划》，越南将集中投资建设富有竞争力的 5 个海洋旅游中心[10]。

（五）加强海岛生态保护管理

日本虽然是海岛开发利用优先的国家，但依然非常重视环境保护。早在 1997 年颁布了《环境影响评价法》，2013 年的《海洋基本法》又提出采取必要措施，以达到保护和改善生存环境、确保海洋生物多样性、减少对海洋的污水排放、防止向海洋倾倒废弃物、迅速清除因船舶事故造成的油污、保护海洋自然景观，以及保护其他海洋环境的目的。离岛振兴的有关规定中，也明确要求在离岛及周边设立大陆保护区和海洋保护区；采取必要措施防止外来生物的流入及传染病流行；采取多元化主体携手合作的方式，灵活地处理海岸漂浮物[9]。

越南政府将保护海岛生态和海洋环境作为实现海岛社会经济持续发展的重要保障。《至 2020 年越南岛屿经济发展总体规划》中，所有的重点海岛及岛群都要建设保护区或加强国家公园的管理与保护工作；具有国防战略意义的小型海岛，加强海岛自然环境的保护。在海岛地区发展渔业、旅游业等产业，注重节能、低碳和环保[10]。

三、我国边远海岛管理的现状和问题

边远海岛是我国特殊的国土。近年来，我国日益重视边远海岛的发展和开发利用。但由于受长期以来重陆轻海观念的影响、军事用途的需要，以及海岛远离大陆、交通不便等原因，边远海岛地区社会经济发展和管理仍存在一些突出问题。

（一）边远海岛管理的主要成效

1）边远海岛管理纳入国家战略和规划

2011 年发布实施的《中华人民共和国国民经济和社会发展"十二五"规划》，明确提出"扶持边远海岛发展"。2012 年经国务院批准发布实施的《全国海岛保护规划》中设置了偏远海岛开发利用的重点工程，目的是加快边远海岛渔业、旅游业等特色产业的发展，改善基础设施和社会事业发展滞后的局面，提高政府公共服务能力。同年，中央财政设立了"中央海岛保护专项资金"，该专项资金的使用方向之一就是扶持边远海岛的发展。这些措施对于加强边远海岛管理发挥了重要的作用。

2）部分偏远海岛的基础设施逐渐得到改善

通过海域使用金返回、"中央海岛保护专项资金"等各种专项资金的支持，近年来不断加强边远海岛供水、供电、通信、道路、交通、防灾减灾、污水和生活垃圾处理等基础设施的投入，逐渐改善了海岛的人居环境。

3）边远海岛生态环境保护得到加强

我国于 2010 年实施了《中华人民共和国海岛保护法》，为了保护海岛及周边海域生态系统，设立了海岛生态保护和修复制度。对有居民海岛周边海域生态系统保护、无居民海岛生态保护进行了明确的规定。对具有特殊保护价值的海岛及周边海域，依法设立自然保护区和特别保护区。同时，有居民海岛岛陆的开发建设和环境保护，要严格执行《中华人民共和国环境保护法》的有关规定。

为了改善受损的海岛生态环境，国家开展了海岛生态环境整治修复工作。截至 2012 年底，中央财政共投入资金 13 多亿元，共支持 70 个海岛生态整治修复保护项目。

（二）边远海岛管理面临的主要问题

1）边远海岛管理体系不完善

虽然边远海岛管理纳入了国家的战略和规划，但扶持边远海岛发展的配套体系不健全，不仅缺少扶持边远海岛发展的规划、计划，也缺少扶持边远海岛发展的专门政策。同时，由于有居民海岛沿用大陆的多部门管理体制，无居民海岛实行海洋部门集中统一管理体制，边远海岛即包括有居民海岛又包括无居民海岛，边远海岛管理兼具有居民海岛和无居民海岛管理体制，各部门按职能对边远海岛实施管理，缺乏综合协调的管理机制。

2）边远海岛基础设施建设任务依然艰巨

基础设施薄弱一直是边远海岛地区发展的瓶颈。据统计，我国有居民海岛中仅有 1/3 的海岛开通了交通船，约 1/2 的海岛没有固定淡水供应，绝大多数海岛无垃圾处理设施，还有部分海岛无电网供电[3]。由于边远海岛一般远离大陆，基础设施建设需要的运输成本、人力成本、运营维护成本等都高于大陆。据研究，一块面积相同的土地，岛屿上的开发成本是陆地的 3 倍[11]。同时，由于海岛分布分散，基础设施的共享性差，海岛地区自身财力有限，完善边远海岛基础设施建设任重道远。

3）边远海岛传统产业需要振兴

大部分边远海岛地区，渔业是其主导产业。虽然近年来，深海养殖技术不断发展并不断成熟，养殖规模不断扩大，但是养殖业受自然环境和自然灾害的影响较大，具有较高的风险。一旦发生自然灾害，从事养殖的渔民可能血本无归。海洋捕捞业面临周边海域渔业资源锐减的困境，且我国以零散的渔民从事远洋捕捞为海洋捕捞业的绝对主体，捕捞能力有限，没有形成规模效益，大部分捕捞渔船亏本经营，边远海岛地区传统产业发展不容乐观。

4）鼓励居民在边远海岛定居的政策缺失

我国边远海岛地区普遍面临人口流失的问题，如辽宁省长海县的海洋岛，是扼守我国东北海上边境的重要海岛地区，2012 年户籍人口 5 201 人，相比于 2002 年减少了 328 人。边远海岛有人居住，是当前维护海洋权益和促进海岛地区社会经济发展的有效方式。然而面临人口流失的现状，国家尚未出台鼓励边远海岛定居或向边远海岛移民的有关政策。

四、加强我国边远海岛管理的建议

（一）制定边远海岛管理制度和规划

边远海岛自身财力有限，基础薄弱，边远海岛发展需要国家的扶持，建议出台扶持边远海岛管理的具体制度，理顺各部门之间的任务分工，明确国家、省等各级政府扶持资金的比例或规模。同时，边远海岛的发展和管理是一个长期的系统工程，应当制定边远海岛扶持规划，明确扶持和管理的重点任务、重点区域和重点海岛；突出无居民海岛的扶持，实现重要的无居民海岛有人居住、有户籍人口、有重要的开发利用活动[12]。我国边远海岛数量多、分布广而且个体发展的需求差异大，应当借鉴日本离岛振兴的经验，做好每一个边远海岛的详细调查，摸清边远海岛的发展需求。

（二）制定鼓励边远海岛定居的有关政策

现阶段我国边远海岛的居民生活水平普遍偏低，边远海岛上的基础设施普遍破旧，再加上边远海岛与大陆之间交通不便，加之边远海岛发展空间有限，个人留在边远海岛上生活的意愿普遍偏低。短期内难以依靠边远海岛的兴旺和繁荣留住海岛居民，需要政府进行引导和鼓励。建议参照开发区的做法，对于在边远海岛工作的各类人员给予生活补贴，对于入住边远海岛的企业，给予税收、土地、房地产价格等优惠政策；借鉴越南的鼓励移民政策，对于移民到边远海岛的居民给予资金补贴和安置费用，增加流向边远海岛的人口数量。同时，为了鼓励海岛地区的普通百姓守岛、驻岛，实施不同于大陆地区的医疗政策、养老政策、教育政策、生育政策，等等，同时给予一定的守岛补贴。此外，继续加强三沙市管辖区域村委会的建设，通过完善的行政建制实施有效的管理。

（三）继续实施扶持边远海岛基础设施建设的有关政策

我国已出台的国家扶贫、兴边富民、西部大开发等多项支持老少边穷地区的政策，逐步向边远海岛地区倾斜。同时，加大中央海岛保护专项资金的扶持力度，选择比较适宜生活的海岛加强大型基础设施建设，重点解决海岛交通、供水供电、污水和垃圾处理等设施的缺失问题，同时提升教育、医疗等必备的公共服务水平，改善居民的生产生活条件，为居民创造安居乐业的家园。对于具有特殊战略价值的边远海岛，国家应当优先支持基础设施建设。

（四）加强边远海岛渔业、旅游业等特色产业的发展

通过产业发展，突出存在，不仅是维护权益的有效举措，也是发展经济、留住百姓的

重要方式。因此，急需加强边远海岛产业发展。边远海岛周边拥有大面积的海域，渔业是其传统产业。同时，岛海相间，各种海蚀地貌、沙滩等旅游资源丰富，有些海岛还具有人类历史活动遗迹，旅游资源丰富。近年来，旅游业逐渐得到发展。基于边远海岛地区资源环境特点和产业发展的基础，渔业和旅游业应当是其重点发展的产业。

对于海水养殖业，在不断扩大养殖规模的同时，不断提高和普及科学养殖技术，加强防洪、防台等设施建设，提高抵御自然灾害和病害的能力。积极发展适于海洋养殖的保险业，出台保险政策，为养殖渔民分担风险。对于海洋捕捞业，应当有效组织沿海地区渔民组成捕捞船队开展远洋捕捞，形成综合优势。国家提高对赴远海捕捞渔船的补助比例、配备大型船舶，同时，通过借助中国海警等各种力量，给予渔民正常的海上作业安全保障。

对于旅游业，借助国家海洋局、国家旅游局联合推动海洋旅游发展的有利契机，针对资源条件较好的群岛或海岛，编制旅游发展规划，推动海岛旅游示范区建设，打造特色景区。结合国家海洋公园建设和管理，积极建设边远海岛地区的海洋公园，使旅游业尽快成为边远海岛地区经济发展的重要产业。

（五）加强宣传教育，树立全民海洋海岛意识

党的十八大明确提出建设海洋强国的战略目标。海洋意识是海洋强国战略制定和实施的重要精神基础和保障。海洋意识的提高需要从教育、传媒等多方面开展[13]。越南在强化国民海洋意识的过程中，最为注重的是宣传。在越共十届四中全会上，越南政府指出：为实现海洋战略，必须提高全民对海洋在国家建设与国家安全中的重要地位与作用的认识[6]。我国除了新闻、网络、报纸、书刊等宣传外，还需要加强国民海洋意识的教育，包括中小学的海洋基础知识教育，大学海洋科学教育[14]，将海洋意识贯穿到国民的思想中。同时，建议成立基金会，鼓励国内外普通群众加强对边远海岛开发利用的支持。边远海岛自身发展能力有限，其建设及其保护问题，不仅仅要依靠中央政府，更需要全体国民的支持和帮助。而目前，我国仍缺乏建立能够吸收国内外普通民众对边远海岛建设提供帮助的长效机制或常设机构，建设资金仅靠政府财政拨款，渠道单一，支持力度有限。

参考文献

[1]　周学锋．基于建设海洋强国的无居民海岛管理研究［J］．经济地理，2014，34（1）：28-34.

[2]　金永明．论中国海洋强国战略的内涵与法律制度［J］．南洋问题研究，2014，（1）：18-28.

[3]　吴姗姗，张凤成．日本离岛管理制度及其对我国的启示［J］．世界地理研究，2014，23（4）：43-49.

[4]　邵桂兰，王飞，李晨．我国偏僻海岛战略性开发利用研究［J］．全国商情（理论研究），2011，（15）：3-4.

[5]　三沙代表团建议：实行特殊户籍政策宣示主权［EB/OL］．http：//news.ifeng.com/gundong/detail_2013_01/31/21792279_0.shtml.

[6]　李长群．我国南海无居民海岛行政建制的研究［D］．青岛：中国海洋大学，2012：26-31.

[7]　吴士存．南海争端的起源与发展［M］．北京：中国经济出版社，2010.

[8]　赵鹏，李双建．越南岛屿经济发展趋势及特点，海洋经济发展与海岛保护论文集［C］．北京：

海洋出版社．2001.

［9］　離島振興対策実施地域の振興を図るための基本方針［EB/OL］．http：//www.mlit.go.jp/
      common/000993083.pdf.

［10］　phê duy　6t Quy ho　5ch5 phát tri　6n9kinh t　6d5 5o7Ni　6t Nam đ　6n5năm 2020［EB/OL］．ht-
      tp：//thuvienphapluat.vn/archive/Quyet-dinh-568-QD-TTg-Quy-hoach-phat-trien-kinh-te-dao-
      Viet-Nam-vb104774.aspx.

［11］　高巧依．无居民海岛开发融资模式构建研究［J］．生态经济，2013，（5）．

［12］　张佐友．关于海洋大开发战略的思考［J］．经济研究参考，2014，（10）：70-76.

［13］　曹文振，原瑞．我国海洋强国建设中提高公民海洋意识的路径探索［J］．经营管理，2014，2：
      5-6.

［14］　张海文，王芳．海洋强国战略是国家大战略的有机组成部分［J］．国际安全研究，2013，（6）：
      57-69.

论文来源：本文原刊于《国土与自然资源研究》2015 年第 3 期，第 73-76 页。

基金项目：中国海洋发展研究会项目（CAMAQN201412）。

第五篇　海洋文化

建设中国海洋文化基因库，全面
复兴中国传统海洋文化

刘修德[①] 苏文菁[②]

中国是欧亚大陆东端的大陆国家，也是向太平洋开放的海洋国家。在多元一体的中华民族发展史上，东部沿海的海洋族群沿着 3.2 万千米的海岸线以及毗邻海域创造了辉煌灿烂的海洋文明，其与陆地上的农耕文明、游牧文明共同构成了中国传统文化。中国历代王朝经略海洋有张有弛，民间向海洋的发展此起彼伏，海洋中国始终是中华民族生存与发展的重要空间。

同时，我们也应该清醒地认识到，明清以降，中国主流文化从海上退缩了，沿海区域海洋族群的海洋实践沉入历史地表，其经略海洋、捍卫海疆的事实极少进入以汉语文字记载的主流文化传承之中，偶有记载，亦以被"污名化"的形象出现。这段历史造成了今天中国主流知识体系中"海洋"的失缺。

受制于传统陆权思维，《中华人民共和国宪法》（2004 年第四次修订）总纲第九条对山岭、草原、滩涂等自然资源的归属均有明确规定，唯独缺失了海洋；而其他条款与 300 多万平方千米的海域更是没有关系。缺少国家根本大法——宪法的支撑，我国的海洋法律体系构建根基不稳，缺乏体系性和科学性。

在教育领域，近年来随着国家对海洋重视的不断提升，不少课本中均加大了海洋相关知识的比重。然而，仍存在以下两个方面的问题：一方面教材编纂者对中国海洋国土认识不足，仍从大陆文明的角度对海洋进行阐释和解读，使得学生的视野无法摆脱陆地国土的限制；另一方面，教材中有限的篇幅局限于海洋的自然属性（Ocean）；人文层面的"海洋"（Marine），也就是产生于人海互动之中的历史、文化等精神文明成果，被忽视了。

中国海洋文化的基因大多留存于中国东南沿海的民间，留存于中国海洋族群的日常生活之中。但是，中国近 40 年的工业化进程，在极大提升了人民生活品质的同时，却没有完好地保存中华大地上包括海洋文化在内的传统文化资源。而对于所存无几的海洋文化因素，又往往以农耕文化的标准任意对其施以"改造"，使之失去了海洋文化应有的内涵。

建设海洋强国、实现"一带一路"美好愿景，必须建设基于当代中国社会发展的海洋文化；中国的海洋传统是件建设当代中国海洋文化的本民族的文化支撑。

对此，我们认为设立"中国海洋文化基因库"，从海洋文明的视角出发，通过现代化

① 刘修德，男，中国海洋发展研究会常务理事，中国海洋工程咨询协会副会长，研究方向：海洋管理。
② 苏文菁，女，福州大学教授，研究方向：海洋文化理论、区域文化与经济。

的手段对环中国海海洋文化圈的历史文化进行整理、挖掘与研究，从中梳理出中国海洋文化的基本基因，是复兴中国传统海洋文化、建设中国当代海洋文化最为切实有效的方法。

一、中国海洋文化基因库的内容

建设中国海洋文化基因库，必须明确中国海洋文化的核心思想理念。我们认为多元、共享、开放、拼搏是蕴含在千百年来中华文明中的、通过海洋活动而展现出来的中国海洋文化的核心思想理念。

人类的海洋实践都经历了由简单到复杂、由小规模到大族群、由顺应自然到改造自然的过程，但是，由于不同族群生活的陆域文化的差异，不同民族的海洋文化呈现出不同的思想理念。地处欧亚大陆东端的中国拥有多样化的土地与物产，不同区域的人民在与自然环境的互动中创造了风格不同的习俗。这使得中华民族在长期的海洋活动中保持了尊重不同文明的多元的思想理念。回顾中国海洋族群的海洋实践，我们能看到，他们不仅将中华物产带到世界各地，同时也将中国传统社会精耕细作的劳动方式、长幼有序的家庭伦理分享到不同的族群之中；这也正是构成亚洲儒家文化圈的根本因素。海洋至今还是人类尚未完全征服的场域，开放的胸襟才能促使人类走向广阔的大海，接受未知的文化。在生产力极为低下的古代，当人们突破面积仅占30%的陆域对人类的限制、迈向更加广阔的大洋的时候，其拼搏的精神，是不言而喻的。

在建设海洋强国的新时期，时代在呼唤海洋精神，树立多元、共享、开放、拼搏的海洋精神，将为中国当代海洋文化的构建注入核心思想，为实现中华民族的全面复兴迈出坚实的一步。

围绕上述核心，中国海洋文化基因库将包括以下5个方面的主体内容。

（一）中国海洋族群

人是文化的创造者和实践者，构建中国海洋文化需要界定中国的海洋族群。近年来，良渚文化遗址群、马祖列岛"亮岛人"遗骨、海南东南部沿海地区新石器时代遗址等史前文化遗迹的发现，将中国东部沿海与世界上最大的海洋族群"南岛语族"紧紧联系在一起。最新学术研究成果显示，以福建为中心的中国东南沿海应是南岛语族向大洋迁徙前的最后栖息地，水上居民——疍民很可能是留在大陆繁衍至今的南岛语族分支。中国海洋族群向外迁徙是持续性的，他们不仅把中华文明带到世界各地，同时也把不同区域的物产与文化带回中国。东南亚是中国海洋族群向外迁徙的第一大码头，他们有的在东南亚落地生根、形成了土生华人族群，有的再以东南亚为起点、迁播全球，是中国海洋文化的普世价值的最佳代表。

（二）中国传统造船与航海技术

前工业革命时代，中国传统木制帆船是航海中最先进的生产工具；今天，其核心技术"水密隔舱"的原理依然影响着当代舰船的设计，这是传统中国至今仍影响世界的技术样板之一。此外，中国的舵、中华帆等一系列造船技术都有其独到之处，与指南针、过洋牵星术等航海技术共同支持了古代海上丝绸之路的持久不衰。航海图和针路簿记载了中国海洋族群千年间的航海路线，成为今天中国拥有东海与南海诸岛的铁证。

（三）中国海神谱系

海洋族群的民间信仰和节庆习俗有着巨大的艺术和文化价值，是今天了解海洋族群历史传承的一大途径。为人们所熟知的海神妈祖，在宋代"开洋裕国"的需求之下，由区域性的民间信仰升格为国家神灵，跟随中国海洋族群跨洋越海，传播全球。除了妈祖之外，中国还有诸多的海神，如精卫、四海龙王等等；此外，沿海地区还有其他的区域性海神，如陈文龙、南海神等。这些神明共同构成了中国海神的谱系，为充满凶险和挑战的涉海生活提供精神护佑。今天，对海神的崇拜依然存在于东部沿海族群的精神生活中。

（四）中国沿海地区方言

语言是文化的重要载体，沿海地区的区域语言系统蕴藏着深厚的海洋文化背景。16世纪以来，欧洲东来的人群在海洋上遭遇的大多数使用各种方言的中国东南沿海的海洋族群，因此，国际知识体系中的"中国语言"包括有数种方言，除了汉语普通话（Mandarin）之外，一般有以下 4 种：闽南话（Hokkien）、福州话（Foochow）、广东话（Cantonese）、吴语（Shanghainese）。中国文化对世界的影响并不仅仅是通过汉语普通话而实现的；在深受中华海洋文化影响的东南亚地区，各种领域都有中国南方沿海方言的借音。此外，中国沿海区域方言中蕴藏着深厚的当地海洋文化信息，不宜简单以北方方言为基础的汉语普通话取代。

（五）中国海洋英雄

每个民族的英雄都是该民族文化精神的代表者，中国的海洋英雄是多元、共享、开放、拼搏的海洋精神的凝聚。明末清初，郑氏集团的领袖郑芝龙整合军官、海盗、商人三重身份，以他为代表的中国海上力量与西方海上扩张势力时而合作、时而博弈；1633 年，郑芝龙所领导的厦门料罗湾海战，首开东方国家在海战中击败西方殖民国家之先例，代表了历代中国海商对海权的不懈抗争。20 世纪初，带领乡亲移居海外、建设当地的黄乃裳，承载了中国海洋族群把中国的技术、物产和文化带到世界各地落地生根的使命，无疑将成为中国"走出去"、实行"一带一路"建设的时代新典范。

二、中国海洋文化基因库的作用

（一）教育展示作用

作为现有教育体系的补充部分，使海洋文化贯穿国民教育始终，引导大众跳出陆地限制，从多元文明的视角看重新认识中国的历史文化，培养具备海洋人文知识储备的合格公民。

（二）保护传承作用

串联起中国东部沿海各区域的海洋文明存档保护工作，将其置于整体性的大背景之下，深入挖掘研究其中所承载的中国海洋文明的宝贵基因片段，形成中国海洋文明的知识体系传承。

（三）科研平台作用

整合集聚现有海洋人文学术资源，在思想的碰撞中产生新思想的火花，推动中国传统海洋文化的复兴和中国当代海洋文化的构建提供学术依据，为中国建设海洋强国提供理论体系和技术路线。

（四）创意创新作用

以海洋文化滋养文艺创作和文化产品，推动海洋文化资源到海洋文化资本的转换，激发国内培育海洋类文化品牌和 IP 的能力，推动海洋文创产业及上下游产业链的创新发展。

（五）提升生活内涵的作用

使海洋文化核心价值观融入生产生活，使得日常的生活获得文化的意义。

三、中国海洋文化基因库的实现形式

（一）建设中国海洋文化与海洋意识教育基地

以博物馆为核心，链接起项目建设地周边的中国海洋族群活动现场，向大众展示中国海洋文明的辉煌成果；与教育部门合作，为新时期的课程和教材体系提供最鲜活的海洋文化素材，在青少年中播撒多元、开放、共享、拼搏的海洋核心精神。

（二）建设海洋人文知识交流与生产平台

以实物、录影、模型等形式，对以中国东南沿海为中心的中国海洋文明成果进行归档整理，为专家学者提供研究素材；设立研究讲席并招募全球专家学者，建设配套的学术工作室和会议中心，每两年举办一届"海上丝绸之路沿线区域海洋文明论坛"。在此基础上，产生出适合海洋强国时代的新的思想资源、知识体系。

（三）为讲好中国故事提供海洋文化素材

在地区形象和文化塑造中置入海洋文化元素，打造中国东部沿海地区的海洋文化品牌形象；针对不同人群设置各种门类的传播形式，如系列短片、歌舞剧、故事电影、VR 体验、旅游产品等，借助新一代文创手段，进行海洋文化和海洋精神的表达和传播。

（四）建设中国海洋文化节日活动体系

发掘开渔节、妈祖诞辰等传统海洋节日，恢复其海洋文明的特质；针对 68 海洋日、712 航海日、海军节等现代海洋节日，建立其与中国传统海洋文化的连接；每年设计与海洋产业相关的经济类文化活动，以包含多种艺术门类的嘉年华形式，赋予产品以海洋文化加值，实现当地经济增长与文化宣传的双赢。

（五）推动海洋文化创意产业发展

以素材库的形式，储备一批中国海洋文化故事素材，通过向商业文化产品的转化，培育自己的海洋文化 IP；建立海洋文化产品和知识产权交易平台，集聚具备中国海洋文化特色的优质文化产品，为海洋文化创意产业发展提供新的增长点。

（六）推进国际交流与合作

在"海上丝绸之路"沿线、特别是环中国海海洋文化圈各国，加强与文化机构和各级智库的深度交流合作；发掘其他国家和地区历史文化中的中国海洋文化元素，以当地民众最容易接受的方式，讲述中国好故事、传播中国好声音，显示中国文化在世界的软实力。

近年来福建"五区叠加"，"21 世纪海上丝绸之路核心区"建设意义独特。作为中国海洋文明最具代表性的区域，福建必须在文化上承担起建设中国特色的海洋文化理论，为重返世界舞台中心的中国提供好故事，为建设 21 世纪海上丝绸之路提供技术路线的重要任务。

2016 年 5 月，中国海洋文化基因库作为海丝核心区文化建设工程中重要的海丝文化载体平台建设项目，写入《福建省"十三五"文化改革发展专项规划》。中国海洋文化基因库的建设将使散落在福建乃至整个环中国海地区的中国海洋文明反哺于主流文化，成为建设海洋强国时期的思想文化资源。

论文来源：本文原刊于《中国海洋报》2017 年 6 月 21 日 A2 版。

项目资助：中国海洋发展研究会重点项目（CAMAZD201503）。

论 21 世纪"海上丝绸之路"的文化要义

曲金良[①]

一、"海上丝绸之路"的文化要义：概念与内涵界定

"海上丝绸之路"是一个外来的概念，指的是历史上通过海洋运送丝绸（以丝绸为主，还有陶瓷、茶叶等主要商品货物，下同）的航海线路；而从这一视角言之，历史上丝绸（包括陶瓷、茶叶等主要商品货物，下同）的产地是中国，因而这一概念的内涵，即中国丝绸经由海上运输销售和传播到世界各地的历史线路。

中国自古虽有"海上丝绸之路"之实，却无"海上丝绸之路"之称。"海上丝绸之路"这一名称和概念是 20 世纪 90 年代引入中国的。1988 年，联合国教科文组织发起"文化发展 10 年"活动，"'丝绸之路'综合科学考察"，成为其重点活动项目之一。1991 年，联合国教科文组织派出的"海上丝绸之路"考察队登陆中国泉州，认定中国是世界海洋文化的发祥地，泉州是古代海上丝绸之路的重要港口；1998 年，联合国教科文组织"海上丝绸之路"考察项目 10 周年，再次登陆泉州，在泉州举办"海上丝绸之路"国际学术研讨会，受到中国相关方面重视，中国相关学界的学者成为与会主体，"海上丝绸之路"这一概念即被中国学界和社会各界"拿来"，开始在中国使用、接受和传播开来。

"海上丝绸之路"是"丝绸之路"的"海上"部分，还有"陆上"的部分，即"陆上丝绸之路"。"陆上丝绸之路"的意涵，按照西方人对"丝绸之路"的命名理念，即中国丝绸经由内陆地区山区、沙漠和草原传播到世界各地的历史线路。"涉沧溟十万余里"，"云帆高涨，昼夜星驰，涉彼狂澜，若履通衢"[②] 的"海上丝绸之路"，与"陆上丝绸之路"共同构成"丝绸之路"。丝绸之路起始于古代中国，是连接亚洲、非洲、欧洲的交通大动脉，也是文化交流的大动脉，文明联通的大动脉，因而有"人类文明运河""世界史发展的中心""世界主要文化的母胎"之称。

而在此之前，中国学界使用的是"对外交通史"、"对外关系史"视野下的"古代航海史"、"海外交通史"研究中的"航海路线"、"海上航线"、"海外交通线路"等概念。而在中国古代，则在汉文化圈汉语语境下使用"海道"。其中，历代王朝从本土出发到海外藩属地区，多使用"入夷海道"；海外藩属地区入中央朝贡，则多使用海上"贡道"。

---

① 曲金良，男，中国海洋发展研究会理事，中国海洋大学教授、博导，研究方向为海洋文化。
② 明·郑和《天妃之神灵应记》碑文。明宣德六年（公元 1431 年）立。

海上贸易商人多有"海道针经"写本，珍为秘籍。对此海上线路及其内涵的历史文化研究，中国学术界已有近百年的深厚积累。[①]

"丝绸之路"这一名称、概念之所以被人们提出，并得到了普遍的认同，无疑是因为这一名称、概念的基本内涵是：在这条"走"了几千年历史、将中国与世界联系在一起的"路"上，穿梭往来的最早和最主要的"物品"（包括但不限于"商品"）是"丝绸"（如上，这里的"丝绸"不限于丝绸，下同）。"丝绸"是这条"路"的主要元素，或者说是基本元素。

近几十年来学界十分流行的一种风气是，几乎任何一种概念、任何一种说法，都要在西方找到它的"源头"，对于"丝绸之路"也是这样。目前人们比较"一致"地找到的"源头"是："丝绸之路"的概念，是100多年前一个德国人的"发明"，他的名字叫费迪南·冯·李希霍芬（Ferdinand von Richthofen）。李希霍芬在其1877年出版的5卷巨著《中国——亲身旅行和据此所作研究的成果》第一卷中，首次提出来的（德语：die Seidenstrasse），并在地图上进行了标注。他将公元前公元前22世纪以来中国经西域横穿欧亚大陆长世纪以来中国经西域横穿欧亚大陆长达7000多千米的古代商道称之为"丝绸之路"。这被认为是一大"发明"，截至目前，学者们还没有找到这一词儿的更早的来源。德国人李希霍芬之后，法国汉学家沙畹（Edouard Chavannes）在其专著《西突厥史料》指出"丝路有海、陆两道"。这是最早提出历史上也存在着"海上丝绸之路"这一概念的学者。继之而后，则是日本学者三杉隆敏，他于1967年出版了《探索海上丝绸之路》一书。这应该是第一个对"海上丝绸之路"作出专门研究的学者。

给这条路叫做"丝绸之路"（包括陆路和海路）以来，这条"走"了几千年历史的"路"上穿梭往来主要是"丝绸"的"物品"之路，商业之路，贸易之路，就被得到了强调、突出，甚至在人们看来，物质的"丝绸之路"是这条"路"的主要元素，尽管历史常识告诉人们，这远远不是主要元素的全部。

"海上丝绸之路"运送的物品，丝绸之外，还有陶瓷、茶叶、木材、香料等。由于最初、最基础、延续历史最长的是丝绸，因而"丝绸"，也就成了这条"路"上运送的"物品"（包括但不限于"商品"）的代指代称。也正是因此，这条"路"也就被称之为"丝绸之路"了。尽管也有人试图叫做"陶瓷之路"、"茶叶之路"、"香料之路"等等，但就得到的"公认度"而言，还是"丝绸之路"。

"海上丝绸之路"与"陆上丝绸之路"是中外之间的"丝绸之路"向海与向陆的一体两面。早在远古时期，陆上和海上"丝绸之路"都已滥觞；夏商周三代尤其是商周时代都得到了普遍的发育；至秦汉，开始都成为中央政府主导的、作为国家行为的有组织、有制度的开拓；"海上丝绸之路"自此以后，其规模上的庞大、其空间上的广泛、其内涵上的丰富，都远远超过"陆上丝绸之路"。整体来看，"海上丝绸之路"开拓秦汉，发展于汉唐，繁荣于宋元，鼎盛于明清，至晚清受到西方海上势力的侵略、蚕食、破坏，走向了其

---

① 参见龚缨晏主编：《中国"海上丝绸之路"百年研究回顾》，浙江大学出版社2011年版；龚缨晏主编，《20世纪中国海上丝绸之路研究集萃》，浙江大学出版社2011年版。

历史的终结。

"丝绸之路"之"路"不是一条路线，而且多条路线，并历史上密织成为了一个几乎遍布到世界大洋的庞大的网络。

这条"路"既包括陆上的"路"，也包括海上的"路"。无论是"陆路"还是"海路"，都是远距离跨区域、跨民族、跨文化的"通道"，即"文化线路"。

这条"路"的特点是：伴随着人们认知人类世界历史的长度即"时间"的延长和认知到的人类世界的宽度广度即"空间"的增加，这条"路"是不断延长、不断延伸的。人们已知的人类世界的边界、"尽头"在哪里，这条"路"就通向哪里，通到哪里。人们已知的人类世界"空间"的历史有多长，这条"路"的历史就有多长。

应该看到，"丝绸"尽管是这条"路"上的物质商品的代指代称，这条"路"尽管被称之为"丝绸之路"，并不意味着"丝绸"（以及其他商品）的"物质元素"之外，其他的与之相关的"精神元素"、"政治元素"、"制度元素"、"社会元素"等"文化元素"不重要，并不意味着这条路所包含的"文化元素"可以被忽视。而且事实上，这些"文化元素"是更为重要的，是"丝绸"商品等"物质元素"之上的"上位元素"；正是由于这些"文化元素"的"上位"性即决定性、规定性、广泛性、重要性，使得"丝绸"等商品从一开始就不单单具有"物质"性，而是充满了"文化"的内涵，亦即具有了"文化"性。"丝绸"等物质，就成为了"海上丝绸之路"作为"文化线路"的物质载体，或者说，"丝绸"等等，就是"海上丝绸之路"作为一种"文化"（已经有不少人称之为"海丝文化"）的"文化形式"。这就是为什么这条"路"具有这么的大的魅力、伟力、凝聚力、生命力的缘由所在。

正是因为中国自古以中原地区为中心的主体疆域幅员辽阔，物产富饶繁盛，一年四季，节气更迭，时令物产变换多样，琳琅满目，而各地人文与经济地理特点差异较大，却又"同在蓝天下"，即同在一"国"即同一个中央王朝之内，因而中国人自古就富有经商贸易的传统。夏商周三代之"商"，就是商业之商的本字本义。夏代已经开始出现改变"以物易物"的商品交换手段，出现了货币。"货币者，圣人所以权衡万物之轻重，而时为之制。"（魏源《军储篇三》）一个泱泱大国的朝代之号都因国人以商业著称而名之，当时之"商人"就是今日之"商人"的本字本义，这在世界历史上堪称"独一无二"。

正是从这一意义上说，中华民族自古就既是农业民族、海业民族、渔牧业民族，又是商业民族。任何一种只强调一面而有意无意遮蔽其他多面，都是荒谬的。

中国作为一个历史悠久的海陆兼具、幅员辽阔、物产富饶的大国，历史上历代王朝的疆域包括中央直辖疆域和分封附属疆域，无论如何沿革变迁，总体上都是呈现为主体大陆疆域三面环海、外围岛屿疆域环绕海洋的，这就为"海上丝绸之路"的开辟和开拓发展提供了"天然"的与世界各地航海通联的海陆地理空间和条件。在先秦至晚清的几千年历史上，"海上丝绸之路"一直是中国与亚欧非人民政治交往联结，经济贸易往来互动、文化与艺术、思想与观念以及生活习俗传播交流的重要通道。它不仅仅是丝绸、瓷器、茶叶等大宗中国商品的"海上贸易之路"，也是传播中国文化包括政治、经济、艺术、宗教和科技文化，形成世界文化交流之路，中外友好之路、文明之路。它沟通了东亚、南亚、地中海地区、东非地区政权之间、人民之间的友好往来，促进了东西方人类文明与文化的交流与融合，为世界文明的交流和发展作出了不可磨灭的贡献。

"海上丝绸之路"，一言以蔽之，就是古代连接中国与世界其他地区的海上通道。它由"东海航线"和"南海航线"两大干线组成。东海航线从中国通向朝鲜半岛及古代中国东北地区、日本列岛、琉球群岛，南海航线从中国通向东南亚及环印度洋地区，包括南亚、西南亚、欧洲南端和非洲东部沿海。这两大航线构成了一个四通八达的海上交通网络，并在变幻莫测的世界历史进程中不断延伸、拓展。①

目前，各国人们对这条"路"的认知主要在于其"丝绸"等物质商品的交通交往交流交换交易等"物质的元素"上。这显然是不够的，因为这样"见物不见人"，就遮蔽了"丝绸之路"的全部内涵的主要元素和主要意义。其主要意义就是，它在历史上建构了人类跨地区、跨民族的和谐万邦、天下一家的文化共同体。这才是今天的人们应该传承的所谓"丝路文化"（海路的是"海丝文化"）的最本质的东西。"丝绸"包括其他物质的载体，是"丝路文化"的媒介、形态的一个方面，没有精神的、政治的、制度的、社会的"和谐万邦、天下一家"的"丝路精神"即"丝路文化"的内核，任何"丝路"都不会有的。

二、东中国海"海上丝绸之路"的历史与文化内涵

海上丝绸之路东海航线滥觞于商周先秦时代，自秦汉时代，开始形成了由中央王朝主导开辟的政治、经济、社会、文化交流交往的对外海上线路。最初的海上航线，是从山东半岛通过庙岛群岛横跨渤海海峡，抵达辽东半岛、朝鲜半岛，然后再往东北航行，抵达中国大陆东北部的沿海和岛屿地区；再往南航行，即沿朝鲜半岛西海岸线近海逐岛南下，环绕朝鲜半岛南部沿海、岛屿地区，然后越过对马海峡到达日本列岛的北部。到了隋唐时期，在中日之间又陆续出现了横渡黄海及东海的多条海上航线。自明代初期，大陆与琉球群岛之间的航道开通，航海如织。通过这些海上航线，不仅中国的商品被源源不断地输往东北亚、东亚地区，更为重要的是中国历代王朝的统治——有些是郡县命官直辖统治，有些是封国封王间接统治——普及到了朝鲜半岛、日本列岛、琉球群岛这些地区，中国文化也被大规模地传播到这些地区，包括儒家思想、政治制度、律令制度、伦理道德、家族与家庭社会制度、汉字、文学艺术、饮食、服饰、建筑、历法节令、生活风俗等，构成了环中国海东亚地区的"汉文化圈"，或曰"儒家文化圈"。

早在新石器时代，东中国海沿海地区的先民已经能够打造并使用独木舟。到了夏朝，人们学会了用木板造船，交通工具的进步使得航海成为了可能。《诗经·商颂》有载："相土烈烈，海外有截。"说是相土在海外有治理的很好的地方。"海外"有人考证可能是朝鲜。如此推测，早在夏代可能就已经有了一条从山东半岛出发，循岸航行到达朝鲜半岛的海上航线。商代可能已经可以航行到更远的地方，大量的考古发现说明美洲文明跟商代

① 龚缨晏：《全球史视野下的海上丝绸之路》，《光明日报》2013-10-10。

有着很深的渊源，即有了"殷人东渡美洲"的说法。到了西周时期，对于海外远航开始有明文记载。东汉时王充的《论衡》中载：周时"越裳献白雉，倭人供鬯草"。据考证，"越裳"即今越南北部，"倭人"即日本人。由此可见，西周时期与海外的海上交通已经出现了。

春秋战国时期造船水平有了一定的提高，使航海业的形成有了有力的保障。在这一时期无论是享"渔盐之利"的齐国，还是"不能一日废舟之用"的吴国，又或者是"以舟为车以楫为马"的越国，都有着远超夏商周的航海实力，使得当时远洋航海的范围比前代扩大了许多。在春秋战国时期，山东半岛的燕、齐地区流行着"海上三神山"的传说，于是两国君主相继派人入海，寻找"三神山"，由此开辟出了以朝鲜半岛为中介的至日本列岛的两条远洋航线：一条是从朝鲜庆尚南道沿海地区出发，利用日本海左旋环流，到达日本本州的山阴、北陆等地的航线；另一条是从朝鲜半岛南部出发，经过对马岛直航日本北九州的航线。

秦汉时期，东中国海的航海事业开始发展。在该时期，秦始皇派徐福寻找海上"三神山"，寻求长生不老药。据考证，徐福带着中国先进的文化和生产技术，从山东琅琊出发，循岸而行至朝鲜南部，沿着战国时期开辟的经过对马岛、冲之岛直航日本的航线，到达了日本列岛，推动了日本列岛生产和文化的发展。两汉时期，中国与朝鲜、日本的联系日益密切。据《后汉书·光武帝纪》所载，建武中元二年（57年），"东夷倭奴国王遣使奉献"。这是中国史书上第一次对中日正式交往的记载。在这一时期，中日之间的海上交通，基本是沿袭之前的航路，循岸航行至朝鲜半岛，再从朝鲜半岛渡海到日本列岛。而日本列岛方面遣使来朝，应该也是取此线路，经过辽东半岛，横渡渤海最终到达内地。

三国、两晋、南北朝时期，东中国海的航海事业进一步发展，航海线路较前朝产生了变化。三国时期，魏、蜀、吴三国鼎立。魏国地处中原，占据着北方航海至朝鲜、日本的重要地带。因此据统计，从238年至247年的10年中，魏国与倭国共有6次使节来访，可见其往来之频繁。而魏国至日本的航线较秦汉时的对马航线有所改变。即从山东出发，循岸行至朝鲜南端的带方郡，经过对马岛与壹岐岛，抵达九州福冈松浦。吴国占有江、淮以南地区，利用其有利的地理条件，开展海上交往。考古发现，在日本出土了许多三国时吴国生产的铜镜，但鉴于魏、吴对立的局势，吴国无法沿前代形成的北方航线到达日本。由此证明三国时期江南地区与日本有着一定的海上往来，但尚未形成固定的航线。为了更方便地到达日本，孙权设计避开魏国，三次大规模派船开辟从长江口直航朝鲜，再转赴日本的航线，然而每次都受当时政治因素的干扰未能成功。两晋时期，中原战乱不断，无暇顾及海上，有些航海活动曾一度中断。西晋时期，由于中原战乱，高句丽与倭国处于敌对状态，中日之间的往来中断。随着各国间政治关系的转变，在东晋末年，中日又恢复了海上交往，依然沿三国时航线航行。南朝时，为了能在朝鲜半岛的争夺中占有更有利的地位，高句丽、百济、新罗都与南朝交好，由于南北对峙，其交流是通过航海实现的。此时由于南朝的都城都在建康（今江苏南京），因此出发点变为建康，然而要想到达朝鲜半岛仍需要经过山东半岛。南朝从建康出长江口，循岸北上至山东半岛。在此分两条线：一条是继续循岸航行，至朝鲜半岛西岸南下至高句丽的政治中心；另一条是到山东半岛成山头附近，横越黄海，至朝鲜半岛西海岸的江华湾沿岸，抵达百济。南朝时期日本也与南朝建立了密切关系，但是由于与朝鲜半岛各国之间错综复杂的政治关系，该时期的中日航线较之前又有了新的变化。《文献通考》上有注文："倭人……及六朝及宋，则多从南道，浮海入贡及通互市之类，而不自北方，则以辽东非中国土地故也。"这里所说的"南道"就是中日之间新的航线，即沿南朝至百济之航线航行至江华湾，沿岸南行，经过对马岛、壹岐岛，航行至博多（今福冈），再过穴门（今关门海峡）进入濑户内海，最终到达难波津（今大阪附近）。由于横渡黄海，这条航线的距离比之前中国通往日本的航线要短得多。正是通过这条航线，南朝与日本进行了密切的往来。

隋朝时期，曾4次用兵高丽，其中3次走了海路，主要是依靠传统的渤、黄海沿岸航线和横渡黄海两条航线。这一时期，中国与日本则是友好往来。隋文帝开皇二十六年（600年）至隋炀帝大业十年（614年），倭国先后5次遣使来隋贡物。其中大业四年（608年），日本使节小野妹子回国时，隋炀帝派裴世清等人同行回访。据《隋书·东夷传》记载，裴世清等人出使日本的航线为"渡百济，行至竹岛，南望聘罗国（济州岛），经都斯麻国（对马岛）迥在大海中，又东至一支国（壹岐岛），又至竹斯国（博多），又东至秦王国……又经十余国，达于海岸，自竹斯国以东，皆附于倭"。《日本书纪》中则记载隋朝使臣于大业四年（608年）四月到达日本筑紫（博多），于六月到达难波津（今大阪附近）。这与《隋书》的记载相互呼应。由此可见，隋朝时期通往日本的航线仍是南朝时期开辟的对日航线。

唐宋两代，是我国航海事业发展的繁荣时期，在这两个时期，东中国海上的各条航线也发生了一些变化，并且更加繁忙起来。

唐朝社会经济繁荣，造船技术显著提高，为海外交通的发展提供了良好的条件。同时唐朝政治、军事势力强大，文化繁荣，因此，朝鲜半岛各国、渤海国、日本列岛都愿与唐交好，往来十分频繁。据《渤海国志》所载，自唐神龙元年（705年）至开成四年（839年），仅渤海国单方面的遣唐使即达40次。虽然有过战争，唐朝与朝鲜半岛的交往仍较友好，特别是与新罗往来密切。《册府元龟》中统计，百济在唐显庆五年（660年）亡国之前，共遣使来唐18次；高丽在唐总章元年（668年）亡国之前，共遣使来唐16次；而唐与新罗的交往终唐一代为160次，其中新罗使至唐126次，唐使到新罗34次。在这一时期，日本大规模地向中国派出遣唐使团。据日本方面的资料统计，遣唐使从唐贞观四年（630年）开始，至唐乾宁元年（894年）停派为止，前后任命过遣唐使19次，其中包括迎入唐使1次，送唐客使3次。[①] 唐朝时，对日本的海上交通除了官方出使外，民间自发贸易也十分繁荣。该时期，中国与东北地区、朝鲜半岛、日本列岛之间的往来最常用的航线便是《新唐书·地理志》中引的贾耽所述的"登州海行入高丽、渤海道"。其线路为：

从山东登州出发，渡过渤海后循岸航行至鸭绿江口。从这里分成两条线路，其一沿鸭绿江溯流北上至吉林临江镇，陆行至渤海王城；其二过鸭绿江口循岸航行至唐恩浦口，再向东南方向陆行至新罗王城，沿着这条线路继续航行，过对马岛、壹岐岛，就可以到达日

---

① 孙光圻：《中国古代航海史》，海洋出版社，1989年，第280-281页。

本九州北部的筑紫大津浦（今博多），即北路北线。从中国到朝鲜半岛和日本列岛的第二条航线便是南朝时期开辟的从山东半岛成山头横渡黄海至朝鲜半岛，最终到日本的航线，此即北路南线。唐代中期又开辟了两条对日航线：一条是南路南线，由明州（今浙江宁波）、越州（今浙江绍兴）等长江口岸港口出发，横越东海，到日本奄美大岛，后循岛北航，至九州萨摩（今鹿儿岛西部海岸），北上到达筑紫大津浦（今博多）、难波，也称南岛路；另一条是随后开辟的南路北线，由楚州（今江苏淮安）、明州（今浙江宁波）、扬州等长江口岸港口出发，横越东海，直抵日本的值嘉岛（今平户岛与五岛列岛），然后驶向筑紫大津浦（今博多）、难波。

两宋时期，经济贸易繁荣，造船和航海技术高度发展，尤其指南针的出现为远洋横渡提供了必要保障，同时，北宋陆续于广州、杭州、明州（今浙江宁波）、泉州、密州设立市舶司。因此在这一时期，中国与朝鲜半岛及日本列岛之间的海上交往也有了显著的进步。两宋时期，中国与高丽的官方及民间的海上往来均很活跃。据统计，有宋一代，高丽遣宋使者有 57 次，宋使往高丽者 30 次。[1] 在这一时期，先后形成了两条新的南北航线。北路航线，是由山东登州（今山东蓬莱）出发，横渡黄海至朝鲜半岛西南的瓮津；这条航线还有另一支线，即从密州板桥镇（今山东胶州）出发，出胶州湾，横渡黄海至朝鲜半岛西南的瓮津。在熙宁（1068 年始）之前，宋与高丽多通过这条航线进行海上往来。随着辽国军事威胁的加剧，北路航线危险度太高，基本停止使用，因此又开辟了南路航线，是由明州出发，横渡东海，直航至高丽的开碇港。此时明州成为了中国通往朝鲜、日本的主要起航港口。在对日方面，北宋时期只有北宋一方对日航海贸易活动，日本一方则采取闭关政策，到了南宋时，中日之间的往来重新密切起来。北宋时期的对日航线基本遵循唐代的南路北线，由江浙一带出发，横越东海，直抵日本的值嘉岛（今平户岛与五岛列岛），然后驶向筑紫大津浦（今博多）、难波。到了北宋末期，不少宋船已经越过博多，深入日本海，直抵敦贺地区。南宋时期仍循南路北线，但是官定的对日通航港口仅限明州，日本也集中在博多。

元朝时期，忽必烈曾两次从海上东征日本，然而均以失败告终。然而，两国的民间航海贸易依然密切地进行。但是在此期间，中日航线上几乎都是日本商船[2]，因为日本长期对元朝持有戒心，严禁中国海船进入日本沿岸，但不禁止日本商船到中国贸易。这一时期，中日之间往来仍以庆元（明州）与博多为主要港口，沿袭宋代开辟的横渡东海的南路航线。

明朝时期将海外属国地区政权的入朝朝贡与入朝贸易实行并轨管理，只允许朝贡贸易。于是在明朝之初，承袭前朝之制，在广州、宁波和泉州（后移至福州）设立市舶司，以为朝贡贸易所用。因为当时国都在南京，所以当时高丽使节来华，多选用横渡黄海，再循岸航行至长江口的太仓港的航线。然而由于发生了多起使节海难事件，明太祖洪武七年（1374 年）允许其走经辽东，渡渤海至登州的路线，此后终明一代，此路线成为了中朝交

---

① 孙光圻：《中国古代航海史》，海洋出版社，1989 年，第 358 页。

② 木宫泰彦著，胡锡年译：《日中文化交流史》，商务印书馆，1980 年，第 389 页。

通的重要路线。明朝中后期，中国与琉球国关系加强，海上交往也日渐密切。根据出使琉球国的使臣所撰的多篇《奉使琉球录》记载，明朝时出使琉球，大约从福建长乐出发，出闽江口，至台湾西海岸，循岸行至台湾北端，经钓鱼岛、赤尾屿等岛屿至琉球的那霸港。嘉靖年间，中国沿海地区倭患严重，于是北方的主要出海港口变成了军港，驻守重兵，抵御入侵的日本海盗集团。同时明政府派使者去日本，以谋求解决倭患之策。其多从福建出发，过台湾海峡，循岸航行至台湾岛北端，经过钓鱼岛、赤尾屿等岛屿，沿冲绳诸岛行至日本；也有的沿袭前代南路航线，从宁波横渡东海直航日本。

明清时期，日本德川幕府采取的也是"闭关政策"，对中国贸易多方限制，中国海船只能到长崎一港。然而仍然有源源不断的中国商船到达日本，《江户时代的日中秘闻》中统计的赴日船数，1685 年为 85 艘，1686 年为 102 艘，1687 年增至 115 艘，1688 年高达193 艘，同年随船赴日的中国人竟多达 9 128 人次。[1] 于是日本政府颁布多项政策，限制中国商船的到来。同时，清政府也对赴日办铜的商船严加控制。采取一些限制措施，是为了保障国家政治经济和社会安全，只要是守法航海经商，海上往来贸易正常发展。当时航日的中国船只多由南京、宁波、漳州等口岸出发，经舟山群岛，横渡东海，直驶长崎。

清代是我国航海事业由盛转衰的时期。清初顺治年间，为防止郑成功的抗清活动，隔离东南沿海的反清武装，朝廷实行禁海甚至迁海政策，颁布"迁海令"，直至康熙二十三年（1684 年）收归台湾后停止海禁，全面开放，重开海外贸易，并指定在广州、漳州、宁波、云台山（在今南京）设立海关，允许外国商船前来贸易，中外贸易海上贸易又逐渐发展起来。乾隆时，为制止和防止贪得无厌的西方势力侵入内地，刺探国情，与民争利，朝廷为的是国泰民安，规定外国商船只能在广州一地通商，而且须遵守种种限制。是为"一口通商"。对此，国内外相互勾结只图盈利的商人们自然反对，但对国家的长治久安，则是完全必要的代价。事实上，从康熙二十三年（1684 年）至鸦片战争（1840 年）以前，清政府对航海贸易的所谓"限制"，仅仅不过是国家税收、国家安全的正常的管理政策而已。对一个泱泱大国的必要的政府管理加以诟病、污名、妖魔化，事实上是西方商人们及其后代们的立场和利益的产物。

三、南中国海"海上丝绸之路"的历史与文化内涵

海上丝绸之路南海航线也是滥觞于先秦百越、吴越，在秦汉时代由中央王朝主导开辟形成的国家对外海上线路。秦朝将先秦时代的分封方国改制为中央政府直辖地区，南海郡县的设置和政府管理，为环南海之间进而连通印度洋沿岸的海上交通发展奠定了基础。秦亡汉兴，南方地方政权自立，因而在面向海洋上都不遗余力。珠江三角洲地区所发现的南越国（公元前 203 年—公元前 111 年）时期的非洲象牙等舶来品就是明证。公元前 111年，汉武帝派大军灭亡了南越国，直接控制了南海航线的门户。雄才大略的汉武帝凭借强盛的国力，大力拓展海外交通，开辟了第一条国家经营的从中国南方沿海直接通往印度洋

① 引见孙光圻：《中国古代航海史》，海洋出版社，1989 年，第 801 页。

地区的远洋航线，包括中经印度半岛的东海岸和印度洋上的斯里兰卡。《汉书·地理志》明确记载了这条航线。这是世界历史上第一条跨越印度洋的海上航线，也是当时地球上最长的航线。

当此汉朝在欧亚大陆的东端兴起之时，在欧亚大陆的西端，罗马帝国开始走上扩张崛起的舞台。罗马人于公元前 30 年灭亡了埃及托勒密王朝后，通过红海进入印度洋。汉代中国人由东向西拓展，罗马帝国的臣民自西而东航行，在印度洋上和印度半岛对接，"握手"，中转，其中斯里兰卡就是一大中转基地，从而使海上丝绸之路间接甚至直接延伸到波斯湾、红海、地中海。海上丝绸之路南海–印度洋航线与穿越中亚内陆的陆上丝绸之路，构成了连接世界东西方的两大交通动脉。但罗马人在印度洋上的航行持续了很短的时间。公元 3 世纪，罗马帝国陷入危机之中，罗马人开始退出印度洋；476 年，西罗马帝国在蛮族的猛烈冲击下灭亡，欧洲文明倒退到"黑暗的"中世纪。而在东方，东汉王朝于 220 年灭亡后，虽然中国也进入了政治分裂与战乱时期，但海上丝绸之路不但并没有中断，反而持续兴盛。这个中原因和规律，至今尚乏有力的说明。

公元 7 世纪，东西方出现了两大帝国：一是唐朝；二是阿拉伯帝国。中国人称后者为"大食"，是唐朝帝国的朝贡国，自唐高宗永徽二年（公元 651 年）始遣使朝贡，历任大食王多朝贡于唐朝皇帝。据记载，从公元 651—798 年的 148 年中，就有 39 批大食的朝贡使节入朝。代宗时其王被封为元帅，用其国兵以收两都。[①] 由于唐朝、宋朝与大食政权的这种"一体"关系，海上丝绸之路得到了全面发展。从广州出发的海上航线经过东南亚、南亚、阿拉伯半岛，最后抵达非洲东海岸。唐代地理学家贾耽（730—805 年）对这条航线做了比较完整的记载。一些阿拉伯学者对此也有记述，其中比较重要的是 9 世纪后期的《中国印度见闻录》。根据阿拉伯文献记载，唐朝的中国船只已经到达了阿拉伯半岛沿海。

宋朝延续了唐朝与大食的封贡宗藩关系，"唐永徽以后，屡来朝贡"[②]。由于唐朝灭亡后契丹、女真等民族在辽阔的中亚内陆地区纷纷登上历史舞台，各色各样的政权像走马灯似地频繁更替，延绵不断的战乱与纷争关系阻断了陆上丝绸之路。这样，海上丝绸之路的重要性就日益突出，成为了连接东西方的主要通道。宋朝建立后，为了增加财税收入，采取了比较开放的政策，鼓励发展海外贸易。只剩下半壁江山的南宋，更是重视海外贸易，从而保证了海上丝绸之路的持续兴旺。宋朝的伊斯兰阿拉伯人海路来华者更多，沿海各地尤其是东南沿海港口地区蕃坊林立，蕃商遍地，朝廷延续并完善唐朝的市舶管理制度，由市舶使官设置为市舶司署，专门管理海外朝贡与航海贸易事务。与此同时，北方的辽朝与大食也同样建立和保持发展着宗藩封属的政治与贸易关系。

13 世纪初，蒙古族快速崛起，并在半个多世纪中征服了从太平洋西岸到黑海沿岸的辽阔土地。1271 年忽必烈建立元朝，其他地区的蒙古族汗国都奉元朝为宗主。由于元朝与其他蒙古汗国地区之间的这种宗藩一体关系，所以，东西方之间的陆上交通空前发达，海上往来畅通无阻。这样，元朝时期的海上丝绸之路比唐宋时期更加畅通无阻，发达繁荣。

---

① 《旧唐书 大食传》。

② 《宋史·大食传》。

中国人的船只频繁出入印度洋，直达印度洋西部沿海，即非洲东海岸。当时中国造船技术及航海技术在世界上均处于领先水平。

海上丝绸之路不仅直接影响了它所经过的地区，而且还影响到更远的区域。例如，海上丝绸之路南海航线到达印度洋西部沿海后，通过埃及等地而将其影响力辐射到了地中海地区。人们通过海上丝绸之路所进行的活动内容也非常广博，包括远洋船只的打造，海上航线的拓展，航海技术的演进，外贸港口的兴建，远洋货物的贩运，对外贸易的管理，外来侨民的流动，官方使节的往来，音乐艺术的传播，异域物种的扩散，等等。特别值得关注的是，历史悠久的海上丝绸之路也因而成为了佛教、伊斯兰教、基督教、印度教、摩尼教等宗教文化传播海上、进入中国的重要媒介。

1368 年朱元璋建立明朝，基于当时的天下形势，一方面广泛招徕海外地区向新王朝朝贡，十几个海外政权很快纳入新的"天下"宗藩制度体系；一方面加强对海外贸易实行政府设官管理政策，将中央王朝与海外藩属政权之间的政治关系与海上往来贸易的经济关系紧密结合，只有朝贡地区才能有资格航海来华，一方面朝贡，一方面贸易。与此同时，朝廷对危害国家安全和海防安全、走私偷渡的行为厉行禁止，时称"海禁"。1402 年，明成祖朱棣登基，立即着手筹备大规模的国家"下西洋"行动，于是有了派遣郑和以总兵官身份率领国家船队浩浩荡荡七下西洋（1405—1433 年）的国家大航海行为。郑和下西洋先后持续了近 30 年，其"西洋"即今印度洋，海面上大帆船穿梭往来，遮天蔽日，东起中国海京畿港口刘家港，南达东南亚群岛，西抵非洲东岸、亚丁湾。这是中国航海史上的壮举，也是世界航海史上前无古人后无来者的盛事。"郑和下西洋"带来了 30 多个海外地区同时成为明朝入贡藩属地区的"万国来朝"时代，环中国海包括东中国海、南中国海、印度洋上东西方政治、经济、文化大交流大发展的时代。这是中外海上丝绸之路的鼎盛时代。

"郑和下西洋"百年之后，自 15 世纪末 16 世纪初，随着西欧资本主义的孕育成长，一种扩张性的社会体制在西欧出现。这种扩张体制有两大特点。一是全社会参与：上起君王贵族，下至贩夫走卒，全社会都狂热地投身于海外扩张之中。二是全方位展开：海外扩张不仅是建立殖民地，而且还包括商业竞争、军事占领、文化渗透、宗教传播等。到了 16世纪初，葡萄牙人开辟了从大西洋越过非洲自西而东进入亚洲的新航线，西班牙人开辟了从大西洋绕过南美洲自东而西进入亚洲的新航线。葡萄牙人与西班牙人所"开辟"的"新"航线，一方面形成了环绕大西洋的欧—非—美之间的罪恶的"三角贸易"包括"奴隶贸易"（因而也被称之为"黑三角贸易"），一方面形成了美—亚—欧之间的罪恶的"三角贸易"即美洲的白银—亚洲的丝绸、陶瓷、茶叶、香料—养肥欧洲，最终都"落脚"在了早已存在于亚洲海域（包括东亚、东南亚、中亚西亚海域）的"海上丝绸之路"上。

自此，数千年来一直是中外友好交往的和平之路的海上丝绸之路上，开始出现了野蛮西方人的刀光剑影，不断酿成海上丝绸之路上的血雨腥风，逐渐改变了传统海上丝绸之路的文化内容和性质。欧洲人的"大航海"、对"海外世界"的"大发现"，是作为野蛮人（他们自己也相互称争斗的对方为"蛮族"）用冒险、谎言、炮火和刀枪"开辟"出来的，伴随着欧洲人东来帆影的，是对所到之处的劫掠、杀戮、征服、殖民。在这一过程中，先是葡萄牙、西班牙"两颗牙齿"的撕咬，1580 年西班牙一举将葡萄牙吞并；紧接着，1588 年，西班牙的"无敌舰队"被小小的岛国英伦一举打败，从此西班牙的"无敌"化为泡影；17 世纪初，荷兰人一跃而起，成为"海上马车夫"，开始海上横行，但未超过半个世纪，至 17 世纪中期，1652 年至 1674 年连续爆发的三次英荷战争，最终荷兰在海上败于英国；1672 年至 1678 年连续厮杀 7 年的法荷战争，荷兰在陆上败于法国。相互厮杀一片的欧洲内部逐渐形成了以英国为盟主和以法国为盟主的两大主要势力集团，于 18 世纪中叶的 1756—1763 年间又在欧洲本土、美洲、印度等殖民地爆发了大规模的厮杀交战的"七年战争"（史称 Seven Years' War），最终英国杀败了法国，这个岛国于是开始走上了"日不落"殖民帝国的野蛮血腥的"光荣"的风雨历程。而法国"死而不僵"，拿破仑崛起，1795 年占领了荷兰，其海外殖民地也被吞并，昔日的"海上马车夫帝国"化为泡影。——西方人就是这样走马灯一般一个个"你方唱罢我登场"，上演着一出出短命的野蛮血腥的海上殖民"帝国"的历史闹剧的。对此，马克思主义经典作家都进行了一针见血的定性和无情的彻底的揭露与批判。

应该实事求是地历史地指出，自 16 世纪欧洲人开始东来亚洲，直至 19 世纪中叶之前，在强大的大明、大清"天朝"面前，无论是葡萄牙人、西班牙人、荷兰人、后来的英国人，都无力与之抗衡。只要明、清王朝的海防不松、"海禁"不弛，他们就不可能有什么力量撼动中国。他们要与明、清王朝的商民做生意，就必须与明、清王朝政府打交道，因此还往往不得不借助于其在东南亚侵略占领的殖民地盘，恭恭顺顺地以朝贡国、属国属民的身份"上达天听"。但他们绝不是什么顺民、良人，他们是为了一船船拉走中国的丝绸、陶瓷、茶叶等对于他们来说样样都是价值连城的宝货来的，进而要在中国占一块地方，以便经营便利，成本更为低廉，盈利更为丰厚。为此他们表面上还比较"恭顺"，不时屈身作为"名义上的"附属朝贡国入贡明、清王朝，一直大体维持到 18 世纪中叶。这样，原来由中国主导的海上丝绸之路，在转变为"环球航线"后的大约 300 年间，尽管已经充满了西方侵略势力对明、清中国的觊觎、侵渔和腐蚀，仍然是由中国主导、管理、控制的。但是，一方面是清朝政府的政治被外部商人财团和内部贪腐势力日益腐蚀、瓦解没落，一方面以英国为首的西方势力蓄谋已久"用枪炮说话"，一直积蓄力量挑起战争，终于借中国政府焚烧其鸦片之际，1840 年爆发了对中国实施武装侵略的"鸦片战争"。

至此，"海上丝绸之路"走上了历史的终结。

鸦片战争特别是第二次鸦片战争后，中国逐渐沦为半殖民地国家，一支又一支西方列强的舰队沿着海上航线东来，对中国发动了多次侵略战争。从 1894 年起，日本军舰也加入到了瓜分中国的不义之战中。这样，环球海上航线的性质自鸦片战争起发生了根本性的变化，成为西方列强远侵中国的炮舰之路。从而将海上丝绸之路从中国历代王朝主导，政治经济文化友好交流交往的连结东西方的海上航线，转型成为了由西欧主导的全球性殖民交通网络。此外，从航海技术上来讲，鸦片战争之前，穿梭于海上丝绸之路上的船舶虽然式样各异，种类繁多，但都是木帆船。1840 年之后，则逐渐进入了蒸汽轮船时代。所以，我们说，鸦片战争标志着海上丝绸之路的结束。①

四、21世纪"海上丝绸之路"是传统"海上丝绸之路"文化的"现代升级版"

系统梳理研究中外历史上的"海上丝绸之路"，无疑是意义重大的。从全球人类交往网络形成的角度重新界定中国与世界的关系。西班牙历史学家埃利萨尔德阐述中国史研究对于全球史研究的价值认为："要真正地了解所有相关的问题，必须要了解其周围的世界情况和历史。而中国在亚太地区是尤为重要的一段历史，任何亚洲的历史学家或者是全球历史当中的历史学家都不能够脱离对于中国的理解。实际上，对于我们来说在全球的历史变革当中不考虑中国是不可能的。"法国历史学家格鲁金斯基（Serge Gruzinski）也指出了他的全球史研究与中国史研究的关系："如果不了解中国这个伟大国家的过去，并且认识到我们通常对她知之甚少，那么我们就无法书写历史，哪怕是美洲的历史都下笔维艰。"在2015年8月在山东济南召开的第22届国际历史科学大会上，古代的丝绸之路成为历史学家关注的一个焦点。意大利帕多瓦大学奇里阿科诺（Salvatore Ciriacono）认为，历史上中国的丝绸不仅是东西方交流往来的范例，而且16世纪以后一度在世界经济中占据了中心地位，一直到18世纪晚期中国生丝和丝织品的出口才逐渐受到了欧洲殖民扩张和工业革命的影响，出现下降的趋势。这些研究可以使我们更全面地认识历史的中国在全球化过程中所扮演的角色。国际历史学会主席希耶塔拉（Marjatta Hietala）在大会开幕式致辞中特别提到了中国建设"一带一路"的战略构想，指出这两条丝绸之路既是东西方之间交流与合作的标志，同时也是世界各国共享的一个历史和文化遗产。②

当前，"海上丝绸之路"遗产整体保护工作逐渐引起重视，沿线政府和民众的文化遗产保护意识在不断增强，对相关遗产保护与利用的投入也逐渐加大。但是仍然存在一些问题。

第一，"海上丝绸之路"遗产大多集中在沿海地区，海浪、海风、日晒、雨淋等自然因素都会对暴露在外的遗迹造成破坏。这些遗迹本就已经年代久远，长时间的风吹日晒雨淋，使得这些遗迹风化、侵蚀严重，另外海平面的升高也对有些遗迹造成了毁灭性的破坏，其修复难度很大，缺乏先进专业的保护技术。

第二，由于大部分"海上丝绸之路"遗址中存在珍贵的历史文物，导致了国内外不法分子肆意偷盗、抢挖和贩卖"海上丝绸之路"遗产，对相关文物进行非法侵占和买卖，造成了相关文物的大量流失。同时，在其肆意的偷盗和挖掘过程中，遗产本体也遭到了严重破坏。

第三，不合理的利用和一些基础设施的大规模建设，使"海上丝绸之路"遗产遭到破坏。如今部分"海上丝绸之路"遗产建筑被改变用途而仍在使用，频繁的人类活动，尤其

---

① 龚缨晏：《全球史视野下的海上丝绸之路》，《光明日报》2013-10-10。
② 引见郑群：《全球视野下中国历史的重构》，《世界历史》2016年第1期。

是对这类建筑遗产的胡乱"重修"甚至"改造"，会加重这些历史建筑的折损速度，甚至被无情"变脸"，面目全非。沿海、岛屿各地在政府基础工程、城市化建设施工过程中，有些由于缺乏保护文化遗产的知识及意识，造成了一些重要遗迹的破坏或拆除。如今泉州市舶司遗址所在的泉州古城区，由于居住的多是低收入者，居住密度大，乱搭乱建情况严重，有些由于产权问题迟迟得不到应有的保护和利用，年久失修，破败不堪，甚至成为危房。并且之前的旧城改造导致了许多传统院落、建筑遭到了"建设性破坏"，丧失了其原有风貌。

第四，由于城市化进程的加快，为了城市发展，在部分遗迹周边进行了大量的现代化建设，在景区设立一些不协调的旅游管理设施，虽然没有对遗迹本体造成太大的影响，但是破坏了这些文化遗产所依存的文化环境。如青岛天后宫，原本是青岛渔民为求天后保佑而参加祭祀活动的场所，在建筑基础上产生发展了天后宫庙会。然而随着青岛城市化建设的进行，青岛市区内已无人再打鱼，也无人在出海远航前到天后宫祭拜，现代化建设也在天后宫周围也逐渐展开。即便现在青岛市政府将天后宫开辟为民俗博物馆，天后宫庙会也作为非物质文化遗产保存下来，但是其周围原本的海洋文化环境已完全发生改变，将整个天后宫与传统的"海上丝绸之路"割裂开来。

第五，"海上丝绸之路"遗产缺少国家层面行之有效的协调机制。目前，我国"海上丝绸之路"遗产保护主要集中在几个"海上丝绸之路"申遗城市，其对于各自的遗产进行独立管理，虽然都建立了相关的保护机构和法规，但是整体上管理体制分散，遗产保护的各部门管理机构重叠交叉。虽然如今9大城市进行联合申遗，但是在遗产的综合整治、合理利用等方面仍然缺乏全面的统筹机制。

"水下文化遗产"，是"海上丝绸之路遗产"的一项重要内容。南中国海域中的西沙群岛、东沙群岛、南沙群岛和中沙群岛是往来船只的必经之地，这里暗礁众多，风大浪急，航船稍有不慎便会触礁沉没，因而南中国海域中遗存着大量的沉船。

由于船舶的装载量大，沉船一旦打捞，船舶中所承载的文物数量通常十分可观，在文物市场上甚至有着"一艘船十个墓"的说法。虽然由于经历了成百上千年海流的冲击，沉船的位置可能会发生改变，但是从南中国海域发现的古沉船来看，一些沉船发现的地点和古代航线还是基本一致的，例如西沙的沉船文物，就是六朝时期中国帆船走横渡南海离岸航线的最有利证据。1974—1975年，广东、海南的考古工作者在西沙北礁东北角的礁盘上发现了1278件历代沉船陶瓷，其中3件青瓷器为六朝时期产品，即1件深弧腹饼形足的青瓷杯（小碗）和2件敛口鼓腹六系青瓷罐。调查者认为与六朝广东的窑址和墓葬所出同类器型类似。[①] 实际上，类似的陶瓷器在六朝时期江南地区都常见，西沙六朝瓷器的发现说明了中国东南沿海船家横渡南海、历经西沙岛礁的航海事件。此外，已经由我国打捞出水的"南海1号"、"华光礁1号"、"南澳1号"、"碗礁1号"等的几经考古发掘，以及越南1997年在占婆岛附近打捞的"占婆号"等，这都足以证明了沉船与航海线路的关系。

---

① 广东省博物馆等：《广东省西沙群岛北礁发现的古代陶瓷器》，载《文物资料丛刊》第六辑。

2007 年和 2009 年"南海 1 号"以及"南澳 1 号"两艘沉船先后被打捞出水，首创了古沉船整体打捞的手段并取得了良好的效果。伴随着这两艘沉船的出水，沉船中的大量文物也得以重见天日，为我国海上丝绸的研究提供了丰富标本。为了对于水下文物进行打捞和保护，我国首艘水下考古船"中国考古 01"号工作船也已经正式下水，并于 2014 年 9 月 4 日在青岛港完成首航，计划在正式交付后使用之后或将开赴南海海域进行第一次水下考古任务，选派的船长在海洋调查科研方面有着丰富的经验，同时也有着在我国南海海域丰富的航海经验。[①] 据悉"中国考古 01"号船的性能达到了世界考古专用船的先进水平，"中国考古 01"号船的投入使用也体现了我国保护水下海洋文化遗产的决心。

但是，目前我国对于南海沉船遗产的打捞和保护工作整体形势十分严峻，面临着总体规划空白、考古设备简陋、专业人才匮乏、常态监管不足、私人盗捞、文物黑市交易猖獗等问题。[②] 其中最大的问题就是海底文物的非法打捞日益猖獗。如今的盗捞者们往往装备精良、组织严密而且唯利是图，导致我国大量海底文物的流失。目前的海底文物遗产保护实际上处于被动的局势，很多情况下都是在获得了线索以后进行的抢救性打捞及发掘。可是，由于文物保护部门的执法力量有限，像"南海 1 号"和"南澳 1 号"这样可以被保护和打捞的沉船毕竟属于少数，而绝大多数的南海沉船遗址仍然面临着被盗捞破坏的危险。此外，中国还是南海周边为数不多的采取完全禁止商业打捞的国家之一，而由于南海周边国家采取的是开放打捞政策，最后造成的结果就是南海周边国家进行商业打捞的沉船遗址数目逐渐减少，而那些商业打捞者的目标必将逐步向没有经过商业打捞的区域集中，这也就给我国的海底文化遗产保护带来了额外的压力。[③] 所以总体而言，南中国海水下"海上丝绸之路遗产"的保护现状不容乐观。[④]

如何解决？加强与环中国海周边国家合作，共同参与遗产保护，是唯一可行的战略和对策选择。

与环中国海周边国家加强国际合作，共同进行协商和保护，也是由环中国海"海上文化线路"遗产本身的特点所要求的。在环中国海上一条条"文化线路"的串联之下，古代中国与东南亚地区一直都保持着密切的"文化共同体"关系，正如法国学者丹尼斯·隆巴尔（Denys Lombard）曾说过的那样："中国华南地区和环南中国海地区，由于世代的贸易网络和文化交流而密不可分，构成一个可以和布罗代尔讨论的地中海一样的整体。"[⑤] 环中国海"海上文化线路"是将中国与环中国海沿岸地区连接到一起的和平之路、合作之路、友好之路、大家庭之路，所以它的遗产空间分布遍及中国和东南亚地区。对环中国海"海上文化线路"遗产进行保护，应该具有国际化视野，付诸于国际合作共同保护的行动。

① 刘修兵、孟欣：《水下文虎遗产保护开启新阶段——我国首艘水下考古船下水》，《中国文化报》，2014 年 2 月 11 日；王婷：《"中国考古 01"号青岛母港首航》，《青岛日报》，2014 年 9 月 5 日。

② 杜颖、于丽丽：《南海考古 5 难——申遗路漫漫》，《海南日报》，2014 年 6 月 13 日。

③ 李锦辉．南海周边主要国家海底文化遗产保护政策分析及启示，太平洋学报，2011，6。

④ 曲金良、崔梦梦：《东中国海"海上文化线路"遗产及其保护的现状、问题、对策与前景分析》，曲金良主编《中国海洋文化发展报告 2014》，社会科学文献出版社 2015 年版。

⑤ Nola Cooke and Li Tana, ed. Water Frontier：Commerce and the Chinese in the Lower Mekong Region, 1750 - 1880. Lanham：Rowman &Littlefield Publishers，INC, 2004, p.2.

现在环中国海海域周边国家对文化遗产保护缺乏沟通协调，各个国家对于同一类的文化遗产的保护采取的政策不尽相同，这就会给他国文物保护工作带来困扰。以海底文化遗产保护政策为例，印度尼西亚、马来西亚政府允许开放打捞，菲律宾、越南政府都在一定程度上允许商业打捞，而中国和泰国则是采取完全禁止一切商业形式的打捞。[①]这样造成的结果，就是开放打捞和允许商业打捞的国家，当其周边海域的海底文物被打捞殆尽以后，其商业打捞者的目光必然会投向未经大面积打捞过的远海海域甚至是他国海域，相比之下泰国周边海域较浅，海下文化遗产存量也远不及中国南海，所以这就给我国环中国海域内文化遗产的保护带来更大的压力。

当前的《联合国海洋公约》中对于海洋文化遗产权益及其保护语焉不详，没有专门涉及；《联合国水下文化遗产保护公约》专则专矣，但重在规定各签约国如何做好"本分"实施具体保护而避谈权利与争端。《联合国海洋公约》"200 海里专属经济区"的现行"法律"造成了环中国海沿岸国之间主权要求的重叠，因此为了能将岛屿、水域划清"国界"，各国争执不断，争端岛屿、水域中的海洋文化遗产包括"海上线路"文化遗产，也被裹挟在争端之中。如果对环中国海"海上文化线路遗产"只是一味争夺，显然也违背了我们共同的先民开辟和利用海上文化线路追求友好互通共荣的初衷。所以环中国海周边国家加强区域间加强协调合作，制定出统一的海洋文化遗产保护政策，对于有争议的文化遗产，可以做到搁置争议共同拥有、共同开发、共同保护，会是一种和平共赢的两全之策。[②]

时间来到 21 世纪，这条承载着东西方文明、展示着中华灿烂文化的"海上丝绸之路"的当代价值受到了中国政府、社会各界以及世界各国的高度重视。

2013 年 9 月，中国国家主席习近平在访问哈萨克斯坦时，在纳扎尔巴耶夫大学发表《弘扬人民友谊，共创美好未来》的演讲，演讲提出以更宽的胸襟、更广的视野拓展区域合作，倡议通过加强"政策沟通、道路联通、贸易畅通、货币流通、民心相通"，共同建设"丝绸之路经济带"。10 月，习近平在访问印度尼西亚时，在印度尼西亚国会发表《携手建设中国—东盟命运共同体》的演讲，倡议发展好海洋合作伙伴关系，共同建设 21 世纪"海上丝绸之路"。"丝绸之路经济带"和"21 世纪'海上丝绸之路'"这两大倡议被合称为"一带一路"，得到国际社会的高度关注，沿线国家积极响应。2014 年，我国政府和地方、社会各界对 21 世纪"海上丝绸之路"建设和"海上丝绸之路"遗产保护与传承工作高度重视，已经成为不断强调，积极研讨，制定规划，投入行动的一大国家战略。

不过，在今天的全球经济竞争发展的世界潮流中，人们所关注的，人们的热情所在，动力所在，更多的是经济眼光、经济考量、经济利益驱动的"谋利"行为。尽管基于历史上"丝绸之路"的文化内涵，也提出"合作共赢"的理念，但主要是对"丝绸之路"历史基础、文化内涵的"经济利用"。事实上，要在全世界范围内打造这样一种基于"利益驱动"的"世界工程"，如果这个"合作共赢"的"赢"是经济利益上的"赢"，而没有继承和继续历史上之所以使得"丝绸之路"能够绵延发展数以千年计的"丝路精神"、

① 李锦辉：《南海周边主要国家海底文化遗产保护政策分析及启示》，《太平洋学报》，2011 年第 6 期。
② 曲金良、张凯一：《南中国海"海上文化线路"遗产及其保护的现状、问题、对策与前景分析》，曲金良主编《中国海洋文化发展报告 2014》，社会科学文献出版社 2015 年版。

"丝路政治"、"丝路制度"、"丝路社会"等"丝路文化"的内涵,是不可能长久的。无论怎么样投资、扩张,大兴大建,到头来都难以避免其不断导致纷争、困境、搁浅,难以为继,成为一个个"烂尾楼工程"。

今则陆上向西,中东正局势不稳,冲突不断;海上正风云翻卷,环中国海多个国家对这片中国海都在声锁主权、管辖权(就连"域外"美、日也大言"权利"),甚至不惜为海中的几块石头、几处暗礁而撕破脸皮,举国斗狠,几欲大打出手,为此而不惜大搞军事演习、军事闯入,"夺岛"、"抢滩"、"登陆"不断,"自由巡航"实则横冲直闯不断,以至于海上四处战云密布,危机四伏。中国海的外缘有的是岛屿、海湾、大洋,太平洋、印度洋更是浩渺无边,环中国海之外的"局外人"为何偏偏要"入局",到中国海搅局?环中国海外缘的国家、地区为什么不"民主"、"开放"地眼光向"外"——向外海外洋,却偏偏要"专制"、"保守"地眼光向"内"——与中国争夺这片内海内洋?现代中国必须好好汲取晚清时代权奸卖国、洋务贪钱导致"环中国海文化共同体"解体、崩溃的教训,同时好好借鉴晚清之前长达数千年历史上中国历代王朝以"天下一体"、"四海一家"、"天下大同"为理想,建构、发展"环中国海文化共同体"从而带来海洋和平、"天下太平"总体格局的历史智慧、历史经验。只要"天下一体"、"四海一家"、"天下大同"的理想理念和目标指向明确,新的时代条件下的新的"环中国海文化共同体"的重建,应该是我们——环中国海所有国家、地区的所有人值得为之努力的历史使命。新的"环中国海文化共同体"的重建,应该成为全球海洋和平、世界和平新秩序、新制度的先行样板。①

2017 年 5 月 14 日,国家主席习近平出席"一带一路"国际合作高峰论坛开幕式,并发表题为《携手推进"一带一路"建设》的主旨演讲,强调坚持以和平合作、开放包容、互学互鉴、互利共赢为核心的丝路精神,携手推动"一带一路"建设行稳致远,将"一带一路"建成和平、繁荣、开放、创新、文明之路,迈向更加美好的明天。②这是当代条件下对"一带一路"包括 21 世纪"海上丝绸之路"建设的文化要义、文明旨向的最为全面、最为精辟、最具有战略高度的概括和把握,需要落实,需要实施,需要实现,而绝不可将其作单纯经济化、资本化、庸俗利益化"丝路"的歪曲解读和肢解,将其引向歧途。

论文来源:本论文为中国海洋发展研究 2017 年学术年会暨第四届海洋发展论坛投稿文章。

① 曲金良:《"天下一体环中国海文化共同体"的历史建构》,《中原文化》2014 年第 1 期。
② 《人民日报》北京 2017 年 5 月 14 日电(记者朱竞若、杜尚泽、裴广江):《习近平出席国际合作高峰论坛开幕式并发表主旨演讲》,《人民日报》2017 年 5 月 15 日第一版。

中国海洋政策的文化之维

金永明[①]

摘要：中国因历史、地理、科技和意识等原因，积累了较多的海洋问题。为解决这些海洋问题，中国提出了具体的海洋政策，包括优先使用政治方法解决海洋争端，兼顾他方立场提出"主权属我、搁置争议、共同开发"的方针，合作制定规则、管控危机、资源共享的基本政策，坚持"双轨思路"，提出"和谐海洋"理念等。它们蕴含丰富的文化要素，体现了中国文化以和为贵的特质。同时，中国的这些海洋政策，不仅具有国际法的基础，而且经实践检验具有强大的生命力，符合国际海洋发展趋势。为此，国际社会应积极支持中国的海洋政策，使中国在搭建海洋平台、加强海洋合作、提供公共产品等方面，发挥更大的作用，为维护海洋安全和秩序、实现人类与海洋的和谐共处作出更多的贡献，以确保中国的主权和领土完整，维系第二次世界大战后确立的国际法制度和国际秩序，这是国际社会的重大责任和应有职责，也是传承中国文化的应有之义。

关键词：海洋问题；海洋政策；海洋合作；海洋秩序

由于众多的主客观原因，包括长期以来我国海洋意识淡薄、海洋科技和海洋装备落后、海洋地理环境相对不利等原因，我国积累了较多的海洋问题，并随着国际社会开发利用海洋及其资源的需求和力度加大，尤其是《联合国海洋法公约》的生效和实施，海洋问题争议尤其是南海问题和东海问题日益突出，危及海洋秩序和区域安全。

对于中国面临的这些海洋问题，我国政府提出了具体的解决原则和方法，也取得了一定的业绩，但也面临了一些困境和挑战。但不可否认的是，我国针对海洋的政策包括坚持协商谈判解决，"主权属我、搁置争议、共同开发"，"双轨思路"倡议（即有关争议由直接当事国通过友好协商谈判寻求和平解决，而南海的和平与稳定则由中国与东盟国家共同维护），制定规则、管控危机、资源共享、合作共赢，实现和平、友好、合作之海愿望，并实现"和谐海洋"目标等。它们均具有深厚的文化要素，特别体现了和平性、包容性、合作性的文化意愿，完全符合国际社会包括海洋秩序在内的发展进程，应该受到理解和尊重。换言之，我国海洋政策中蕴含的和平性、包容性和合作性原则，不仅是传统文化在海洋中的运用和发展，而且体现了中国文化在治理海洋中的地位与作用，有研究的价值。

本文拟对我国依据国情倡议的海洋政策的原则或方针进行初步考察，指出其合理性和

---

① 金永明，男，中国海洋发展研究会海洋法治专业委员会副主任委员、秘书长，上海社会科学院法学研究所研究员。研究方向：国际法、海洋法。

可行性，以区别于从海洋文化和海洋软实力视角的分析，目的是为让更多的人员理解我国海洋政策的成因，以及文化要素在海洋中的地位与作用。①

一、中国海洋政策的和平性：符合国际社会的原则和愿望

中国对于涉及国家重大利益的海洋问题，坚持优先通过和平的政治或外交方法包括与相关国家直接协商谈判的方法解决与其他国家之间的海洋争议问题，这种政策的和平性完全符合国际法的制度性要求和中国的国家实践，值得坚持。

利用和平方法解决国家间争议不仅是《联合国宪章》的规范性要求，例如，《联合国宪章》第 2 条第 3 款，第 33 条；也符合《联合国海洋法公约》的和平解决争议原则，例如，《联合国海洋法公约》第 279 条；② 符合区域性制度要求，例如，《南海各方行为宣言》第 4 条，以及其他双边文件要求，例如，中菲系列联合声明（共同宣言），中越系列联合声明，《中日政府联合声明》第 6 条和《中日和平友好条约》第 1 条第 2 款。③

利用和平方法尤其是政治方法解决国家间海洋争议也符合中国的理论和实践。例如，《全国人民代表大会常务委员会关于批准〈联合国海洋法公约〉的决定》（1996 年 5 月 15 日）第 2 条；④《中国专属经济区和大陆架法》第 2 条第 3 款；⑤ 以及 2006 年 8 月 25 日中国依据《联合国海洋法公约》第 298 条的规定向联合国秘书长提交的将包括领土主权、海域划界、历史性所有权和其他执法活动等事项排除强制性管辖的书面声明。同时，在过去 50 年中，中国经过努力，通过协商谈判解决了与周边 12 个国家的陆地领土边界问题，签署了 29 个陆地边界条约；⑥ 与越南缔结了《中越北部湾划界协定》和《中越北部湾渔业协定》（2014 年 6 月 30 日生效）。换言之，中国坚持优先利用政治方法解决了多个与周边国家之间的领土争议问题，取得了一定的业绩。

---

① 对于海洋文化的研究内容，可参见吴继陆：《论海洋文化研究的内容、定位及视角》，《宁夏社会科学》2008 年第 4 期；对于海洋软实力的内容，可参见王琪、刘建山：《海洋软实力：概念界定与阐释》，《济南大学学报（社会科学版）》2013 年第 2 期；对于海洋与历史、文化、意识等的关系内容，可参见杨文鹤、陈伯镛著：《海洋与近代中国》，海洋出版社 2014 年版。

② 例如，《联合国海洋法公约》第 279 条规定，各缔约国应按照联合国宪章第 2 条第 3 款以和平方法解决它们之间有关本公约的解释或适用的任何争端，并应为此目的以"宪章"第 33 条第 1 款所指的方法求得解决。

③ 《南海各方行为宣言》第 4 条规定，有关各方承诺根据公认的国际法原则，包括 1982 年《联合国海洋法公约》，由直接有关的主权国家通过友好协商和谈判，以和平方式解决它们的领土和管辖权正义，而不诉诸武力或以武力相威胁。《中日政府联合声明》第 6 条和《中日和平友好条约》第 1 条第 2 款规定，两国政府确认，在相互关系中，用和平手段解决一切争端，而不诉诸武力或武力威胁。

④ 《全国人民代表大会常务委员会关于批准〈联合国海洋法公约〉的决定》第 2 条规定，中华人民共和国将与海岸相向或相邻的国家，通过协商，在国际法基础上，按照公平原则划定各自海洋管辖权界限。

⑤ 《中国专属经济区和大陆架法》第 2 条第 3 款规定，中华人民共和国与海岸相邻或者相向国家关于专属经济区和大陆架的主张重叠的，在国际法的基础上按照公平原则以协议划界。

⑥ 参见《外交部边海司欧阳玉靖就南海问题接受中外媒体采访实录》 （2016 年 5 月 6 日），http://www.fmprc.gov.cn/web/wjbxw_ 673019/t1361270.shtml，2016 年 5 月 8 日访问。

二、中国海洋政策的包容性："搁置争议、共同开发"的合理性与艰难性

针对东海问题和南海问题，我国提出了"主权属我、搁置争议、共同开发"的政策和方针，体现了对其他国家的主张予以尊重和理解的立场，具有包容性的特征，特别蕴含"主权不可分割，资源可以分享"的理念。

对于东海尤其是钓鱼岛问题，尽管"搁置争议"内容并未在《中日政府联合声明》（1972年9月29日）、《中日和平友好条约》（1978年8月12日）中显现，但《中日和平友好条约》换文（1978年10月23日）后的1978年10月25日，中国政府副总理邓小平在日本记者俱乐部上的有关回答内容，表明两国在实现中日邦交正常化、中日和平友好条约的谈判中，存在约定不涉及钓鱼岛问题的事实。[①] 换言之，中日两国领导人同意就钓鱼岛问题予以"搁置"。否则的话，针对邓小平在日本记者俱乐部上的回答，日本政府可作出不同的回答，而他们并未发表不同的意见，也没有提出反对的意见，这表明对于"搁置争议"日本政府是默认的。应注意的是，由于邓小平副总理在日本记者俱乐部上的回答，是在1978年10月23日中日两国互换《中日和平友好条约》批准文后举行的，所以针对钓鱼岛问题的回答内容，具有补充《中日和平友好条约》内容原则性、抽象性的缺陷，具有解释性的作用和效果，即针对钓鱼岛问题的回答内容，也具有一定的效力。因为《维也纳条约法公约》第32条第2款规定，对于条约的解释，条约之准备工作及缔约之情况，也可作为解释条约之补充资料。

同时，《中日渔业协定》（1997年11月11日签署，2000年6月1日生效）的第1-3条内容，将钓鱼岛周边海域作为争议海域处理的，承认两国对钓鱼岛周边海域存在争议，体现了其是以"搁置争议"共识为基础的产物。此后，日本政府也是以此"搁置争议"方针处理钓鱼岛问题的，具体表现为"不登岛、不调查及不开发、不处罚"。[②]

即使在2008年6月18日中日两国外交部门发布的《中日关于东海问题的原则共识》中，也搁置了中日两国在东海的海域划界问题，蕴含共同开发的意识和理念。其指出，经过认真磋商，中日一致同意在实现划界前的过渡期间，在不损害双方法律立场的情况下进行合作，包括在春晓油气田的合作开发和在东海其他海域的共同开发。

对于南海尤其是南沙群岛争议问题，中国副总理邓小平于1984年明确提出了"主权属我、搁置争议、共同开发"的解决方针。1986年6月，邓小平在会见菲律宾副总统萨尔瓦多·劳雷尔时，指出南沙群岛属于中国，同时针对有关分歧表示，"这个问题可以先

---

① 参见《邓小平与外国首脑及记者会谈录》编辑组：《邓小平与外国首脑及记者会谈录》，台海出版社2011年版，第315-320页。邓小平副总理在日本记者俱乐部指出："这个问题暂时搁置，放它10年也没有关系；我们这代人智慧不足，这个问题一谈，不会有结果；下一代一定比我们更聪明，相信其时一定能找到双方均能接受的好办法。"参见日本记者俱乐部：《面向未来友好关系》（1978年10月25日），http://www.jnpc.or.jp/files/opdf/117，2014年8月12日访问。

② 关于钓鱼岛"搁置争议"内容，参见金永明：《中国维护东海权益的国际法分析》，《上海大学学报（社会科学版）》2016年第4期，第5-7页。

搁置一下，先放一放。过几年后，我们坐下来，平心静气地商讨一个可为各方接受的方式。我们不会让这个问题妨碍与菲律宾和其他国家的友好关系"。1988 年 4 月，邓小平在会见菲律宾总统科拉松·阿基诺时重申"对南沙群岛问题，中国最有发言权。南沙历史上就是中国领土，很长时间，国际上对此无异议"；"从两国友好关系出发，这个问题可搁置一下，采取共同开发的办法"。此后，中国在处理南海有关争议及同南海周边国家发展双边关系问题上，一直贯彻了邓小平关于"主权属我、搁置争议、共同开发"的思想。①

此外，经过各方的努力，中国与东盟的一些国家依据"搁置争议、共同开发"的政策，取得了一定的业绩，包括中国与越南缔结了《中越北部湾划界协定》、《中越北部湾渔业协定》；2005 年 3 月 14 日，中国与菲律宾和越南签署的《在南中国海协议区联合海洋地震工作协议》；依据《南海各方行为宣言》（2002 年 11 月 4 日），中国与东盟国家于2011 年 7 月 20 日就落实《南海各方行为宣言》指导方针达成一致共识；② 2011 年 10 月11 日中越两国缔结了《关于指导解决中国和越南海上问题基本原则协议》和 2011 年 10 月 15 日《中越联合声明》的发布，这些均为中国和东盟国家间利用和平方法解决南海争议问题提供了政治保障，具有借鉴和启示的作用及意义。

尽管"搁置争议、共同开发"具有国际法的理论基础，例如，《联合国海洋法公约》第 74 条第 3 款和第 83 条第 3 款，也符合国际社会的国家实践。③ 但由于南海问题的复杂性和敏感性，"搁置争议、共同开发"的政策，并未得到切实的尊重和发展。其理由主要为：东盟一些国家既缺乏实施"搁置争议、共同开发"的政治意愿，难以启动；又无现实利益需要，因为东盟一些国家已大力开发了南海的资源；加上南海尤其南沙争议涉及多方，特别是争议海域难以界定，存在实际操作上的困难，所以，"搁置争议、共同开发"的政策或方针在南沙的实施依然存在困境。④

在这种情形下，应遵循"先易后难"的方针，重点应就海洋低敏感领域的合作予以突破，包括加强在海洋环保，海洋科学研究，海上航行和交通安全，搜寻与救助，打击跨国犯罪包括但不限于打击毒品走私、海盗和海上武装抢劫以及军火走私等方面的合作。这不仅符合《南海各方行为宣言》第 6 条的规定，也符合《联合国海洋法公约》第 123 条的规范性要求。换言之，尽管"搁置争议，共同开发"的政策具有合理性，但其在南海尤其在南沙群岛切实实施仍面临挑战和困境，所以，中国与东盟国家找寻能够被多方接受的可行方式仍是重要而艰巨的任务。在此，南海区域的域外国家应尊重中国与东盟国家间的"双轨思路"政策，鼓励和促进中国与东盟国家间达成的共识，以提升政治互信，为解决

① 中华人民共和国国务院新闻办公室：《中国坚持通过谈判解决中国与菲律宾在南海的有关争议》白皮书（2016年 7 月），人民出版社 2016 年 7 月版，第 25 页。

② 例如，《中国与东盟国家就落实〈南海各方行为宣言〉指导方针》指出：落实《南海各方行为宣言》应根据其条款，以循序渐进的方式进行；《南海各方行为宣言》各方将根据其精神，继续推动对话和协商；应在有关各方共识的基础上决定实施《南海各方行为宣言》的具体措施或活动，并迈向最终制定"南海行为准则"。

③ 例如，《联合国海洋法公约》第 74 条第 3 款规定，在达成专属经济区界限的协议以前，有关各国应基于谅解和合作的精神，尽一切努力作出实际性的临时安排，并在此过渡期间内，不危害或阻碍最后协议的达成，这种安排应不妨碍最后界限的划定。

④ 金永明：《中国南海断续线的性质及线内水域的法律地位》，《中国法学》2012 年第 6 期，第 46 页。

南海问题作出贡献。

三、中国海洋政策的合作性：构筑海洋合作平台以实现多赢目标

由于海洋自身的复杂性和综合性，海洋的治理和海洋问题的解决，需要采取多方合作的态度，才能合理地处置海洋问题，并实现可持续利用海洋及其资源的目标。例如，《联合国海洋法公约》前言指出，本公约缔约各国，意识到各海洋区域的种种问题都是彼此密切相关的，有必要作为一个整体来加以考虑。同时，合作处理海洋问题也是《联合国海洋法公约》规范的要求，体现在多个条款内，例如，《联合国海洋法公约》第 100 条，第108 条，第 117 条，第 118 条，第 123 条，第 197 条，第 242 条，第 266 条，第 270 条，第273 条，第 287 条。当然，合作原则也符合《联合国宪章》的要求，例如，《联合国宪章》第 1 条，第 2 条，第 11 条，第 49 条。换言之，合作处理海洋问题是包括《联合国宪章》、《联合国海洋法公约》在内的国际法的原则，必须尊重和执行。

而为切实实施合作原则，必须提供或创设具体的路径或平台，在这方面中国提供了很好的公共服务平台，以增进合作的潜能和功效。例如，通过设立亚洲基础设施投资银行、海上丝绸之路基金、中国—东盟投资合作基金等平台，推进"一带一路"倡议并加强与区域国家发展战略对接，实现合作共赢目标。

中国设立这些平台的主要目的，是为了将海洋包括东海和南海建设成为和平、友好、合作之海，并实现和谐海洋目标。我国在 2009 年提出了构建"和谐海洋"的倡议，体现了对海洋问题的新认识、新要求，标志着我国对海洋秩序和海洋法发展的新贡献。因为它是结合国内外海洋形势发展、符合时代发展需要的产物，以共同合作维护海洋持久和平与安全。和谐海洋的内容为：坚持联合国主导，建立公正合理的海洋；坚持平等协商，建设自由有序的海洋；坚持标本兼治，建设和平安宁的海洋；坚持交流合作，建设和谐共处的海洋；坚持敬海爱海，建设天人合一的海洋。即通过对"和谐海洋"的目标、原则、方向、路径、态度等的规范和界定，体现了人类开发利用海洋及其资源的美好愿望，合作处理海洋的根本趋势和必然要求，以实现人类利用海洋的多赢目标，人类与海洋的和谐共处目标。

四、中国海洋政策的一贯性：坚持以国家主权平等原则处置海洋问题

中国针对海洋政策的上述立场与态度，不仅是一贯的，而且是长期的，具有连续性的特征。即中国处理海洋问题的政策始终蕴涵文化之要素：和平性、包容性和合作性，体现了以和为贵的文化思想和精髓。

即使在 2013 年 1 月 22 日菲律宾单方面提起南海仲裁案，南海仲裁案仲裁庭无视中国政府始终拒绝仲裁的立场，执意推进仲裁，于 2016 年 7 月 12 日作出所谓的最终裁决后，中国在一系列文件或声明中依然坚持与有关国家间通过协商谈判方法解决南海争议的立场，体现了应对重大海洋争议问题政策的一致性和一贯性。

例如，中国外交部受权发表的《中国政府关于菲律宾所提南海仲裁案管辖权问题的立场文件》（2014 年 12 月 7 日）指出，菲律宾单方面提起仲裁的做法，不会改变中国对南海诸岛及其附近海域拥有主权的历史和事实，不会动摇中国维护主权和海洋权益的决心和意志，不会影响中国通过直接谈判解决有关争议以及与本地区国家共同维护南海和平稳定的政策和立场。①

《中国外交部关于应菲律宾共和国请求建立的南海仲裁案仲裁庭关于管辖权和可受理性问题裁决的声明》（2015 年 10 月 29 日）指出，菲律宾企图通过仲裁否定中国在南海的领土主权和海洋权益，不会有任何效果；中国敦促菲律宾遵守自己的承诺，尊重中国依据国际法享有的权利，改弦易辙，回到通过谈判和协商解决南海有关争端的正确道路上来。②

《中国外交部关于坚持通过双边谈判解决中国和菲律宾在南海有关争议的声明》（2016 年 6 月 8 日）指出，中国坚决反对菲律宾的单方面行动，坚持不接受、不参与仲裁的严正立场，将坚持通过双边谈判解决中菲在南海的有关争议。③

《中国政府关于在南海的领土主权和海洋权益的声明》（2016 年 7 月 12 日）指出，中国愿继续与直接有关当事国在尊重历史事实的基础上，根据国际法，通过谈判协商和平解决有关争议；中国愿同有关直接当事国尽一切努力做出实际性的临时安排，包括在相关海域进行共同开发，实现互利共赢，共同维护南海和平稳定。④

《中国外交部关于应菲律宾请求建立的南海仲裁案仲裁庭所作裁决的声明》（2016 年 7 月 12 日）指出，中国政府将继续遵循《联合国宪章》确认的国际法和国际关系基本准则，包括尊重国家主权和领土完整以及和平解决争端原则，坚持与直接有关当事国在尊重历史事实的基础上，根据国际法，通过谈判协商解决南海有关争议，维护南海和平稳定。⑤

同时，中国依据国家主权平等原则自主选择争端解决方法的权利，理应得到尊重，因为其不仅符合国际法原则和多国实践，而且得到了多数国家的认同。例如，中阿合作论坛第 7 届部长级会议通过的《多哈宣言》（2016 年 5 月 12 日）强调指出，阿拉伯国家支持中国同相关国家根据双边协议和地区有关共识，通过友好磋商和谈判，和平解决领土和海洋争议问题；应尊重主权国家和《联合国海洋法公约》缔约国依法享有的自主选择争端解决方式的权利。⑥

《中国和俄罗斯联邦关于促进国际法的声明》（2016 年 6 月 26 日）指出，中国和俄罗

①　《中国政府关于菲律宾共和国所提南海仲裁案管辖权问题的立场文件》内容，参见 http：//www.gov.cn/xinwen/2014-12/07/content_ 2787671.htm，2014 年 12 月 8 日访问。

②　《中国外交部关于应菲律宾共和国请求建立的南海仲裁案仲裁庭关于管辖权和可受理性问题裁决的声明》内容，参见 http：//www.fmprc.gov.cn/web/zyxw/t1310470.shtml，2015 年 10 月 30 日访问。

③　《中国外交部关于坚持通过双边谈判解决中国和菲律宾在南海有关争议的声明》内容，参见 http：//www.fmprc.gov.cn/web/zyxw/t1370477.shtml，2016 年 6 月 8 日访问。

④　《中国政府关于在南海的领土主权和海洋权益的声明》内容，参见 http：//world.people.com.cn/n1/2016/0712/c1002-28548370.html，2016 年 7 月 12 日访问。

⑤　《中国外交部关于应菲律宾共和国请求建立的南海仲裁案仲裁庭所作裁决的声明》内容，参见 http：//www.fmprc.gov.cn/web/zyxw/t1379490.shtml，2016 年 7 月 12 日访问。

⑥　参见《全球 70 国明确表态支持中国南海问题立场》（2016 年 7 月 11 日），http：//world.people.com.cn/n1/2016/0711/c1002-28544870.html，2016 年 7 月 12 日访问。

斯重申和平解决争端原则，并坚信各国应使用当事方合意的争端解决方式和机制解决争议，各种争端解决方式均应有助于实现依据可适用的国际法以和平方式解决争端的目标，从而缓解紧张局势，促进争议方之间的和平合作；这一点平等适用于各种争端解决类型和阶段，包括作为使用其他争端解决机制前提条件的政治和外交方式；维护国际法律秩序的关键在于，各国应本着合作精神，在国家同意的基础上善意使用争端解决方式和机制，不得滥用这些争端解决方式和机制而损害其宗旨。①

《中国和东盟国家外交部长关于全面有效落实〈南海各方行为宣言〉的联合声明》（2016年7月25日）指出，有关各方承诺根据公认的国际法原则，包括1982年《联合国海洋法公约》，由直接有关的主权国家通过友好磋商和谈判，以和平方式解决它们的领土和管辖权争议，而不诉诸武力或以武力相威胁。②

从上述区域和双边文件内容可以看出，中国始终坚持的以政治方法或外交方法由直接有关的主权国家通过友好磋商和谈判解决争议，得到了多数国家的认可，所以，中国针对海洋政策的立场与态度，不仅具有一贯性，而且完全符合国际法的原则，必须得到尊重。

五、中国解决海洋争议问题的基本路径与要义

如上所述，中国应对和处置海洋问题的立场与态度，不仅得到了多数国家的支持，也符合国际海洋发展趋势。而为维系海洋秩序，确保海洋的和平与安全，中国保持了最大的克制，包括不在南海尤其在南沙进行开发资源的活动，没有强力阻止其他国家在南沙的资源开发活动，尽力推动机制建设，包括依据《南海各方行为宣言》及其后续行动指针的原则和要求，积极推动"南海行为准则"进程，并取得了阶段性成果。这样做的目的是，实现南海空间及其资源的功能性和规范性统一的目标，为区域发展作出贡献。具体来说，中国针对海洋问题的基本路径为：制定规则，管控危机，实施共同开发制度或最终解决海洋争议问题，以合理处理包括南海问题和东海问题在内的重大海洋问题，实现区域性海洋大国目标，为中国推进海上丝绸之路的建设进程、早日实现海洋强国梦作出贡献。

总之，中国是坚定维护海洋法制度和海洋秩序的捍卫者，也是丰富和发展包括海洋法在内的国际法制度的维护者和建设者，中国的行为和做法理应受到理解和支持。鉴于中国的发展进程和大国地位，要求其作出更大的国际贡献，承担更多的职责，也符合现实发展所求所需。即和平合力处理海洋问题是国际社会的共同期盼，目的是维护海洋安全和秩序，使海洋更好地为人类服务，发挥海洋的独特贡献，这是国际社会的共同期盼，必须努力合作实现之。上述的海洋政策和方针，也体现了中国文化的基本要求，呈现在多个层面予以合作的趋势，体现以和为贵、和合文化的本质。

最后，应该强调指出的是，中国收复包括南海诸岛和钓鱼岛领土主权，实现主权和领

① 《中国和俄罗斯联邦关于促进国际法的声明》内容，参见 http：//www.fmprc.gov.cn/web/zyxw/t1375313.shtml，2016年6月26日访问。

② 《中国和东盟国家外交部长关于全面有效落实〈南海各方行为宣言〉的联合声明》内容，参见 http：//www.fmprc.gov.cn/web/zyxw/t1384157.shtml，2016年7月25日访问。

土完整目标，不仅是中国政府的正义合理要求，更是维系第二次世界大战后确立的国际法制度和国际秩序的合理归宿，应该得到国际社会的大力支持；否则，第二次世界大战后确立的国际规则和安全秩序面临重大挑战和危机，这是国际社会不愿看到的现实境况。

论文来源：本文原刊于《亚太安全与海洋研究》2016 年第 5 期，第 1-8 页。

项目资助：中国海洋发展研究会重大项目（CAMAZDA201501）。

精准扶贫的地方性知识维度
——以疍民聚落霞浦北斗村为例

苏文菁①

摘要： 长期以来，疍民都是国家发展（反贫困）的重要群体。政府采取诸多措施来解决疍民的贫困问题，其中最重要的举措就是疍民"上岸工程"的实施。本文认为贫困不仅与资源的分配有关，也同样源于文化上的偏见；地方性知识的维度对于理解区域性贫困与促使社会的和谐发展有着重要的资政意义。对福建霞浦北斗村的考察，为我们提供了一个反思疍民这一中国的海洋族群的精准扶贫的有效案例。

关键词： 疍民；发展/反贫困；地方性知识；精准扶贫

　　疍民伴随中国现代化的进程历经着社会的急速变迁。一直以来，疍民都是国家反贫困的重要群体。政府采取诸多措施来解决疍民的贫困问题，其中最重要的举措就是"连改工程"的实施。贫困既与资源的分配不均有关，也同时源于文化上的偏见，任何一种对贫困的解读和阐释的话语体系都难脱其特定历史和文化的规约。如果忽视其历史和文化，采取的反贫困措施就可能适得其反。福建省霞浦县盐田北斗村是第三批省级扶贫开发重点村。北斗村全部由疍民组成，是霞浦县疍民最多且贫困问题最突出的行政村之一。对福建霞浦北斗村的考察，为我们提供了一个反思疍民这一中国的海洋族群的精准扶贫的有效案例。

一、北斗村疍民上岸的历史过程

　　疍民是历史上广泛居住于中国东南沿海，并且是以舟居水处及其水上作业的社会生产生活为基础而生存的族群。明清以来，由于官府的欺压和社会的歧视，生产方式和生活习俗的差异，疍民不敢上岸，不与岸上人通婚，长期生活在海上、江河上，"上无片瓦，下午片土，一条破船挂破网，长年累月漂海上，片两鱼虾换糠菜，祖孙三代同一舱"，疍民逐渐形成一个特殊的弱势群体。福建省疍民主要集中在宁德、福州、漳州三个设区市。20世纪50年代政府针对"水上居民"开展了一系列的人口普查工作。此后，福建省各级政府为解决疍民的生产生活问题，着手推进疍民上岸定居工作。到20世纪末期，福建省疍民已全部上岸定居。

　　北斗村疍民上岸过程比较复杂。20世纪50年代初至70年代末，福建省政府拨出转款和木材，两次大规模地帮助连家船民上岸定居。1966年2月，中共中央批转水产部党组

① 苏文菁，女，福州大学闽商文化研究院院长、教授。研究方向：海洋文化理论、区域文化与经济。

《关于加速连家船渔船社会主义改造的报告》，全国加速 实施连家船民"上岸定居"的社会工程。但是，霞浦县第一次"连改"工作并没有马上在北斗大队执行。直到 1970 年 10 月，县政府才结合渔区整顿，全面开展 连家船的社会主义改造，组织渔民定居陆上，实行以渔为主、渔农结合。其中北斗、水升、猴屿（溪南乡）、南塘澳大队，围垦开荒，开发耕地 890 亩，亦渔亦农①。

1977 年，中共福建省委批转省水产局党的核心小组《关于加速连家渔船社会主义改造的紧急报告》，重新启动搁置了的"连改"工作。整个"连改"工作分两步走：第一步就是将船、网具重新折价归集体，进一步明确渔民只有使用权，而无所有权；渔产品只有生产权，而无处理权；从而达到劳动力统一调动，船网工具统一使用，水产品统一出售，收益统一分配的"四统一"管理模式。第二步是彻底打破连家渔船模式，落实生产、生活两个基地，实行陆上定居。应该说，在当时经济社会条件下，这项民生工程是对疍民很好的扶持和照顾。但是，受制于经济 的、政治的、社会的以及文化的诸多原因，疍民上岸的进程一直很缓慢。据政府统计数据显示，至 1997 年底，全省仍有 4 125 户、18 466 人连家船民漂泊水上，其中宁德地区 3 676 户、16 706 人、占全省总数的 90%（1977 年统计人数为 4 306 户、25 053 人，20 年间上岸定居速度也不快）。在大的社会环境制约下，北斗村疍民上岸人家也不过是少数经济、政治、文化方面的"精英"而已。大多数疍民民依旧以船居为主，以渔屠为辅的居住方式。

1998 年，福建省政府召开了研究连家船民上岸定居问题的专题会议，省政府办公厅下发了《关 于做好连家船民上岸定居工作的通知》，计划把全省 18 466 人连家船民上岸定居任务分三年安排落实，人均按 800 元予以补助（当年造福工程补助标准为人均 500 元）。霞浦县政府在盐田湾周边的几个山坡地规划开发安居点，无偿供给渔民上岸建房并提供补助资金。2000 年安居点全面建设完成，北斗村 500 多户 渔民上岸定居，逐步形成现在的北斗澳、里岐后、外岐后、东风塘、新塘边、何山鼻 6 个自然村，零星插花之间相隔几公里。

二、北斗村疍民生活的现状与问题

北斗村位于中国东南沿海区内福建东北部（闽东）地区的霞浦县与福安市交界处，是霞浦县盐田畲族乡管辖下的一个行政村，形成于 20 世纪末②。据 2015 年的政府统计情况，北斗村共有 747 户，总人口 2606 人，有 25 个村民小组，是盐田乡人口最多，也是霞浦县连家船民最多的村。

北斗村渔业生产曾经有着得天独厚地理条件：海岸线长、滩涂面积广、海洋资源丰富，以盛产小海鲜 远近闻名。村里的渔业作业地点处于杯溪流域和官井洋的交汇处，有杯溪淡水渗入的盐田湾天然浅海滩涂资源 4 800 多亩，曾经一度以培育花蛤苗、蛏苗、牡

---

① 1966 年，霞浦县组织连家船改造工作队进驻猴屿、钓岐、浐水 3 个连家船大队，由国家拨款 2.5 万元，重点帮助连家船渔民发展农渔业生产和转向陆上定居。

② 1966 年之前系水上渔民而并无村级单位，后逐步迁陆地建村称北斗大队，1984 年改为村委会。

蛎苗 而在中国水产业历史中留有浓墨一笔。全村林地 220 亩，山地 100 亩，海堤 3 条，没有耕地。目前，在村中从事生产的劳动力有 900 多人，外出务工人员有 500 多人。村民主要经济收入以滩涂海水养殖为主，主要养殖花蛤、跳鱼、蛏、海蛎、紫菜等。部分村民从事运输、务工等第二、第三产业。2015 年人均年纯收入约 2 318 元，没有集体村财收入。2005 年，霞浦县盐田工业园区坐落北斗村，占地面积 400 多亩，最早主要落户企业为 7 家合成革制造厂、1 家化工厂 等，由于污染治理及其他原因，现只有 4 家皮革厂在继续小规模生产。

近年来，北斗村相当部分原已上岸定居的疍民陆续回到小渔船或在滩涂边搭建简易木屋居住，出现了连家船民"回溯"的现象。渔民在上岸定居后，随着子女成家，原有的居住点不能满足家庭生活的需要。他们又是一支家庭人口相对较多的群体。根据 2000 年上岸后的情况，全省连家船民的户均人口为 4.48 人，宁德市连家船民的户均人口为 4.54 人，每个渔民补助 1 300 元的标准，实行统一征地、统一设计、统 一施工，住房安置分为三类进行：经济条件好的，每户占地 50~90 平方米；条件一般的，每户占地 30~50 平方米；鳏、寡、孤、独者占地 20~30 平方 米。随着子女长大成人，经济困难的渔民，由于无力在原房屋基础上加层建房，安居已成为他们生活中最大的问题。有的因子女成家，老人就把房子滕让给子女居 住，自己重新回到海边船上或搭建起了"棚屋"；如：72 岁（当年）的刘姓老人介绍，当年政府安排一套 40 多平方米的房屋，他老伴及儿子媳妇一起住。一年后，媳妇生了孙女，不够住，他和老伴搬到海边搭棚住，已经 10 多年了。他是最早搬到棚屋区的。也有许多经济困难的年轻人，因结婚无房，也到海边自建"棚屋"，在那里生儿育女。此外，由于各种原因，北斗村还有 20 多户的渔民当年就没有上岸定居，至今还在船上生活。

北斗村的"棚屋"的建筑材料大都是为旧竹、木、铁皮、油毡和篷布等，建筑面积一般在 9~14 平方米，造价一般在二三千元。棚屋大多都建在海蛎壳上方，棚屋四周用绳子牵系在木棍（竹子）上，底部在"泡沫球"架起，随海水涨落而升降。经调查统计，北斗村"回溯"的疍民共 150 户、499 人，约占全村总户数的 22%，其中：① 无船无家（连棚屋也建不起、租房）29 户、105 人；② 有船无家（岸上没有 住房）33 户、108 人；③ 有家无船（居住在棚屋区）57 户、172 人；④ 海边低洼危房 31 户、114 人。目前，他们大部分居住在沈海高速公路炉时沙大 桥下滩涂边，形成一片棚户区，简陋脏乱，生活条件极其艰难。以此可以想象当时渔民厝"上无椽檩栋瓦，下无磉盘地基"的生活艰辛之处过犹不及。

出现这一问题的原因还在于北斗村疍民经济收入的下滑。北斗村为纯渔业村，村民收入主要以滩涂养殖为主，养殖花蛤、跳鱼、蛏、海蛎、紫菜等，部分村民从事运输、务工等第二、第三产业。全村没有耕地，林地、山地极少，仅有 4 800 亩滩涂。这 4 800 亩滩涂，曾经是渔民收入的主要依靠。自 20 世纪 90 年代开始，北斗海区的渔业资源以及养殖业的衰退就已经出现，这是由于之前大规模地过度使用海洋再生能力而出现的生态危机。如今，近海污染，一定程度影响了滩涂养殖和捕捞收入。后来又受"大米草"吞食滩涂地的影响，如今 95% 的滩涂都被"大米草"侵占了，丧失了养殖的功能，村民收入大为减少。渔民对"大米草"深恶痛绝。称之为"食人草"、"害人草"。滩涂养殖和捕捞渔获的减少对老年渔民的生活造成最大影响。他们因教育程度低、年老体弱已经不能掌握"讨海"为生以外的生活技能，子女若没有足够的经济条件赡养老人，那就只能从事加工海蛎或做渔网等收入较低的工作，生活过得比较艰辛。

三、"发展主义"语境中的疍民扶贫话语

（一）发展举措偏好经济增长

"生产手段简单，生产方式落后"是政府（发展者）认为疍民面临的最大困难。政府认为"在经济上，由于传统的作业生产区被围垦，不但造成生产作业区域锐缩，海带养殖面积无法扩大，更严重的是船只挂靠，海带晒干场经常与汉民村落发生冲突，生产常遭破坏。"其实，在 20 世纪 50 年代后期沿海海岸带的开发就已经开始。1961 年，县区开始在沿海地区开展围海造田，其中北斗村的东风塘就是最早围垦的地区。据记载，北斗村的东风塘围垦田地建成于 1970 年，总共 700 亩，其中可耕地 560 亩，港道水 面 140 亩。随着时间的推移，围垦海岸带滩涂的工程越来越大，但只有一小部分围垦土地划分给北斗村。围垦活动是地方政府为了实现现代化的目标，动员社会力 量协同工作的成果。其实质是以生存发展为内在动力，通过技术进步，加深对自然环境资源的深度利用。

发展者指出"村民从事海带养殖和小捕捞生产，简单的生产手段导致生产的滞后发展，使劳力剩余，第二第三产业难以发展，以每艘船安排 2 个劳力计，只能安排 60 个劳力，还剩 50 多个劳力，况且有船的劳力的投工量年只有 150 天，再加上受传统生活 习惯等影响，疍民的资金积累率普遍很低"。还有"疍民无一人参加更无办厂也无法出外从事其他行业劳动的欲望，劳动力无法转移，只能 靠'讨小海'为业，但'小海'毕竟有限，致使村经济脆弱，在生产能力无从谈起，所以'更多的人玩的时间比干活的时间还多'，制约社会经济发展。"疍民长期依海为业，更为擅长养殖、捕捞等海洋生产业。因而至今，年轻的疍民外出打工者依然不会选择进厂，而是在周边海域帮别人搞养殖。

另据，当地政府工作人员在动员疍民上岸调研中认为"1989 年 10 户人均纯收入853.4 元，而生活支出达 804.2 元，生活支出占纯收入的 94.2%。在东吾洋沿海地区养殖对虾极普遍的情况下，疍民没有一户能涉及。1989 年 10 户的 经济收入 71 154 元中，第二、第三产业的收入只有 3 358 元，才占 4.7%。第二、第三产业都无从发展。"疍民虽然是专业渔民，但主要收入却不是捕捞业，而是海带养殖和"讨小海"（海带养殖因受海域限制无法再发展，每户只均 1 亩，产量 50 担左右）。家庭经济收入与消费支出大致持平，积累率低，只能维持简单再 生产，靠"海况"吃饭。疍民的"小海经济"只能满足自己的日常所需，并不能对地区经济的发展作出重要贡献。政府所谓的"第二、第三产业"也绝非是靠疍民才能发展的。

北斗村的围垦土地原本就是稀缺之物，但是政府还是将原有位于村前塘堤内的几百亩围海所 造的土地征用于开发工业项目，集中建设成了工业园区。这个工业园区主要为皮

革生产厂，对周围生态环境造成了恶劣的影响，对疍民赖以生存的海域的污染极为严重。调查中，周围居住的疍民对这些工厂颇为不满，他们认为现在生计的艰难多因于皮革厂对海水的污染。政府所允诺给疍民经济上的发展也没有实现。如北斗村村民收入还处在全乡倒数之列（目前年均收入 4 876 元）。

（二）发展话语排斥地方性知识

政府对疍民最为彻底的"援助"，是进行"连改工程"。1966 年，县政府下拨转款，并派出工作队开展"连改"工作，首批连家船民就是那时上岸定居。1998 年省委、省政府提出了"不把连家船民漂泊海上的问题带入 21 世纪"的号召，从而组织连家船民大规模上岸定居。2012 年至 2013 年进行船民上岸"造福工程"，彻底结束了一些疍民居无定所之难。从几次上岸的过程来看，政府做疍民的"连改工程"并非想象的那样一呼百应，而是几次非常不易的动员过程。在对疍民"不愿上岸的原因"的访谈中，笔者了解到动员疍民上岸失败主要的原因就是他们在海上才能"过活"。"种不来田①"的疍民上岸之后又返回到船上以海为生。这一行为却被有些干部理解为"顽固不化"、"不领情"。

在田野调查时，一个负责渔业工作的乡镇干部就说道："政府给他们的建房材料如木材、石砖等，渔民不会去修房，而是卖了之后便又跑到海上"，"20 世纪 60 年代的时候，政府就组织渔民上岸定居，组织生产队从事农业生产，还为他们盖了新房，可是许多人却把新房当做仓库使用，或干脆转手卖掉。"从乡干部的角度来看，政府为疍民造福的"连改"工作竟然没有一呼百应，却历经几次非常不易的动员过程，着实让他觉得渔民真是"顽固不化"、"不可理喻"。对年老一些的疍民访谈过后，发现因为疍民许多人当时"不习惯"，不愿意入住新房，甚至还认为"住了新房会生病"，情愿守着自己的"船厝"或"棚屋"。那些木头、石砖也没地方保管，只能卖掉。"

疍民上岸定居下来以后，人口便集中起来，数量不断增多，原先分散的作息地点也变成了固定的住房。现今，人口的增多，土地的紧张，住房问题成为所有疍民心中的愁苦。在调研的北斗村，年老一些的疍民只能搬迁的外面岸滩的"棚户区"居住。这种"棚户"用木板搭建而成，虽然如船上一样，被收拾得整洁干净，但依旧有些落魄。房子外面就是老人、妇女的工作地点，他们整天在此从事廉价的"撬海蛎壳"的活计。

北斗村的海岸带滩涂还被设立成了红树林自然保护区。现存的红树林几乎消失殆尽，仅留有零星一点。取代红树林的则是一种"大米草"的植物。该植物严重破坏近海生物栖息环境，影响滩涂养殖，威胁本土海岸生态系统，致使大片盐沼植物消失。据村民介绍，这种植物在 20 世纪 90 年代初才出现在这片海域滩涂，经过两次清除工作之后，依旧没有取得成效。设立保护区，体现出现代社会中公共权力在地方的延伸和扩展。通过公共权力秩序的表达，原本属于地方的自然生态资源，成为一种公共财产，受到公共权力的保护。自然保护区在运作的过程中无视地方村民的生活方式，将其排除在自然保护区整个生态系

---

① 如一疍民老者说，20 世纪 60 年代政府要求他们上岸种地，但是由于从来没有耕种方面的经历，就把地瓜秧苗倒过来种了，地没种好还被认为是"反革命者"、"破坏者"。

统环境之外，生生阻断生计方式的延续，在没有更好的社会保障之前，造成了严重的生活危机。

（三）发展知识的文化外在性。

发展者对疍民文化是极其陌生的，甚至是视而不见。他们常常以"社会地位不高，文化歧视严重"的常见表述，对疍民群体遭受歧视现象以表同情，但是并未挖掘疍民族群的文化特性，作为发展措施的合理根据。"解放后，疍民虽然在政治上翻了身，但由于传统的习惯势力和所处的经济环境，疍民的社会地位仍然不高，受歧视的现象仍然存在。在政治上，'曲蹄子''曲蹄母'的辱称难以改正，疍民青年在汉民地区受辱骂行为经常发生。"这种社会、文化上遭受到 的歧视，转而进一步被表述为"文化素质低，社会交往少"。"社会变革对其影响力不大，在一定程度上制约了社会经济的发展。疍民受教育程度低，绝大多数适龄 儿童或因家长急功近利驱使或因付不起学杂费而停学去'讨小海'。由于受传统的习惯势力影响，他们很少与周围汉民地区交往。在 1986 年前很少与汉民通 婚，通婚圈主限于本疍民之间，亲戚朋友也在圈内。由于社交、信息交流只在疍民区，其他疍民区同样属不发达地区，再加上不积极参加社会活动，近几年农村改革 对其影响不大，无法促进其经济的发展及文化进步。"

疍民上岸定居也是政府为了管理工作的方便，并未考虑到快速的变迁需要文化适应过程。当然，这也符合当时的政权逻辑。新中国成立后，新的行政系统开始无孔不入地伸向基层社会。中国历史上从没有一个政权能够如此深入地控制农民的日常生活形态。[①] 传统意义上，河海中的水产品是一种天然资源，乡民只要是在公共的河海中捕捞鱼获得的 就被认为是自己所有。20 世纪 50 年代，在实现完全公有制的目标指导下，各种生产资料统一划归政府的手中。在公有制改造的过程中，渔获物也成为政府垄断的 产品，政府首先考虑的是通过养殖鱼类等水产品来提高经济收入。尽管如此，这样的规定还是难以实现，乡民偷偷捕捞河海中的各种鱼类，以求获得更多的食物来源，改善自己和家庭的生存条件。疍民在这一时期，也被编制进渔业生产大队，开始了集体化之路，并未考虑到疍民长期以来的居住习性。

现在，由于疍民经济资本、社会资本、文化资本的有限，除了少数疍民从事小型的养殖外，更多的疍民只能靠打工为生（替大型养殖户养殖紫菜、海带）。从性别角度来看，定居之前疍民男女在生产作业上并无太大的分工。现如今疍民村落随处可见"撬海蛎壳"的女人，这些海蛎壳的加工费用相当低廉，她们被镶嵌在了整个资本网络中，成为被"剥削"的劳动力。

四、反思"发展主义"视角下疍民扶贫

疍民作为水上居民长期生活于"非国家空间"。"非国家空间"是人类学家埃德蒙

---

①　李飞等．《中国村落的历史变迁及其当下命运》［J］．中国农业大学学报（社会科学版），2015 年第 2 期。

得·利奇提出的概念，其主要特征：一是很难进入，居住地常常"原始、没有道路、不宜居住"，大都是少数族裔居住，远离权力中心。二是其人口是分散和经常迁移的，不是缴纳赋税 的理想之地。这些"非国家空间"无论从象征意义还是实际行动上经常扮演着国家潜在破坏者的角色，从国家的利益看，这些地区和其居民是野蛮、混乱和粗鄙的代 表，与中心地区的文明、秩序和成熟相反；他们是反叛者、强盗、异端的避难所。现代国家的发展都要创造国家空间，从而使政府可以改造那些"被发展"的社会和经济①。

对这些"非国家空间"的控制，就是现代化发展过程中的一项重要举措，即所谓的反贫困过程，需要建构特定的发展/反贫困的话语体系。贫困既是一种客观存在，同时也是一种现代文明的建构物。人类学认为，贫困是以物质财富占多寡来衡量人类生存状态的概念，是一种需要批判的"常识"。这个是被福 柯所揭示的特定的知识-权力关系建构起来的。正如一些学者所指出的，通过对贫困的界定可以识别贫困对象、分析贫困原因、进而采取干预行动。贫困的识别在于 将贫困人口从非贫困人口中区分出来，从而实现发展干预的目标瞄准。② 对于被贴上"落后、残缺和非理性"标签的贫困群体而言，反贫困内在于传统社会和贫困 群体向现代性转变的过程之中。政府以资金、技术、项目介入的反贫困是按照普遍进化论的发展范式进行的，在这种范式下，疍民无论在物质上还是在精神上都处于 极度贫困和落后的状态。发展目标应该是加快其现代化进程，疍民应该经历这样一个其他民族已经走过的发展道路：采集-狩猎-定耕-现代化，完成从原始社会向 现代社会的转型。这个过程中也许会有一个值得反思的问题：外来者和疍民二者之间是在两种不同的文化价值系统和话语系统中进行交流和碰撞。外来者尤其政府惯于以真理在握的强者姿态强行改造疍民的生活世界，将他们纳入国家整体的现代化的社会改造工程之中，这种从根本上改变当地文化的反贫困行动难免会引起当地人的消极抵制。

自上而下的对疍民生活世界的重新设计和全面干预成为国家政府发展主要选择。在现代化的进程中，疍民逐渐丧失了在传统条件下应对生活挑战和维持自身生存的技能以及共同体曾提供的互惠的扶持，他们被国家和主流社会视为既无能力也不可能凭自己意愿作出理性选择的人。需要由一个强有力的引导者按照理性的法则予以指导，指导疍民自愿地或者被迫地进行自我改造，这个引导者就是现代民族国家以及它的行 政系统和专家系统，他们或握有行政资源或掌握现代知识。③ 无论是来自国家层面还是地方层面——所面对的都是抽象的整体，对发展的对象往往只是集体群像。其政策区域有着明确的界限，但区域内却是一片模糊：活生生的人、家庭乃至纷繁复杂的生计活动等在规划文件里都只是表格里的一个单元格或者几个汉字④。

以政府推行"连改"政策的实际情况和时间长度来说，让人不经意地想到斯科特在《国家的视角——那些试图改善人类状况的项目是如何失败的》一书中的洞见。尤其书中

---

① 参阅张帆：《现代性语境中的贫困与反贫困》，人民出版社 2009 年版。
② 王晓毅《反思的发展与少数民族地区的反贫困——基于滇西北和贵州的案例研究》［J］，中国农业大学学报（社会科学版），2015（8）。
③ 张帆：《现代性语境中的贫困与反贫困》，人民出版社 2009 年版，第 101 页。
④ 陈世栋、李春艳、叶敬忠，从断裂到弥合——国家主导型发展干预过程中的日常政治［J］，贵州社会科学，2012年第4期。

第三部分"农村定居和生产中的社会工程"提到的：国家如何掌握社会？……我将特别关注掩藏在国家从上而下地重新设计农村生活和生产的大规模努力背后的逻辑。从中央、宫廷或国家的位置上，这个过程往往被描述为"文明化的过程"。我宁可将之看做驯化的尝试，是一种社会园艺，被发明用来使农村、农村的产品和居民更容易被辨识和被中央掌握。即使不是放之四海而皆准的，但驯化努力中的许多因素至少看起来是普遍的，它们被称为定居和耕作的"国定化"、"集中化"和"大规模的简单化"①。

五、扶贫的地方性知识维度

精准扶贫是现阶段政府主导的新型扶贫发展举措。虽然精准扶贫在扶贫技术上有了新的进展，但是依旧忽视贫困的人文背景。精准识别、精准帮扶、精准管理、精准考核盲目崇拜工具理性，对贫困进行测量、监视、规训和干预必然带来新的实践问题。如贫困户参与不足，帮扶政策缺乏差异性和灵活性，扶贫工作遭遇上访困扰，扶贫资金有限等②。当下的精准扶贫则要注意以下两点。

首先，挖掘内生性资源。地方社会中包含着可持续发展的内生性资源，有着当地人适合的生活世界。从生活世界这一视角来看待扶贫，首要的是"去殖民化"，要以承认当地人的日常生活世界的真理性为出发点。政府在实施发展政策中，需要以当地人为发展的主体，保护当地人的发展利益，重视当地人的传统知识和借助本土的传统。反贫困的真正要求是如何充分挖掘贫困群体的内在资源，在改变既存的权力架构的同时，不断为穷人创造参与的条件，不是单向的盲从，而是在相互的学习、启发、借鉴中，以一种创新的权力结构，为贫困群体的生存和发展，提供一个新的机会和平台。

其次，建立文化自信。对特定群体的精准扶贫，首要的是"扶贫者"与"被扶贫者"二者之间达成话语上的共识，一味地忽视其文化环境，以强势姿态肆意改造将适得其反。扶贫者须以协商对话的态度，在肯定贫困群体经验和认识方式价值的基础上，将这些经验和知识与相应的实践联系起来，为特殊群体建设他们自己的生活世界提供有效的支持和帮助。这种支持和帮助是提供一个使特殊群体更能表征他们自己和他们文化以及关注的语境，从而将决定建构生活世界的权力归还给他们自己。

论文来源：本文原刊于《闽商文化研究》2015 年第 2 期，第 76-85 页。
项目资助：中国海洋发展研究会重点项目（CAMAZD201503）。

---

① 詹姆斯．C. 斯科特：《国家的视角——那些试图改善人类状况的项目是如何失败的》。第 230 页。
② 葛志军，刑成举：《精准扶贫：内涵、实践困境及其原因阐释》[J]，贵州社会科学，2015 年第 5 期。

海洋软实力提升中的政府作用探析

王　琪[①]　崔　野[②]

摘要：海洋软实力是国家软实力的重要组成部分，对于维护国家海洋权益，提升我国的国际地位，树立良好的国际形象等方面具有重大的战略意义，因而需要政府、企业、社会组织、公民等主体的共同参与。作为核心主体，政府在海洋软实力的提升过程中主要发挥着理念建构、物质支撑、顶层设计、社会协同、国际交往等作用。同时，政府在这一过程中也应注意处理好海洋软实力与国家发展目标一致性的问题、海洋软实力与海洋硬实力的关系问题以及海洋软实力资源的转化问题，以促进海洋软实力持续、有效、健康地提升。

关键词：海洋软实力；海洋硬实力；政府作用；海洋强国

我国东临西北太平洋，主张管辖海域达 300 万平方千米，是一个重要的世界性海洋大国。海洋国土的开发、利用与保护不仅事关国民经济的长远发展，更关系到我国综合国力与国际地位的提升。基于此，党和国家明确提出建设"海洋强国"这一宏大战略，将海洋视为实现中华民族伟大复兴"中国梦"的重要战略基地。建设海洋强国，不仅需要有强大的海洋硬实力作为物质基础和依托，更需要拥有能够实现"不战而屈人之兵"的海洋软实力。在发展海洋硬实力的同时提升海洋软实力，已成为我国建设"海洋强国"的必由之路。本文以政府作用为切入点，分析了由政府主导海洋软实力提升过程的优势所在以及政府在这一过程中所发挥的主要作用，并对几个关键问题加以探讨。

一、海洋软实力的内涵与战略意义

海洋软实力是软实力的派生概念。1990 年，美国哈佛大学教授约瑟夫·奈发表了《变化中的世界力量的本质》和《软实力》等一系列论文，首次明确提出"软实力"（soft power）理论。奈认为，软实力是"一种通过吸引而非强迫获得预期目标的能力"，[1]是价值观念、生活方式和社会制度的吸引力和感召力，是建立在此基础上的同化力与规制力。软实力理论通过分析文化、价值观等软力量在国际竞争中的重要作用，力图构建理解国际竞争和分析国家综合实力的新的理论框架，从而超越了传统的以军事和经济等硬实力为主

---

① 王　琪，女，中国海洋大学法政学院教授、博士生导师；主要从事海洋管理、环境管理相关研究。

② 崔　野，男，中国海洋大学法政学院硕士研究生；主要从事海洋治理、海洋环境管理相关研究。

的国家综合实力分析范式。[2]此后，软实力理论风靡国际政治话语体系，在文化、外交、科技等诸多领域深刻影响了主权国家和国际社会的政策选择与发展战略。

作为国家软实力的重要组成部分，海洋软实力是国家软实力在海洋方面的体现。[3]当前，世界各国对海洋的重视程度不断加强，随之而来的是持续不断的海洋争端和愈加严重的海洋问题。解决这些争端与问题，仅仅依靠军事、经济等海洋硬实力手段是不够的，更需要以文化、价值观等要素为核心的海洋软实力发挥作用。由此，提升一国的海洋软实力在全球海洋竞争日趋激烈的今天便显得更加重要。

参照软实力概念的内涵，可以认为，海洋软实力是指一国在国际国内海洋事务中，通过非强制的柔性方式运用各种资源，争取他国理解、认同、支持、合作，最终实现和维护国家海洋权益的一种能力和影响力。[4]海洋软实力是一种内外兼顾的实力形态：在内核层面，海洋软实力在本质上是一种无形的影响力，这种影响力通过长期的、柔性的、隐蔽的方式作用在他国之上，使之认可或追随某些价值观念、行为方式和制度安排，以使他国主动按照海洋软实力拥有者的意志行事；在外显层面，海洋软实力具体表现为海洋文化或海洋价值观的吸引力、海洋制度或海洋发展模式的同化力、对国际机制和政治议题的创设力以及对其他国家和组织的动员力。同时，海洋软实力不是凭空产生的，而是依赖于一定的资源要素并以其作为存在基础的。这其中既包括软性要素，如海洋文化、海洋意识、海洋价值观、海洋政策、海洋发展模式等，也包括诸如海洋经济、海洋科技、海洋军事等硬性要素。

海洋是国际政治、经济、科技和军事竞争与合作的重要平台，中国作为一个海陆兼备的国家，面对严峻的地缘政治局势，必须不断提高我国的海洋综合实力。在我国海洋硬实力还不够"硬"的现状下，提升我国的海洋软实力便具有了更加重要的战略意义：第一，有助于增强海洋硬实力和海洋综合实力。海洋硬实力与海洋软实力是构成国家海洋综合实力的两个方面，海洋软实力的提升不仅可以为海洋硬实力的发展提供一个良好的外部环境，赢得国际社会的认可和支持，其资源要素中的文化、知识、信息等要素还能够在技术上推动海洋硬实力的发展；第二，有助于维护国家的海洋权益。国家海洋权益的维护，在很多情况下是不能诉诸武力的，更多的是需要依靠协商、对话的方式解决争端，而这就需要夯实本国的海洋软实力，达到"不战而屈人之兵"的效果；第三，有助于塑造良好的国家形象，提高我国的国际地位。"天人合一"的海洋文化、"和平崛起"的海洋价值观、与负责任大国相匹配的海洋政策等海洋软实力资源要素，以其深邃性深深地吸引着世界各国，在指导实践的同时也有利于国家形象的塑造和国际地位的提升；第四，有助于推进"和谐海洋"、"和谐世界"的建设。海洋软实力运用协商、对话的方式获得别国的认同、支持与合作，可以避免武力引起的摩擦与争端，有利于为各国的发展提供一个安全稳定的外部环境，有利于"和谐海洋"与"和谐世界"的建设。

二、政府主导海洋软实力提升的优势

海洋软实力的提升是一个漫长的过程，需要政府、（跨国）企业、社会组织、公民等主体的共同参与。在这几种主体之中，政府占据着核心主体的地位，扮演着组织者、引导者、协调者等一系列角色，主导着海洋软实力的提升进程。由政府主导海洋软实力的提升是由一系列客观因素决定的，具有其他主体所不具备的优势。

第一，由政府主导海洋软实力的提升更符合海洋软实力的属性要求。提升国家海洋软实力的根本目的是维护国家的海洋权益，"为人类协同治理海洋提供共享的价值观念与治理工具"。[5]因此，从这个角度上说，海洋软实力便同国防、安全、外交一样，在某种程度上具有了公共物品的属性。然而，无论是企业、社会组织，还是公民自身，虽然他们的某些行为可能在客观上会促进国家海洋软实力的提升，但其行为的主观出发点，乃是维护并扩大本群体或自身的利益，即追求"私人利益"，这与"公共利益"是相悖的。政府是公共意志的集合体，在本质上具有公共性，公共物品的非竞争性与非排他性亦决定了政府是提供各种公共物品的当然主体。作为一种无形的公共物品，海洋软实力的提升与国家和人民的利益息息相关，由政府来主导海洋软实力的提升便更加符合其公共物品的属性要求。

第二，政府具有更强的能力来整合各种海洋软实力资源。海洋软实力是由一系列海洋软实力资源构成的，其中某些资源，如海洋文化、海洋史料、海洋习俗、海洋艺术等具有很强的时间性，在经历了长时间的历史洗礼之后，这些资源中的很大一部分或散落各地，或踪迹难寻，或濒临消失。要充分挖掘这些珍贵资源的价值，首先便需要对这些资源进行搜集、抢救、汇总、保护等工作。由于这项工作具有范围广、耗时长、成本高、短期收益低等特征，决定了只有政府，而不是其他主体具备足够的能力来承担这种工作。此外，海洋软实力资源中的海洋价值观、海洋政策、海洋发展模式等资源本身就具有很强的政治属性，这一属性更加凸显出政府主导到海洋软实力提升过程的正当性。总之，相比于其他主体，政府往往具备更强的能力来对各种海洋软实力资源进行挖掘、建构或整合。

第三，政府在海洋软实力的对外运用方面更具资格与资源的优势。海洋软实力的作用对象是本国之外的其他国家，表现为该国对他国的吸引力、同化力、动员力等。也就是说，海洋软实力的运用需要积极对外传播、扩散、输出该国的各种海洋软实力资源，由此决定了海洋软实力的提升过程往往会涉及国家间的联系，而政府毫无疑问地在国际交往中更具优势。首先，从主体资格的角度看，虽然在全球化时代非政府行为体在国际交往中扮演更为重要的角色，但不可否认的是，政府仍然是国际交往的基本主体。政府所具备的这种资格，使得由政府主导海洋软实力的对外运用具有更大的权威性、针对性、系统性和战略性。另外，政府可以充分利用这种主体资格，积极参与到相关国际政府组织的活动中来，借助国际政府组织这一活动平台来推动海洋软实力的提升与运用；其次，从主体资源的角度看，无论是海洋文化的传播、海洋价值观的塑造，还是海洋政治议题的创设，或是海洋外交政策发挥功效，都需要以一定的物质资源、组织资源、政策资源、权力资源作为基础，而政府则在这方面具备了其他主体无可比拟的优势。

第四，政府的行为更具理性，可以弥补其他主体的缺陷。政府之外的其他主体虽然也具有提升国家海洋软实力的愿望和动机，但由于其资源的有限性、视野的局限性和目标的短期性等缺陷，往往会导致事倍功半的结果，甚至陷入意愿与结果相背离的困境。相比之下，政府由于其具有更加明确的长远目标、更加科学的决策程序、更加民主的运转机制以及更加广阔的国际视野，可以在很大程度上弥补其他主体的缺陷。例如，某些企业或社会组织的发展目标和行动规划往往会因为领导者的变更而中断或重置，导致其前后的发展规划不具连贯性，甚至前后矛盾。而政府则可以在广泛汇集各种主体的意见这一基础之上，通过一定的法定程序制定出长期性的海洋发展战略，并以此指导着其他主体的具体发展规划，这就弥补了其他主体目标与行为的"短视性"这一缺陷。

总之，由于政府具备更强的能力和更高的理性，使得由政府主导海洋软实力的提升过程成为一种必然。当然，这并不是否定其他主体在海洋软实力提升过程中的重要作用，企业、社会团体、公民等相关主体可以通过扮演参与者、补充者、支持者的角色，与政府一道，共同为促进我国海洋软实力的提升贡献自身的力量。

三、政府在海洋软实力提升中的作用分析

上述的优势分析只是从理论上阐述了政府为什么要这样做，是一种应然性分析；而在现实层面，政府实际上发挥了哪些职能和作用，不仅是属于实然性分析的范畴，更直接事关海洋软实力的提升效果。作为海洋软实力建设的核心主体和主导力量，政府在海洋软实力提升过程中主要发挥着理念建构、物质支撑、顶层设计、社会协同、国际交往等作用。

（一）理念建构作用：塑造和传播"和谐海洋"价值观

塑造和传播"和谐海洋"的价值观是政府作用的首要体现。改革开放以来，经过30多年的经济快速发展，我国已成为世界第二大经济体，具备了世界级的影响力。但与此相伴的是，某些西方国家的政客和媒体对中国的崛起充满敌意，"中国威胁论"甚嚣尘上。为了消解这种论调，我国政府适时提出"和谐世界"、"和谐海洋"等价值理念，这对于树立我国负责任大国的良好形象，增强国际社会对我国的理解和认同，具有重要的推动作用。

价值观的建构是一个内外兼修的过程，对内，需要培育民众的人与海洋和谐共处的海洋意识，推动政府与社会共同治理海洋；对外，则需要调整国家之间的利益关系，推动全球海洋治理的实现。因此，政府的理念建构作用主要体现在以下三个方面：一是塑造人与海洋之间的和谐生态观。当前，海洋环境污染日益严重，已对人类的长远发展构成严峻威胁。唤起国民的环保意识和自觉行动，不仅是政府理念建构作用的重要体现，更是保护海洋的客观需要；二是塑造国家与社会之间的和谐治理观。要确保行政权力的良性运行，就需要实现治理主体的多元化，推动社会各界参与到海洋公共事务的治理之中，实现海洋管理的良治。具体来说，就是政府要简政放权，制定"海洋权力清单"，划分政府、市场、社区在海洋治理中的功能边界，培育公民社会；三是塑造海洋国家之间的合作共赢观。"和谐海洋"观的核心理念是建设"和平、合作、和谐之海"，为此，需要政府通过各种媒介向世界主动传播和谐海洋理念，积极构建海洋合作伙伴关系，与各国一道共同开发利用海洋，保护海洋环境，使海洋真正成为不同文明间开放兼容、交流互鉴的桥梁和纽带。合作共赢观的塑造与传播对于发展我国与周边海洋国家的合作关系，维护世界安全与稳定

具有重要的现实意义。

（二）物质支撑作用：发展和增强海洋硬实力

与海洋软实力相对，海洋硬实力是指一国在国际海洋事务中通过军事打击、武力威慑、经济制裁等强制性的方式，逼迫他国服从、认可其行为目标，以实现和维护其海洋权益的一种能力和影响力。海洋硬实力是海洋软实力存在的物质支撑，离开了海洋硬实力，海洋软实力就成了无本之木，无源之水。因此，发展和增强海洋硬实力既是海洋软实力提升的前提条件，也是政府作用的重要体现。

海洋硬实力由海洋经济实力、海洋科技实力和海洋军事实力构成，而这三种"力"的发展离不开政府作用的发挥。首先，政府是海洋经济发展的主导力量。这一作用通过直接与间接两种方式得以发挥：直接方式是指政府根据国家经济发展的总体规划，确定海洋经济发展的具体目标，并为其营造良好的发展环境；间接方式表现为政府通过制定货币、财政、产业等相关政策，运用特许经营、政府购买等政策工具，引导和促进相关企业的发展壮大，并借由企业的力量推动海洋经济的发展；其次，政府是海洋科技创新的推动者。科技是一个范畴极广的概念，既包括人才、器物、技术等有形的表层层面，也包括制度、战略、创新能力等无形的深层层面。在表层层面，政府的作用主要表现为培养大批高素质人才、为海洋科技创新提供必要的资金和物质支持、推动科学发明转化为实际的生产力等；在深层层面，政府通过实施"科教兴国"战略、完善科技创新体制、营造良好的研发环境等措施，促进海洋科技的发展和创新；最后，政府是海洋军事建设的唯一主体。由于武装力量的特殊性质，决定了只有政府才能承担发展海洋军事实力的重任。近年来，人民海军发展迅猛，维护国家海权的能力极大提高，有力地推动着我国经济社会的持续发展。由此可见，政府在增强海洋硬实力的过程中扮演着极为重要的角色，而这亦为海洋软实力的提升奠定了坚实的物质支撑。

（三）顶层设计作用：完善和创新海洋管理体制

海洋软实力的提升是一项事关国家政治、经济、文化、科技、外交等各种力量全面发展的系统工程，必须从整体出发，统筹各方面因素加以考虑。海洋管理体制作为海洋软实力资源之一，其有效运行会对他国产生强烈的吸引力和借鉴意义，由此促进国家海洋软实力的提升。例如，美国较早建立了集中与分散相结合的海洋管理体制，由于其运行效果良好，便为日本、澳大利亚、加拿大等国所借鉴，极大地促进了美国海洋软实力的增强。因此，对于我国政府来说，也应强化顶层设计，不断完善和创新海洋管理体制，为海洋软实力的提升注入新的活力。

"体制"一词，可以将其分解为"体"与"制"两部分。其中，"体"是指相关职能机构的设立、人员的配备、管理层次的划分等，属于体制中的有形部分；而"制"则是指对不同部门的职能范围、协作方式、相互关系等作出规定并形成制度，属于体制中的无形部分。只有实现"体"与"制"的有效配合，才能最大程度地发挥体制的功能。具体到海洋管理体制方面，2013年的国务院"大部制"改革进一步完善了我国的海洋管理体制，一定程度上弥补了原有体制的弊端：在"体"的方面，重新组建了国家海洋局，设立了高层次的议事协调机构，在中央层面实现了执法机构的精简；在"制"的方面，则更加明确了各涉海部门的业务范围和职责权限，并鼓励各部门之间建立有效的沟通协调机制，这些举措都为海洋软实力的提升提供了更为丰富的资源。然而，需要指出的是，我国当前的海洋管理体制并非十全十美，在职能的整合、部门间的协调、"大数据"的建设、执法效能的提高等方面仍存在很大的不足，需要政府持之不断地加以完善和创新。此外，政策法律体系的完善、海洋发展战略的制定等也属于顶层设计的范畴，亦是政府作用的具体体现，这些都极大地促进了国家海洋软实力的提升。

（四）社会协同作用：培育和引导海洋社会组织

如前所述，政府并不是提升海洋软实力的唯一主体，社会组织、企业，甚至公民个体，都可以成为传播我国优秀海洋文化、展示我国海洋发展成果、塑造我国良好国际形象的重要力量。在这其中，海洋社会组织的作用更为突出。海洋社会组织是指围绕海洋问题，以促进海洋政治、经济、科技、文化发展为目标，为实现提高公民的海洋意识、监督国家的政策运行、保护海洋资源生态发展等宗旨，不以营利为目的，具有自愿性和自治性的社会组织。[6]近年来，海洋社会组织获得了一定程度的发展，但总体来说，海洋社会组织大部分处于萌芽阶段，数量少，资金缺乏，影响力弱，无法担当提升我国海洋软实力的重任。因此，政府应将培育和引导海洋社会组织的发展纳入自身的职责之中，以协同社会各方力量，共同促进我国海洋软实力的提升。

在现阶段，政府的社会协同作用主要体现在三个方面：一是简化登记管理制度。党的十八大以来，除政治类、宗教类以及国外非政府组织在华代表机构需要有业务主管部门之外，其他社会组织均可以直接在民政部门登记，这对于培育海洋社会组织的成长是极大的利好；二是加大资金支持力度。当前，大多数的海洋社会组织普遍面临着活动资金不足这一困境，而且由于其活动范围的局限性，导致社会、个人捐赠的数额更为稀少，由此需要政府加大资金投入，通过政府购买服务、课题申报、设立海洋发展专项基金等方式促进海洋社会组织的壮大；三是引导海洋社会组织的良性发展。海洋社会组织作为社会组织的一种类型，不可避免地存在着资源不够充足、运作不够规范、非独立性、业余主义等弊端，产生"志愿失灵"的现象，[7]这时就需要政府通过法律、政策、教育等手段对其加以引导，促进其良性运行与发展壮大。

（五）国际交往作用：创设和运用海洋话语平台

海洋软实力体现了国家在国内外海洋事务的处理中争取海洋权益的能力，因此在很大程度上涉及国与国之间的外交问题和国际政治问题。[8]因此，政府应充分利用其自身主体资格优势，主动加强国际交往，以增强我国在国际海洋事务中的话语权与影响力。

政府的国际交往作用主要体现在海洋话语平台的创设与运用方面。首先，对于已有的国际海洋话语平台，我国应注重提升参与质量。21世纪以来，中国一直积极参与到以《联合国海洋法公约》为核心的各类国际海洋话语平台的建设中，但在很多方面，高参与度并未能带来高收益率。由此，就需要我国政府强化国际海洋议程的设置能力，实质性参与到大陆架界限委员会、国际海洋法法庭等机构的相关工作中，注重提升运用制度规则维护自身海洋权益的能力；其次，立足中国实际，积极倡导构建新的海洋话语平台。目前，我国正在大力倡导"21世纪海上丝绸之路"、"亚洲基础设施投资银行"等话语平台，这些平台不仅仅涉及经济事务，更是彰显我国国际影响力和话语权的广阔舞台；最后，要积极维护由我国建立的海洋话语平台。一方面要增强海洋话语平台的"硬实力"，加大资金、物质投入，提升平台的层次与影响力，吸引高层次、高质量的参与者加入其中；另一方面则要提升海洋话语平台的"软实力"，注重完善平台的制度与规则，不断提出既立足自身又兼具公益性的理念与议题，以促进其规范、有序，良性发展，增强中国在国际海洋事务中的话语权。

除此之外，政府也应持续开展海洋外交。外交，是中央政府独有的一项行政权力，也是提升我国国际话语权的有力武器。我国政府应继续坚持睦邻友好、和平崛起的外交方针，妥善处理好与欧美传统海洋强国和新兴海洋国家的关系，争取其认可与支持。同时，对于他国损害我国海洋权益的行为则应坚决予以回击，有效应对西方国家对我国海洋问题的话语介入。2010年，时任外交部长杨洁篪在东盟地区论坛上以"七问七答"的修辞方式，巧妙地回应了美国国务卿希拉里·克林顿对南海问题的话语介入，取得了良好效果，成为中国争取海洋话语权的一个成功案例。

上述的几种作用，按照作用方式的不同，可将其分为直接作用与间接作用两种。直接作用是指政府直接对构成海洋软实力的各种资源发挥作用和影响，以促进海洋软实力的提升，如塑造"和谐海洋"的价值理念、对外传播优秀的海洋文化、完善和创新海洋管理体制等；间接作用则是指政府通过将其能力作用在其他主体或非海洋软实力资源要素上，以间接的方式促进海洋软实力的提升，如引导海洋社会组织的发展、创设海洋话语平台等。另外，政府对某些海洋硬实力资源的"柔性"运用也属于间接作用的范畴，如派遣军舰将本国和外国侨民从战乱国家撤回、运用经济实力对外进行人道主义援助等，都可以在间接上推动我国海洋软实力的提升。

四、政府在海洋软实力提升中应注意的问题

（一）海洋软实力与国家发展目标一致性的问题

国家的发展目标具有时间性，在不同的阶段内，具体的发展目标也是不同的。海洋软实力作为"海洋强国"建设的重要内容，应服从于国家的发展目标和总体战略，根据客观形势的变化及时转换自身的发展重心，以达到与国家发展目标相一致。当前，我国面临的最为紧迫的海洋问题是维护海洋权益和改善海洋环境质量，因此，在现阶段，政府应将海洋软实力的发展重心倾向于这两个领域，采取诸如引导"保钓联盟"、"蓝丝带"等类似民间团体的良性发展、积极开展海洋外交、传播人海和谐的海洋生态观等措施，促进国家发展目标的实现。在可以预期的未来内，提高海洋治理能力、应对全球海洋问题、实现全

球海洋治理将逐步上升到主要地位，由此，需要适时调整海洋软实力的发展重心，服从国家发展大局。

（二）海洋软实力与海洋硬实力的关系问题

海洋硬实力与海洋软实力相互影响、相互促进，海洋硬实力是海洋软实力的物质基础和有形载体，正如亨廷顿所说，物质上的成功使文化和意识形态具有吸引力，而经济和军事上的失败则导致自我怀疑和认同危机；[9]海洋软实力则可以开拓海洋硬实力的战略空间，并在技术上推动海洋硬实力的发展。正是因为两者之间存在这种关系，使得在"海洋强国"的建设实践中必须做到二者兼顾，不可偏废任何一方。但困难之处在于，由于海洋硬实力与海洋软实力的构成资源都非常复杂，且广泛分布在各个领域，导致对二者发展程度的测度变得非常困难。由此，政府需要在理性分析与客观评估的基础上，将有限的资源合理地分配到海洋硬实力与海洋软实力的发展之上。总之，在实践中如何准确把握二者之间的"度"，如何平衡好海洋硬实力与海洋软实力各自的发展，是需要政府认真加以考量的。

（三）海洋软实力资源的转化问题

如前所述，海洋软实力资源既包括各种软性要素，也包括某些硬性要素，其作用的发挥需要对这些要素加以适当运用。进而，衡量一国海洋软实力强弱的标准，并不仅仅在于是否具备了较为充足的海洋软实力资源，更在于是否对这些资源进行了有效的转化和运用。也就是说，海洋软实力的形成需要满足"存在资源"与"有效运用"两个要件，两者缺一不可。通常来说，从国家主体的角度，可将海洋软实力资源的运用方式分为主动性运用与非主动性运用两种：主动性运用是指主体针对特定的对象，主动运用资源以实现某种既定目标；非主动性运用则是指主体没有针对某个特定对象运用自身的资源，但有关主体的相关信息会通过其他渠道从侧面被其他国家所了解，从而对他国产生吸引力。因此，对于政府来说，仅仅挖掘或创造海洋软实力资源是不够的，更重要的是将这些资源通过一定的方式作用到客体身上，实现由资源向结果的转化。

结语

通过全文的分析，可以得出，海洋软实力的提升效果与政府职能的发挥程度密切相关。在全球海洋竞争和争夺日益激烈的今天，不断增强我国的海洋软实力，有效维护我国的海洋权益，是政府义不容辞的责任。但需要注意的是，海洋软实力的提升是一个长期、复杂、动态的过程，不可一蹴而就，也不会一劳永逸。海洋经济、科技、军事等海洋硬实力尚需逐步发展，海洋软实力的建设更需循序渐进，不可操之过急。否则，不仅不能达到既定的目标，反而会导致海洋硬实力与海洋软实力两者之间发展失衡，对国家海洋综合实力造成损害。总之，在海洋软实力的提升过程中，政府必须以极为理性的战略和积极主动的行为来促进海洋软实力持续、有效、健康地提升。

参考文献

［1］ （美）约瑟夫·奈著．软实力［M］．马娟娟译．北京：中信出版社，2013.

［2］ 黄金辉，丁忠毅．中国国家软实力研究述评［J］．社会科学，2010，（5）：31.

［3］ 冯梁．论21世纪中华民族海洋意识的深刻内涵与地位作用［J］．世界经济与政治论坛，2009，（1）：75.

［4］ 王琪，王爱华．海岛权益维护中的海洋软实力资源作用分析［J］．中国海洋大学学报（社会科学版），2014，（1）：19.

［5］ 王印红，王琪．浅析海洋软实力研究中的几个基本问题［J］．东方行政论坛（第一辑），2011：163.

［6］ 吴宾，王琪．海洋社会组织的基本理论问题分析——兼论海洋社会组织在海洋强国建设中的地位与作用［J］．中国渔业经济，2014，（1）：32.

［7］ （美）萨拉蒙著．公共服务中的伙伴：现代福利国家中政与非营利组织的关系［M］．田凯译．北京：商务印书馆，2008.

［8］ 宋宁而，王琪．日本海洋软实力发展及其对我国的借鉴意义［J］．太平洋学报，2015，（2）：98.

［9］ 江凌．中国软实力：优势·不足·提升策略［J］．第七届软科学国际研讨会论文集（中国卷），2012：377.

论文来源：本论文原刊于《中国海洋大学学报（社会科学版）》2015年第3期，第6-11页。

项目资助：中国海洋发展研究中心重点项目（AOCZD201306）。

走出中国海洋文化的认识误区

洪　刚[①]

摘要： 人们在中国海洋文化的历史发展、价值取向等方面一直存在着认识的误区。这种误区具体表现为：以农业文明为本位吸纳和记录海洋文化和历史活动，遮蔽了中国海洋文化绽放的东方文明的光辉和作为孕育中华文明的重要渊源的历史事实；中国海洋文化丰富渊深的历史被遮蔽的同时，其体现着鲜明的和平性与开放性也被曲解了，造成了中国海洋发展一以贯之的和平发展海洋事业的传统及其独特价值被大大消解和忽视；在西方海洋文化的冲击与挑战下，以西方为单纯价值标准认识中国海洋文化发展，确立自我话语体系和价值观念的文化自觉严重缺失。为此，要从文化自觉的角度出发，从历时性的视野全面地认识中国海洋文化的历史，从共时性的视野洞察中国海洋文化独特的价值意蕴，在海洋文化的历史认识、评价标准、宏观评价和总体价值取向等方面，从中国海洋历史传统中汲取营养，以高度的文化自觉，进行基于自我海洋历史和传统的文化思考、文化选择和文化建构，从而用多元、和谐、和平的文化理念强调海洋文化的全部内涵、整体功能和民族特色，以创新中国当代海洋文化理论，确立中国海洋文化的话语体系，为我国参与世界多元的海洋文明交流对话提供有力的理论支撑和价值导向。

关键词： 中国海洋文化；认识误区；价值取向

当前，构筑21世纪"海上丝绸之路"的美好愿景将各个国家凝聚成为共同发展的"命运共同体"，在世界海洋文明主体的交流对话中，需要海洋文化研究提供有力的理论支撑和价值导向，因而，开展海洋文化研究，廓清中国海洋文化的认识误区，正确认识中国海洋文化的历史发展，揭示中国海洋文化的历史资源及其价值，思索中国现实海洋文化的价值取向，对我国海洋文化发展进行历史总结和现实建构，已成为深入开展海洋文化研究的内在要求，需要中国海洋文化在基础理论、发展理念和道路抉择等方面做出回答，以解决中国当代海洋文明秩序自我建构中的文化自觉、本体自知和道路自信问题。

一、中国海洋文化的认识误区及表现

进入21世纪，人类的社会进步事业将愈来愈寄希望于海洋，国家建设发展也越来越

---

① 洪　刚，男，中国海洋发展研究会会员，大连海洋大学法学院/海警学院副教授，硕士生导师，主要从事海洋文化理论研究。

离不开海洋，深入开展海洋文化研究成为我国海洋发展的内在要求，但是，受到传统陆地史观和西方文化中心主义的影响，对于中国海洋文化在理念与认识上存在诸多的曲解误读，形成了对中国海洋文化的认识误区。譬如，中国海洋文化发展悠久的历史和丰富的内容没有得到客观全面的揭示；中国海洋文化的重要内涵和文化现象没有从根本上得到阐明；以西方海洋历史发展为唯一参照标准，对中国海洋文化的历史和价值观念进行片面解读；中国海洋文化的优秀传统和独特价值被消解和忽视等等。具体来说，突出表现在以下几个方面。

第一，以农业文明为本位吸纳和记录海洋文化和历史活动，遮蔽了中国海洋文化绽放的东方文明的光辉和作为孕育中华文明的重要渊源的历史事实。在传统的陆主海从的思维方式下，中国海洋发展陆海兼具的历史事实一再被忽视和曲解，海洋文化在传统精英文化、主流文化中被边缘化，大量的海洋文化信息失去了历史的记忆，或仅残存某些记忆的碎片。

在对中国传统的农业文化与游牧文化冲突与交融的二元化解读之中，王朝叙事一直把海洋经贸和海洋发展作为经济史和中外关系史的补充和陪衬。从农业文明的本位看海洋活动，则海洋经贸活动和海外文化交流在经济上是无足轻重的，九死一生的海洋冒险与四季更替的农业生产也是格格不入的，特别是边海游民，为生计所迫，为躲避官府而与部分海寇和倭寇合流，更是加深了人们对海洋社会的偏见，视其为化外流寇。明代史家顾祖禹在《读史方舆纪要》中有一段答客问很生动地表现出这种心态："客曰：……倭夷或能病我中华，其以海之故哉？曰：其倡乱者，非皆倭也，即所谓泉郎之徒也。"[1] "泉郎"本指东晋时参加卢循起义的泉州夷户，这里说的是明代漂泊海上的海商、海寇，"泉郎之徒"甚至比倭夷更令国人敌视。以传统王朝政治为中心的海洋叙事虚隐了无数海洋文化发展的精彩章节，比如，为了杜绝后代帝王兴起经略海洋的念头，甚至连郑和的航海档案也一并烧毁，大量珍贵的历史信息消失无踪，向外用力的海洋文明社会实践被排拒而转化为体制外的循环。以农业文明为本位的陆地史观造成海洋史料的大量遗失，更加强了传统海洋文化的迷失，致使今天世人所看到的历史文本和感受与先民开创的历史事实存在着巨大的落差。

第二，中国海洋文化丰富渊深的历史被遮蔽的同时，其体现着鲜明的和平性与开放性也被曲解了，造成了中国海洋发展一以贯之的和平发展海洋事业的传统及其独特价值被大大消解和忽视。中国海洋文化在漫长的历史变迁和发展演进中，"形成了相对稳定的陆海兼容的生态圈，成为繁衍华夏民族生生不息的沃土，"[2] 并且自始至终彰显着和平利用海洋大自然、友好交通海内外一切国家、地区和民族的精神特质，体现着鲜明的和平性和开放性，从而形成了一以贯之的和平发展海洋事业的传统。而由于中国海洋文化总体上丰富渊深的历史被遮蔽，这种互惠的海洋经贸活动和共融的海洋文化交流活动被切割和碎片化。如明代在朝贡体系之下，有不少侨居海外的华人被选为贡使来中国，为中外交往起了桥梁的作用，但在国人的眼里，这些"华人夷官"却成为里通国外的非分之人，严从简在《殊域周咨录》中说：

"四夷使臣多非本国人，皆我中华无耻之士，易名窜身，窃其禄位者。……遂使窥视京师，不独细商细务，凡中国之盛衰，居民之丰歉，军储之虚实，与夫北虏之强弱，莫不周知以去。故诸蕃轻玩，稍有凭陵之意，皆此辈为之耳。"[3]

对"华人夷官"历史身份与作用的歪曲反而强化了民族意识对海洋的漠视，中国海洋文化传统独特的文化价值被遮蔽和消解，人们看不到在漫长的历史中形成的以环中国海为中心的、辐射亚洲甚至于世界的中国海洋文化圈，忽视了自古便深入人心的"天人合一"、"四海会同"的中国海洋文化理念与价值取向。

第三，在西方海洋文化的冲击与挑战下，以西方为单纯价值标准认识中国海洋文化发展，确立自我话语体系和价值观念的文化自觉严重缺失。15世纪地理大发现之后，海洋浪潮席卷世界，人类发展的目光越来越多地转向海洋，对海洋历史与文化的研究也日益引起西方学者的关注。在海洋文化研究领域，以欧洲中心论构建的话语体系，用海洋代表西方、现代、先进、开放，大陆代表东方、传统、落后、保守。这种观点突出体现在德国哲学家黑格尔关于海洋文化理论的论述中。在他看来，人类的文明是从东方开始的，就像太阳从东方升起并向西方行进，人类的文明在中国开始以后，逐步传到印度、波斯、巴比伦、拜占廷、希腊、意大利、西欧。黑格尔认为，"就算他们有更多壮丽的政治建筑，就算他们自己也是以海为界——像中国便是一个例子。在他们看来，海只是陆地的中断，陆地的天限；他们和海不发生积极的关系……"[4]黑格尔意在说明中国虽然有五千年文明史，却一直停留在文明的初始阶段，相比于不断发展着的西方文明，东方文明是保守的内陆文明。黑格尔判断，中国的文明是以大河流域为主的农业文明，古代中国人和海"不发生积极的关系"，因而没有超越大海的行动，也没有深刻地影响中华民族的核心文化、精英文化。

近代以来，我国科学与文化各领域的话语体系、理论系统和工具方法都源于西方，表现在包括海洋文化在内的文化领域产生了严重的"失语症"，在价值标准上，完全以西方发展为参照系，单纯使用西方的概念和理念阐释和研究中国问题。受"西方文化是蓝色的海洋文化"和中国陆地史观影响，使用西方的话语和概念言说中国海洋义化，不仅造成了对中国海洋文化的历史发展的误读，也造成了中国海洋文化本体本位意识的缺失，缺少确立中国海洋文化话语体系和价值观念的文化自觉。

二、形成中国海洋文化的认识误区的原因分析

可以说，产生以上诸种认识误区的原因是多方面的，有看待历史发展的文化视角的原因，有现代学术研究视野与方法的原因，也有文化冲突与价值标准的原因，总结起来，主要表现在以下几个方面。

第一，重陆轻海的传统思维定式遮蔽了中国海洋文化的历史全貌。人们看待海洋和陆地的不同视角决定了不同的认识结果：从陆地看海洋，以陆地为本位，则海洋必是陆地的边缘，海洋发展必成为陆地发展补充；从海洋看陆地，以海洋为本位，则陆地是海中之岛。地球表面十分之七为水覆盖，陆地本就是海中之大岛，即魏源所言之"大海国"，从海洋到陆地再走向海洋的变迁，这既是人类历史行走的路线，也是人海关系的变迁路线，

是人对海洋情感的自我觉悟。无论现在和将来，海洋所呈现的巨大经济效益和深厚的文化价值与其说是人转身向海的原因，不如说是人海关系自然而然的结果。

长期以来，中国海洋文化一直被置于对中国传统的农业文化与游牧文化冲突与交融的二元化解读之中，人们对中国海洋发展的认知与理论研究囿于陆地史观的影响，仅在农业文明或与游牧文明二元冲突与互动构架内进行思考。社会精英与广大民众习惯从中原农业文明的角度遥望海洋，把海洋生产视作农业活动，把海洋经贸视为经济补充，海洋逐利在价值取向上形同化外，海洋文化被定位于边海地域文化。在这种陆主海从的思维方式下，中国海洋发展陆海兼具的历史事实一再被忽视和曲解。

第二，王朝海事与民间海事的二元化结构使中国海洋发展的整体传统和独特价值被割裂和肢解。中国的海洋发展一直存在着王朝海事与民间海事的二元化结构，开海与禁海的政策变换影响了海外交流的正常开展，使中国海洋发展的整体传统和独特价值被割裂和肢解。

中国历史上的海洋活动一直包括两个层面：一方面，封建王朝主导的官方海洋活动一直体现着一种政治关系，其出发点和立足点是建立以中国为核心的"华夷秩序"；另一方面，以经济为目的的民间海洋活动却贯穿了中国历史的全过程，滨海渔民作为海洋生产生活群体，其海洋生活与生产的历史悠久而连续，他们不依赖于土地农业生产。在明清海禁时期，"海滨之民，惟利是视，走死地如鹜"，"冲风突浪，争利于海岛绝夷之墟"。明代后期开放月港后，航海人有一句口号："若要富，须往猫里务（菲律宾 Burias 岛）"，许多人抱着致富的动机移民海外。传统海洋活动的主体是渔民、疍户、海商、船员、海盗，航路、海岛的开发也是他们启动的。只看朝廷的政治运作，把眼光局限于官方封贡关系，这些社会群体的存在自然成了观察的盲区，而其所体现的作为中国海洋文化中不可缺少的传统与价值便被割断和忽视了。

中国自古以来就是一个陆海兼具的国家，从周秦到隋唐，中国政治、经济、文化的核心在黄土高原，以农为本奠定了华夏民族的主体地位，创造了高度的农业文明，也形成了依恋土地的文化心理和思维偏向。宋朝以后，时局变换使政治和经济中心向南移动，国家向外用力的方向倾向于海洋，开辟了"海洋上丝绸之路"，明清之际，郑和七下西洋，可谓盛极一时，但也被视为一时权宜之计，而非国家政策的根本性选择；郑成功以海洋为根本，"与红夷（荷兰）较雄雌于海上"，光复台湾，但也为抗清志士误解，说他"生既无智，死亦非忠"。[5]

第三，陆地史观的文化视角和西方中心主义的价值标准的共同作用造成了中国海洋文化本体本位意识的严重缺失，丧失了构建自我话语体系和价值观念的文化自觉。20 世纪70 年代以来，中国海洋发展在整体社会变迁中越来越引人注目，但是，人们在观照海洋发展的时候，依然是站在陆地的视角，从农业的中国历史中找寻海洋的因素，从整体上遗忘的海洋记忆中"发现"历史的片断，这种误解使人觉得，中国现代的海洋文化，不会是中华传统文化的组成部分，它与本土的传统不会有必然的联系，只能是从西方引进而来的。事实上并非如此，就海权观念来说，杨国桢先生认为，中国人对海权论的发现，不在清末，而是在明代嘉靖十六年（1537 年）刊刻的《渡海方程》中，"其书上卷述海中诸国道里之数，……下卷言二事，其一言蛮夷之情，与之交则喜悦，拒之严反怨怒，请于灵山、成山二处，各开市舶司以通有无，中国之利也。"[6]明确说明在沿海地区设都护府加以军事控制，在海外开市舶司管理海洋贸易，发展商业和航运业。遗憾的是本书的内容没有被国人认识，也没有产生什么影响。

相比之下，在地中海诸岛及周围沿海陆地上产生和发展起来的西方文化，被称之为"海上文化"或"海洋文化"。地中海特殊的海洋环境，成就了西方古代的灿烂文化，使其带有鲜明的海洋性质和特征。伴随着人类历史的不断发展，这一海洋文化体系也在逐渐完善，尤其是 15 世纪，在欧洲人走出地中海之后，西方海洋文化也走向了世界，成为世界性的文化，而作为拥有深厚海洋文化传统的国家，中国也被时代的潮水裹挟着进入这一海洋发展道路，海洋文化的本体本位意识渐渐缺失，进而丧失了构建自我话语体系和价值观念的文化自觉。

三、正确认识中国海洋文化的历史发展

要走出中国海洋文化认识的误区，离不开对中国海洋发展历程的清楚把握，更离不开对中国海洋文化发展的整体考察。从远古中国海洋文化的形成时代到郑和七次下西洋，在海洋发展的历史长河里，中国古代海洋文化始终与东亚文明的起源、发展、兴盛和繁荣息息相关，"并对欧洲、美洲、大洋洲乃至全世界海洋文化的发展、繁荣做出过巨大贡献"。[7]从"公元前 3 世纪起，迄至公元 15 世纪，中国古代的航海业和航海技术一直处于世界领先水平"[8]。在历史的不同阶段，中国海洋文化都从一个侧面反映了特定历史时期的海洋发展状况，成为我们考察那个时期海洋与文明的重要历史维度。

第一，从早期历史形成来看，中国海洋文化闪耀着东方文明的光辉，成为孕育中华文明的重要渊源。考古发掘表明"我国海洋文化最迟在旧石器时代晚期已经开始"[9]，中华先民在漫长的历史和浩瀚的海际留下了深深的印记，这些久远的海洋文化信息可以从现已发掘的大量人类生活遗址窥见一斑，"辽宁的长山群岛、山东庙岛群岛、浙江舟山群岛、福建金门岛、台湾、澎湖列岛，一直到环珠江一带岛屿与海南岛等地，"[10]都有显示古代中国海洋历史文化的有力证据。早期海洋文化也成为中华文化的重要组成部分，《山海经》中记录了中国最早的海神禺疆："北方禺疆，人面鸟身，珥两青蛇，践两青蛇。"（《山海经·海外北经》）其世系可以追溯到黄帝；据《尚书·禹贡》记载，禹时已有了国家组织，禹夏的疆域将天下分为九州，其中兖、青、徐、扬四州临海；祭祀殷高宗武丁的颂歌记载："邦畿千里，维民所止，肇域彼四海"，（《诗经·商颂·玄鸟》）说明不仅商朝疆土纵横千里，而且商人已经有了"四海"的观念。

在古老的海洋文化中，我国北方的龙山文化和南方的百越文化影响最为深远，伴随龙山人和百越人海上活动的不断拓展，他们不仅把海洋文化传播到中国南北沿海各地，而且把早期中国海洋文化的典型物证有孔石斧、有孔石刀和精美的黑陶器具等，通过开放的海洋通道，传播到了遥远的地区，中国成为世界海洋文明的发祥地之一。

越来越多考古发掘和研究表明，中华文明的渊源具有多重性和统一性，也就是说，中

华文明的形成不仅源于由中原向周边不断扩展的大陆文化，也源于由滨海地区向陆地和海外传播的海洋文化，表明中华文化是由多源区域性发展形成的，这改变了传统上认为中华文化起源于黄河流域的大陆文化的一源中心说，也从源头上表明中国自古以来就是一个陆海兼具的海陆复合型国家。

第二，从漫长的海洋发展历程来看，中国海洋文化在总体上繁荣发展的同时，体现着鲜明的和平性和开放性，形成了一以贯之的和平发展海洋事业的传统。从夏商周三代以来，伴随社会生产力的发展和民族大融合，中国沿海人民拓展出了一条条海上航线，开始了大规模的海上活动，与朝鲜半岛、日本列岛、古越南、印度及马来半岛，都建起了海外交通和文化关系。春秋战国时期是中国社会转型和创新的巨变时期，此后，中国海洋事业继往开来，走上了发展和繁荣的道路。秦汉大一统，中华海陆文明在整体上得以崛起，海洋科技知识的掌握运用，使中国海洋文化的传播范围大大拓展，进一步巩固了中国的世界海洋文化大国地位。唐宋元三代，由于政府鼓励中外海上交通贸易，实行博大恢弘的开放韬略，海外交通和海洋文化交流走向全盛时代。从元代至明初郑和七下西洋，中国海洋文化空前繁荣，"郑和在七次远洋航行中，到达东南亚、南亚、伊朗、阿拉伯和红海海岸及非洲东海岸的 30 多个国家和地区，"[11] 在所达之处进行和平外交和文化交流，他们开拓的航路、总结的航海见闻及绘制的海图成为极其珍贵的海洋文化遗产。

值得注意的是，在积极推动中华民族海洋事业发展的同时，中国海洋文化表现出鲜明的文化特质，那就是"天下一体、四海一家、互通有无、和谐发展、耕海养海、亲海敬洋、知足常乐的'中国式'发展模式和人文精神。"[12] 这种精神又自始至终与和平利用海洋大自然、友好交通海内外一切国家、地区和民族形影不离，从而形成了一以贯之的和平发展海洋事业的传统。

第三，从地理大发现以来中国面对的海疆危机与海洋争端来看，中国海洋文化发展面临着冲击与挑战，要有确立自我话语体系和价值观念的文化自觉。郑和之后的明朝推行了严厉的"海禁"政策，到了清王朝更实行了限商禁商和闭关锁国政策，一方面是西方世界新航路开辟以后，各国纷纷走上世界海洋舞台；另一方面是古老的中国关闭了与西方国家开展海上贸易的大门，中国的国家发展渐渐远离了世界发展的轨道。1840 年之后的 100 年时间里，民族危机从海上接踵而来，中华海权遭到严重损害，海洋文化面对重重危机，失去了海洋文化的本体本位意识，传统海洋价值观受到西方海洋理念的巨大冲击，面临严峻挑战。一直到今天，我国海洋文化发展仍然面临种种困境，没有形成明确的海洋价值观念，无法形成自己的话语体系，缺少面对海洋发展的文化自觉。

通过考察中国传统的社会结构我们可以看到，中国海洋文化的历史变迁往往表现出两方面特征：一方面，它可以比较灵活地改变自己的表层结构以适应各种变化；另一方面，文化深层结构又具有很强的稳定性，善于抵御各种变化。海洋性是中国历史人文多样性的一个方面，而且是极其重要的一个方面。在中华民族文化发展历程中，"农业文化、游牧文化和海洋文化共同组成中国文化一个大的系统，"[13] 海洋文化是中国传统文化的组成部分，在其发展过程中，尤其是自秦汉以来，中华民族历经东夷、百越而转换到沿海先民历心于山海，使中华民族的海洋传统一直不断积累，传续不止，形成了一种相对稳定的文化传统，成为中华传统中宝贵的文化内容。新的历史时期的中国海洋文化发展，既面临着严峻的挑战，同时也迎来了历史机遇。只有立足于悠久的海洋文化传统，用多元、和谐、和平的文化理念强调海洋文化的全部内涵、整体功能和民族特色，创新中国当代海洋文化理论，逐渐确立中国海洋文化的话语体系，才能为我国参与世界多元的海洋文明交流对话提供有力的理论支撑和价值导向。

四、实现中国海洋文化的价值自觉

对一个国家海洋历史的定性式考察会从根本上左右国民的海洋观念和国家的海洋发展路径，如施密特在《陆地与海洋——古今之法变》中所说："建立在单纯的航海以及利用有利的港口位置的文明与那种将一个与陆地相维系的民族的历史及其整体存在转向海洋这一元素的文明是完全不可相提并论的"。[14] 对于中国来说，要改变几千年来重陆轻海的传统社会心理、主流观念与思维定势，就必须通过长期的努力，不断进行观念更新、理念转换和实践创新。当前，我国正处于中华民族复兴的重要战略机遇期，构建正确的国家海洋发展战略已经变得极为迫切，中国的海洋文化建设要有基于中国海洋发展本体本位的文化自觉和价值取向，要有基于自我海洋历史和传统的文化选择、文化建构和文化实践。

第一，在中国海洋文化历史发展的认识方面，必须正视我国陆海兼具的历史事实，反思陆主海从的传统认识。中国不但有黄色的大河文化，而且还有蓝色的海洋文明；中国不仅存在类似西方的海洋商品文化，而且具有独特的海洋农业文化。"海洋文明是中华文明的重要组成部分，依海而居的中华先民早就受益于海，他们得'鱼盐之利'，享'舟楫之便'。"[15] 中华先民早年躬耕于沧海，扬帆于海外，在漫长的历史和浩瀚的海际留下了深深的印记，正视我国陆海兼具的历史事实是客观认识我国海洋文化的基础。

第二，在海洋文化发展的评价标准方面，要避免单纯使用西方海洋发展标准作为参照系，必须更多地将研究的目光集中于中华民族自身的海洋发展逻辑。作为一个文化统一体，中国文化历史上就具有大陆文化与海湾文化、农业文化与商业文化、内敛文化与开放文化的兼有兼容、互补互动的二元结构和发展机制。在不同的历史时期，中国的政治精英和王朝发展所做出的选择也是权衡时代与时势的结果，有其特定的历史背景和文化因素，中国海洋发展道路正是这种历史选择的表现。

第三，在对中国海洋文化的宏观评价方面，要伸张中国海洋发展中具有鲜明的和平性和开放性，彰显一以贯之的和平发展海洋事业的传统，必须深刻反思西方理念的"蓝色圈地运动"和"海洋殖民心态"，彰显中国海洋文化传统独特的意义和价值。纵观中国海洋发展的历史进程，在海洋发展过程中形成的发展路径与文化传统是经过漫长的历史发展长期积累逐渐形成的，正是这样的选择彰显了中国海洋发展道路的自我特色，也成就了绵延不绝、深广厚重的历史，同时形成了世界海洋发展中东方世界独特的"环中国海海洋文化圈"。重要的是，这一文化圈的形成有着超越海洋贸易本身的更广阔的文化和社会历史内涵，其形成不是靠武力和强权，而是洋溢着文化和文明的力量，自然地、历史地逐渐形成和发展起来的。

　　第四，在海洋文化总体价值取向方面，从中国海洋文化传统中汲取营养的同时，要充分吸收世界各国海洋文化的优秀成果，包容创新，开创未来。当今世界各国在海洋发展中相互争锋，都在积极制定本国海洋发展战略。但值得注意的是，无序无止的海洋开发和资源争夺，其结果必是生态破坏、争端频起，最终的结果可能是万劫不复的，那将是全人类的灾难，而中国的海洋发展必将对此产生重大影响。"中国的海洋文明，应当在借鉴欧洲所长的基础上走出一条新路，既包容西方又超越西方，为人类海洋文明开创新的时代，"[16]当代的中国海洋文化建设要弘扬传统、多元包容、勇于担当、不断探索，努力构建中国当代海洋文化，而这正是走出历史认识误区和开展中国海洋文化研究的目标和归宿。

参考文献

［1］　顾祖禹．读史方舆纪要．福建方舆纪要叙．转引自杨国桢．瀛海方程：中国海洋发展理论和历史文化．北京：海洋出版社，2008.94.

［2］　林惠玲，黄茂兴．中国海洋文明与海上丝绸之路的复兴．东南学术，2016，3.

［3］　严从简在《残域周咨录》卷8《真腊》，《暹罗》条，转引自杨国桢：《瀛海方程：中国海洋发展理论和历史文化》，海洋出版社，2008年，第94页.

［4］　黑格尔．历史哲学．王造时译．北京：三联书店，1956.133-135.

［5］　杨国桢．海洋人文类型：21世纪中国史学的新视野．史学月刊，2001，5.

［6］　董穀．碧里杂存下卷．转引自杨国桢．瀛海方程：中国海洋发展理论和历史文化．北京：海洋出版社，2008.96.

［7］　姜秀敏，朱小檬．软实力提升视角下我国海洋文化建设问题解析．济南大学学报（社会科学版），2011，6.

［8］　靳怀塆．中华海洋文化探究．三峡论坛（三峡文学·理论版），2013，4.

［9］　曲金良．中国海洋文化史长编（先秦秦汉卷）．青岛：中国海洋大学出版社，2008.8.

［10］　陈智勇．试论夏商时期的海洋文化．殷都学刊，2002，4.

［11］　谢本书．认识世界发现世界——再论郑和下西洋的历史功绩．云南民族大学学报（哲学社会科学版），2005，1.

［12］　曲金良．和平海洋：中国海洋文化发展的历史特性与道路抉择．首届建设弘扬海洋文化研讨会论文，2007，12：22.

［13］　李德元．质疑主流：对中国传统海洋文化的反思．河南师范大学学报（哲学社会科学版）2005.5.

［14］　［德］施密特．陆地与海洋——古今之法变．林国荃，周敏译．上海：华东师范大学出版社，2006.93.

［15］　张开城．海洋文化与中华文明．广东海洋大学学报，2012，5.

［16］　王义桅．实现中国梦呼唤海洋文明的发展．中国社会科学报，2013，第B05版.

　　论文来源：本文为第四届海洋发展论坛投稿文章。

　　项目资助：中国海洋发展研究会项目（CAMAJJ201504）。

现代传播环境下我国海洋文化构建传播研究

程佳琳①

摘要： 随着"海洋强国"战略的不断推进与实施，我国逐渐实现从"海洋大国"到"海洋强国"的转变，在海洋"硬实力"得到不断提升的同时，党和政府也意识到海洋"软实力"的重要性，不断加强海洋文化建设。现代传播环境作为当前海洋文化建设不容忽视的文化生态环境，传统媒体和新媒体正在海洋文化的构建中发挥着各自不可替代的作用。在新媒体背景下，了解新媒体环境的特点，我国海洋文化构建与传播的现状，结合新媒体环境的特点，构建与传播我国的海洋文化。

关键词： 现代传播环境；海洋文化；"海洋强国"战略

媒体（media）一词来源于拉丁语"Medius"，音译为媒介，意为两者之间。媒体是指传播信息的媒介。当代的主要媒体包含报纸、广播、电视、周刊、手机、互联网等，根据时间的相对性、技术的数字性以及传播的互动性三方面特征分为传统媒体与新媒体，现代传播环境是由传统媒体和新媒体共同构成的。

一、新媒体

新媒体是新的技术支撑体系下出现的媒体形态，如数字杂志、网络、手机、触摸媒体等。相对于报刊、户外、广播、电视四大传统意义上的媒体，新媒体被形象地称之为"第五媒体"。[2]2015年中国互联网络信息中心（CNNIC）发布的《第36次中国互联网络发展状况统计报告》显示，截至2015年6月30日，中国网民数量约达到6.68亿人，互联网普及率约为48.8%。随着4G宽带网络的普及，以手机和电脑为代表的新媒体日益成为人们获取信息的来源，新媒体能够做到集视频、音频于一身，无论是在视觉上还是在听觉上都具有极强地冲击力，在现代信息传递方面越来越施展着不可替代的作用。

相较于传统媒体，现代传播环境的特点具有新的特点：

（1）互动性。在新媒体技术的支撑下，打破了过去信息发布者与信息接受者之间的界限，大家可以在网上直接与信息发布者进行对话，发表自己的观点，表达自己的真实态度。网民之间也可以进行相互的讨论和交流，充分保障了人们的表达自由权。习近平总书记就曾在微博上发布新春贺词，与千万网友进行互动拜年。

（2）即时性。由于宽带、无线网络的高速发展，新媒体在很多时候能够打破政府对信

---

① 程佳琳，女，大连海洋大学文法学院副教授，主要从事现代传播、公共管理、海洋文化研究。

息的垄断，及时对信息进行有效的传播。2015 年天津滨海新区爆炸的消息就是由当时围观的群众拍摄视频上传到微博，第一时间发布的。

（3）数字化。数字新媒体包括了图像、文字以及音频、视频等各种形式，以及传播形式和传播内容中采用数字化，即信息的采集、存取、加工、管理和分发的数字化过程。数字媒体的高科技实现了传播者的多样化、传播内容海量化、传播渠道交互化、传播效果智能化以及受传者个性化。

二、我国海洋文化的构建现状

我国并不是一个海洋强国，对海洋的认知还非常有限，海洋文化构建与传播都存在一些问题。

（一）国民海洋意识薄弱，轻视海洋文化建设

我国国民海洋意识薄弱，对海洋重视程度不够，近年来调查显示，我们的国民海洋文化知识和海洋观念意识相当淡薄，当被问及我国海洋国土面积时，高达 90% 的被调查者回答不知道或是答错，只有 10% 的被调查者回答正确——约为 300 万平方千米。这仅仅是对我国海洋国土面积的了解，更进一步的，我国的临海有哪些，分界线是什么，海岸线多长等等这些问题更是知之者甚少。我国人民对我国所属海洋的基本概况都不够了解，更遑论参与到海洋文化的建设中去。这很大一部分的原因要归结于相关政府部门及媒体机构对海洋文化不够重视，没有意识到构建海洋文化的重要意义。

党的十八大以来，建设"海洋强国"，已经成为重要的国家战略。何为"海洋强国"？我国如何建设"海洋强国"、建设什么样的"海洋强国"？较多强调的是"海洋强国"的经济层面、科技层面、军事层面等"硬实力"的"强大"，这些无疑都十分重要；但对于"海洋强国"的文化层面，人们还强调的较少，似乎与长期以来在人们的观念中认为"文化"太"软"有关。在我国，常年专门从事海洋相关信息报道的主流媒体只有国家海洋局主办的"中国海洋报"，部分地方报或海洋期刊由于地域限制或是资金不足等原因发行量小，受众面十分狭窄；其他覆盖全国的报纸、杂志、电视、门户网站等媒体机构只有在6 月 8 日"世界海洋日"这天才会大篇幅报道海洋，宣传海洋。除去这天，只有在发生了与海洋有关的重大事件时政府及媒体机构才予以关注，而这些事件的报道角度也多是从海上资源的开采、渔船捕捞、海上贸易、航母等海洋经济或海上军事建设相关方面入手，对民俗生活、历史、信仰、文学艺术等人文方面涉猎极少。

（二）海洋文化的发展存在"短板"

海洋文化，参照文化层次结构理论具体细分为海洋物质文化、海洋精神文化、海洋制度文化和海洋行为文化。海洋物质文化是指人们开拓、利用、维护海洋的过程中所创造的海洋实物产品及其所表现的文化，如渔网渔船等。海洋精神文化是指人类在从事海洋物质文化生产基础上产生的一种人类所特有的海洋意识形态，如妈祖文化、海神崇拜或是精卫

填海这样的传说。海洋制度文化是指开拓和维护海洋的历史活动中形成的协调人与海洋、人与人之间关系的各种制度，如《海洋环境保护法》、《专属经济区和大陆架法》等。海洋行为文化是指人们在海洋开发、利用、保护过程中所贡献的，有价值的，能够促进海洋文明、文化以及未来海洋发展的经验及创造性活动，如海洋捕捞与养殖、海洋资源开采等。

海洋物质、精神及行为文化经过几千年的发展，到了今天已经相当的完善，唯独海洋制度的发展远远落后于其他三项，是海洋文化发展的"短板"。长期以来，我国的研究者似乎忽视了海洋制度文化的研究，这种局面至今也没有得到根本性的改变。海洋制度、海洋法律、海洋政策仍然是极少数研究者关注的问题，学术界其他领域的专家学者和一般大众仍然对此很隔膜、陌生。新中国成立以来，我国海洋相关部门对海洋文化一直都有所关注和研究，在这几十年的研究成果中，涉及海洋制度文化的基本上限于海洋经济和海洋防御等这样老生常谈的问题上，而有关于海洋管理和海洋规章这样的海洋制度的论题却少之又少。

三、现代传播环境下我国海洋文化构建的新方法

（一）进行海洋文化的"常态性"传播与报道，塑造"蓝色国土"意识

构建我国海洋文化体系要充分结合现代传播环境的特点，利用传统媒体权威性、主流性、可控性，新媒体即时性、互动性、数字化的优势，加强海洋文化的推广和传播的力度与强度。在保证海洋文化传播的连贯性的同时提高其在视觉、听觉方面的冲击力，增强国民海洋意识，促进"蓝色国土"意识的形成。

"蓝色国土"是人们对海洋认识上的一个飞跃，是在长期开发利用海洋，保护管理海洋的实践中逐步形成的一个新概念。实现全民具有"蓝色国土"意识是我国成功构建海洋文化至关重要的一步，而想要全民拥有"蓝色国土"意识就要让大众对"蓝色国土"有一个清晰、准确和全面的认识。首先要理解"蓝色国土"的内涵，我国的"蓝色国土"是指我国拥有"自主自决"的最高权威的海洋统领区域；更要了解"蓝色国土"的范围、"蓝色国土"是由哪些部分组成，更深层次的包括海洋风俗习惯、信仰、环境保护等等这些与"蓝色国土"相关的基本常识。而人们了解这些海洋知识大多是从广播电视、报纸杂志或是各大门户网站上获得的。因此，现代传媒应该打破过去那种"6月8日"这一天集中报道或重大海洋事件"轰炸式"报道的形式，坚持"细水长流"的原则，专门设立几个海洋专栏或播放时间段，每日播报海洋相关的一系列资讯，将这些海洋相关的信息与人民大众的日常生活相结合，提升国民的海洋文化素养，帮助国民树立海洋理念，拓展国民在海洋问题上的视野，实现常态化、日常化的报道，逐步地提升全民海洋文化素养。如纸媒天生就具有权威性的优势，所发布的信息更容易被大众相信并接受，因此纸媒就可以充分利用这一特点专门成立各种风格迥异但内容丰富有趣、价格亲民的日发行的"海洋报"或周发行的"海洋期刊"用以向大众科普海洋知识，也可以借助数字化技术在网上发行普

及海洋知识的数字报纸、数字期刊，实现无纸化阅读，方便年轻一代学习使用。另外，保证"常态化"的传播海洋文化的同时也要尽量做到受众能够接收到这些信息，这就要求这些媒体的信息发送方式更加亲民，不拘泥于一种形式，可以拍摄海洋主题宣传教育片放在公交车的车载电视上播放，方便乘客观看，也可以建立微信公众号，每天推送海洋方面的新闻及各类消息，无形中渗透到大众的生活中传递海洋信息，实现海洋文化的"常态化"传播，大众也在潜移默化中不断增强"蓝色国土"意识。

（二）把握未来海洋态势，构建海洋文化

美国 21 世纪的发展战略是"走向海洋"。不止美国，世界各国都越来越重视海洋的发展，探寻未来海洋的可持续发展道路。毫无疑问，21 世纪是在整个国际上普遍认可的海洋世纪。海洋的发展走向关乎各国的政治经济利益，引发各国的广泛关注，因此对未来海洋态势的把握就直接关系到了一国海洋文化建设的成败。我国海洋文化的构建必须结合最新的海洋态势走向，顺应海洋态势的发展，在进行各项数据分析的基础上合理预测未来海洋态势，及时作出调整并与之相适应。而想要掌握最新的海洋态势及各项精准的海洋数据就要求现代传媒在报道海洋问题时做到以下两点：一是实时性，要充分发挥新媒体即时性与互动性的特点优势，打破发布者与接收者之间的界限、国与国之间的界限，第一时间发布海洋相关信息，在传播与报道海洋问题时掌握国内外海洋发展的最新动向，探寻海洋问题背后的发展规律，深入挖掘其中隐含的海洋文化价值；二是多角度，转变传统的单从海洋经济、海洋政治或海洋军事一方面报道，在海洋问题的报道与宣传过程中寻找海洋文化的切入点，转变角度，从海洋文化入手看待当今及未来的海洋形势与走向，挖掘海洋文化构建的新角度。

（三）搭载新媒体平台，进行海洋文化的全球交流

充分利用全球门户网站、Twitter、微博、SNS 等新媒体工具与世界各国进行海洋文化构建方面的交流与探讨。政府部门应该学习掌握新媒体数字化的高新技术，与世界各国通过新媒体工具展开海洋文化方面的国际交流政府合作项目，共建海洋合作网络平台，通过网络平台进行线上互动，传承中国海洋文化，促进国际海洋文化交流，组建全球专家智库，由各国政府之间的合作发展到民间企业之间的合作，包括海洋渔业、农业、民俗、文学、和祭祀以及海上航行、船舶、海外进出口贸易、海岸港口等多个行业领域，举办相关行业线上会议，进行海洋文化相关行业的深入合作。

搭载新媒体平台，借助"21 世纪海上丝绸之路"，向各个海洋国家学习海洋文化建设方面的经验，利用因特网上丰富多彩的国际海洋文化资源，建立我国的海洋博物馆及有关海洋文化名胜网站、海洋数字图书馆、海洋史虚拟档案馆、海洋历史与遗产网站等等。通过与来自全世界各个地方的网上访客进行交流互动，本着"立足海洋，放眼全球"的宗旨，转变我国海洋文化传统的内向性特点，实现海洋文化发展的"对外开放"，努力拓展视野，研发海洋科技文化项目，弘扬我国海洋文化，各国共同借鉴、交流与学习，相互取长补短，共谋发展，合力推动世界海洋文化不断向前进。

（四）建立双向互动交流平台，补齐海洋文化的"短板"

创建一个大众能够普遍参与的海洋文化双向沟通的空间，如建立海洋专题网上讨论组，讨论组成员可以通过电子邮件的方式自动收到其他讨论组成员的讨论意见，亦可将自己的观点随时传至网上，同时散播给所有组员，散布到全国甚至全世界各地的海洋文化学者手中，通过这一便捷的方式交流信息，切磋讨论。或是利用微博、微信讨论组这些没有门槛的能够实现实时互动的交流平台，听取各地民间人士的意见，听取全国各地人民的声音，打破海洋文化地域性的限制，建立兼具东西南北各部文化特色的包容性强的海洋文化，构建一个更加贴近大众生活的海洋文化系统。同时大家集思广益，完善海洋制度文化的研究，建立更加完备的涉及各个领域的海洋制度、海洋法律、海洋政策体系，补齐海洋文化体系的短板，在研究海洋制度文化时将眼界放宽，不局限于海外贸易和海防这种传统的问题上，多关注海洋生态文明、教育、文化遗产保护以及海权维护、海上旅游海洋文化产业等方面的法律法规及规章制度建设。

（五）从陆地到海洋，实现海洋文化构建视角的转变

现代媒体在进行海洋文化的构建与宣传时，必然要以海洋元素为中心，要走进海洋，去发现海洋的美丽，探寻海洋的隐秘。海洋文化构建中的海洋元素多种多样，比如海岛文化，海岛居民有他们独自的语言文字符号、风俗习惯，不同海岛之间有不同的文化特色，有些海岛文化积淀十分深厚，能够形成自己的文化发展名片，是构成海洋文化的元素之一。再比如海上文化线路的现状探寻与保护，近海远洋探险，海洋考古等等都能够制作出一系列的主题宣传片，让大众能够走进海洋并且更加全面深入地了解它、认识它。现代媒体应该意识到这些海洋元素对海洋文化构建的重要意义，寻求更多的海洋资源与海洋切入点，不断丰富完善我国的海洋文化体系。

过去我们总是从陆地看海洋，或把海洋当做陆地之间的间隔，或将近海当作陆地的延伸，是陆地的附属物，所以几千年来，受大陆文化影响，我国的海洋文化一直都具有农业性的特点，不具有自己的独立属性。现在我们应该转变视角，从海洋看陆地，海洋应该是连接陆与陆之间经济和文化的桥梁。2013 年 10 月 3 日，国家主席习近平应邀在印度尼西亚国会发表重要演讲，首次提出中国愿同东盟国家共同建设"21 世纪海上丝绸之路"。可以说，这是我国海洋文化建设的新坐标，海洋的作用与意义正在发生着巨大的变化，媒体看待海洋的眼光也应该有所转变，只有将海洋视为一个独立的个体，海洋文化的建设才能走出大陆文化的"阴影"，削弱大陆文化的影响，拥有属于自身的特点与属性。

参考文献

［1］ 刘堃．海洋经济与海洋文化关系探讨——兼论我国海洋文化产业发展．中国海洋大学学报（社会科学版），2011，6.

［2］ 骆正林．新媒体环境下我国传统媒体的角色定位．新疆社会科学，2010，1.

［3］ 天欣．数字媒体的"尴尬"．科技信息（学术版），2008，32

［4］　李德元. 质疑主流：对中国传统海洋文化的反思［J］. 河南师范大学学报（哲学社会科学版），2005（5）：87-89.

［5］　杨国桢. 中华海洋文明论发凡.［J］. 中国高校社会科学. 2013（4）：43-56.

［6］　张开城. 海洋文化与中华文明.［J］. 广东海洋大学学报. 2012（5）：13-19.

论文来源：本文已被《经济研究导刊》录用，拟于 2017 年 9 月刊出。

资助项目：中国海洋发展研究会项目（CAMAJJ201504）。